実験医学別冊

型で実践する
生物画像解析
ImageJ・Python・napari

編集
三浦耕太，塚田祐基

羊土社
YODOSHA

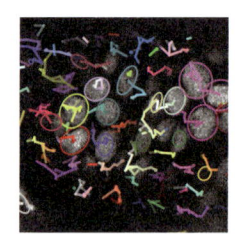 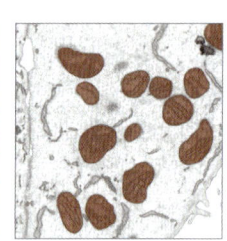 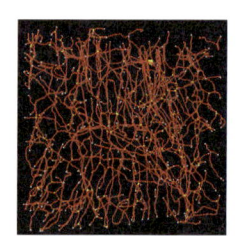

本書のねらい

生物画像解析は生命科学研究の現場で必須の技法になりつつある．その解析手法は複雑化・多様化を続けており，成果を論文にするときには，使ったソフトウェアの記載にとどまらず，解析過程の科学的な説明が求められるようになってきた．本書『型で実践する生物画像解析 ImageJ・Python・napari』では，さまざまな研究プロジェクトで用いられてきた生物画像解析の作業工程を，いわば武道における「型」として紹介し，その背後にあるロジックを解説する．目標は，読者がそれぞれの研究のために作業工程を自分で組み上げる力を身につけることで，盲目的にツールを使うことを越えて，その科学的な意味を理解しながら解析を行えるようになる，つまり解析をデザインできるようになることである．このことは同時に，一流ジャーナルに掲載される論文で扱われる生物画像解析の手法を批判的に読み解く力の養成にもなるであろう．

画像解析に使うツールとして本書では ImageJ（Fiji）と，Python の2つのエコシステムを扱う．Fiji は無償で提供されているオープンソースの生物画像解析ソフトである．マウスで使うことができるため，初心者にとって使いやすく，しかも最新のアルゴリズムを実装したプラグインが開発され続けており，20年の間に蓄積した膨大な数のプラグインはライブラリとしても豊富な解析資源となっている．こうしたことから，2024年現在，生命科学研究者の間で最も広く使われているエコシステムである．一方で Python もすでに長い歴史をもつエコシステムであるが，近年，特に機械学習の実装が豊富になったことと，GUI による生物画像解析を可能にした napari の登場によって生物画像解析においてもその使用が急速に広まっている．本書の読者としては，すでに一定の生物画像解析の経験がある方々を想定している．ImageJ に関しては中級レベルの経験者，Python に関してもすでに生物画像解析の経験がある方々がそれにあたる．必要に応じて2つのエコシステムを自由に使えるようになると豊富な解析資源を効率的に運用できるようになる．

われわれが2016年に出版した書籍『ImageJ ではじめる生物画像解析』[1] は基礎的事項を網羅しており，今でも広く使っていただいている．そこで本書ではこの書籍を前提とし，それを発展させた内容になることを意識して編集を行った．もとになったのは実験医学誌の2023年10月号〜2024年8月号に掲載した連載である．これらの原稿に加筆を行い，さらに新たな執筆陣も迎えて，連載時の2倍量の新規原稿が本書には加わっている．内容は**基礎編**，**実践編**，**論文投稿編**，**発展編**，**付録**で構成した．

基礎編では，まず序論で生物画像解析の枠組みの解説を行う（基礎編-1）．ツールさえ使いこなせば生物画像解析はどうにかなる，という一般的な理解から一歩進むための序論である．次に，Python を Java で実装した軽量プログラミング言語（スクリプト言語）である Jython を使って Fiji の環境で生物画像解析の作業工程を書くための基礎知識を解説する（基礎編-2）．このことで，マウスを使ってメニューからアクセスするよりもはるかに自由に Fiji の豊富な解析資源にアクセスし，発展的な使い方が可能になる．文法は Python と共通なので，Python の初学者もここからはじめるとよいだろう．続けて，Python の環境で画像データを目で確認しながらスクリプティングを行うツールとして急速に発展しつつある napari の使い方を解説する（基礎編-3）．データサイエンスではもはや必携ツールとなっている Jupyter Notebook から napari を立ち上げ，コードを書き，napari の GUI を援用しながら処理過程の画像データを確認し，作業工程を組み上げる手法を学ぶことができる．Jupyter Notebook はローカルのマシンだけではなく，無料で提供されているオンラインの Google Colaboratory でも使うことができる．このサービスを使って画像解析を行う方法も基礎編で紹介する（基礎編-4）．

実践編ではこれらの基礎知識をフルに使いながら，具体的な生物学的課題に取り組む作業工程の解説を行う．日本語圏で活躍する生物画像解析の専門家の方々にお願いし，それぞれが得意な分野での生物画像解析の作業工程を紹介していただいた．また，この8年の間に編集・執筆した英語の教科書3冊[2]~[4]で扱ったトピックの一部を新たに発展させ，最新の情報を加えながらの解説も行った．紹介した7つの作業工程はそれぞれ特定の系における特殊な課題を扱ったものであるが，その解析手法は「型」としてさまざまな系に応用が可能なはずである．いずれもできるだけスクリプト言語を使って作業工程を組み立てることを主眼とした．

　論文投稿編では，生物画像解析を手法として使った論文を投稿する際に，その手法を第三者が検証できるようにするにはどのようにしたらよいのか，という解説を行う．現状では，生物画像解析の手法は論文のなかで正確に記述されることが少なく，また実際に解析を行った画像データが検証可能な形式で公開されることも稀である．すなわち，手法の妥当性を第三者が検討するための素材が論文から欠落していることが多い．これは科学の発展にとっては致命的な状況ともいえる．この状況を打開するため，手法の記述と画像データ公開の標準化に向けた国際的な連携が行われている．これらの標準化の成果を紹介したのが，論文投稿編である．

　発展編では，画像解析の入力データとなる顕微鏡画像の取得に焦点を当て，オープンソースの顕微鏡制御ソフトウェア Micro-Manager の紹介をする（発展編-1）．そして，大容量化するデータに合わせて発展している「次世代画像フォーマット」とよばれる新たな画像形式を紹介する（発展編-2）．画像データのサイズの巨大化やファイル数の増大，アクセス手法の多様化，メタデータの複雑化に伴い，それに見合った標準的なファイルフォーマットの開発が急速に進行している．また，生物画像解析を生命科学の新しい分野とするための，世界的なネットワークの形成と発展についてもここで解説を行う（発展編-3）．

　機械学習を使った分節化の手法は深層学習を応用したさまざまなツールやライブラリが生物画像解析でも使われるようになっている．そこで，少なくともどのようなツールがあるのかだけでも知っていただくため，著者らが実際に使ったことのあるツールのリストを作成し，**付録-1**「分節化のための機械学習ツールのリスト」とした．また，生物画像解析の専門用語は英語をそのままカタカナにして使いがちである．カタカナ語はそれ自体からは意味を推測しにくいという弊害があり，ましてやカタカタだらけの文章になってしまうとそもそもの概念を把握していなければチンプンカンプンな文章になってしまう．教科書としては本末転倒である．漢字を使った日本語であれば，新しい概念も直感的な把握はある程度可能であろう．こうしたことから本書では専門用語をできるだけ日本語の単語で表記し，さらに**付録-2**として「英日対訳表」を付した．

　生物画像解析の「型」の範囲はとても広い．本書はその代表的な一部を紹介したに過ぎない．とはいえ，この本書が生物画像解析の手法を知り，応用するための新たな素材となることを大いに期待している．

2025年2月

三浦耕太，塚田祐基

文献

1) 『ImageJ ではじめる生物画像解析』（三浦耕太，塚田祐基／著），学研メディカル秀潤社（2016）
2) 『Bioimage data analysis』（Miura K, ed），Wiley-VCH, 2016
3) 『Bioimage Data Analysis Workflows』（Miura K & Sladoje N, eds），Springer, 2020
4) 『Bioimage Data Analysis Workflows – Advanced Components and Methods』（Miura K & Sladoje N, eds），Springer, 2022

執筆者一覧

編集

三浦耕太　　Bioimage Analysis & Research ／欧州生物画像解析者ネットワーク（NEUBIAS）／
全地球生物画像解析者協会（GloBIAS）

塚田祐基　　慶應義塾大学 理工学部

執筆者 (五十音順)

大浪修一　　理化学研究所 生命機能科学研究センター／理化学研究所 情報統合本部／
理化学研究所 最先端研究プラットフォーム連携（TRIP）事業本部

河合宏紀　　東京大学 工学系研究科 ／エルピクセル株式会社 研究開発本部

京田耕司　　理化学研究所 生命機能科学研究センター

黄　承宇　　Department of Physiology, Development and Neuroscience（PDN），
University of Cambridge（ケンブリッジ大学 生理，発生及び神経生物学研究科）

菅原　皓　　理化学研究所 生命機能科学研究センター／エルピクセル株式会社

塚田祐基　　慶應義塾大学 理工学部

土田マーク彰　Center for Quantitative Cell Imaging, University of Wisconsin–Madison

遠里由佳子　立命館大学 情報理工学部 計算生物学研究室

戸田陽介　　株式会社フィトメトリクス

平塚　徹　　大阪国際がんセンター

三浦耕太　　Bioimage Analysis & Research ／欧州生物画像解析者ネットワーク（NEUBIAS） ／
全地球生物画像解析者協会（GloBIAS）

目次

データ，コード等のダウンロードについて

　本書を用いた生物画像解析の実践をサポートするため，GitHub 内に本書の「**サポートリポジトリ**」を作成した．本書内で「**サポートリポジトリ**」と記載されているサンプルデータやコード（スクリプト）は，以下のURLよりダウンロードできる．また，各種ソフトウェアのインストール方法など環境構築に関する話題は，変化しやすい情報のため書籍には記載せず本サポートリポジトリに収載したので，ぜひお役立ていただきたい．本書の内容に関する質問はこのリポジトリの "Discussions" に投稿していただければ，できる限り対応する．なお，発行後も本書内の正誤情報や，本書に関するソフトウェアに関する重要なアップデート情報を随時更新する予定である．

> ● **サポートリポジトリ**
> URL：https://github.com/miura/Yodosha-BIASBook2025
> （短縮 URL：bit.ly/BIAS-book-2025）
> DOI：10.5281/zenodo.14930300

掲載している情報（本書発行時時点）

- 本書内の基礎編，実践編，発展編に掲載している**コード**（スクリプト）
- コードを実行するための**サンプルデータ**（サンプル画像へのリンク）
- **環境構築に関する情報**（Fiji の基本的な操作方法，Python の環境セットアップ，Python の GPU 環境構築など）
- その他，参考となるウェブサイトへのリンク集など

「サポートリポジトリ」の GitHub ページの中程「README」より目的のデータ・コンテンツを探すことができる

基礎編

「生物画像解析」は難しい，としばしば言われる．例えば2015年にイメージングを研究に使っている欧米を中心とする生物学研究者数百名に対するアンケート調査の結果は，その状況を明確に示している[1]．このアンケートの最初の質問は，「イメージングに必要な3つの技法，『生物学実験』『顕微鏡法』『画像解析』のうち一番難しいと思っている技法を選べ」という質問であった．その結果を見ると，「画像解析」と回答した研究者が圧倒的に多かった．こうした状況のなか，2016年に欧州生物画像解析者ネットワーク（NEUBIAS）が発足し，生物画像解析の集中コースを欧州のさまざまな都市で16回開催，そのコースの内容を教科書にして無料配布した．これらの啓蒙活動で少しは状況が改善しているのではないか，と愚かにも期待しつつ2020年に同様の調査を行った．しかし，画像解析が最も困難である，という状況には残念ながらほぼ変化がなく，「難しい」と思われているままであった．

ではなぜ「難しい」となるのか．管見では「画像の直観的な理解と定量的な解析のギャップ」，「生物画像解析の定義」，「画像解析ソフトの構成と使い方」，という3つの点に原因があると考えている．これらの原因を理解することは，生物画像解析の上達の前提になり，現状での枠組みを理解することにもなるだろう．本章では，それぞれの点の解説をする．

画像の直観的な理解と定量的な解析のギャップ

　生物学の源流である博物学の時代には「生物をスケッチする」ことがその研究活動の中心に存在した．生物の構造を絵にすること自体が学術的な業績になっていたのである．それは例えば Arnold Dodel-Port や Ernst Haeckel，牧野富太郎が残した美しい図譜に見ることができるだろう．研究者が描く絵＝画像そのものが，現代風にいえばエビデンスとして通用したのである．画像には画像そのものが認知に与える強烈なインパクトがある．百聞は一見にしかず，ともいうように，見ただけでわれわれはさまざまなことを理解する．この直観的な理解に全面的に依存していた，ともいえる．実際，つい最近までは，画像そのものが論文の図として仮説を支持するためのエビデンスになっていた．例えば，2種のタンパク質を標識した2つの蛍光マーカーの写真を並べ，3つ目の写真はそれらを重ねたカラー写真として「これらのタンパク質は共局在している」ということで，それがタンパク質同士が相互作用している傍証として認められた．

　一方，イメージングを使う現代のわれわれは，さまざまな分子の分布，あるいは細胞や多細胞の形態の画像を数値データとして取得する．これは画像の取得，といいながらもその実態は定量的な測光であり，その測光の結果である多次元数値データを使って定量的な解析を行う．ここには本来，直観的な画像の把握は関与せず，あくまでも数値の分布を扱う作業になる．先程の共局在の例をあげれば，定量的な共局在解析を行っ

てはじめて「同じ場所にあるらしい」と主張することができる.

この結果，見た目の直観と解析結果が矛盾することさえもあるが，それでも，自分で組み上げた生物画像解析の作業工程の科学的妥当性を信頼し，解析結果を採用することが必要になる．慣れればこうして直観とは独立にその解析結果を受け入れることができるようになるが，それまでは「なんか違う」という印象が拭えず，ジタバタすることになる．これは画像というデータに特有な，視覚的なインパクトと客観的な定量結果という，ときには対立する解釈の「難しさ」でもある.

■ 生物画像解析の定義

計算科学で使われる「画像解析（image analysis）」という言葉は，しばしば「人間のように計算機に画像を認識させる」ということを意味している．GonzalezとWoods（1992）による『Digital Image Processing』（デジタル画像処理）という広く知られた計算科学の教科書にはその定義が次のように書かれている[2].

> 画像解析とは，画像に関する作業を実行するうえでそれにかかわるパターンの発見・識別・理解のための処理を指す．計算機による画像解析の主たる目的の1つは，いわば人間の近似能力を機械にもたせることである．（初版p571，筆者訳）

この定義を眺めても疑問をもたない方々がほとんどではないかと思うが，生物学の研究で画像解析を行い，何らかの測定を行おうとするときにはこの定義では少々まずいことになる．なぜならば，この画像解析の定義を言い換えると「人間のもつ認知＝主観を計算機にももたせること」となるが，生物学では多くの場合，なるべく客観的な測定値を得る，あるいは，できるかぎり人間のバイアス（主観）を排除して定量的な測定を行う，ということが画像解析の目的になるからである.

この画像解析（あるいは画像認識，人工知能といってもいいが）のもつ目的と，生物学の課題のギャップはしばしば計算科学者と生命科学者の共同研究で登場することがある．例えば，細胞の画像の分節化（segmentation）を自動化する際に，計算科学者が生命科学者に「細胞のへりを手でなぞってください」と頼み，その手で描かれた細胞のへりの線が参照となり，分節化の計算が実装されたり，機械学習の学習データとなったりする．ここでは，生命科学者の主観的な視覚認知の結果が，計算科学者によって近似されている．本来は，客観的に定義された指標を用いるべきで，例えば細胞膜マーカーの分布から数学的な処理や定量的な定義に従って細胞のへりを分節化すべきなのであるが，生命科学者と計算科学者が互いの「画像解析」の目的のギャップを相互に理解していなければ，共同研究はこのまま進んでしまうだろう．細胞のへりの膜の動態を測定する，といった研究の場合には，看過することのできない間違った結果を得てしまうかもしれない.

念のために付け加えると，生命科学者の経験に基づく主観的判断に依存することでもあまり問題のないケースも多くある．例えば，細胞の数を数える，といったときである．このようなときには，生命科学者がそれが細胞か細胞ではないかを，ほぼ客観的に判断できる，としてもよいだろう．あるいは，医学における組織切片によるがんの診断は，病理医の判定を学習データとして使い，高い精度で予後を推定できるようになっている．ではどのようにして「これはよし」「これはまずい」という判断をすればよいのだろうか．判断するためには基準が必要である．そこで，生命科学における「生物画像解析（bioimage analysis）」では，計算科学の

「画像解析（image analysis）」とは異なる次のような定義を行い，その目的を明確にしよう[3) 4)]．すなわち，

> 生物画像解析は生物システムの駆動メカニズムを知るため，観察者の主観的なバイアスをなるべく排除しながら，生物の構成要素の時空間的な分布を同定し，そのさまざまな特性を測定する過程である．

これは，生物画像解析は生物システムを対象とし，画像データを使って行う物理的な測定手法である，とも言い換えることができる．目視によって細胞を数える場合であれば，それが十分に「主観的バイアスを排除している」とすれば，客観的な測定として「これはよし」とすることができるだろう．

この定義のもとでは「人工知能」を指向しそもそも目的が異なる計算科学の画像処理や画像解析の教科書では不十分な部分が多くある．しかも，その不十分な部分を補うべき生物画像解析のスタンダードな教科書はいまだに登場しておらず，したがって，その習得には手探りの部分が多い．要は体系化がまだなされていないのである．それが「難しい」と思われることの大きな理由の1つなのであろう．

画像解析ソフトの構成と使い方

生物画像解析では多くの場合，無料で提供されているソフトウェアが使われる．ImageJ はその1つであるが，他にも QuPath，CellProfiler，napari などのパッケージもある．有償のものとしては MATLAB や Imaris などがある．これらのソフトを使ううえで，まず注意しなければならないのは，そこに，一発で解析を完了させるボタンは存在しない，ということである．さらに，ゲームのソフトであれば，使えば使うほど扱いに習熟し，いずれはラスボスを倒すことができるようになるが，生物画像解析のソフトはそうではない．「難しい」と多くの人が感じる原因がこれらの点にもあると思われるので，もう少し解説する．

まず，「ソフトウェア」がもつ意味は広汎なので，生物画像解析のソフトの構成をより実態に応じて把握するため，次の3つの新しい概念を導入する[5)]．この3つの概念を使うと，どこが難しいのか，ということもわかりやすくなる．順番に説明する．

1) 部品（Component：コンポーネント）

ある特定のアルゴリズムの実装を指す．具体例としては，画像処理アルゴリズムの1つであるガウスぼかし処理（Gaussian filter）や，画像解析アルゴリズムの1つである連結成分分析（connected component analysis）をあげることができるだろう．

2) 収集物（Collection：コレクション）

前述のようなさまざまな種類の「部品」を多数集めてパッケージにしたものを「収集物」とよぶ．この例として，Python のライブラリである scikit-image や，画像処理・解析の部品を集めるだけでなく，マウスでの操作が可能になる部品も付け加えて操作をより直感的に行えるようにした ImageJ などをあげることができる．

3）作業工程（Workflow：ワークフロー）

　取得した生の画像データに含まれる生物学的現象のうち，特定のパラメータを測定したり可視化するために，画像にさまざまな部品を順次適用して，画像処理や画像解析を行うが，この一連の処理の順番とまとまりを「作業工程」とする．例としては，「画像を開く」「画像のノイズを低減する」「その画像を二値化し，細胞を分節化する」「細胞の数を数える」「細胞の数をファイルに保存する」といった一連の操作が作業工程としてあげられる．生物学の論文で使われる画像を使った測定には，必ず複数の部品を使った画像処理・解析が行われており，こうした作業工程は「方法（methods）」の節に文章で書かれることもあるし，その作業工程のスクリプトが，補助資料（supplementary materials）として添付されることもある.

　これらの3つの概念の関係性を図示すると**図1**のようになる．この図で赤線で示したのは，適切な部品を作業工程のなかの適切なステップに組み入れる過程であり，この部分が難しい．この難しさは，レゴを例に取って考えるとよくわかる．例えば子ども向けのミレニアムファルコンのセットを購入したとしよう．このセットはおよそ1,300ピースのレゴブロックからなるが，箱の中には工程説明書が同梱されており，その説明に従えば小学生でもミレニアムファルコンをつくり上げることができる．しかし，もしこの工程説明書がなかったら，どうだろうか．おそらく大人でも，レゴブロックの山を前に途方に暮れ，それを完成させることはかなり難しいに違いない．生物画像解析のソフトの場合，難しいのは，工程説明書なしに部品を組み合わせて作業工程をつくり上げる，という図の赤線の部分である．定量性を保った処理を行うためには，部品のそれぞれの性能やアルゴリズムを最低限知っている必要があるし，さらには似たような処理を行う部品がいくつもある．それらのなかから，適切なものを選ぶのもまた，一苦労だ.

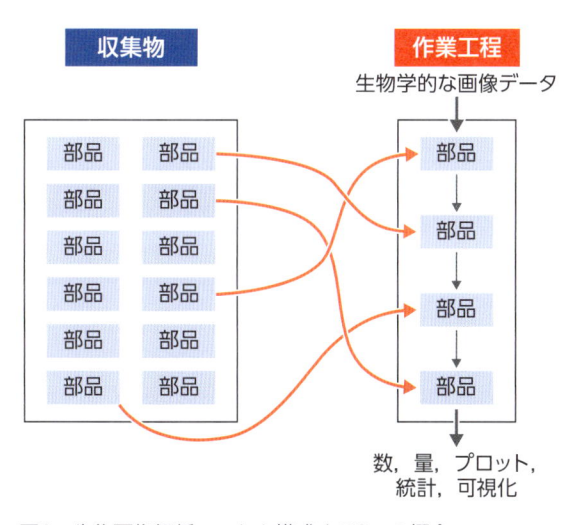

図1　生物画像解析ソフトを構成する3つの概念
画像解析・処理を行うさまざまな種類の部品がひとまとまりの収集物として提供されている（左のボックス）．生物画像解析を行う際には，この収集物のなかから，適切な部品を選び取り（赤の矢印），測定を行うための作業工程を組み上げる（右のボックス）．作業工程は多次元の数値データを入力とし，測定値やグラフ，統計値などを出力する一連の処理を行う工程であり，その工程は定量性を担保する必要がある.

　こうしたことから，生物画像解析の作業工程を組み上げる過程は，いわば説明書のないレゴのセットを組み立てるような過程なのである．難しいと感じるのも不思議ではない．なおかつ，作業工程はプロジェクトご

とにオリジナルな工程を組み上げることが多い．なぜならば，生命科学研究のプロジェクトは，それぞれ何らかの独自な問いに対してさまざまな実験や分析を行うものであり，これに準じて画像解析もほとんどの場合，何らかのオリジナルな工夫が必要になる．それは問いの独自性だけではなく，サンプルの特殊性や使っている光学系のモダリティの違い，測定パラメータの違いなどにより千差万別となる．これこそが，使えば使うほど習熟するゲームソフトとの違いの中心である．作業工程の組み上げのデザインには創意工夫が必要になるのであり，「難しさ」のもう1つの大きな原因となっている．もちろん，使えば使うほど，さまざまな部品について詳しくなるので，そのことでデザインの自由度は上がり，組み上げる過程がラクになるのではあるが．

補足すると，すでに手法が確立している画像解析の作業工程などもある．例えば創傷治癒アッセイ（wound healing assay）[注1]は，ウェットの実験の部分はいろいろなバイオ関連企業がキットを提供している，ほぼ確立した手法である．このような場合の画像解析は，既存の作業工程の処理パラメータを若干変えるだけでほぼそのまま使うことができるので，作業工程自体が，ユーザーがパラメータを調整すればよいだけのツールとして，有償・無償で提供されており，作業工程を自分でデザインする必要がない．こうしたツールはいわば作業工程の鋳型（workflow template）であり，物体追跡法（object tracking）などでも多く提供されている．ImageJ のプラグインである TrackMate はその例である．

 ## まとめ

以上，生物画像解析の「難しさ」の原因と考えられる3点を説明した．1点目は，画像の直観的な理解と客観的な測定を分けて考えるには慣れが必要であること，2点目は生物画像解析は手法としてまだ体系化されていないので，その習得は手探りの部分があること，3点目は生物画像解析の作業工程の組み上げには，オリジナリティが必要な場合がほとんどであることである．

こうした難しさを克服するには，さまざまな研究で用いられた生物画像解析の作業工程を参考にすることで，独自の作業工程を組み上げていくことがまず第一歩である．既存の作業工程は，いわば武道でいう「型」といえるだろう．この本ではそうした「型」を解説し，それを学んでいただくなかで，読者が自分の生物画像解析の課題のための作業工程を自由にデザインし組み上げることができるようになることが目標である．

 ## 文献

1) Miura K：A Survey on Bioimage Analysis Needs, 2015. Zenodo, doi:10.5281/zenodo.4648077（2015）
2) 『Digital Image Processing』（Gonzalez RC & Woods RE, eds），Addison-Wesley（1992）
3) Miura K & Tosi S：Introduction.『Bioimage Data Analysis』（Miura K, ed），pp1-3, Wiley-VCH（2016）
4) Miura K & Tosi S：Epilogue: A Framework for Bioimage Analysis.『Standard and Super-Resolution Bioimaging Data Analysis』（Wheeler A & Henriques R, eds），pp269-284, Wiley-VCH（2017）
5) 『Bioimage Data Analysis Workflows – Advanced Compo- nents and Methods（Learning Materials in Biosciences)』（Miura K & Sladoje N, eds），Springer（2022）

注1　培地に隙間なく広がった培養細胞群にニードルなどで直線の傷をつくり，その傷が修復される過程を画像解析によって測定する手法．

2 Jythonの基礎知識と書き方

三浦耕太

　この章ではFijiでプログラミング言語のJythonを使って画像解析のスクリプトを書くための基礎知識を解説する．ImageJには独自のマクロ言語が実装されており，それで実に便利に作業工程を書くことができる．「なぜわざわざJythonを使うのだ？」と思われる方もいるかもしれない．とはいえ，Jythonで作業工程を書けるようになるとマクロでは不可能なさまざまなメリットがある．

はじめに

　JythonはJavaで実装したPython言語である．広く流通しているいわゆるPythonは，C言語で実装されていることからCPythonとよばれ，区別のためJythonとよばれる．FijiでJythonを使うことの一番の大きな利点はJavaのライブラリに直接アクセスできることである．ImageJとその膨大な数のプラグインは，いわば巨大なJavaのライブラリである．これらの膨大な解析資源を自由に使えるだけではなく，そこに直接アクセスすることで，例えば作業工程のなかのあるステップから次のステップへのデータの受け渡しがダイレクトに行える．

　例として画像の受け渡しを考えてみよう．マクロの場合はデスクトップに開いた画像の認識番号を使い，「画像番号10」のようにして，あるステップから次のステップに画像が受け渡されてゆく．一方，Jythonの場合はデスクトップ上の表示とは無関係に，メモリの中にある画像そのもの（画像オブジェクトという）を，あるステップから次のステップへと受け渡す．マクロで操作する際に必要条件である「デスクトップに表示されたなにか」が不必要なのである．このことで作業工程のなかのデータの受け渡しは飛躍的に効率化する．さらにサーバーやクラスターなど，デスクトップが存在しない状態でもImageJを使った作業工程を実行することができる（サイレントモードともいう）．

　画像データ以外の例もあげてみよう．とてもポピュラーなプラグイン"3D Suite"を使って3次元空間に散在する多数の小胞を検出したとしよう．そしてこれらの小胞の座標と輝度を使ってさらに何らかの処理や統計解析を行いたいとする．この場合，マクロであれば一度ResultsTableの表に書き出してから，他のプラグインからその表にある数値を読み込んで統計解析を行う．一方，Jythonでこの工程を書けば，3D Suiteの中に保持されている「小胞」オブジェクトのリストを，例えば他のライブラリであるWekaに直接入力して，主成分分析や教師なし機械学習で分類を行うことができる．ImageJの範囲外にあるJavaのライブラリを使うこの作業工程は，ImageJのマクロでは不可能である．

　2つ目の利点は，Jythonを学ぶと，必然的にJavaのプログラムのしくみを学ぶことにもなる．このことで，ImageJ/Fijiのシステム全体に対する理解が深まる．科学的な計測に使うシステムなので，理解は深いほど，

測定結果も正確になる.

　1つ注意をしておく. マクロを書く際にマウスを使った操作をマクロのコマンドとして自動記録するコマンドレコーダ機能がある. 同じようにJythonでもコマンドの自動記録が行える. ただし, こうして記録されるコマンドは"IJ.run"を使ったコマンド（「クラスとオブジェクト」の「6）コマンドレコーダ」p45に後述）であることがほとんどで, この場合はメニューの項目を選ぶのと同じことをJythonで行っているに過ぎない. この場合はマクロで作業工程を書くのと同じことになるので, レコーダの記録だけでJythonのスクリプトを書くならば前述したようなメリットはあまりない.

1）欠点

　JythonはPythonの文法でコードを書くが, Python（CPython）で広く使われるさまざまなパッケージを使うことはできない. 例えばNumPyやscikit-image, Matplotlibなどは使うことができない. 別の言い方をすると, JythonはJavaのエコシステムにあるライブラリは使えるが, Pythonのエコシステムのライブラリは使えないのである. 次の章（基礎編-3）ではCPythonの生物画像解析パッケージであるnapariの使い方を学ぶ. 基本的なPythonの文法は共通であるが, エコシステムも使われているライブラリも全く違うことに留意する必要がある. なお, 次の章のnapariの使い方の解説は, この章で解説しているPythonの文法を前提としている.

2）他の言語との比較

　Fijiで使うことのできるスクリプティング言語はJython以外にも多数あり, スクリプトエディタのメニュー［Language］で一覧することができる. これらの言語についても少々解説しておく. Groovyは型を正確に記述することができる[注1]. これはメリットである一方, 書くことが増えるというデメリットもある. JavaScriptは純正のImageJでそのまま使うことができる. 私もかつて使っていたが, Pythonのわかりやすいシンタックスと, 便利な諸機能に惹かれてJythonばかり使うようになった. 処理速度を高めたいならば, ClojureもしくはScalaを使うが, 2024年現在, これらを使っている人は稀で, 速度を重視するならばJavaで書いたほうがよい状態である.

　JythonはPythonの文法であること, Jython自体に実装されているPython由来のさまざまな便利な機能があることから[注2], Jythonを使う研究者が多い. また, 昨今では（2024年10月の時点で）, CPythonの環境で作動するnapariにPyImageJというプラグインが公開されており, ImageJが作動しているJavaの環境で提供されている膨大な数のプラグインを, napariで使うことができるようになっている. まだ開発の初期段階ではあるが, このPyImageJを使ううえで, ImageJをライブラリとして使う知識が必須となる. つまり, JythonでFijiを扱う手法を学べば, napariでPyImageJを使うことを学ぶことにもなる. これができれば, 歴史的に蓄積されたImageJのプラグインと, Pythonのさまざまなライブラリを縦横無尽に使うことが可能になるのである[注3].

注1　「型」については後述する. なお, Groovyでの変数は`String a = "Hello"`のようにJavaの型を指定して宣言する. ただし, 型を指定せずに`def a = "Hello"`のようにも宣言することができる. この場合, aの型はJavaの`Object`型になる.

注2　特に文字列操作, ファイルシステムへのIO（データへの書き込みや読み込み）においてさまざまなメリットがある.

注3　pyimagej・PyPI　https://pypi.org/project/pyimagej/

なお，純正のImageJにはJythonはダウンロードしたときにはインストールされていない．Jythonで書かれたスクリプトのファイルを実行したときにJythonのライブラリが存在しないことがわかると，ImageJがJythonのライブラリを自動的にダウンロードするようになっている．Fijiでは最初からJythonが導入されている．

はじめの一歩

JythonのコーディングにはFijiに付属しているスクリプトエディタを使う．コードを書きながら動作状況をすぐに目視で確認できるので，実に便利なエディタである．習うより慣れろ，ということで，以降，コードが出てきたらそれを実際に自分で書いて実行し，試しながら進んでほしい．

1）スクリプトエディタの使い方

スクリプトエディタ（Script Editor）はFijiのメニューで［File > New > Script...］を選ぶことで立ち上がる．

スクリプトエディタには独自のメニューがついている．そのうちの一つが［Language］であり，この項目をクリックして，［Python(Jython)］を選ぶことで，書いているコードをJythonとして指定することができる．

エディタの右側は上下2つのパネルに分かれており，上がスクリプトを入力するテキストフィールドのパネル（**図1A**），下が出力パネルになっている（**図1B**）．左のサイドバーは，よく使うフォルダ[注4]などを登録することができるファイルへのアクセスのためのパネルになっているが，私はあまり使いこなせていない（**図1C**）．右の上下のパネルの間にはRunボタンが左側に，右側にはStdout（通常の出力）とStderr（エラー出力）の2種を切り替えるボタンがある．デフォルトでは通常の出力が表示される．

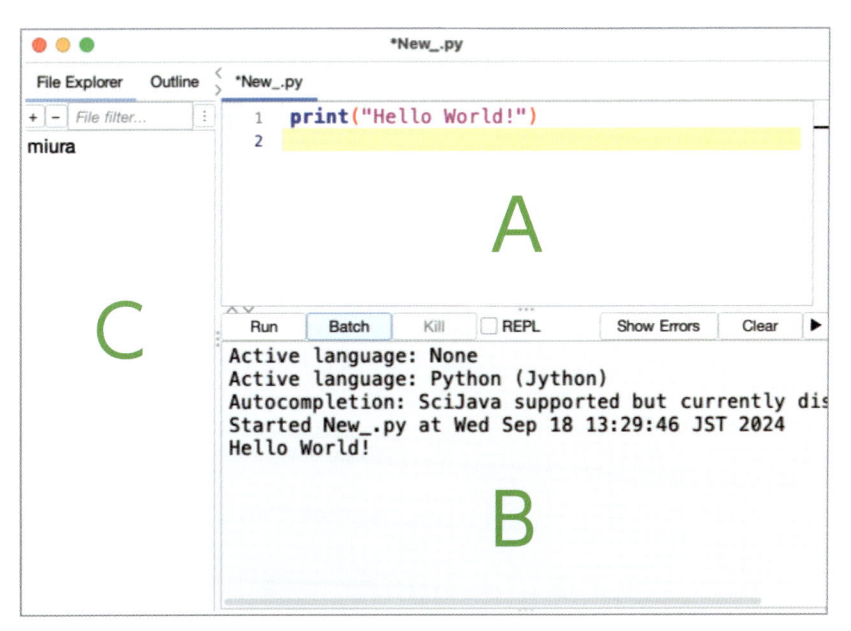

図1　スクリプトエディタの構成

注4　フォルダは「ディレクトリ」とよぶこともある．前者はGUI由来の使い方で，後者はコマンドライン由来（UnixやMS-DOSなど）のよび方であるが，ここではフォルダとよぶことにする．

2）Hello World

コーディングをはじめよう．スクリプトエディタのテキストフィールド（**図1A**）に以下のように入力する．

```
print("Hello World!")
```

左下にある"Run"ボタンをクリックすると，出力パネル（**図1B**）に以下のように表示されるはずである．

```
Hello World!
```

printはJythonのコマンドであり，そのあとのカッコの中の文字列ないしは数字を通常出力先（Stdout）に出力せよ，というコマンドである．

出力先をImageJのログウィンドウにしたい場合は以下のようにする．

```
from ij import IJ
IJ.log("Hello World!")
```

とりあえず実行（Runをクリック）してみると，"Log"というウィンドウが表示され，そこにHello Worldという文字列が出力されるはずである．IJ.logはprintと同じように文字列を出力するコマンドだが出力先が異なる．また，最初にfrom x import yという1行がある．これは日本語で「インポート文」とよばれる．IJ.logというコマンドをコードで使えるように明示的に「輸入 = import」するのがこの行である．インポート文についてはあとで詳しく解説する．

上のコードにさらにコマンドを1行加えてみよう．

```
from ij import IJ
IJ.log("Hello World!")
IJ.log("\\Clear")
```

バックスラッシュ（\）は日本語のOS環境では，円記号（¥）で表示されることがある．機能的には同等の役割を果たす．

この3行のコードを実行すると，ログウィンドウにはなにも表示されない．2行目と3行目を入れ替えてみる．

```
from ij import IJ
IJ.log("\\Clear")
IJ.log("Hello World!")
```

この場合には，Hello Worldが表示される．\\Clearは先頭にバックスラッシュが2つ連続して存在すること

によって，単なる文字列ではなく，一種のコマンドとなり，これを「制御文」という[注5]．\\Clearはログウィンドウをクリアしてまっさらにせよ，という制御文である．最初の例では，実は一瞬だけ，ログウィンドウに文字列が表示されるのだが，目に見えないほどの速さで，それが消去されてしまい，なにも起きていないように感じられるのである．

行を入れ替えただけの2つの例における出力の差はプログラミングの本質である．すなわち，コマンドは上から下に向かって次々に実行される，ということである．どのような順番でコマンドが書かれているか，ということが出力の内容を決定するのである．

ここまで説明して，「IJはインポートしたのに，printはインポートしないのか」と思われる方もいるかもしれない．なぜインポートしないのか，というと，printは組み込み関数（built-in functions）といって，わざわざインポートしなくても最初から使えるようになっているのである．その意味ではfromやimportも組み込み関数であるが，この場合は「関数（function）」ではなく特に「宣言（declaration）」とよばれる．

3）変数の扱い

さて，次の1行を入力して実行してみよう．

```
print(1 + 2)
```

出力パネルにこのように表示されるはずである．

```
3
```

これは，printコマンドに続くカッコの中の数式を，数字として計算したあとにその結果がプリントされている．これを次のように書き換えて実行してみよう．

```
a = 1
b = 2
c = a + b
print(c)
```

出力パネルには先程と同じく3が表示されるはずである．ただしこの場合，最初に変数aに1が代入され，次にbに2が代入され，3行目ではこれらの変数を使って加算が行われその結果が変数cに代入されている．最後の行ではこの変数cがコマンドprintに渡されて，cが保持している値が出力される．

演習

aの値，bの値を別の数に変えて，出力結果が変わることを確かめよ．

注5 \\は「エスケープシークエンス」とよばれる．

以上は数字である．変数には数字だけではなく，文字列を代入することもできる．

```
a = "Hello"
b = " World"
c = a + b
print(c)
```

出力はHello Worldとなっているはずである．ここで注意してほしいのは3行目の "数式" である．ここではプラスのサインがaとbの間にあるが，起こることは算数の足し算ではない．aの文字列のあとにbが追記される（concatenateという）．Helloとworldの数学的な足し算がなにを結果するのかはわからないが，普通そのような足し算はしない．スクリプトを解釈しているJythonインタプリタ（解釈機能）は，変数が保持している値が数字であるか文字列であるかを区別してプラスサインがなにを実行するのかを切り替えていることがわかる．

文字列であることは，二重引用符（"）で文字を囲むことによって明示する．このことから次のようなこともできる．

```
a = "1"
b = "2"
c = a + b
print(c)
```

この出力結果はこのようになる．

```
12
```

なぜならば，数字の1と2がそれぞれ二重引用符で囲まれているため，ナマの数字ではなく文字列の数字として変数に格納され，3行目のプラスサインは和算ではなく文字列の追記として機能することになるからである．なお，文字列を囲むのは二重引用符ではなく引用符（'）であっても機能する．

値が文字列であるか，あるいは数字であるかということは，「型（type）」とよばれる．文字列であれば，文字列型（string）である．数字の型はいくつかの種類に分かれ，画像解析でよく使うのは整数型（integer）と，浮動小数点数型（float）である．型は明示的に指定することができる．これは次のように行う．

```
a = str(1)
b = str(2)
print(a + b)
```

ここで使った関数str()は値を文字列型として指定することになる．つまり，前述したように二重引用符で囲むのと同じことになり，実行結果はこのようになる．

```
12
```

整数型を指定する場合は関数 int() を使って次のようになる.

```
a = int(1)
b = int(2)
print(a + b)
```

実行結果は次のようになる.

```
3
```

浮動小数点数型は実数を扱うことができ,関数 float() を使って指定する. 小数点以下の精度で計算が行われる.

```
a = float(1)
b = float(2)
print(a + b)
```

実行結果は次のようになる.

```
3.0
```

さて,少々ここから発展させる. 変数には,数字や文字列のみならず,画像などのより複雑な形式のオブジェクトを代入し,そのオブジェクトを保持させることができる(オブジェクトは文字通り「モノ」と思っていただければよい). 例えば以下のようにしたときには,imp という変数に画像を与えている.

```
from ij import IJ
imp = IJ.openImage('/Users/miura/image.tif')
```

imp を画像だ,と思って以降のスクリプトをしたためることになる. さらにこれに続きこのように次の行に書くと,画像がデスクトップに表示されることになる.

```
imp.show()
```

IJ.openImage は,画像ファイルを読み込むためのコマンド,その引数(ひきすう,と読む. カッコ内の文字)はファイルの絶対パスの文字列である. また,imp.show() は,変数 imp に画像が与えられているため,ひとまずは画像に付随するコマンド show() を実行せよ,ということであると理解してもらえればよい. プログラミングの世界の言葉遣いでいうとこれは,「画像オブジェクトのメソッド show() を実行せよ」というコマンドになる.「メソッド」はいわば関数,と考えればよい. 以降,メソッドという言葉を使うが,関数と考えていただいて差し支えない. なぜわざわざメソッドという言葉を使うのか,後ほど詳述する.

なお，絶対パス，とは，パソコンのなかのファイルの住所のようなものである．パソコンを使っている人なら誰でも，ツリー上に構成されたフォルダにファイルを保存することは知っているだろう．この場所を示すのが絶対パスである．前述の例 /Users/miura/image.tif は，Users フォルダのなかの miura フォルダのなかに image.tif というファイルがあることを示している．スラッシュ / はパスセパレータ（path separator）とよばれ，フォルダの階層構造を上位から下位に向かってフォルダの名前ごとに区切る役割を果たしている．

Windows OS におけるパスの表記は若干異なっており[注6]，パスセパレータとしてスラッシュではなく二重のバックスラッシュを使う．例えば c:\\Users\\miura\\image.tif は，C ドライブの Users フォルダのなかの miura フォルダのなかに image.tif があることを示している．

絶対パスとは別に相対パスという表記法もある．はがきを送るときには郵便番号からはじまる住所を書くが，家族に近所の家まで配達してもらうならば「2つ目の角を右に行って，3軒目の鈴木さん」のように，今いる場所から相対的に配達先を指定することも可能だろう．同様に，ファイルの場所を指定する際に「今いるフォルダから2つ階層を上がってその中にある G というフォルダにある image.tif」という表記も可能である．これを相対パスという．相対パスは，フォルダの上位構造が全く異なっていてもあるプロジェクトのフォルダの内部構造が同一であれば，そのプロジェクトのフォルダがどこに存在しているかに関係なくファイルを特定できる．プロジェクトのフォルダをあちらこちらに移動したり他の人と共有したりするうえで便利である……のだが，具体例は割愛する．

4）リスト

任意の数列を1つのリストとしてまとめておくことが可能である．例えば次のようにすると，aa は要素を5つもつリストとなる．

```
aa = [1, 3, 5, 17, 25]
```

個別の要素を取り出すには，リストを格納している変数（上の場合は aa）に続けて角カッコ（[]）で要素のインデックスを指定する．インデックスは0からはじまる．上の例で3番目の要素を取り出したければ，インデックスは2になる．上の行に続けて次のようにすると，5と出力されるはずである．

```
print(aa[2])
```

すべての要素を出力したい場合，次のようにすれば，リストがそのまま出力される．

```
print(aa)
```

なお，ImageJ マクロや Java では，リストは「配列」に相当し，似たような機能をもっている．

少々先取りになるが，注意しなくてはいけないのは，Java の配列と Jython のリストは，互いに直接の互換性がない場合があることである．例えば，Java の機能を使ったときに，そのメソッド（関数）に引数として

注6　ここまでのパス表記は Mac や Linux の表記である．

配列を与えるものがあったとする．この場合，Jythonのリストを配列として引数に与えるとエラーになることがある．この場合，JythonのリストをJavaの配列に変換してから引数に与えることが必要になる．この変換については後述する．

演習

存在しないインデックスを指定して出力しようとすると，エラーが出ることを確認せよ．エラーを解読し，理解せよ．

リストの生成 range()

前述の例では，数字を直接指定してリストをつくった．他にも，数列のパターンを指定してリストを生成することができる．次のようにする．

```
bb = range(10)
print(bb)
```

出力には，以下のように出るはずである．

```
[0, 1, 2, 3, 4, 5, 6, 7, 8, 9]
```

range(10) は，0から1ずつ数えて10より少ない整数の数列をリストとして生成せよ，というコマンドになる．

range の引数が1つだけすなわち range(n) の場合，$0 \leq k < n$ の整数kが生成され，常に0からはじまる．最初の数字を0ではなく任意のものに変えるには，引数を2つにする．

```
print( range(5, 10) )
```

これを実行すると以下が出力されるだろう．

```
[5, 6, 7, 8, 9]
```

range(n1, n2) によって，$n1 \leq k < n2$ の整数kのリストが生成される．また，数列の間隔（ステップサイズという）は引数を3個にすれば3番目の引数で指定できる．

```
print( range(0, 10, 2) )
```

出力は次のようになるはずである．

```
[0, 2, 4, 6, 8]
```

リストの長さ len()

リストに含まれる数値の個数，すなわちリストの長さはさまざまである．長さを知るためには len という関数を使う．

```
aa = range( 5 )
print( len(aa) )
print( 'list length:' + str( len(aa) ))
```

この2行目は単に数字の5を出力するだろう．3行目は付け足しであるがこの数字がなにかを示すために，最初に list length: という文字列を加えた．この場合，続く len(aa) は数字で文字列ではないので，文字列の追記がうまくいかない．そこで str という組み込み関数を使って数値を文字列に変換する．同じことは次のようにも書ける．

```
print( 'list length: %d') % len(aa)
```

ここで，print の中のシングルクオートの中に %d という文字列が登場する．これは記入子（placeholder）といい，出力するときにはそこに何らかの具体的な値を入れるための目印である．%d は整数，%f は実数（浮動小数点数），%s は文字列である．実際の値は，print のコマンドのあとに，% に続けて書く．記入子を使った記法は，多くの変数を出力したいときに便利である．例えば次のように記入子を複数挿入し，実際の数値は print の引数の中での登場の順番にコンマで区切り，全体をカッコではさんで示す．

```
print( 'length: %d, element#2: %s') % (len(aa), aa[2])
```

この出力は次のようになる．

```
length: 5, element#2: 2
```

%d を %f に書き換えると次のように小数点付きの数値が出力されることを確認してみるとよい．

```
length: 5.000000, element#2: 2
```

桁数の指定や指数表記など，出力の書式は細かく指定できる．必要に応じて指定のしかたをネットで検索するとよいだろう．

リストは数に限らない

ここまで紹介したリストは数のリストであるが，リストの内容は数に限られない．例えば，画像もリストにすることができる．ここでは複数のチャネルをもつ1つの画像データを，それぞれのチャネルの画像のリス

トに変換してみよう．まずは以下の3つのチャネルをもつHela細胞の画像を開いてほしい.

- ［File > Open Samples > Hela Cells (1.3M, 48–bit RGB)］

そして次のスクリプトを書いてHela細胞の画像に対して実行する.

```
from ij import IJ
from ij.plugin import ChannelSplitter
imp = IJ.getImage()
imps = ChannelSplitter.split(imp)
print( len(imps) )
imps[0].show()
imps[1].show()
imps[2].show()
```

　1行目と2行目は，インポート文である．詳細はあとに説明するので，とりあえず書いてほしい．3行目は現在アクティブな画像[注7]を変数impとして得ている．4行目ではこの画像の各チャネルの画像を，impsというリストとして取得している．このリストは，数字ではなく画像を要素として保持しているリストの例である．このように4行目で画像の各チャネルを単離するためにChannelSplitterという「クラス」を使うので，2行目でこの「クラス」をインポートしている．「クラス」とはなにかということや，その使い方については後述する．5行目ではそのリストの長さを出力する（3と出力されているはずである）．6行目から8行目では，それぞれのチャネルの画像を個別に表示している．リストの1番目の要素が赤のチャネル，2番目の要素が緑のチャネル，3番目の要素が青のチャネルである.

リストの中のユニークな要素

　例えば次のようなリストがあったとする.

```
aa = [1, 1, 1, 2, 2, 2, 3, 3, 3]
```

　このリストに登場する数値は1と2と3である．これらをこのリストの「ユニークな要素」とよぶ．組み込みのsetクラスを使ってリストを「セット」に変換するとユニークな要素を得ることができる．セットはリストに似ているが，「集合型」といい，重複する要素をもつことのできないリストと考えるとよい．さらにセットは，リストに戻すことができるので，次のようにしてユニークな要素のリストを得ることができる.

```
aa = [1, 1, 1, 2, 2, 2, 3, 3, 3]
aaset = set( aa )
print( aaset )
aasetlist = list(aaset)
```

注7　アクティブな画像とは，デスクトップ上に開いている画像のことである．複数ある場合は，一番上にある画像がアクティブな画像である．アクティブな画像は，メニューから［Window］を選んでそこにリストされるウィンドウの中でチェックマークがついている画像としても判別できる.

```
print(aasetlist)
```

このコードを実行すると次のような出力になる.

```
set([1, 2, 3])
[1, 2, 3]
```

このユニークな要素を得る操作は次のように1行で書くこともできる.

```
aasetlist = list( set( aa ) )
```

辞書型 (Dictionary)

リストを少し高級にして，それぞれの要素がキー（key）と値（value）からなるペアにしたものが辞書型である．これは次のように波カッコではさんで生成する．

```
dd = {"year":2024, "month":12, "date":24}
print(dd["month"])
```

この場合，キーは"year", "month", "date"であり，それぞれのキーに対応する値がキーとコロン（:）をはさんで続いている．生成された辞書の中の値を得るには，2行目にあるように，辞書の変数名に続き，角カッコでキーを囲んで指定する．すべてのキー，あるいは値を出力するには上のコードの例に続けるとこのようになる．

```
print(dd.keys())
print(dd.values())
```

```
['date', 'year', 'month']
[24, 2024, 12]
```

要素を追加するには下のように，キーを指定してそれに対応する値を代入する．

```
dd["day"]="Tue"
```

なお，空の辞書を波カッコだけで例えばdd = {}のように作成することも可能で，この場合は上のようにあとから要素を追加する．逆に削除する場合は次のようにする．

```
dd.pop("day")
```

5）ループ

リストのすべての要素をそれぞれ独立に出力するには次のようにする．

```
aa = range(5)
for a in aa:
    print( a )
```

少しでもプログラミングをかじったことのある人ならば，「ああ，forを使ったループですね」と思うかもしれないが，知らない方々のために解説すると，まず1行目ではすでに学んだように，$0 \leqq k < 5$の数列のリストを生成している．次の行のforではじまる部分は言葉で書き下すと次のようになる．

「リストaaの各要素を変数aに順番に代入せよ，そして，要素1つごとにその下に連なる行頭を字下げしたコードを実行せよ」

この例の場合，くり返し実行されるのは字下げした3行目であり，aの内容を出力する．全体として見ればaaの要素が順繰りに出力されることになる．この場合1行だけだが，さらに同じように字下げしたコードがもし続くならば，それらもくり返し実行される．例えば下のようにすれば，ループごとに2行出力されることになる．

```
aa = range(5)
for a in aa:
    print( a )
    print( a*5 )
```

上の場合は，rangeによって整数のリストを作成し，それでループを回しているが，リストであればその構成要素が数値以外のなんであってもループを回すことができる〔プログラミングを知っている人ならばイテラブル（iterable）なオブジェクト，といえばすぐにわかるかもしれない〕．例えば前項で扱った3チャネル画像を分割して表示するスクリプトをforを使って書き直してみよう．

```
from ij import IJ
from ij.plugin import ChannelSplitter
imp = IJ.getImage()
imps = ChannelSplitter.split(imp)
print len(imps)
for aimp in imps:
    aimp.show()
```

4行目のimpsはすでに見たように画像のリストである．したがってこれはそのままforループに供することが可能であり，ループごとに変数aimpに要素である1枚の画像が代入される．そしてループごとに順番にリストのなかの1番目のチャネルから3番目のチャネルまでが表示されるのである．

ImageJマクロ，ないしはCなどのプログラミングに慣れている人はおそらく次のような疑問にすぐに突き当たるだろう．整数ではないリストをループさせるとき，インデックスを得たい場合にはどうすればよいのか？

2つの解決方法がある．1つはインデックスでループを回す方法である．前述のコードを書き換えてみよう（最初の2行のインポート文は省略した）.

```
imp = IJ.getImage()
imps = ChannelSplitter.split(imp)
print len(imps)
for i in range(len(imps)):
    print( "channel", i )
    imps[i].show()
```

　もう1つの方法は，enumerateを使う方法である．こちらのほうがPythonらしい使い方である．

```
imp = IJ.getImage()
imps = ChannelSplitter.split(imp)
print len(imps)
for i, aimp in enumerate(imps):
    print( "channel", i )
    aimp.show()
```

　注目してほしいのはforの構文で返り値の変数が，iとaimpの2つになっていることである．iにはループのインデックスが入り，ループごとに0，1，2となってゆく．aimpにはリストimpsの要素が入る．

　話は再び変わる．リストが複数あって，同時にループを回したい場合はどうすればよいのだろうか．1つの方法は，インデックスでループを回す方法である．

```
numlist = range(1, 4)
names = ['C','Java', 'Python']
for i in range(len(numlist)):
    print('#%d : %s') % (numlist[i], names[i])
```

　出力は次のようになる．

```
#1 : C
#2 : Java
#3 : Python
```

　2つ目の方法はzip関数を使って2つのリストを同時に回すことである．

```
numlist = range(1, 4)
names = ['C','Java', 'Python']
for ind, n in zip(numlist, names):
    print('#%d : %s') % (ind, n)
```

出力は同じである．zip関数は，その引数にあるすべてのリストに関して，同じインデックスの要素をタプル（Tuple）とよばれる特殊なタイプのリストに変換する．このことは，上のコードに次の1行を付け加えれば確認できる．

```
print(zip(numlist, names))
```

　出力を見ると，その部分は次のようになっている．

```
[(1, 'C'), (2, 'Java'), (3, 'Python')]
```

　全体が角カッコで囲まれている要素が3つのリストだが，それぞれの要素はさらに2つの要素をもっている．この丸カッコで囲まれた部分がタプルで，リストに似ているが，要素の値を書き換えることができないという違いがある．この変更不可能な状態のことをイミュータブル（immutable，不変という意味）という．タプルを使う目的はさまざまであるが，1つはメモリの扱いが固定されるので処理速度がきわめて早い，ということである．

6) 条件・文字列

　変数やその状態を判別して，その状況に応じて何らかの処理を行う，といったことをしたいときには，ifではじまる判定式を使う．具体的には次のようなことだ．

```
a = 5
if a == 5:
    print( a )
```

　実行すると5という数字が出力される．2行目で，「aは5か？」と問い，正しいので，3行目の字下げの部分が実行され，aが保持している数値5が出力される．
　2行目のifで問う内容はa == 5となっており，等号を2つ連ねた書き方をしている．これは真偽（True or False）を判定するための式で，例えば次のような短いコードを書いてみよう．

```
a = 5
print( a==5 )
```

　出力されるのはTrue（真）である．1行目をa = 10と書き換えると，出力はFalse（偽）になるので試してみるとよい．a==5と書くことで"aは5か？"という疑問に真偽で解答するという形になっている．このことがわかれば次の（あまり意味がないが理解の助けにはなる）コードが理解できるだろう．

```
a = 5
if True:
    print( a )
```

この場合，2行目に意味はない．なぜならば問いの答えが常に True なので，3行目の字下げした部分は必ず実行される．つまりこれは下のコードと変わらない．

```
a = 5
print( a )
```

逆に以下であれば，a の値がいかなるものであろうとも3行目は実行されない．

```
a = 5
if False:
    print( a )
```

これらを理解できれば下の場合にはなにも起きない理由がわかるだろう．

```
a = 10
if a == 5:
    print( a )
```

判定式の結果が False（偽）なので字下げの部分は実行されないのである．偽の場合にもなにか行うようにするには else を使う．

```
a = 10
if a == 5:
    print( "a is 5" )
else:
    print( "a is not 5" )
```

このように，if で問うた内容が偽であったときに実行する内容を else の下に字下げで書く．応用問題になるが下の場合にはどうなるか？

```
a = 10
if False:
    print( "a is 5" )
else:
    print( "a is not 5" )
```

この場合，a の値がいかなる値であっても常に "a is not 5" が出力されることになる．

より実際的な if の例を次に見てみよう．

```
filename = "image.tif"
if filename.endswith(".tif"):
    print( "This file is a tiff file" )
```

この場合，判定式は filename.endswith(".tif") というコマンドそのもので，文字列 filename の終末が".tif"
である，ということが真であるか偽であるかを判定するメソッド（関数）endswith である[注8]．文字列に関する
正式の解説は Jython の本家の "Strings and String Methods" のページにある[注9]．このページの Table 2-2 に，
文字列（String）が使えるさまざまなメソッドがリストされている．例えば，表の最初にある capitalize() メ
ソッドを試しに使ってみよう．上のコードを若干書き換えて次のように試すことができる．

```
f = "image.tif"
cf = f.capitalize()
print(cf)
```

これを実行すると Image.tif と出力され，最初の文字が大文字になることがわかるだろう．

演習

"Strings and String Methods" のページの Table 2-2 から，文字列で使えるメソッドを探し，上のコードを
"image" だけ出力するように改造せよ．

 # クラスとオブジェクト

以上で基本的な Jython の書き方を解説したが，ここでプログラミングの経験があまりない方には耳慣れな
い言葉や概念を紹介する[注10]．これは，ImageJ を Java のライブラリとして使うには必須の知識であり，Java の
解説になる．

われわれが扱うのは主に画像であるが，ImageJ ではそれぞれの画像を「オブジェクト」として扱う．「オ
ブジェクト」は日本語に直訳すれば「モノ」「物体」「対象」であるが，プログラミングの世界では手でさわ
れるような実在するモノではなく，コンピュータのメモリ上に保持されるデータなどのことを仮想的に「オ
ブジェクト」という．モニタに表示される画像もまたコンピュータのなかの「オブジェクト」である．

ドライブなどに保存された画像もデータなのであるが，保存されたデータはここではオブジェクトとはよ
ばないことにしよう．ImageJ のなかで扱えるような形でメモリに読み込んでさまざまな処理を臨機応変に行
うことができるようにしたデータの状態を，「ImageJ の画像オブジェクト」あるいは単に「画像オブジェク
ト」とよぶことにする．なぜ単に「画像」とよばないかというと，「画像」では記憶媒体に保存したものも含
まれたり，と，あまりに一般的すぎて多義的だからである．また，ImageJ で画像がどのように扱われている
のか，ということを反映するために，「画像オブジェクト」とする．耳慣れないかもしれないが，くり返し使

注8　文字列を判定するうえでのより親切な日本語による解説は例えば，以下を参照にするとよいだろう．
　　　Python で文字列を比較（完全一致，部分一致，大小関係など）　https://note.nkmk.me/python-str-compare/
　　　さまざまなメソッドで文字列を処理することができるのがわかるだろう．文法の基礎的な解説は Jython よりも Python のものが充実しており，
　　　Python 2.7 を参照にすればほぼそのまま Jython で使える．2024 年 11 月の状況では Jython の文法は Python 2.7.2 のバージョンにとどまってい
　　　るので，現在の CPython の主流である Python 3 のリファレンスを参考にすると，使えない機能があることに留意しておくとよい．

注9　サーチするときには「"Strings and String Methods" Jython」をキーにするとよい（https://jython.readthedocs.io/en/latest/
　　　DataTypes/#strings-and-string-methods）．

注10　検索する場合は「オブジェクト指向 Java」とすると，より詳しい解説にアクセスできる．

うことになる．今，なんだそれは，と思っていても，以下の扱い方の実例を眺めるうちに実感をもって理解できるようになることを期待している．

1）画像オブジェクトとそのクラス

ImageJの画像オブジェクトには固有の名前がついており，「ImagePlusオブジェクト」という．画像オブジェクトの名前は本来恣意的である．Wayne Rasbandが最初にImageJをつくりはじめたときに命名したのが，ImagePlusであり，その結果，これが固有名になっている．

生物画像解析の際に，1番目のチャネルの画像，2番目のチャネルの画像，というように，複数の画像を扱うことがよくある．いずれの画像も，ファイルからImageJに読み込んだときには画像オブジェクト = ImagePlusオブジェクトになるわけであるが，これらの画像は同じオブジェクトではなく，異なる画像のオブジェクトである．それぞれ異なるID番号がついており，ID1のImagePlusオブジェクト，ID2のImagePlusオブジェクト，というように，異なる存在として識別される．ただし，いずれもImagePlusという同一の形式は保持している．この同一性，あるいは一般的な形式を「クラス」という．

「クラス」は，いわば役所で渡される書式のようなものである．「氏名」など書式の左側の欄の項目名は共通だが，それぞれが右の空欄に書く氏名は違う，と考えたらよいかもしれない．あるいは，同一の人が同一の内容で2枚の書式を埋めたとしても，書類としては2つになる．別の存在である．このように大まかに理解してもらえればよいのだが，さらに少々複雑なことに，この書式は普通の紙の書式よりももう少し高級で，さまざまな関数も保持している，としてみよう．Excelを紙にしたような変な話で非現実的ではあるが，この想像上のハイテク書式で説明してみる．

例えば，その書式の生年月日のところに西暦で生年を書いたとしよう．普通の紙の書式であれば，西暦のままであるが，例えばこの書式に，自動的に年号に換算して追記するおそるべき機能が付属していたとする．すると，西暦で書くと，その関数が自動的に適用され，右側のカッコに「平成XX年」などと，文字が浮き上がるしくみになるわけである．そんな便利な紙が世のなかに実現するかどうかは知らないが，そうした，何らかの機能，すなわち関数（クラスに紐づく関数は特にメソッド，とよばれる）をもつのが，この特別な想像上の書式，つまりクラスなのである．この書式には画像を添付する空欄，生年月日を記入する空欄があり（フィールドとよばれる），また，西暦を年号に変換する関数機能が付属する，と考えればよいだろう．メソッドとフィールドについては，あとにまた具体的に説明する．

2）画像オブジェクトのインスタンス化と可視化

説明が少々長くなってしまったが，実際にImagePlusオブジェクトをつくってみよう．オブジェクトはクラスをもとにつくり上げる．書式（ImagePlusクラス）に，自分の写真を貼り，その画像に関する情報を添えて記入済みの書式（ImagePlusオブジェクト）を作成する，というようなイメージになる．まず，スクリプトで読み込む画像を用意するため，[File > Open Samples > Blobs]でネットからサンプル画像を読み込んでデスクトップに開き，この画像を[File > Save As > Tiff...]で自分のパソコンの任意の場所にTIFF形式の画像で保存してほしい．この画像を読み込んで開くコードは次のようになる．

```
from ij import ImagePlus

imp = ImagePlus( "/Users/miura/blobs.tif" )
imp.show()
```

　1行目のインポート文がどこから出てきたのかはあとで説明することにして，まず3行目の説明をする（インポート文のあとには1行空けるようにクセをつけておくとあとでコードが読みやすくなる）．イコールで結ばれたこの行の右辺を見ると，ImagePlusにカッコがついており，そのなかには画像ファイルのパスを文字列として引数に与えている（くり返しになるが，二重引用符で囲まれているので文字列である．また，画像ファイルの場所はそれぞれ異なるであろうから，それに応じてファイルパスを変更してから実行してほしい）．このように，クラスの名前にカッコをつけた形式は，「コンストラクタ（Constructor，建造者の意味）」といい，クラスからオブジェクトを新しくつくる際には多くの場合，コンストラクタがかかわる．ここでは，新たなImagePlusオブジェクトを，ファイルパスにある保存データからつくり上げていることになる．なお，ほぼすべてのJavaのクラス名は慣習で大文字からはじまる．PythonではPEP8というコードのスタイルガイドに基づきクラス名の1文字目を大文字にする命名規則がある[注11]．

　左辺を見ると，コンストラクタの実行結果がimpという変数に代入されている．このことで，新たにつくられた画像オブジェクトは，変数impに紐付けられる．このコンストラクタを使った一連の操作を「インスタンス化（Instantiation）」とよぶことがよくある．オブジェクトはインスタンス（instance，日本語だと「実例」に意味が近い）ともよばれ，あるクラスの一例であることを強調したいニュアンスのときに「オブジェクト」ではなく「インスタンス」とよぶことがある．指し示す意味は同じなので，混乱しないようにするとよいだろう．「インスタンス化」はしたがって，オブジェクトを新たにつくることに他ならないが，クラス（書式）をもとにその一例（記入した書式）をつくり上げた，というニュアンスをもつのが「インスタンス化」という言葉である．

　4行目では変数impにshow()というメソッド（関数）がピリオドを介してつけられている．上のコードを実行したときにはここで，ImagePlusクラスに付随しているshow()メソッドの機能によってモニタ上での描画が起こり，目で見ることができるようになる．

演習

　上のコード4行目の行頭に#をつけてコメントアウトをすると描画が起きないことを確認せよ．なお，コメントアウト（comment out），とは，その行を実行するな，無視せよ，という制御記号である．描画が起きないことを確認したら，#記号を削除（アンコメント Uncommentという）してから再び実行し，描画されることを確認せよ．

3）オブジェクトの非同一性

　次に，同一の保存データから2つのImagePlusオブジェクトをつくってみよう．以下のコードになる．

注11　はじめに — pep8-ja 1.0 ドキュメント　https://pep8-ja.readthedocs.io/ja/latest/#id31

```
from ij import ImagePlus

imp = ImagePlus( "/Users/miura/blobs.tif" )
imp2 = ImagePlus( "/Users/miura/blobs.tif" )
imp.show()
imp2.show()
```

　実行すると，2枚の同じ画像がモニタ上に描画されるだろう．同じファイルからインスタンス化したので画像自体は同じなのであるが，画像オブジェクトとしては別のものである．このことを確認するために次の2行を追記して実行してみよう．

```
print( id(imp) )
print( id(imp2) )
```

　出力パネルには次のように数値が2行分，出力されるはずである（数値は任意）．

```
6
7
```

　これらの数字はオブジェクトIDという．インスタンス化されるすべてのオブジェクトには固有のオブジェクトIDが与えられるので，出力される数字はすでに存在しているオブジェクトの数によって変わってくる．1行目が最初にインスタンス化したImagePlusオブジェクト，2行目が2番目にインスタンス化したImagePlusオブジェクトであり，これらのオブジェクトIDが異なっていることから別のオブジェクトであることが確認できる．

4) クラスの見取り図，Javadoc

　ここまでで，オブジェクト，クラス，コンストラクタ，インスタンス化といった概念について書式やImagePlusの例で説明してきた．「クラス」は「オブジェクト」をつくるうえで根本になる存在であるが，例えばImagePlusという画像オブジェクトのためのクラスには，すでにここまでで何度か使ったshow()だけではなく，さまざまなメソッド（関数）が装備されている．その詳しい情報は見取り図のようにウェブページとして用意されており，これをJavadoc[注12]という．とはいえ，Javadocは予備知識がないととてもわかりにくい．慣れればきわめて有用で，「Javadocを制するものはJavaを制す」とまでいえる．そこで以下にJavadocの解読法を解説する．ここではまずImagePlusのJavadocを例にとり，その眺め方，使い方を解説する．ImagePlusのJavadocの先頭部分を**図2**に示した．以下ではこのページを解説するので，自分でも開いてみてほしい．検索エンジンで"Javadoc ImagePlus"と検索すれば，ほぼトップでヒットするだろう[注13]．

注12 Javadocは，ソースコードから自動生成されるHTMLの書類である．
注13 ImagePlus（ImageJ API）https://imagej.net/ij/developer/api/ij/ij/ImagePlus.html

```
MODULE  PACKAGE  CLASS  USE  TREE  DEPRECATED  INDEX  HELP

ALL CLASSES                                    SEARCH:
SUMMARY: NESTED | FIELD | CONSTR | METHOD    DETAIL: FIELD | CONSTR | METHOD


  Module ij
  Package ij

  Class ImagePlus

  java.lang.Object
        ij.ImagePlus

  All Implemented Interfaces:
  Measurements, java.awt.image.ImageObserver, java.lang.Cloneable

  Direct Known Subclasses:
  BMP_Reader, CompositeImage, DICOM, FITS_Reader, GIF_Reader, HistogramPlot,
  LutLoader, PGM_Reader


  public class ImagePlus
  extends java.lang.Object
  implements java.awt.image.ImageObserver, Measurements, java.lang.Cloneable

  An ImagePlus contain an ImageProcessor (2D image) or an ImageStack (3D, 4D or 5D image). It also
  includes metadata (spatial calibration and possibly the directory/file where it was read from). The
  ImageProcessor contains the pixel data (8-bit, 16-bit, float or RGB) of the 2D image and some basic
  methods to manipulate it. An ImageStack is essentially a list ImageProcessors of same type and size.
```

図2 ImagePlusのJavadoc

　このページを開くと，少し下にスクロールしただけでも膨大な情報量があることがわかり「困ったな」と思う方が多いかもしれない．しかし，ここに記載されているすべてが，画像オブジェクトがもっているさまざまな機能である．「未知の機能がいろいろあるに違いない！」と，ぜひともポジティブに捉えてほしい．さて，これまで解説してきたことが，このJavadoc（**図2**）のなかのどこに対応するのか，見ていこう．

クラス名

　まず，「クラス」である．これは，最初のところに，どーん，と大きなフォントで"Class ImagePlus"と書かれている．すなわち，このページはImagePlusクラスに関するJavadoc，ということである．

パッケージ名

　クラスの名前の上の行を見ると，"Package ij"と書かれているのがわかるだろう．また，少し下には"ij.ImagePlus"とも書かれている．これは「このクラスImagePlusはijという名前のパッケージに属している」ということを意味している．パッケージとは，複数のクラスをまとめるためのいわばグループを指す．グループにする理由は，規模の大きなソフトではさまざまな用途をもつ多数のクラスが使われているため，グループ分けを行うことで機能別にクラスを整理することが1つの目的である．

　もう1つの目的は，クラス名の重複を避けるためである．使っている複数のライブラリに同じ名前のクラスがある場合を考えてみよう．例えば"Image"といういかにも一般的な名前のクラスは，世界のどこかの他のプログラマーも同じ名前のクラスをつくっている可能性は大きく，特にFijiのような巨大なソフトでは重

なってしまってもおかしくない．コードの中でこの重複したクラス名を使うと，どちらのクラスを使いたいのかコンピュータは決めることができない．こうした状況を「クラス名の衝突（conflict of class names）」という．衝突を回避するため，クラスを何らかのパッケージに帰属させれば，クラス名の衝突はきわめて起こりにくくなる．それが例えばijというパッケージにImagePlusクラスを帰属させることの意味なのである．ピリオドでパッケージ名とクラスの間をつなげ，ij.ImagePlusとすれば，いわばフルネームのように名前の衝突が起こりにくい．人間の名前の例でいえば，「しょうへい」という名前の人間は世界中にたくさんいるが，姓をつけて「おおたに，しょうへい」とすれば，かなり絞り込まれる．もっと絞り込みたいのであればパッケージにもう1つ階層を付け加え「ドジャース，おおたに，しょうへい」とすれば，ほぼ特定の人物になる．

このことから，先程のコードで登場した以下のインポート文が理解できるだろう．

```
from ij import ImagePlus
```

スクリプトのなかで使うクラスを特定するため，「パッケージijから，ImagePlusクラスをインポートせよ」，すなわちここで使うImagePlusはパッケージijに属するものである，と宣言しているのである．

フィールド

ImagePlusのJavadocをまた少し下にスクロールしてゆくと，"Fields"とオレンジでハイライトされた部分になる（図3）．3列の表になっており，左から型名（クラス名）とアクセス修飾子（Modifier and Type，後述），フィールド（Field，日本語で"フィールド値"などともよばれる．変数群），概要（Description）となっている．

Fields		
Modifier and Type	**Field**	**Description**
boolean	changes	True if any changes have been made to this image.
protected static int	CLOSED	
static int	COLOR_256	8-bit indexed color
static int	COLOR_RGB	32-bit RGB color
protected boolean	compositeImage	
protected int	currentSlice	
protected boolean	dimensionsSet	
static java.lang.String	flattenTitle	Title of image used by Flatten command

図3　ImagePlusのJavadocのFieldsの表

Fieldの列はフィールド名のアルファベット順になっており，ウェブ上でスクロールすると図3の下に多数のフィールド値が存在していることがわかるだろう．そこに例えば，roiというフィールド名があるが，これ

は画像上に設置した選択領域（ROI）を保持する変数であろうことが，その変数名とフィールド名の左側にある型の名前 "Roi" から推測できる（**図4**，大文字と小文字は区別されることに注意）．「概要」にはなにも書かれていないので，これはあくまでも推測であり，正確に確認するためコードを書いてテストしながら使う．

```
protected Roi        roi
```

図4 ImagePlusのJavadocのroiフィールド

画像に設置した選択領域，すなわちフィールド値roiを抜き出したい場合は次のように取得することができる[注14]．

```
myroi = imp.getRoi()
```

コンストラクタ

クラスをオブジェクトとして生成する際にはコンストラクタを使ってインスタンス化が行われる．コンストラクタは，引数のないコンストラクタが一番の基本であるが，さまざまな引数をもたせることができるようになっている場合もある．こうした場合，オブジェクトをつくる際に，最初から特定のオブジェクトをその一部にもたせる，ということになる．

Javadocのフィールドのリストからページをさらに下にスクロールすると，これらのコンストラクタのリストがある（**図5**）.

注14 **図4**の型名の前に "protected" とある．これは外部のコードからのアクセシビリティを示しており，「アクセス修飾子（Modifier）」という．protectedの場合は，外部のJavaコードやスクリプトから直接アクセスできないので，ゲッターとよばれるメソッド（「メソッドについては後述」）を使って取得することになる．ここの例ではgetRoiというメソッドがそれになる．ただし，実際にはJythonでimp.roiとしてもアクセスできてしまう．このようにprotectedのフィールド値に直接アクセスできるかどうかはフィールド値によってまちまちで，この理由はよくわからない．例えば，フィールド値nChannelsはprotectedで，直接アクセスすることはできない．

Constructors	
Constructor	**Description**
`ImagePlus()`	Constructs an uninitialized ImagePlus.
`ImagePlus` `(java.lang.String pathOrURL)`	Constructs an ImagePlus from a TIFF, BMP, DICOM, FITS, PGM, GIF or JPRG specified by a path or from a TIFF, DICOM, GIF or JPEG specified by a URL.

`ImagePlus`
`(java.lang.String title,`
`ImageStack stack)`
	Constructs an ImagePlus from a stack.

`ImagePlus`
`(java.lang.String title,`
`ImageProcessor ip)`
	Constructs an ImagePlus from an ImageProcessor.

`ImagePlus`
`(java.lang.String title,`
`java.awt.Image image)`
	Constructs an ImagePlus from an Image or BufferedImage.

図5 ImagePlusのJavadocのConstructorsの表

　図5の一番最初の行が最も基本的な形式の，引数がないコンストラクタである．私の経験では，ImagePlus で引数がないコンストラクタを使うことはほとんどないが，これはImagePlusに特殊な事情であって，他の クラスの場合には，引数のないコンストラクタしかない場合もある．2行目のコンストラクタは引数に画像の ファイルパスの文字列を与えるコンストラクタで，頻繁に使われる．すでに「クラスとオブジェクト」の「2) 画像オブジェクトのインスタンス化と可視化」（p33）のコードで画像の読み込みに使ったコンストラクタで ある．再度その行だけ示す．

```
imp = ImagePlus( "/Users/miura/blobs.tif" )
```

　この行は，図5の2行目のコンストラクタを使っており，そこには「ImagePlus (java.lang.String pathOrURL)」 と書かれている．カッコの中の最初の文字列は引数の型名，2番目の文字列は変数である．これを見て，引数 が文字列の型であることは，java.lang.Stringという型名から知ることができる．また，その文字列が画像の ファイルパスであることは，変数の名前pathOrURLから推測することができる．

　変数の名前がこのように説明的につけられていれば，その引数がどのようなものであるか推測がつくが，不 親切な開発者のJavadocの場合には，こうした説明的な変数ではない場合（例えば単に"a"など）もある． この場合には，実際に自分でスクリプトを書き，それらしいと思われるオブジェクトを引数にしてインスタン ス化を行ってテストし，うまくいったら，OK，というように試行錯誤が必要になるが，慣れるとあまり迷わ ずに，この変数はこれだろう，と推測がつくようになる．こうした引数の型と，そこにどのようなオブジェ クトを与えるか，というのは，あとに説明するメソッドの場合も同じように，推測とテストが必要になる．

　図5の3行目と4行目はいずれも比較的よく使われるコンストラクタである．1番目の引数は，画像の題 名（タイトル title）である．これは型が文字列であり，自由に名前をつけることができる．2番目の引数は，

ImageStack オブジェクト，ないしは ImageProcessor オブジェクトである．あとでもう少し詳しく解説するが，ImageProcessor は，画像そのもの，およびその画像をさまざまに処理する機能をもったオブジェクトと考えればよい．ImageProcessor オブジェクトは，ImagePlus オブジェクトの属性（フィールド値）の1つであり，なおかつ画像オブジェクトである ImagePlus の本質的な一部である．感覚的には，ImagePlus オブジェクトの中に ImageProcessor オブジェクトが組み込まれている，と考えるとよいかもしれない．ImageStack オブジェクトは，2次元画像である ImageProcessor オブジェクトを複数まとめたもので，画像そのもののスタック，と考えればいいかもしれない．いずれにしろ，ImagePlus オブジェクトは，その中核に2次元の画像1枚（＝ ImageProcessor オブジェクト），ないしは2次元画像スタック（＝ ImageStack オブジェクト）を含むことができる．こうしたことから，ImagePlus のコンストラクタの2番目の引数に，ImageProcessor オブジェクトや ImageStack オブジェクトを指定し，新しい ImagePlus オブジェクトをインスタンス化することができるのである．

　図5の5行目も1番目の引数は任意の画像の題名であるが，2番目の引数はJavaの標準ライブラリで実装されている画像オブジェクトであり，ImageJ と他のライブラリ間で画像データのやりとりを行うといった場面での利用が考えられる．私はほぼ使ったことがない．

メソッド

　さて，いよいよさまざまな機能をもつメソッドである．コンストラクタの表の下にスクロールすると，メソッドの表がはじまる（図6）．

Method Summary

All Methods	Static Methods	Instance Methods	Concrete Methods	Deprecated Methods

Modifier and Type	Method	Description
static void	addImageListener (ImageListener listener)	
java.lang.Object	clone()	Returns a shallow copy of this ImagePlus.
void	close()	Closes this image and sets the ImageProcessor to null.
int[]	convertIndexToPosition(int n)	Converts the stack index 'n' (one-based) into a hyperstack position (channel, slice, frame).
static ImageProcessor	convertToImageProcessor (java.awt.image.BufferedImage img, int band)	Extract pixels as an ImageProcessor from a single band of a BufferedImage.

図6　ImagePlusのJavadocのMethodsの表

　表（図6）の1列目は，メソッド（クラスに付随する関数）の返り値の型，およびそのメソッドのアクセス修飾子（Modifier，注14参照）である．2列目はメソッド名，3列目はそのメソッドの簡単な説明である．
　1列目の型名を眺めると，voidと書いてあるものが多く見られる．これはそのメソッドの返り値がないこ

とを意味している．例えば，3行目のclose()メソッドは表示している画像を閉じるメソッドである．このメソッドの返り値はvoidとなっている．単に画像を閉じるだけなので，なにも返り値は必要ないのである．

　返り値のあるメソッドを見てみよう．4行目のメソッドconvertIndexToPositionの返り値はint[]と書いてあり，これはint型の配列が返り値であることを意味している．

　5行目のメソッドconvertToImageProcessorの場合は，返り値がImageProcessorとなっており，メソッドからImageProcessorオブジェクトが返されることを示している．また，この5行目にはstaticとも書いてある．これは返り値の型名ではなくメソッドが静的メソッド（static method）であることを示している．こうしたメソッドは，ImagePlusをインスタンス化せずに次のようにそのまま使うことができる．

```
ImagePlus.convertToImageProcessor( ....
```

　クラスをインスタンス化せず，クラス名にピリオドをつけて続けてメソッド名を書くことで使うことができるのである．静的メソッドに関しては，もう少し詳しく後述する．

Javadocを読み解く：画像のサイズ

　ここからはImagePlusクラスのメソッドをいくつか紹介し，具体的な使い方を例示する．まず画像のサイズに関して．

　ImagePlusで頻繁に使うメソッドとしてgetWidth()とgetHeight()がある．画像の幅と高さを得るメソッドである．単位は画素数になる．図7にJavadocのgetWidth()の部分を示した．

| int | getWidth() | Returns the width of this image in pixels. |

図7　ImagePlusクラスのgetWidth()メソッド

　実際に使ってみよう．まず，すでに使ったコードで，以前に使ったサンプル画像blobs.tifを開き（下のコード4行目まで），画像の幅と高さを出力パネルに表示する（5〜6行目）．

```python
from ij import ImagePlus

imp = ImagePlus( "/Users/miura/blobs.tif" )
imp.show()
print( imp.getWidth() )
print( imp.getHeight() )
```

　出力結果は次のようになるはずである．

```
256
254
```

幅が256画素，高さが254画素であることがわかる．オブジェクトからそのフィールド値である数値，文字列や，他のクラスのオブジェクトを取得するメソッドは，大抵の場合"get"ではじまる名前であることが多い．このことから，すでに紹介したが，「ゲッター」という言葉でよばれる．逆に，オブジェクトの属性を設定したり，あるいは他のオブジェクトを付け加える場合には，"set"ではじまるメソッドであることが多いので「セッター（setter）」とよばれる．ただし，これは慣習的であり，決まりがあるわけではない[注15]．

演習

前のコードに追記し，画像のビット深度（bit depth）を出力するようにせよ．使うメソッドは，Javadocで探し当てることができる．

Javadoc を読み解く：Roi のメソッド

次に選択領域（ROI）をスクリプトで扱ってみよう．まず先程のスクリプトの一部を使い（あるいは，画像ファイルをドラッグ＆ドロップしてもよい）画像が開いたら，マウスを使って**図8**のように矩形ROIを設置する．

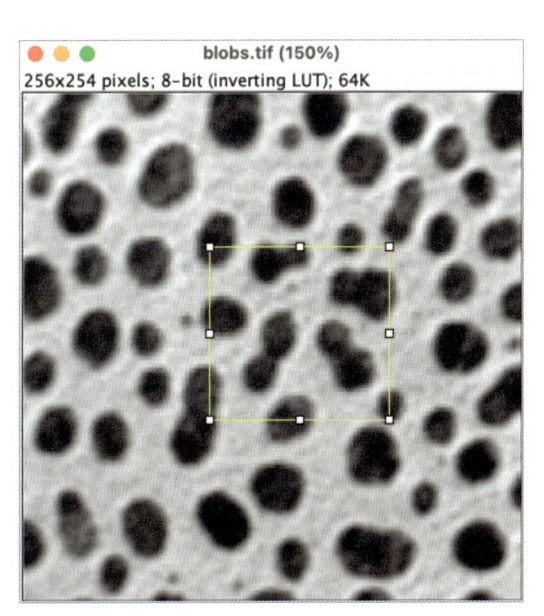

図8 サンプル画像blobs.tifに設置した矩形ROI

このROIの座標や大きさを出力する，という目的でスクリプトを書いてみよう．まずImagePlusのメソッドに，設置されたROIのオブジェクトを取得するメソッドがないか，探してみる．すでに，フィールド値にroiが存在していることは確認済み（**図4**）であるが，このフィールド値はprotectedであり，直接使うことがで

注15 「わかりやすく，バグが起きにくいコードを書く」という点からこうした慣習が形成されているので，意味のない決まりではない．より詳しくは結城浩氏による『Java言語で学ぶデザインパターン入門』（SBクリエイティブ，最新 第3版は2021年発行）などを参考にするとよい．

きない．そこで，返り値がROIのオブジェクトであるようなメソッドを探す．するとgetRoi()というメソッドがあることがわかる（**図9**）.「ゲッター」である.

Roi	getRoi()	Returns the current selection, or null if there is no selection.

図9 ImagePlusクラスのgetRoi()メソッド

このメソッドを使えば，現在画像に設置されている矩形選択領域であるRoiクラスのオブジェクトを得ることができる．さらに，このRoiオブジェクトから，その位置や大きさをどのようにして知ったらよいのだろうか．図9の左のRoiというリンクをクリックする．するとRoiクラスのページになる（**図10**）注16.

```
Module ij
Package ij.gui

Class Roi

java.lang.Object
    ij.gui.Roi

All Implemented Interfaces:
java.io.Serializable, java.lang.Cloneable, java.lang.Iterable<java.awt.Point>

Direct Known Subclasses:
ImageRoi, Line, OvalRoi, PolygonRoi, ShapeRoi, TextRoi
```

図10 RoiクラスのJavadoc

このページで，Roiオブジェクトの位置やサイズを取得することができるようなフィールド値や，メソッドがないか探してみる．願わくば，フィールド値に位置の座標やROIの大きさの変数があればよいのだが，見つからないはずである．そこでメソッドを眺めて，getX(), getSize(), getWidth()など使えそうなゲッターがないか調べるが，これも存在しない．さらによく探すと，getBounds()というメソッドがあり，解説には"Returns this selection's bounding rectangle"とある．返り値はjava.awt.Rectangleという型になっており，すなわち「長方形」クラスである．なにやらここからROIの位置情報を得ることができそうである．そこで，java.awt.RectangleのJavadocを探してみると（Javaの組み込みクラスはjava.xxxのように，javaからはじまるパッケージ名に属している．これらの機能はJavaの中心的な機能なので，組み込み機能，あるいは組み込み関数とよばれる），ネットで"java.awt.Rectangle javadoc"を検索すればすぐに見つかる（**図11**）注17.

注16 Roi（ImageJ API）https://imagej.net/ij/developer/api/ij/ij/gui/Roi.html
注17 Rectangle（Java Platform SE 8）https://docs.oracle.com/javase/8/docs/api/java/awt/Rectangle.html

```
java.awt

Class Rectangle

java.lang.Object
    java.awt.geom.RectangularShape
        java.awt.geom.Rectangle2D
            java.awt.Rectangle

All Implemented Interfaces:
Shape, Serializable, Cloneable

Direct Known Subclasses:
DefaultCaret


public class Rectangle
extends Rectangle2D
implements Shape, Serializable

A Rectangle specifies an area in a coordinate space that is enclosed by the
Rectangle object's upper-left point (x,y) in the coordinate space, its width, and
its height.
```

図11　java.awt.RectangleクラスのJavadoc

　このクラスのフィールド値を眺めると（図12），選択領域の座標と大きさがどうやら得られそうだ，と判明する.

Fields		
Modifier and Type	**Field and Description**	
int	**height** The height of the Rectangle.	
int	**width** The width of the Rectangle.	
int	**x** The X coordinate of the upper-left corner of the Rectangle.	
int	**y** The Y coordinate of the upper-left corner of the Rectangle.	

図12　java.awt.Rectangleクラスのフィールド値

　以上のようにしてJavadocから得られた情報をもとに，スクリプトを書く. 次のようになる.

```
from ij import IJ

imp = IJ.getImage()
aroi = imp.getRoi()
bounds = aroi.getBounds()
```

```
print( "x " + str(bounds.x))
print( "y " + str(bounds.y))
print( "width " + str(bounds.width))
print( "height " + str(bounds.height))
```

　3行目のIJ.getImage()は，現在アクティブな画像のImagePlusオブジェクトを得るためのIJクラスのメソッドである．4行目では，このImagePlusオブジェクトのgetRoi()メソッドを使って，roiオブジェクトを得て，aroiという変数に代入している．5行目では，Roiクラスのメソッドであるget Bounds()を使い，java.awt.Rectangleのオブジェクトを得て，変数boundsに代入する．6行目から9行目は，bounds.xのようにしてフィールド値をよび出せば，矩形選択領域の左上の頂点の座標や，幅と高さを得て出力することができる．なお，数値型（numerics，bound.xは数値型の1つであるint型である）は，文字列に付け加える際に，文字列型（String）に変換する必要がある．このため，str(bounds.x)のように，Jythonの組み込み関数であるstrを使って，数値型を文字列型に変換する．

演習

　上のコードを改変して，矩形選択領域が画像の右上にぴったりと収まるようにその位置を変更せよ．Roiクラスには，矩形選択領域の左上の座標を再設定するメソッドがある．

5）静的メソッド

　Javadocで返り値にstaticとつけられているメソッドは，「静的メソッド」であり，クラスをインスタンス化せずに使うことができる．なお，静的メソッドはインスタンス化したオブジェクトでも使うことができる．
　ImageJのクラス群のなかでは特にIJクラスで多く実装されている．Javadocを眺めてみるとよいだろう．"Javadoc IJ"で検索すればよい[注18]．すでに「はじめの一歩」の節で紹介したopenImage()メソッドもまた，そうした静的メソッドの一つである．

```
imp = IJ.openImage('/Users/miura/image.tif')
```

　他にも次のコードを使った．

```
IJ.log( "Hello World!")
```

　IJクラスにはさまざまな機能をもつ静的メソッドが実装されており，コンビニのように便利なクラスである．一度丁寧に眺めておくと，「あれがIJクラスにはあったな」という形でスクリプトに使うことができるだろう．特に画像解析で使うことはあまりないが，おもしろいメソッドを紹介する．

注18 IJ（ImageJ API）　https://imagej.net/ij/developer/api/ij/ij/IJ.html

```
IJ.beep()
```

IJクラスのbeep()メソッドを実行すると音がなる.

なお，静的ではないメソッド，例えば，ImagePlusクラスのgetWidth()は，インスタンス化されたオブジェクト（この場合は画像オブジェクト）においてのみ作動するメソッドである．単にImagePlus.getWidth()と書いて実行しても，画像オブジェクトが存在しないがゆえに機能せずエラーになる．こうしたインスタンス化したオブジェクトでしか使えないメソッドは「動的メソッド」であるが，staticと宣言されていなければそれは動的メソッドである．ImageJ全体ではオブジェクトの存在を前提とする動的メソッドがほとんどである.

演習

ImageJのバージョンを出力するコードを書け．このメソッドはIJクラスにある.

6）コマンドレコーダ

コマンドレコーダを使って，マウスでの操作をJythonで自動記録することもできる．これを使うと頻繁に登場するのが，IJ.run()メソッドである．例えば，サンプル画像blobs.gifを開き，シグマ値2でガウスぼけ処理をする，という作業を行ってそれを記録すると以下のように記録される.

```
imp = IJ.openImage("http://imagej.net/images/blobs.gif");
IJ.run(imp, "Gaussian Blur...", "sigma=2");
```

この2行目に登場しているのがIJクラスのrunメソッドである．このメソッドはメニューの項目名を指定して実行する．1番目の引数は処理対象とするImagePlusオブジェクト，すなわち画像オブジェクトである．ここではimpとなっており，1行目でウェブから読み込んだ画像オブジェクトである．2番目の引数はメニュー項目名の文字列で，マウスでメニューツリー［Process > Filters > Gaussian Blur...］をたどったときの項目名に相当する．3番目の引数はそのメニュー項目を実行したときのオプションで，通常であればダイアログボックスで入力する内容を指定する．ここでは，ガウスぼけ処理を行う際のsigmaの値になる．同様に，Fijiのメニューに登場する項目は，その多くがこのrunメソッドで実行することができる．参考までに，該当部分のJavadocを**図13**に示す．引数の数や型が異なる4種類のrunメソッドがあることがわかるだろう．実行の際に引数の数や与えた引数の型（クラス）によって，どのメソッドが使われるかが決まる.

static void	run(ImagePlus imp, java.lang.String command, java.lang.String options)	Runs an ImageJ command using the specified image and options.
static void	run(Interpreter interpreter, java.lang.String command, java.lang.String options)	The macro interpreter uses this method to run commands.
static void	run(java.lang.String command)	Runs an ImageJ command.
static void	run(java.lang.String command, java.lang.String options)	Runs an ImageJ command, with options that are passed to the GenericDialog and OpenDialog classes.

図13 IJクラスのrunメソッド
4つのバージョンがある.

　前述のコマンドレコーダの記録に登場したのは，**図13**の一番最初の行にある，引数が3つのメソッドである．1番目の引数で処理対象のImagePlusオブジェクトを指定することができるが，3行目と4行目のrunメソッドでは引数にImagePlusオブジェクトがない．この場合は，デスクトップに開かれているアクティブな画像が処理対象になるので，デスクトップで扱う要素を残しているメソッドである[注19]．

　注意すべきなのは，コマンドレコーダで記録されるコマンドは単にメニューの操作を反映したものでしかない，ということである．ImageJに同梱されている，あるいはFijiに追加されたプラグインを実装するさまざまなクラスは，それをインスタンス化することでその機能をよりダイレクトに操作することができる．メニューをたどった自動記録を再生，というスクリプトではなく，使いたい機能のクラスとそのJavadocを眺め，そのクラスを直接使うことを意識してスクリプトを書けるようになると，より自由に作業工程をデザインして実行できるようになる．

クラスの使い方：実践編

　ここまで基礎的な事項を網羅的に解説してきた．ここからは実際にImageJのクラスをスクリプトでどのように使えばよいのか，実例をあげながら解説する．

1）ImageProcessorクラスと画像処理

　ImageProcessorクラスは画素情報を保持し，ImagePlusクラスの属性の一部になっており，いわば画像そのものである．ImagePlusのハコの中にImageProcessorの画像が入っている，そのハコには他にも物理スケールや画像の名前などその画像自体に付帯する属性も入っている，とイメージするとよいかもしれない．ImageProcessorクラスは画像の反転や回転などさまざまな画像処理のアルゴリズムをメソッドとしてもっており，画像に対する基本的な演算はこのクラスのオブジェクトで直接行うことができる．Javadocを眺めれば，メソッドの名前からその処理機能をほぼ推測できるだろう[注20]．

　また，画像処理アルゴリズムのクラスには，処理の引数にImageProcessorオブジェクトをとるものが多い．

注19 なお，アクティブな画像に対して処理するだけではなく，引数に画像の名前を指定して処理が行われる場合もある．例えばIJ.run("Calculator Plus", "i1=blobs.tif i2=blobs-1.tif operation=[Scale: i2 = i1 x k1 + k2] k1=1 k2=0 create")など.

注20 ImageProcessor（ImageJ 1.53j API）https://javadoc.io/static/net.imagej/ij/1.53j/ij/process/ImageProcessor.html

このため，ImagePlus オブジェクトから ImageProcessor オブジェクトを抜き出す工程は頻繁に登場する．この抜き出しには ImagePlus クラスの getProcessor() メソッドを使う．次の例で見てみよう．

```
1    from ij import ImagePlus
2
3    imp = ImagePlus( "/Users/miura/blobs.tif" )
4    ip = imp.getProcessor()
5    ip.invert()
6    imp.show()
```

このコードでは L4（4行目）で ImagePlus オブジェクトから ImageProcessor オブジェクトを取り出し，L5 でそのメソッド invert() を使って画素値を反転させている．

演習

ImageProcessor クラスには，threshold というメソッドと，setThreshold というメソッドがある．上の画像の反転のスクリプトの例と，Javadoc を参考にスクリプトを書き，2つのメソッドの機能の違いを説明せよ．後者のメソッドの場合は，imp.setProcessor(ip.createMask()) と続けて書かないと，画像は変化しない．なぜこのように書かないと画像に変化が起きないのかについても説明せよ．

プログラミングの知識がある程度ある方のために詳細を述べると，ImageProcessor は抽象クラスであり，その継承は ByteProcessor，ColorProcessor，FloatProcessor，ShortProcessor という4つのクラスで行われている．それぞれ異なるビット深度の画像を実装している．クラスによって追加されているメソッドがあるので，この点，念頭に置いておくとよい．

2）ImageStack クラスからの画像の取り出し

タイムラプスの動画や，立体3次元のデータは画像スタックになっていることが多い．これらはいずれも，2次元の画像を複数重ねた形式である．Fiji のサンプル画像では，例えば［File > Open Samples > Bat Cochlea Volume］で，114枚の画像を重ねた画像スタックを眺めることができる．次のスクリプトでこの画像を使うので，ローカルに保存しておこう．

画像スタックの中の一枚一枚の画像を ImageJ では「スライス（slice）」という．このように画像が複数含まれていても，それは ImagePlus オブジェクトである．そして，このオブジェクトで getProcessor() を行うと，現在ディスプレイに表示されている1枚のスライスだけが取り出され，他のスライスを取り出すには，あらかじめマウスで別のスライスを表示させてから，getProcessor() を行う必要がある．表示の手間を省きより自由にスタックの画像群にアクセスするには 114 枚の画像をすべて取り出す，getStack() メソッドを使う．返り値は ImageStack クラスのオブジェクトである[注21]．このクラスは，複数の ImageProcessor オブジェクトを保持でき

注21 ImageStack（ImageJ API）https://imagej.net/ij/developer/api/ij/ij/ImageStack.html

るクラスであり，スライスのインデックスを指定してImageProcessorオブジェクトを抜き出すことができる．この抜き出しに使うのは，ImageStackクラスのgetProcessor(int n)であり，引数でスライスのインデックスを指定する（**図14**）．

ImageProcessor	getProcessor(int n)	Returns an ImageProcessor for the specified slice, where 1<=n<=nslices.

図14 ImageStackクラスのgetProcessor(n)メソッド

次の例で見てみよう．画像スタックのちょうど真ん中のスライスの画像を取り出して，それだけ別のウィンドウで表示させるスクリプトである．

```
1   from ij import ImagePlus
2
3   imp = ImagePlus( "/Users/miura/bat-cochlea-volume.tif" )
4   stack = imp.getStack()
5   slices = stack.getSize()
6   mid = int( slices/2 )
7   ip = stack.getProcessor( mid )
8   oneslice = ImagePlus( "slice"+str(mid), ip)
9   oneslice.show()
```

L3でまず，ローカルに保存したBat Cochleaの画像ファイルから画像オブジェクトを読み込み，L4でImageStackオブジェクトを抜き出す．L5ではそのオブジェクトのメソッド，getSize()を使ってスライスの総数（つまりスタックの枚数）を取得する（114になるはずだが，これは表に出てこない）．ちょうど真ん中にあるスライスを抜き出すため，L6で総数の半分のインデックスを計算する．ここではJythonの組み込み関数であるintを使って，割り算の結果を整数に変換する．これでもし結果が例えば4.5のように小数点以下の値を保つ場合，切り捨てになる．整数に変換するのは，L7で使うgetProcessor(int n)の引数が整数であることが必要だからである．このL7で，スタック全体の真ん中にあるImageProcessorオブジェクトが抜き出される．L8でこれを使って，新たにImagePlusオブジェクトをインスタンス化する．1番目の引数は画像のタイトルである．抜き出したスライスのインデックスを含めるようにこのタイトルの文字列を構成している．2番目の引数は，L7で抜き出したImageProcessorオブジェクトである．L9では，このImagePlusオブジェクトを画面上に表示する．

3）スタック画像の輝度の測定

ImagePlusはこれまでに何度も登場した．画像そのものと画像の属性（物理スケールや画像のタイトルなどのメタデータ）などを含むクラスである．慣例的に変数の名前はimpとすることが多い．次のコード（**コード01**）は，スタック画像をImagePlusオブジェクトとして読み込み，ループを使ってスタックの中の画像の1枚ごとに平均輝度の測定を行うコードである．この場合はコマンドレコーダを使って記録したIJ.runメソッド

を何度も使っている.

コード01：code_Measurement01.py（サポートリポジトリ[注22]からダウンロードできる）

```
1    from ij import IJ, ImagePlus
2
3    imp = ImagePlus( "/Users/miura/bat-cochlea-volume.tif" )
4    frames = imp.getStackSize()
5    IJ.run("Set Measurements...", " mean slice redirect=None decimal=3")
6    IJ.run("Clear Results")
7    for i in range(frames):
8        imp.setSlice(i + 1)
9        imp.updateImage()
10       IJ.run("Measure")
```

コードを実行すると読み込んだ画像は表示されず，いきなり測定結果の表が表示される（**図15**）.

Results

	Mean	Slice
1	0.096	1
2	1.026	2
3	1.546	3
4	2.833	4
5	4.297	5
6	6.541	6

図15　測定結果の表

コード01のL4，L5はマウスを使って［Analyze > Set Measurements...］でMeanとSlicesを測定項目に選び，次に［Analyze > Clear Results］を選ぶステップに相当する．ループに入ったあとのL8は［Image > Stack > Set Slice...］でインデックスの番号のスライスを選ぶことに対応する．GUIでの操作に慣れている方ならば，これでそのスライスが表示されてその画像がアクティブな画像になり，処理対象になることを知っているだろう．しかし，画像をデスクトップに表示していないスクリプトの場合，L9の`updateImage`メソッドによって，アクティブな画像がL8で選んだスライスになるように明示的に指示する必要がある．わかりにくい話で恐縮だが，「アクティブになるように設定したスライス番号」と，「実際にディスプレイに表示されている画像」は必ずしも同じではない．後者を前者に一致させるのが`updateImage`メソッドなのである．画像を表示していないので，「実際にディスプレイに表示されている画像」は，あくまでも，仮想的な表示の状態であるが，その状態にしておかないと，L10のコマンドがうまく機能しない．なぜならば，L10のコマンドは`run`メソッドで［Analyze > Measure］をメニューで選んで測定を実行するコマンドであり，このようにメニューの項目を指定してコマンドを実行する場合，測定対象は「実際にディスプレイに表示されている画像」であ

注22 bit.ly/BIAS-book-2025

ることが決まっているので，画像を開いていなくても仮想的に「実際にディスプレイに表示されている画像」を実現する必要があるのである．試みにL9をコメントアウト（行頭に#をつける）して実行してみるとわかるだろう．

このL9のように，「実際には見えていないが必要な表示の操作」が，もともとデスクトップ表示と密接な関係性があるrunメソッドを使ったコードでは必要になることが多く，コードはわかりにくくなる．エラーも起きやすい．より直接クラスにアクセスするコードのほうが堅牢で，しかも画面に描画するための計算がなくなるので，処理が速くなる．同じ測定は次のようにrunメソッドを使わないで行うことができる（**コード02**）．

コード02：code_Measurement02.py（サポートリポジトリからダウンロードできる）

```
1   from ij import IJ, ImagePlus
2   from ij.plugin.filter import Analyzer
3   from ij.measure import ResultsTable
4
5   imp = ImagePlus( "/Users/miura/bat-cochlea-volume.tif" )
6   frames = imp.getStackSize()
7   rt =  ResultsTable()
8   ana = Analyzer ( imp , rt)
9   ana.setMeasurements(Analyzer.MEAN + Analyzer.SLICE)
10  for i in range(frames):
11      imp.setSlice(i + 1)
12      ana.measure()
13  rt.show("Measurements")
```

コード02では測定にAnalyzerクラスとResultsTableクラスを使うため，インポート文が2行増える．**コード01**との違いはL7のResultsTableクラスのインスタンス化からはじまる．このオブジェクトrtは，測定結果の格納先になる．まだなにも記入していない表と思えばよい．L8では，Analyzerクラスをインスタンス化する．これは測定を行うためのクラスである．引数の1番目は読み込んだスタックの画像オブジェクト，2番目の引数は上の行でインスタンス化したrtである．L9では測定項目を指定する．最初のコードではrunメソッドで行ったが，ここではAnalyzerクラスのsetMeasurementsメソッドを使う．引数は少々トリッキーなのだが，Analyzerクラスがもっているフィールド名の和で指定する．これらのフィールド名はそれぞれ固有の整数に対応しており，フィールド名の足し算の結果は整数になる．ここではMEANとSLICEの和が引数になっているが，他の測定項目を追加したいときにはずらずらと足し算を行っていけばよい[23]．フィールド値の名前は**図16**にあるように，AnalyzerクラスのJavadocで知ることができる[24]．

注23 MEAN = 2（2^1）やSLICE = 1048576（2^{20}）といった定数（Constant Field）は2の冪（べき）になっており，2進数で表記すると1カ所のみが1で他は0になっている．これらを足し合わせると，2進数で表記した場合，1の位置が保持される．この性質を利用することで，どのオプションがOnになっているかがわかるというしくみになっている．

注24 少々詳しいことを説明すると，Analyzerクラスはij.measure.Measurementというインターフェースを実装しており，このインターフェースにそれぞれのフィールド変数に対応する固有の整数値が書かれている．

```
Fields inherited from interface ij.measure.Measurements

ADD_TO_OVERLAY, ALL_STATS, AREA, AREA_FRACTION,
CENTER_OF_MASS, CENTROID, CIRCULARITY, ELLIPSE, FERET,
INTEGRATED_DENSITY, INVERT_Y, KURTOSIS, LABELS, LIMIT,
MAX_STANDARDS, MEAN, MEDIAN, MIN_MAX, MODE, NaN_EMPTY_CELLS,
PERIMETER, RECT, SCIENTIFIC_NOTATION, SHAPE_DESCRIPTORS,
SKEWNESS, SLICE, STACK_POSITION, STD_DEV
```

図16 測定項目のフィールド名

L10からは**コード01**と同じようにスライスを1枚ずつ測定するループである．違うのはupdateImageメソッドを使う必要がないことと，L12のAnalyzerオブジェクトのmeasureメソッドを使うところで，このことでL8のコンストラクタで指定した画像オブジェクトと結果の表を使って測定と表への書き込みが行われる．ループを終えたあとに，結果の表（**図15**）がshowメソッドにより表示される．引数は表のタイトルの文字列である．

さらに3番目の測定スクリプトも紹介する（**コード03**）．もし結果を表示する必要がなく単純な出力でよいならば，ImageProcessorクラスのメソッドを使うことでさらにコンパクトに測定を行うことができる．

コード03：code_Measurement03.py（**サポートリポジトリ**からダウンロードできる）

```python
1    from ij import IJ, ImagePlus
2
3    imp = ImagePlus( "/Users/miura/bat-cochlea-volume.tif" )
4    frames = imp.getStackSize()
5    for i in range(frames):
6        ip = imp.getStack().getProcessor(i + 1)
7        stats = ip.getStats()
8        print("Mean: %.1f slice: %i") % (stats.mean, i+1)
```

実行すると，測定値はスクリプトエディタの出力パネルに出力される．L4までは**コード01**と同じで，L5からはじまるループの中では，L6でスライス番号を指定してImageProcessorオブジェクトipを抜き出す．引数のスライス番号の指定がi+1となっているのは，ループのインデックスiは0からはじまるのに対して，スライス番号は1からはじまるからである．L7のImageProcessorクラスのメソッドgetStatsは，画像のさまざまな統計値を得るためのメソッドで，返り値はImageStatisticsオブジェクトである[注25]．このオブジェクトにはさまざまな画像統計値のフィールドがあり（**図17**），L8のように指定することで，例えば画素値の平均値や測定した画像のスライス番号を得ることができる．ここでのprintの使い方はこれまでに紹介していない用法である．次のように書くこととほぼ同じである．

```python
pirnt("Mean: "+ str(stats.mean) +" slice: "+ str(i+1))
```

注25 ImageStatistics（ImageJ API）　https://imagej.net/ij/developer/api/ij/ij/process/ImageStatistics.html

ただし，L8のprintの使い方では，挿入する2つの数値を変数として扱う．平均値は%.1f，スライス番号は%iとし，そこに挿入する実際の値は%以降のカッコの中にリストしている．%.1fは，数値に対して「小数点以下1桁の浮動小数点数の表示」を指定している．%iは，「整数の表示」を指定している．こうすると特に小数点以下の数値を長々と出力することなく，決まった桁数を出力表示することが可能になる．あるいは，整数は整数としてきちっと表示してくれる．JavaやCでいえば，printfの書き方である．

double	major	Length of major axis of fitted ellipse
double	max	
int	maxCount	
double	mean	
double	median	
double	min	
double	minor	Length of minor axis of fitted ellipse
int	mode	Mode of 256 bin histogram (counts limited to 2^31-1)
int	nBins	
protected double ph		
int	pixelCount	Int pixel count (limited to 2^31-1)

図17　ImageStatisticsクラスのフィールド
さまざまな統計値をここから得ることができる．長大なため，一部だけ示した．

4）ProfilePlotクラス：輝度プロファイルの例

　画像から輝度プロファイルを得る場合にはProfilePlotクラスをインスタンス化する．次のコードでは，blobs.tif画像を読み込み，任意の直線ROIを設置する（**コード04**）．その画像オブジェクトを引数に指定してProfilePlotクラスをインスタンス化する．このオブジェクトを使って輝度プロファイルを取得することができる．

コード04：code_PlotProfile01.py（サポートリポジトリからダウンロードできる）

```
1    from ij import ImagePlus
2    from ij.gui import Line
3    from ij.gui import ProfilePlot
4
5    imp = ImagePlus( "/Users/miura/blobs.tif" )
6    lineRoi = Line(140, 20, 140, 230)
7    imp.setRoi(lineRoi)
8    pf = ProfilePlot(imp)
9    profile = pf.getProfile()
10   for val in profile:
11       print( val )
```

コード04ではL6でまずLineクラスを使って直線Roiのインスタンス化を行う．このコンストラクタの引数は最初の2つが始点，次の2つが終点のxとyの座標である[注26]．L7でこの直線Roiオブジェクトを読み込んだ画像にsetRoiメソッドを使って設置する．JavadocでImagePlusのページを開きこのメソッドを見ると，引数の型はRoiクラスになっており，Lineクラスではない（図18）．

void	setRoi(Roi newRoi)	Assigns the specified ROI to this image and displays it.

図18 ImagePlusクラスのJavadocのsetRoiメソッドの部分

なぜそれでも機能するのかというと，LineクラスはRoiクラスを継承したものだからで，これを「LineクラスはRoiクラスのサブクラスである」という．この継承関係は，RoiクラスのJavadocを見ると，サブクラスのリストにLineクラスがあることからわかる（**図12**の下の部分，"Direct Known Subclasses"を見よ）．

プロファイルの取得はL6のgetProfileメソッドによって行う．返り値はdouble型のJavaの配列で[注27]，これはそのままJythonのリストとして扱うことができるので，そのままforループを使ってL10とL11で出力パネルに出力することができる．さて，このスクリプトの結果をさらにCSVの表として出力してみよう．Jythonに組み込まれているcsvモジュール[注28]が簡便なのでそれを使う．**コード04**に続けて以下のコードを書く（**コード05**）．

コード05：code_PlotProfile02.py（コード04と重複する部分は紙面では省略．サポートリポジトリからダウンロードできる）

```
12   ### コード04部分は省略
13   import csv
14
15   f = open('/Users/miura/Desktop/prof.csv', 'wb')
16   writer = csv.writer(f)
17   for index, val in enumerate(profile):
18       writer.writerow([index, val])
19
20   f.close()
```

コード05のL15は，書き出す先のファイルをまず用意する部分で，これにはファイルを開くためのJythonの組み込み関数openを使う．第1引数はファイルパス，第2引数はファイルを開くモードの指定である．書き込むときには"w"と指定する．読み込みのために開くならば"r"である．wに続くbは，バイナリモードで開くという記号で，このことで書き込む際に機種依存的な改行コードの変換が無視される．なお，第1引数で指定したパスにファイルが存在しないときには新規に作成されるので，ここでは新しくファイルをつくるこ

注26 Line（ImageJ API）　https://imagej.net/ij/developer/api/ij/ij/gui/Line.html
注27 数値の型には主にint型（整数），float型（実数），double型（倍精度の実数）がある．int型では小数点以下の値をもつ数値を与えることはできない．double型はfloat型よりも割り当てメモリを増やして，数値の精度を増やしている．他にもbyte型の数値もあり，これは数学としてはあまり役に立たないが，8ビットの数値で，画素値に使われる．
注28 Pythonでは関数をひとまとめにしたものをモジュールという．複数のモジュールをひとまとめにしたものがパッケージである．

とになる．L16で実際にこのファイルに書き込みを行うオブジェクトwriterを得て，L17，L18のforループで輝度値を1行ずつファイルに書き込んでゆく．ここではインデックス番号を得るためにL17のループの宣言部で関数enumerateを使った．ループを抜けたあと，開いたファイルを閉じるのは重要である．これをL20で行う．

 ## その他のテクニック

作業工程を書くうえで，クラスとそのインスタンス化，メソッドの使い方，Javadocの読み方は特に重要であり，ここまではその解説をした．他に知っておいたほうがよい細かいテクニックがある．以下で紹介する．

1）自作関数

自分でつくった関数を自作関数という．作業工程の一部をまとめて自作関数にしておきたい場合がある．例えば，何度も使う似たようなコードは，その部分を自作関数にすることで同じコードをくり返し書くという無駄を省くことができる．それだけではなく，複雑な工程で解析を行う場合，部分ごとに自作関数をつくると工程の見通しがよくなる．全体の流れが見やすくなるのだ．例えば，工程に10のステップがある場合，それぞれのステップを自作関数にすれば，そのメインの部分は10個の自作関数を並べたものになり，パッと見て流れがわかりやすくなる．アウトラインのようにコードを読むことができるからである．読みやすいコードにしておくとエラーが出たときに，その修復も効率的になる．

自作関数は次のような構文で書く．

```
def 関数名（引数1，引数2…）：
    コード
    コード
    return xxx
```

defは関数を定義するという宣言であり，そのあとに任意の関数名，カッコの中に関数の内部で使う引数を宣言する．この行の行末は，コロン（:）で区切り，関数の内部は字下げで記述する．返り値を与えたい場合は，returnで返すようにする．

例えば，上で扱った輝度プロファイルのコードを，2つの自作関数からなるコードにしてみよう．次のようになる（**コード06**）．

コード06：code_PlotProfile03.py（サポートリポジトリからダウンロードできる）

```
1   from ij import ImagePlus
2   from ij.gui import Line
3   from ij.gui import ProfilePlot
4   import csv
5
6   def getProfile(imp):
7       pf = ProfilePlot(imp)
8       profile = pf.getProfile()
```

```
9        for val in profile:
10           print( val )
11       return profile
12
13   def writeProfileToFile(writepath, profile):
14       f = open(writepath, 'wb')
15       writer = csv.writer(f)
16       for index, val in enumerate(profile):
17           writer.writerow([index, val])
18       f.close()
19
20   writepath = "/Users/miura/Desktop/prof.csv"
21   imp = ImagePlus( "/Users/miura/blobs.tif" )
22   lineRoi = Line(140, 20, 140, 230)
23   imp.setRoi(lineRoi)
24
25   profile = getProfile(imp)
26   writeProfileToFile(writepath, profile)
```

　コード06の1つ目の関数は輝度プロファイルを得るための関数getProfile, 2つ目の関数はCSVに結果を書き出す関数writeProfileToFileである. これらの自作関数を使い, L20からL26がメインの全体の処理になる. 細かいコードが関数化されたので, 作業工程のアウトラインとして読むことができる. なお, 関数の名前はできるだけその機能がわかるようにつけるとコードが読みやすくなる.

2) リストの一括処理

map関数

　リストの要素一つひとつに, 何らかの関数を適用し, その結果をまたリストに格納したい, ということが必要になったとしよう. ループを使えば, ループごとに要素を1つずつ関数に入力し, 出力をまたリストに格納すればよい. 例えば, 数字のリストを文字列のリストに変えるケースを考えてみよう. ループを使うと次のようになる.

```
aa = [1, 2, 3, 4]
print( aa )
aa_string = []
for v in aa:
    aa_string.append(str(v))
print( aa_string )
```

　これを実行すると, 出力パネルには次のように表示され, 数字のリストが文字列のリストに変換されたことがわかる.

```
[1, 2, 3, 4]
['1', '2', '3', '4']
```

これでも悪くはないのだが，次のようにmap関数を使うともっと簡単にこの変換を行うことができる．

```
aa = [1, 2, 3, 4]
print( aa )
aa_string = map( str, aa )
print( aa_string )
```

map関数は，第1引数に関数，第2引数にリストをとり，このリストの要素一つひとつに第1引数の関数を適用してその結果をリストにして返り値にする．ループを簡単に書く方法，と考えればよい．

前述の例では，Jythonの組み込み関数であるstr関数を使っているが，自作関数を使うこともできる．例えば，次のように数字のリストの要素をすべて二乗する，というような場合である．

```
aa = [1, 2, 3, 4]
def squared( v ):
    return pow( v, 2 )

aa_squared = map( squared, aa )
print( aa_squared )
```

この例では，まずsquaredという自作関数を定義する．引数の数値を二乗したものを返り値とする関数である．この自作関数をmap関数の第1引数にし，第2引数を数字の配列とすれば，要素を二乗したリストを得ることができる．

```
[1, 4, 9, 16]
```

さらに，上のようにわざわざ自作関数を定義するまでもない，ということならば，次のように無名関数（anonymous function），あるいは別名ラムダ関数（lambda function）を使って，自作関数をつくらずに処理内容を直接書き下してしまうこともできる．ラムダ関数は，自作関数に名前をつけずに一時的に使うための書式である．次のような構文である．

```
lambda v : 関数( v, ...)
```

vは引数であり，コロンのあとに，その引数を使った処理を書く．その処理の結果が返り値となる．上の数値の二乗を行うスクリプトでは次の自作関数を使った．

```
def squared( v ):
    return pow( v, 2 )
```

これをラムダ関数に書き直すと次のようになる.

```
lambda v : pow(v, 2)
```

このラムダ関数のバージョンを使うと，二乗のスクリプトは次のように簡潔に書くことができる.

```
aa = [1, 2, 3, 4]
aa_squared2 = map( lambda v : pow(v, 2), aa )
print( aa_squared2 )
```

リスト内包記法

リストの要素それぞれに何らかの計算等を行い，その結果をまたリストに入れる，というのがmap関数であるが，リスト内包記法（list comprehension）でも同様の簡易的な書き方が可能である.　次のように書く.

```
aa = [1, 2, 3, 4]
aa_squared3 = [ pow( v, 2) for v in aa ]
print( aa_squared3 )
```

関数を定義せずに，コードの一文の中に処理を書き下してしまう方法で，出力は前述のmap関数の例と同じである.　リスト内包記法は一般に次のような構文で書く.

```
[ 関数(v, ....) for v in リスト ]
```

前述したmap関数を使った文字列への変換に，リスト内包記法を使うと以下のような書き方になる.

```
[ str( v ) for v in aa ]
```

この関数の部分には自作関数やラムダ関数を入れてもよい.　慣れないと謎めいたコードに見えてしまうが，英語の文章として "Create a new list by applying function str for each value v in the list aa" といったように，読み下せる書き方なので，一度慣れてしまうとわかりやすい.　map関数とリスト内包記法のどちらを使うかは，それぞれの好みである.

3）フォルダ内のファイルをリストとして取得する

あるフォルダ内にあるファイルの名前のリストを取得し，そのすべてのファイルをそれぞれ処理する，という工程がしばしば必要になる.　これをバッチ処理という.　いくつもの方法があるが，ここでは2つの方法を紹介する.

1つ目は，osパッケージの関数os.listdirを以下のように使うことである.

```
import os
```

```
path = '/Users/miura/samples'
ll = os.listdir(path)
for f in ll:
    print(f)
```

　2行目で調べたいフォルダのパスを設定しているが，これは例なのでそれぞれのパスで試してほしい．3行目で関数listdirの引数に与えられたパスの中のファイルのリストを取得している．4, 5行目はその確認である．実際に処理を行いたい場合は，このループの中をそれぞれの画像を読み込んで何らかの処理をし，必要に応じてその結果を保存する工程を書けば，フォルダ内のファイルすべてのバッチ処理を行うことができる．

　2つ目の方法はJythonに実装されているosパッケージのos.walk関数を使う．任意のフォルダの中のすべてのTIFFファイルの絶対パスを表示するスクリプトを書いてみよう．このos.walkを使う構文は，任意のフォルダ内のすべての画像ファイル（TIFF形式）にバッチ処理を行うときに使える構文である（**コード07**）．

コード07：code_batchProcess.py（サポートリポジトリからダウンロードできる）

```
1    from ij.io import DirectoryChooser
2    import os
3
4    srcDir = DirectoryChooser("please select a folder").getDirectory()
5    print("directory: "+srcDir)
6    for root, directories, filenames in os.walk(srcDir):
7        for filename in filenames:
8            if filename.endswith(".tif"):
9                path = os.path.join(root, filename)
10               print(path)
```

　コード07のL4のDirectoryChooserクラスはユーザーにフォルダを選択してもらうためのクラスである．DirectoryChooserのインスタンス化と，そのメソッドの使用を1行で行っている．次のように2行に分けて書くこともできるが，簡易化して1行で書いた．

```
dc = DirectoryChooser("please select a folder")
srcDir = dc.getDirectory()
```

　getDirectoryメソッドは，対話ウィンドウを表示し，ユーザーがフォルダを選んで"Open"のボタンを押すのを待つ．ボタンが押されると，そのフォルダへのパスが返り値になる．L6のos.walkの結果は，引数として与えられた選択フォルダのパスsrcDirの中にあるすべてのサブフォルダも含むファイルを再帰的にリストする．ループの1巡目では選択したフォルダがrootとなり，その中にあるフォルダとファイルがそれぞれdirectoriesとfilenamesのリストとして返される．次のループでは，最初に選択したフォルダの中にあるサブフォルダがrootとなり，その中のフォルダとファイルがそれぞれdirectoriesとfilenamesのリストになる．このように，すべてのフォルダが探索されるまでループが続く．サブフォルダまで調べる，という点がos.listdir関数と異なっている．

L7〜10はこのループごとに発動するfilenamesのリストに関する2番目のループで，その中のL8では，ファイル名の末尾が".tif"かどうかを文字列にendswithメソッド[注29]をあてて判定する．もしそうならば，絶対パスの文字列をos.path.join関数を使ってrootのパスとファイル名をつなげることで構成させる（L9）．OSによってファイルパスのセパレータがスラッシュかバックスラッシュかなど異なるが，この違いを意識しないでもjoin関数が適合するように絶対パスを組み立ててくれる．L10ではその絶対パスを出力パネルに表示する．

4）JythonのリストをJavaの配列に変換する手法

Jythonに実装されているリストは，Javaの配列と似ているが，実装したクラスは異なっており，JavaクラスのコンストラクタやメソッドでJavaの配列が引数になっている場合，Jythonのリストをそのまま使うとエラーになる（逆にJavaのメソッドが返すJavaの配列はそのままJythonのリストとして使える）．そこで，JythonのリストをJavaに変換することがしばしば必要になる．簡単な例で示すと次のようになる（**コード08**）．

コード08：code_jarray.py（**サポートリポジトリ**からダウンロードできる）

```
 1    import jarray
 2
 3    #create example data arrays
 4    xa = [1, 2, 3, 4]
 5    ya = [3, 3.5, 4, 4.5]
 6
 7    #convert to java arrays
 8    jxa = jarray.array(xa, 'i')
 9    jya = jarray.array(ya, 'd')
10    print(jxa)
11    print(jya)
```

実行すると，以下のように出力パネルに表示される．

```
array('i', [1, 2, 3, 4])
array('d', [3.0, 3.5, 4.0, 4.5]
```

リストを配列に変換するメソッドを集めたのがjarrayモジュールで，**コード08**のL1のようにまずこのモジュールをインポートしてから使う．変換にはjarray.arrayというメソッドを使う．1番目の引数はJythonのリスト，2番目の引数は配列の要素の型を示す記号である．上の例では記号がiであれば，int型（整数の型）であり，Javaでいえばint[]という配列になる．dであればdouble型（倍精度の実数の型）であり，double[]になる．**表1**に型と記号の対応表を示す．

注29 オブジェクトに付随する関数なので「メソッド」である．

59

表1 数値の型と記号の対応表

型	記号
boolean	z
char	c
byte	b
short	h
int	i
long	l
float	f
double	d

　2番目の引数の型の指定は，**表1**の基本型（ネイティブな型ともよばれる）に限られず，クラス名でもよい．例えば2番目の引数を"ImagePlus"とすれば，要素をImagePlusオブジェクトとしたJavaの配列ImagePlus[]に変換できる．具体例を示そう．

```
import jarray
from ij import IJ, ImagePlus
from ij.plugin import RGBStackMerge

imp1 = IJ.openImage(path1)
imp2 = IJ.openImage(path2)
imgarray = jarray.array([imp1, imp2], ImagePlus)
colorimp = RGBStackMerge().mergeHyperstacks(imgarray, False)
```

　このスクリプトは2枚の画像オブジェクトをRGB画像としてマージする，という工程で，このためにRGBStackMergeクラスのmergeHyperstacksメソッドを使う（8行目）．このメソッドの1番目の引数はImagePlus[]であることが必要なので，この配列を7行目でjarray.array()を使って用意している．なお，このコードはパスを設定していないので，このままでは走らない．

Jythonで書くための参考資料

　最後になるが，Jythonを学ぶことは結局，ImageJとその周辺の膨大な解析資産をJavaのライブラリとして使う方法を学ぶことである．そのことで解析者の自由度は飛躍的に高まる．以上でJythonの解説を終える．今後の発展のため，参考になるネット上のページをまとめて紹介しておく．

- SciJava Javadoc：https://javadoc.scijava.org/
  自分でスクリプトを書くときには，頻繁にJavadocを調べてさまざまな機能を発掘することが大切である．Javadocを使いこなすことが上達への道といってもよい．ImageJと関連するライブラリのJavadocはSciJavaのサイトに網羅されている．

- **The Definitive Guide to Jython**：https://jython.readthedocs.io/en/latest/
Jython の本家ウェブサイトにある Jython の一般的な教科書．

- **ImageJ/Fiji の Wiki**：https://imagej.net/scripting/jython/
imagej.net の Wiki の解説ページ．Jython でスクリプトを書く基本を網羅してコードで示している．ここでは触れなかった Scripting Parameter についても詳しい．

- **Albert Cardona による Jython のチュートリアル**：https://syn.mrc-lmb.cam.ac.uk/acardona/fiji-tutorial/
Fiji の創設者による広汎な解説．ショウジョウバエの脳の電子顕微鏡像の解析が専門の研究者であるが，Java のプログラマーの視点で書かれているので少々難解な点もある．Java による画像の取り扱いについてかなり深い点まで言及している．また，特に多次元画像データの扱いに関しての解説が豊富である．

- **Python + ImageJ, Fiji Cookbook**：https://bit.ly/ImageJ-Jython-Cookbook
これは私のウェブページで，ImageJ のさまざまな機能やプラグインを Jython で使う短いコードの例を集めたものである．ImageJ やプラグインは多様な分野の研究者やプログラマーが書いており，インスタンス化のしかたやメソッドの使い方などがバラバラで統一性がない．それぞれの使い方を知るため，Javadoc だけでなくソースコードを調べたり試行錯誤をすることがしばしば必要になる．その結果を共有すべく，このページをつくった．かなりの人気で毎日数十件のアクセスがある．

謝辞＆ノート

この解説は 2012 年頃の大阪大学における「少数性生物学」のワークショップでの講義が最初のバージョンになる．当時，機会をつくっていただいた大阪大学産業科学研究所の永井健治さんにここに感謝の意を表する．その後，2016 年に『ImageJ ではじめる生物画像解析』のサポートサイトに未完の状態で公表し，2024 年に実験医学誌の連載に合わせて内容を充実させ大幅にアップデートし，さらに本書に掲載するために内容を拡充した．原稿は菅原皓さんと塚田祐基さんに丁寧に確認していただき，内容が大きく改善した．ここに深く謝意を表する．

プログラムコードのライセンス

Copyright© 2025 Kota Miura．本記事に掲載のソフトウェア（プログラムコード）は MIT ライセンスのもとで公開．MIT ライセンス（https://opensource.org/licenses/mit-license.php）．

3 napariの基礎知識と書き方

黄 承宇

SUMMARY

近年，生物画像解析の分野は急速に進歩しており，複雑な多次元データに対応できる画像可視化ツールの需要が増大している．そのなかで，napariは特に注目される新しい画像可視化ツールである．napariは，画像（Image），点群（Points），標識（Labels），形状（Shapes），軌跡（Tracks）など，さまざまなデータ形式に対応しており，これらを直感的に表示できる．また，napariはPython上で構築されたオープンソースソフトウェアであり，ユーザーフレンドリーなうえカスタマイズ可能である．さらに，Pythonのエコシステムを活かし，多くの既存のライブラリと連携することで，幅広い機能を提供している．本章では，まずコーディングのためのインターフェースであるJupyter Notebookを紹介し，データサイエンスで広く利用されるPythonパッケージをとり上げながら，napariの基本的な知識と使用方法を実践的に学んでいく．

Python環境のセットアップ

Pythonパッケージの管理ツールであるcondaを使用したPython環境のセットアップについては，変わりやすい情報ゆえ，本書の**サポートリポジトリ**[注1]に掲載しているのでそちらを参照いただきたい．

napariを起動する

この節では，napariの基本的な使い方を紹介する．

1）方法1：コマンドラインから起動する

napariを起動する方法はいくつかある．1つ目の方法は，コマンドライン（Anaconda Prompt）でnapariと入力して「Enter」キーを押すことである．

```
napari
```

これにより，**図1**のようにnapariビューアーが開く．画像を読み込むには，トップバーのFileメニューをクリックし，Open File(s)を選択する．画像ファイルを選択し，Openをクリックすると，画像が表示される．また，別の方法として，画像をビューアー上に直接ドラッグ＆ドロップすることも可能である．ビューアー

注1 bit.ly/BIAS-book-2025

の各部分の機能については，後述する．

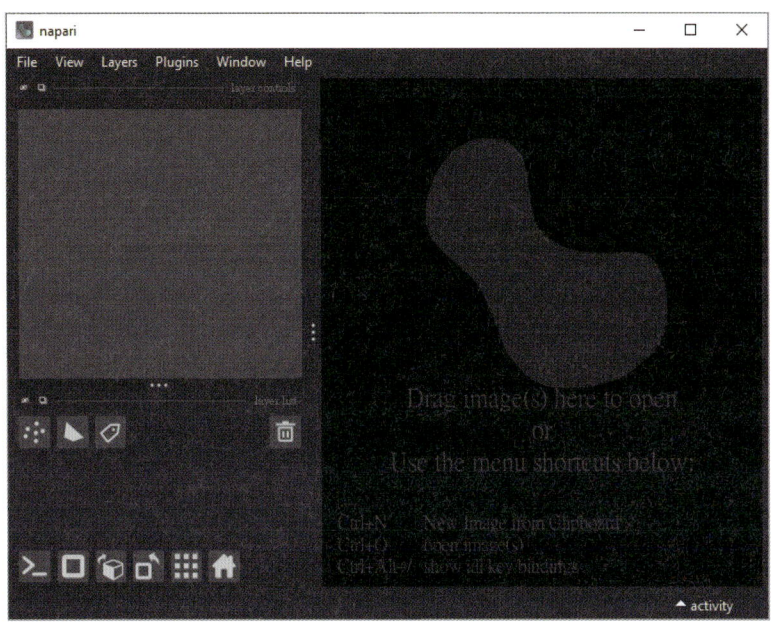

図1 napariスタート画面

2）方法2：Jupyter NotebookからPythonスクリプトで起動する

napariはPythonスクリプトからも起動できる．Pythonの統合開発環境（Integrated development environment, IDE）であるJupyter Notebookを使用して，napariを起動する方法について説明する．Jupyter Notebookでは，コードとその結果を同じ場所に表示できるため，データの可視化に適している．

また，コードとドキュメンテーション（文章）の両方を含むノートブックを作成することができるため，コードの再利用性が高まり，他の人との共有や論文でのコードシェアリングにも便利である．実際，この章の原稿もJupyter Notebookで執筆した．

この項では，まずJupyter Notebookの基本的な使い方を紹介する．このツールはあとの章でも使用するため，役立つであろう．そのあとに，napariから画像をよび出す方法の例を示す．

Jupyter Notebookを起動する

ここでは，Jupyter Lab内でJupyter Notebookを開く[注2]．Jupyter Labは，Jupyter Notebookの基本機能以外に，ファイル管理やターミナル機能を追加した，より柔軟な統合開発環境である．

Jupyter Labを起動するには，次のコマンドを実行する．

注2　この章ではJupyter Labを通じてJupyter Notebookを走らせているが，この他でもいくつかの開発環境でJupyter Notebookを使える．そのなかで，一番お勧めするのがVisual Studio Code（https://code.visualstudio.com/）だ．無償ソフトウェアで，Python以外の言語をサポートしているところも魅力的である．また，Visual Studio Code自身にもプラグインエコシステムが存在しており，html/cssでつくったウェブページの可視化や，ChatGPTでサポートされているGitHub Copilot（https://github.com/features/copilot，有償だが，学生ならばGitHubで在学登録すれば無料で使える）を搭載できるため，コーダーの間で愛用されている．

```
jupyter lab
```

するとデフォルトのブラウザに**図2**のようなページが表示される.

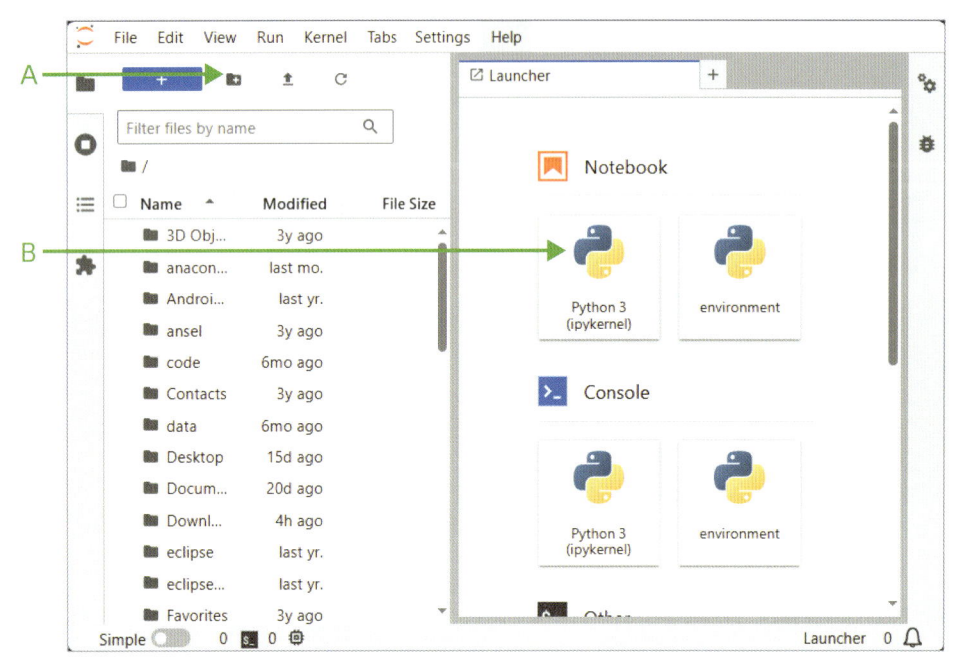

図2 Jupyter Labスタートアップページ

　次に,この章で扱うスクリプトとサンプル画像を保存するためのフォルダを作成する.まず,**図2A**のフォルダのアイコンをクリックして新しいフォルダを作成し,フォルダ名をnapari-tutorialとする.フォルダをクリックして開く.次に,**図2B**の,"Notebook"下の"Python 3 (ipykernel)"と書かれたボックスをクリックして新しいJupyter Notebookを作成する.下のファイルのリストに作成された新しいUntitled.ipynbファイルを右クリックしてサブメニューからrenameを選び,名前をgetting_started.ipynbに変更する.これで,Jupyter Labのウィンドウは**図3**のようになる.

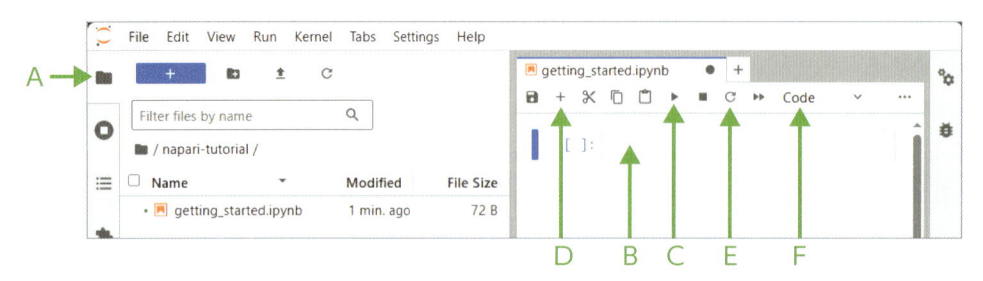

図3 Jupyterエディタ

図3Aをクリックして左のパネルを閉じ，コーディングをはじめる．

Jupyter Notebook での Hello World

基礎編-2で学んだ簡単なPythonプログラミングの構文を，ここではJupyter Notebookで試してみる．**図3B**に次のコードを入力する．

コードセル01

```
print("Hello World!")
```

そして，**図3C**をクリックするか，ショートカット「Shift」＋「Enter」を押すと，コードが実行され，期待通りHello World!が表示される．

Jupyter Notebookでは，コードはブロックに分割されており，それぞれのブロックを「セル」とよぶ．さらにコードの「セル」を追加するには，現在のセルを選択して上部バーの「＋」記号（**図3D**）をクリックするか，ショートカットキー「b」を押す．もし「a」を押すと，新しいセルが現在のセルの上に作成される．

Jupyter カーネルの再起動のしかた

Jupyter Notebookではコードセルを自由な順序で任意の回数実行できる．これが原因で問題が発生することがある．例をあげてみよう．現在のコードセルの下に3つの新しいコードセルを作成し，以下のコードを入力しよう．

コードセル02

```
i = 1
```

コードセル03

```
i = i + 1
```

コードセル04

```
print(i)
```

順当に，**コードセル02**→**コードセル03**→**コードセル04**を実行させると2が出るに違いない．しかし，もし**コードセル03**を何回も実行（「Ctrl」＋「Enter」で1つのセルにとどまって実行できる）してから，**コードセル04**を実行すると，別の答えが出てくる．このようにコードセルは自由な順番で好きな回数だけ実行できるので，期待外れの結果やエラーが出てくることがある．このようなときには，Jupyter Notebookのカーネル（Kernel）を再起動して，すべての変数をリセットすることができる．なおJupyterカーネルとは，コードを実行しその結果を返すバックエンドのエンジンのことである．これを再起動するにはJupyter Notebookのトップバーのメニューから［Kernel > Restart Kernel］を選ぶか，**図3E**をクリックする．

Jupyter Notebookでのドキュメンテーション作成

　前述のように，Jupyter Notebookの利点の一つは，文章とコードを1つのファイルにまとめて書ける点にある．コードに関してはPythonのコードを入力するためのコードセルの作成方法をすでに紹介した．ここでは，文章の部分に関してJupyter Notebookで「マークダウン（Markdown）」セルを作成する方法を説明する．

　マークダウンは，テキストを簡単にフォーマットすることができる軽量マークアップ言語である．見出し，リスト，リンク，画像，表，あるいは文字を太字や斜体にするなど，書式の設定を簡単な記法で行うことができる．文書の作成，ウェブページの編集，Jupyter Notebookなどで広く使われている．

　マークダウンセルを作成するには，セルを1つ選択し，上部バーのドロップダウンメニュー（**図3F**）をクリックして「Markdown」を選択するか，ショートカット「m（markdown）」を押して選択したセルをマークダウンに変更する（コードセルに戻すには「y（python）」を押す）．

　例えばノートブックにタイトルをつけたいとする．このときには新しいセルを今のセルの上につくり（ショートカット「a」），それをマークダウンセルに変え，次の内容を入力する．

```
# Jupyterでnapariを起動する
Jupyter Notebookから*napari*を起動する方法を説明する.


## Hello World
次のセルでは**「Hello World!」**を表示する.
```

実行ボタンをクリックするか，「Ctrl」＋「Enter」を押す．**図4**のように表示される．

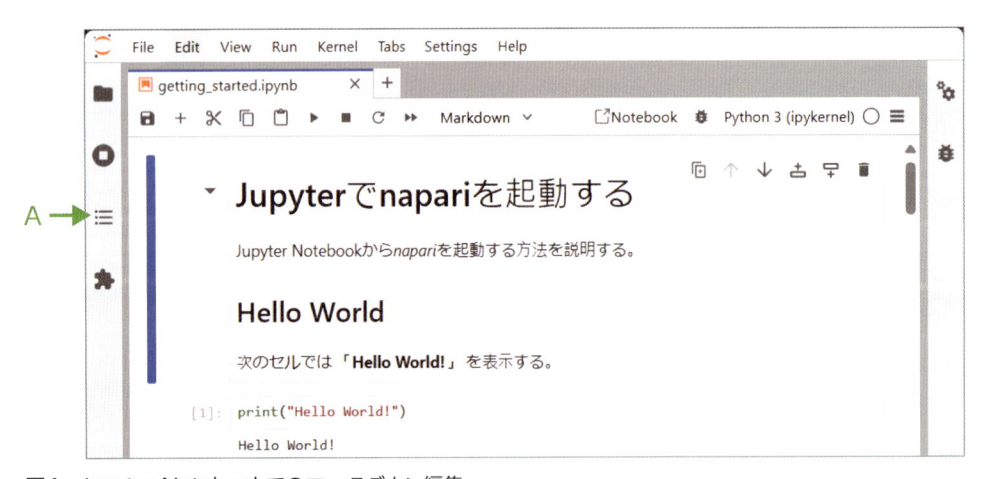

図4　Jupyter Notebookでのマークダウン編集

　図4にあるように，#を行頭につけたテキストはタイトルに，##を行頭につけたテキストは見出しにフォーマットされている．さらに，*でテキストを囲むことで斜体，**で囲むことで太字にすることができる．これ以外にも，###を使用して階層を1つ下げた見出しを作成することができる．また，行頭に*を加えることで箇条書きリストに，1.を使って番号付きリストにすることができる．---は水平線になる．見出しをつけたと

きには，**図4A**をクリックすると，作成中のノートブックの見出しが目次のように現れる[注3]．

　以降，読者にはぜひJupyter Notebookにコードを打ち込みながら読み進めていただきたいが，次の項に移るタイミングでマークダウンで見出しを入れるようにするとわかりやすくなるのでお勧めである[注4]．

Jupyter Notebookのショートカットキー

　ここまでに，すでにいくつかのJupyter Notebookでのショートカットキーを使った．**表1**によく使う便利なJupyter Notebookのショートカットキーを整理したので参考にしてほしい．他にもあるショートカットキーをさらに知りたい方は，上部バーの［Help > Show Keyboard Shortcuts］で参照できる．すべてのショートカットキーを覚える必要はないが，少なくともその存在を知っておくと便利である．Jupyter Notebookを頻繁に使うようになると，自然に身についてくるだろう．

表1　よく使うJupyter Notebookのショートカット

ショートカット	意味
a	セルを上に挿入する
b	セルを下に挿入する
ダブルd	選択したセルを削除する
Shift + Enter	セルを実行して次のセルに移動する
Ctrl + Enter	セルを実行する
y	セルをコードセルに変える（python）
m	セルをマークダウンセルに変える（markdown）

演習1

　Hello Worldのセルの下に新しいマークダウンセルを作成し，セルに「napariでの画像表示」という見出しを書いてみよう．

Jupyter Notebookでnapariを起動する

　次に，Jupyter Notebookからnapariを起動してみよう．napariをJupyter Notebookで起動することで，データをインタラクティブに視覚化しながら解析を進めることができるのがメリットである．まず，skimage.dataモジュールからサンプル画像を読み込むため，新しいセルを作成し，次のコードを入力する．

コードセル05

```
# skimageから3D画像を読み込む
from skimage.data import cells3d
```

注3　Markdownの記法のチートシートは以下．
　　Markdown Cheat Sheet, Markdown Guide　https://www.markdownguide.org/cheat-sheet/
　　日本語では以下．
　　Markdown記法一覧　https://zenn.dev/yadonn/articles/94f12b3c9dcbc6

注4　本章で使われるコードは**サポートリポジトリ**（bit.ly/BIAS-book-2025）からダウンロードできる．ただし，コードを走らせるだけならば簡単だが，ここではコードを一行一行理解しながら入力したほうが，知識を習得するうえでは大切である．

```
# 画像の各次元のサイズを取得
shape = cells3d().shape
print(f'画像の各次元のサイズ: {shape}')
```

次の出力が表示される[注5].

```
画像の各次元のサイズ: (60, 2, 256, 256)
```

この出力から，画像が4次元の配列であることがわかる．最初の次元（dim 0）は60で，これはスタック内に60枚の画像があることを意味する．第2の次元は2で，各画像に2つのチャネルがあることを示している．第3および第4の次元は256で，各画像のサイズが256×256ピクセルであることを示している．

このままnapariで画像を表示することもできるが，画像を個々のチャネルに分けて別々に表示するほうが便利である．次のセルコードを入力する．

コードセル06

```
# 画像を個々のチャネルに分離
cell3d_ch0 = cells3d()[:, 0, :, :]
cell3d_ch1 = cells3d()[:, 1, :, :]

# 画像の各次元のサイズを取得
shape = cell3d_ch0.shape
print(f'画像の各次元のサイズ: {shape}')
```

次に，napariを起動し，2つのチャネルに分けた画像をnapariに追加してみる．次のセルに下のコードを入力してみよう．

コードセル07

```
# napariをインポート
import napari

# napariのビューアーを作成
viewer = napari.Viewer()

# 画像を追加
channel_0_img = viewer.add_image(cell3d_ch0, colormap='magenta', name='channel 0')
channel_1_img= viewer.add_image(cell3d_ch1, colormap='green', name='channel 1')
```

このセルを実行するとnapariのビューアーが表示される．最初はチャネル1の緑の画像だけが見えている

注5　**コードセル05**の最後の一行では，f'...'を使用している．これはf文字列（フォーマット文字列）とよばれ，文字列内に変数の値を挿入するための形式である．この例では，{shape}の部分がshape変数の値に置き換えられ，出力されている．

はずで，チャネル0のマゼンタの画像はその下に隠れている．左の設定にある channel 0と channel 1のレイヤーの透過度（Opacity），コントラスト（Contrast Limit），およびガンマ（Gamma）を調整し，**図5**のような画像が見えるようにしてみよう．また，マウスのホイールを使って画像の拡大・縮小ができる．

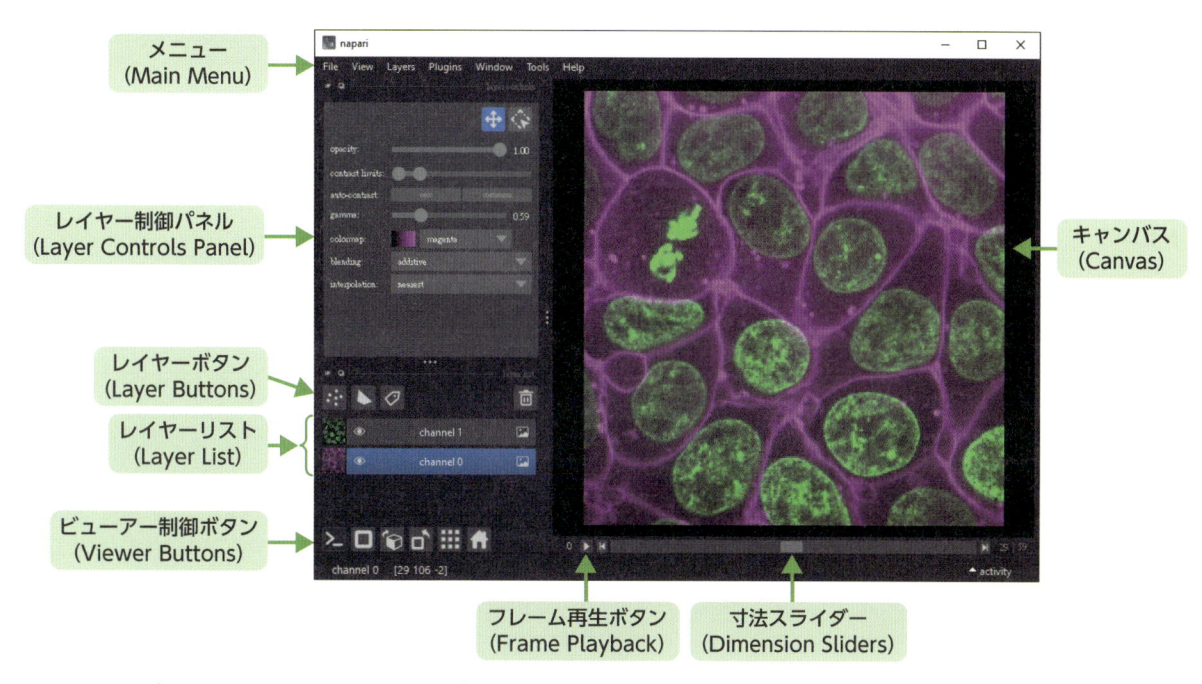

図5 napariビューアーと，付属しているさまざまなツールの場所と名前
英語の名前はnapari正式ドキュメンテーションと同じである．この章では，この図に日本語で定義した名前を使って説明する．

　図5に，ビューアーにあるツール名の日本語表記を記した．先程の画像の調整では，napariビューアーのキャンバス（Canvas），レイヤーリスト（Layer List），レイヤーコントロール（Layer Control）の機能を使った．ウィンドウの各部分に関する詳細は，napariのチュートリアル[注6]を参照されたい．

　コードセル07をもう一度確認してほしい．napariのビューアーがオブジェクト指向プログラミングの概念を利用していることに注意する必要がある（「クラスとオブジェクト」について**基礎編-2**のp31を参照）．画像や画像関連のデータはレイヤー（Layer）オブジェクトとしてビューアーオブジェクト（viewer）に追加している．ここでは，`viewer.add_image()`を使って画像レイヤーを`viewer`に追加した．後述の節では，他のレイヤーの追加方法についても説明する．

napariでの3次元画像の可視化

　顕微鏡の設計と光学的な限界により，3D画像のほとんどは異方性（anisotropic）であり，x，y，zの各軸の画素サイズ（Pixel Size）が異なることが多い．サンプル画像cells3dもその一例である．`skimage.data.cell3d`のドキュメンテーション[注7]を確認すると，z，y，x軸の画素サイズ（それぞれ0.29，0.26，0.26 μm）を知る

注6　Viewer tutorial — napari: Layout of the viewer　https://napari.org/stable/tutorials/fundamentals/viewer.html#layout-of-the-viewer
注7　skimage.data — skimage 0.24.0 documentation　https://scikit-image.org/docs/stable/api/skimage.data.html#skimage.data.cells3d

ことができる．この情報に基づき，アスペクト比を実態に合わせて可視化するため z，y，x 軸のスケーリングを次のコードで行う．

コードセル08

```
viewer.layers['channel 0'].scale = [0.29, 0.26, 0.26]
viewer.layers['channel 1'].scale = [0.29, 0.26, 0.26]
```

作業が完了したら，以下のコマンドを実行して napari ビューアーを閉じる．

コードセル09

```
# napariビューアーを閉じる
viewer.close()
```

演習2

図5にある各部分のスライダーやボタンをそれぞれクリックして，その機能を試してみよう．画像を3次元モードで表示し，図6のように画像を回転させてみよう．

- ヒント1：3次元モードで表示するにはビューアー制御ボタンのいくつかを試してみよう．
- ヒント2：軸を表示するには，[View > Axis > Axis Visible] を選択する．
- ヒント3：もし失敗したら，napari ビューアーをいったん閉じて，**コードセル07**，**コードセル08**をもう一度走らせればよい．

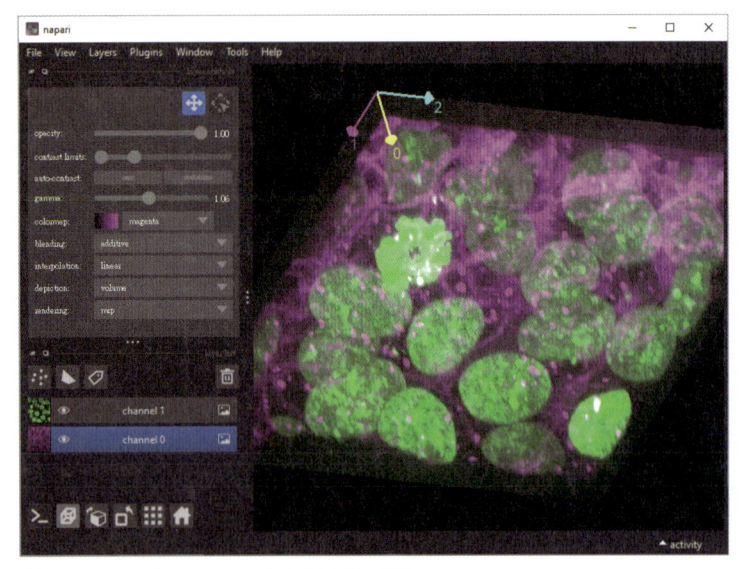

図6 napari ビューアーでの立体画像可視化

3）おまけ：Matplotlibでの画像表示

　次の節に進む前に，Matplotlibを使った画像の表示方法も紹介しておく．MatplotlibはPythonの作図用パッケージで，データの可視化に広く使用されている．画像以外に，ヒストグラムや，棒グラフ，エラーチャート，散布図などさまざまなプロットを作成することができる．napariが開発される前は，Matplotlibが生物画像の可視化に最も人気のあったライブラリであり現在でも他のアプリケーションで広く使用されている．

　2次元のサンプル画像を読み込んで表示してみよう．前のセルの下に新しいセルを作成し，次のコードを入力する．

コードセル10

```python
# skimageからcell画像を読み込む
from skimage.data import cell

# matplotlib.pyplotをpltとしてインポート
from matplotlib import pyplot as plt

# cell画像を表示
plt.imshow(cell())

# 画像のタイトルを設定
plt.title('cell')
```

　図7のような画像がコードセルの下に現れる．

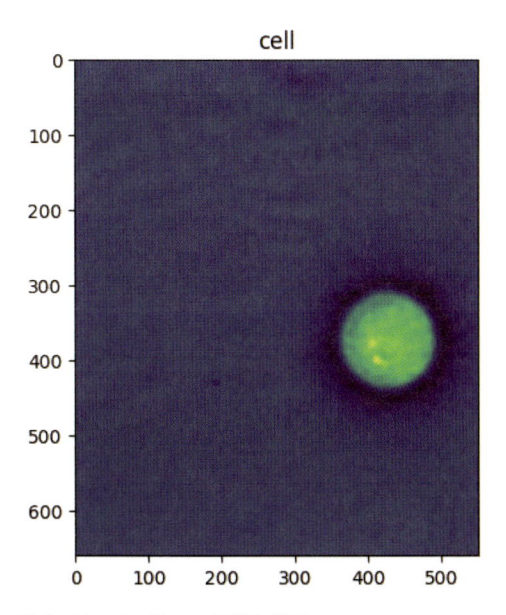

図7　Matplotlibでの画像可視化

71

次にnapariで使用した2チャネル3Dの画像（cells3d）を，上と同じ`matplotlib.pyplot.imshow`を使って表示してみよう．`matplotlib.pyplot.imshow`は2Dの画像しか表示できないため，ここでは`numpy.max`で最大輝度投影（max intensity projection，MIP）を使って3D画像を2Dに圧縮する．次のコードを入力してみよう．

コードセル11

```python
import numpy as np
cell2d_ch0 = np.max(cell3d_ch0, axis=0)
cell2d_ch1 = np.max(cell3d_ch1, axis=0)

# 画像の表示
plt.subplot(1, 2, 1)
plt.imshow(cell2d_ch0)
plt.title('Channel 0')
plt.subplot(1, 2, 2)
plt.imshow(cell2d_ch1)
plt.title('Channel 1')
```

図8のような画像が現れる．

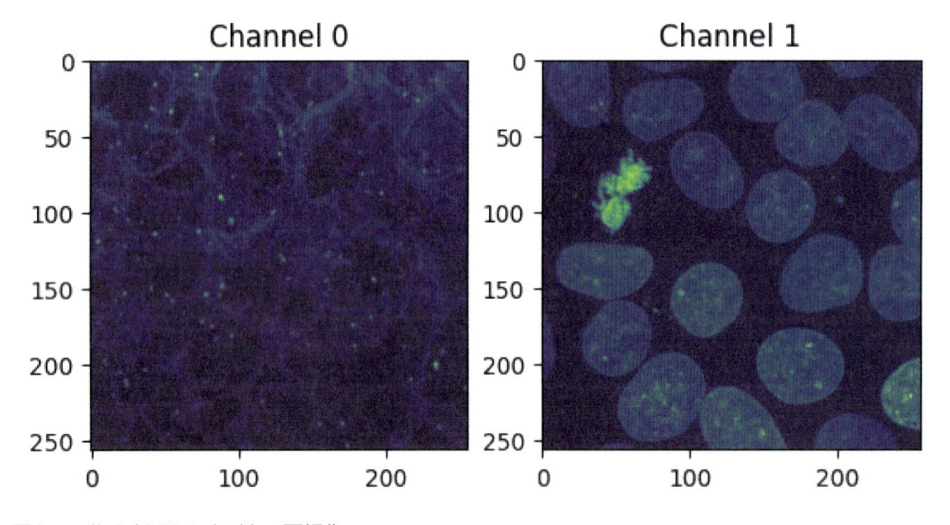

図8 cells3dをMatplotlibで可視化

Matplotlibは古くから開発されていたこともあり2次元の画像をプロットするには完成度がきわめて高い．しかし3次元のみならず多次元の画像データがますます増えている生命科学の研究においては，Matplotlibには限界がある．3D可視化のためにはつくられていないことと，また，多チャネルの画像では必要になる複数の画像を重ねて表示することも難しい．こうしたことから現状ではnapariの画像可視化における優位性を際立たせている．ただし，2D画像の可視化や作図などではMatplotlibは今でも主流であり，有用なツールである．

napari Layer（レイヤー）の紹介

　3次元画像データの可視化はnapariの特筆すべき秀逸な機能であるが，もう1つ特に紹介したいのがレイヤー機能である．多様なデータを可視化するこの機能は，napariを使うことの大きな利点といえよう．ここで，napariビューアーのレイヤー機能を探ってみよう．前述の通り，napariビューアーはオブジェクト指向ビューアーであり，データはレイヤーとしてビューアーに追加される．前節では，viewer.add_image() メソッドを使用して画像レイヤーをビューアーに追加した．この節では，標識，点群，軌跡，形状など，他のさまざまなタイプのデータレイヤーをビューアーに追加する方法について見ていく．

1）標識レイヤー（Labels Layer）

　前節で可視化したサンプル画像cells3dには多数の細胞核がある．これらの核を可視化するだけではなく数えたり，あるいはより詳しく分析するためには，それぞれの核の境界を画像処理によって決める必要がある．このために使われる典型的な手法が，輝度閾値（intensity thresholding）による画像の二値化（binarize）と連結成分分析（connected component analysis）である．ImageJ にある程度慣れている方であれば，"Analyze Particles" で画像にある測定対象の物体に標識番号（labels）をつけてそれぞれの形や輝度を定量する手法を知っているであろう．このそれぞれの物体に標識番号をつけるアルゴリズムが連結成分分析である．標識レイヤー（labels layer）は，画像の各画素の標識番号のレイヤー，と考えるとよい．

napari に標識レイヤーを追加する

　連結成分分析における標識番号はいわば画像の画素それぞれに対する注記である．標識番号は画素値の2次元配列に対応する整数の2次元配列として表現され，各整数が画像の異なる領域を標識する（**図9右**のステップ **E→F** を参考．**F** の色違いはその画素それぞれの標識番号を意味している）．例えば，ある領域の画素が1つの細胞核に帰属するならば，その画素群は同じ整数の標識番号で標識される．画像を二値化し連結成分分析で標識する過程を分節化（Segmentation）とよぶ．napariでは，標識番号はviewer.add_labels() メソッドを使ってレイヤーとしてビューアーに追加される．

　次のコード例では，これまでも扱ってきたサンプル画像cells3dを閾値処理（Thresholding）で二値化し，連結成分分析を行って得られた標識番号のレイヤーをビューアーに追加する．作業工程は**図9左**のようになる．連結成分分析と分節化の工程のデザインについては，**実践編-1** にも説明がある．

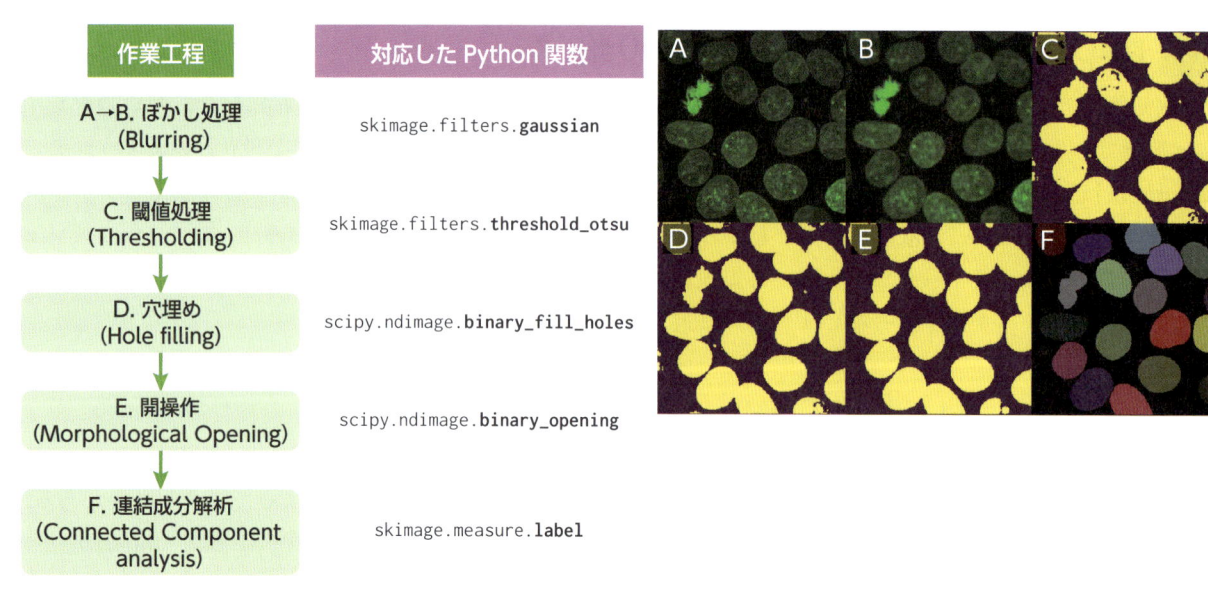

作業工程	対応した Python 関数

A→B. ぼかし処理 (Blurring)　→　`skimage.filters.gaussian`

C. 閾値処理 (Thresholding)　→　`skimage.filters.threshold_otsu`

D. 穴埋め (Hole filling)　→　`scipy.ndimage.binary_fill_holes`

E. 開操作 (Morphological Opening)　→　`scipy.ndimage.binary_opening`

F. 連結成分解析 (Connected Component analysis)　→　`skimage.measure.label`

図9　連結成分分析と分節化の作業工程

では，コーディングをはじめよう．次のセルに，以下のコードを入力しよう．

コードセル12

```python
# 必要なライブラリをインポート
import napari
from skimage.filters import gaussian, threshold_otsu

# napariのビューアーを作成
viewer = napari.Viewer()

# 2D画像を追加
viewer.add_image(cell2d_ch0, colormap='magenta', name='channel 0')
viewer.add_image(cell2d_ch1, colormap='green', name='channel 1')

# cell2d_ch1に対してガウスぼかしを適用
cell2d_ch1_blurred = gaussian(cell2d_ch1, sigma=1)
viewer.add_image(cell2d_ch1_blurred, colormap='green', name='channel 1 blurred')

# 大津の閾値処理を適用
thresh = threshold_otsu(cell2d_ch1_blurred)

# cell2d_ch1_blurred画像を核と背景(background)に分けた二値画像に変換する
# 画素値がthresh以下と以上の画素を0（背景），1（核）に転換する
cell2d_ch1_thresholded = cell2d_ch1_blurred > thresh
viewer.add_image(cell2d_ch1_thresholded, colormap='viridis', name='channel 1 thresholded')
```

演習3

　図10のようにcell2d_ch1_thresholdedでは，核の中にある穴や核の外にあるデブリも分節化されてしまっている．この画像に，次のセルで数理形態学操作（Morphological Operation），ここでは，穴埋めと開操作を適用して二値化像を整え，その後，連結成分分析で標識番号を付与し，viewer.add_labels()でnapariビューアーに追加するコードを書いてみよう．答えは**コード13**に記すが，できるだけまず自分で考えて試してみよう．

● ヒント：**図9**で示したように，skimage.morphologyモジュールのbinary_fill_holes()とbinary_opening()メソッドを使用する．連結成分分析には，skimage.measureモジュールのlabel()メソッドを使用すること．

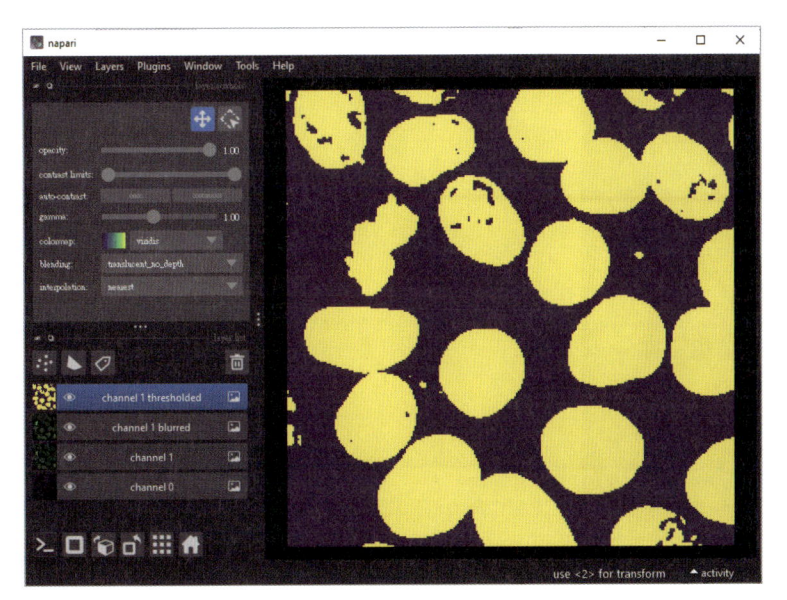

図10　コードセル12での二値化の結果
多くの細胞核中の穴やデブリが分節化されている．

コードセル13

```python
# 必要なライブラリをインポート
from scipy.ndimage import binary_fill_holes
from skimage.morphology import opening, disk
from skimage.measure import label

# cell2d_ch1_thresholdedに穴埋め操作を適用
cell2d_ch1_filled = binary_fill_holes(cell2d_ch1_thresholded)
viewer.add_image(cell2d_ch1_filled, colormap='viridis', name='channel 1 filled')

# 開操作を適用
cell2d_ch1_opened = opening(cell2d_ch1_filled, disk(5))
```

```
viewer.add_image(cell2d_ch1_opened, colormap='viridis', name='channel 1 opened')

# 連結成分分析を適用
cell2d_ch1_labeled = label(cell2d_ch1_opened)
label_layer = viewer.add_labels(cell2d_ch1_labeled, name='channel 1 labeled')
```

　コードセル13を走らせると**図11**のような画像が表示される．標識レイヤーは標識番号ごとの領域を異なる色で表示する．標識の色の透過度とコントラストを調整して，画像を見てみよう．napariでは，レイヤーの種類によって，異なるコントロールツールが表示される．標識レイヤーの場合，Eraser, Fillなどのツールが表示される．これらのツールを使って，標識の見栄えを変えたり編集することができる．

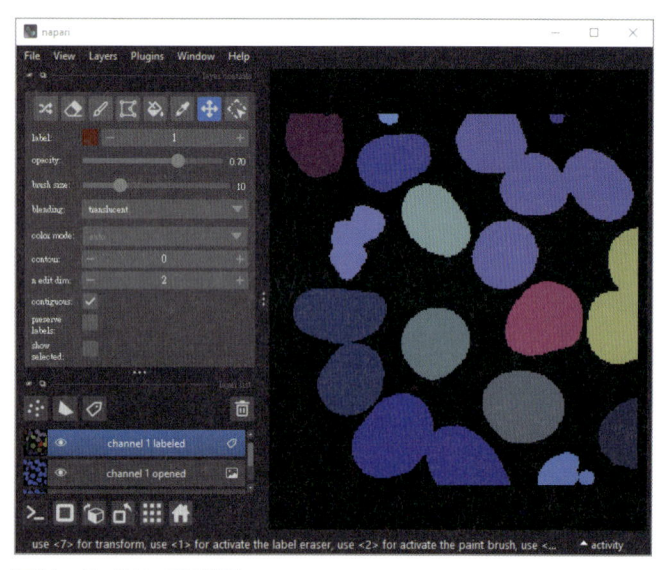

図11　ラベリングの結果

演習4

　核と標識の対応関係を注意深く見ると，一部の標識の領域が間違っていることに気づくかもしれない．レイヤーコントロールツールを使って，核それぞれが個別の標識番号（色）をもつように標識を編集してみよう（ヒント1）．また，**図12**に示すように標識の境界を表示する方法を探してみてほしい（ヒント2）．最後に，処理ごとの結果を一覧できるように「タイル」で表示してみよう（ヒント3）．

- ● ヒント1：次のwebサイトを参照するとよい．
  https://napari.org/stable/howtos/layers/labels.html#editing-using-the-tools-in-the-gui
- ● ヒント2：コンター（contour）の数値を変更してみよう．
- ● ヒント3：ビューアーボタンのそれぞれを試してみよう．

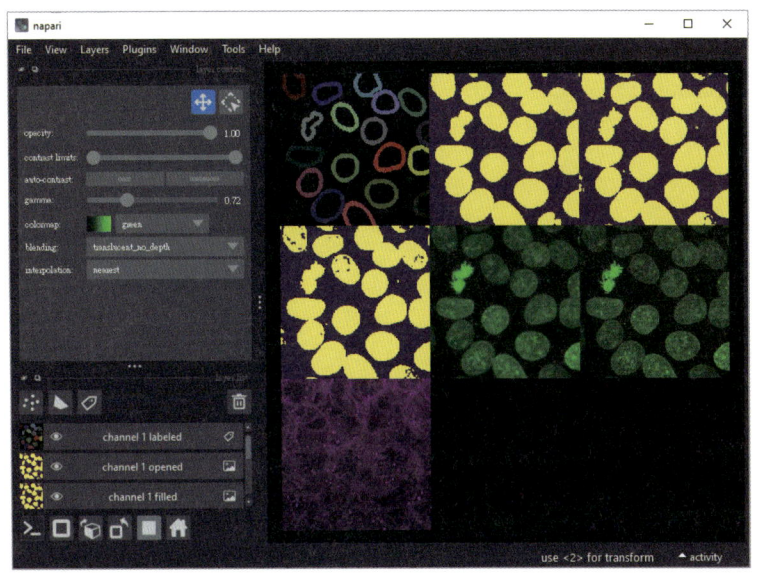

図12 分節化と連結成分分析の工程をタイル表示する

標識レイヤーを画像で保存する

　手動で標識が個々の核に対応するように編集したあとに，あとでまた分析するときのために標識を保存したい場合がある．このようなときには次のコードを実行すれば，napari ビューアーからノートブックに標識を変数として取り出し，標識を連続した番号に整理（再標識，relabelling）し，それを画像として保存することができる．

コードセル14

```python
from skimage.measure import label
from skimage.io import imsave
import matplotlib.pyplot as plt
import numpy as np

# 標識レイヤーから標識データを取得
labeled_image = label_layer.data

# napariビューアーを閉じる
viewer.close()

# 再標識前の重複を除いた要素を表示
unique_labels = np.unique(labeled_image)
print(f'再標識前のユニークな標識: {unique_labels}')

# 画像を再標識
cell2d_ch1_relabel = label(labeled_image)
```

```python
# 再標識後のユニークな要素を表示
unique_labels = np.unique(cell2d_ch1_relabel)
print(f'再標識後のユニークな標識: {unique_labels}')

# 再標識された画像を表示
plt.imshow(cell2d_ch1_relabel)
plt.colorbar()
plt.title('Channel 1 Relabeled')
plt.show()

# 再標識された画像を保存
imsave('cell2d_ch1_relabel.tif', cell2d_ch1_relabel)
```

コードセル14を走らせると，**図13A**の画像と，再標識前と後のユニークな標識番号が出力される．これは手動で標識を修正した過程で標識の一部を削除したり，新しい標識番号を付与したためで，「再標識前のユニークな標識番号」は連続していないことがわかる．標識番号は1，2，3，…，nと連続し，nが標識の数（ここでは細胞核の数）となっていたほうが後々の分析のためにはよいため，再標識を行った．このように標識番号を連続した数にするために，`skimage.measure`の`label`関数を使用して標識番号を再割り当てした．最後に，`plt.imshow`で標識画像を表示し，`skimage.io.imsave`で画像を保存した．保存時に以下の警告が表示されることがあるが，これは標識画像のグレイスケールが通常の画像に比べて非常に少ないためである．

```
UserWarning: cell2d_ch1_relabel.tif is a low contrast image
```

警告を無視したい場合は，関数に`check_contrast=False`を追加して無効にすることができる．

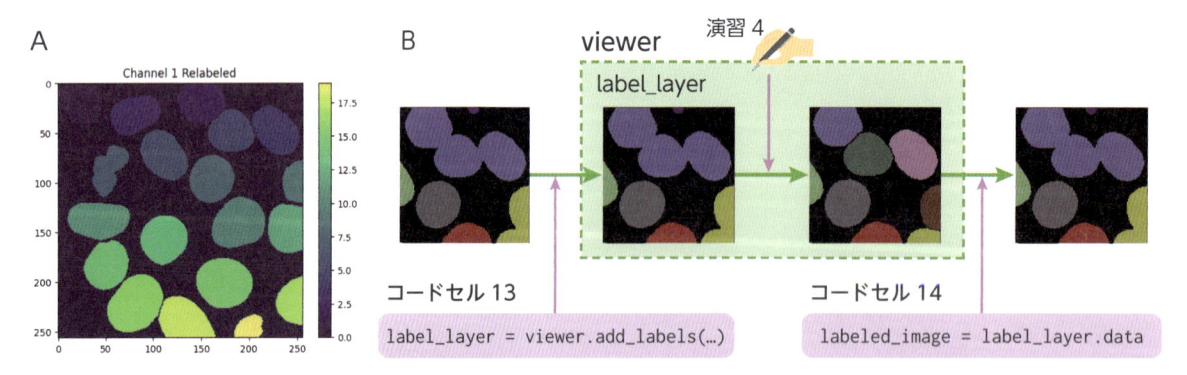

図13 napariでのラベリングと再標識

A）再標識の結果．B）**コードセル13**から**コードセル14**にかけて標識変数が渡される過程の説明図．閾値処理でつくられた標識は**コードセル13**で`viewer`オブジェクトに追加され，「演習4」ではnapariビューアー内で手動ラベリングが行われ，ラベルオブジェクトが編集された．修正されたラベルは**コードセル14**でnapariビューアーオブジェクトから後処理と保存のために抽出される．

コードセル13から**コードセル14**にかけて標識変数が渡される過程のロジックが少し複雑なので**図13B**で説明した．**コードセル13**で，`viewer.add_labels()`メソッドを使って標識レイヤーオブジェクト`label_layer`を

作成し，「演習4」で，手動で `label_layer` 変数を修正した．この修正された標識レイヤーは引き続き viewer オブジェクト内に存在しており，**コードセル14** では，viewer の外で処理・保存するために，`label_layer.data` を使って viewer オブジェクトからデータを取り出した．これは，napari にデータをインポートし，napari 内で修正や調整を行い，最後にその結果を取り出して後処理や保存を行うよい例だ．このあとも同様の例がいくつか出てくる．

標識された領域の測定：Regionprops の紹介

次に進む前に，なにかと便利な skimage.measure.regionprops_table（または単に regionprops）について触れておきたい．この関数は，標識された領域ごとの測定に役立つ．以下にこの関数を使った特徴抽出のコード例を示す．regionprops と regionprops_table の詳細や測定可能な項目については，ドキュメンテーション[注8]を確認してほしい．

コードセル15 では regionprops に加え，もう1つのライブラリである pandas も使用した．pandas はテーブルデータの処理に広く使用されるライブラリであり，データサイエンティストが学ぶべき最も重要なライブラリの一つである．pandas は，コードの出力に示されるように，テーブルデータの可視化や，テーブル内のデータを簡単かつ迅速に修正するのにも役立つ．詳細については，pandas のサイトのドキュメンテーション[注9]やネット上のチュートリアルを確認することをお勧めする．

コードセル15

```
import pandas as pd
from skimage.measure import regionprops_table

# 抽出するプロパティを定義
properties = ['label', 'area', 'centroid', 'max_intensity', 'mean_intensity', 'min_intensity']

# プロパティを抽出し，DataFrameに変換
props_df = pd.DataFrame(regionprops_table(cell2d_ch1_relabel, cell2d_ch1, properties=properties))

# DataFrameの最初の数行を表示
props_df.head()
```

注8　skimage.measure — skimage 0.24.0 documentation　https://scikit-image.org/docs/stable/api/skimage.measure.html#skimage.measure.regionprops

注9　pandas – Python Data Analysis Library　https://pandas.pydata.org/

	label	area	centroid-0	centroid-1	max_intensity	mean_intensity	min_intensity
0	1	1544.0	19.823834	25.463083	45903.0	15984.369819	11049.0
1	2	1675.0	18.914627	150.336119	29258.0	16992.082388	12140.0
2	3	1597.0	31.976205	80.629931	34617.0	16980.803381	11855.0
3	4	1740.0	48.414943	227.582759	27219.0	16238.800000	10954.0
4	5	1611.0	49.557418	181.222843	36134.0	19216.277467	10290.0

図14　pandas DataFrameの最初の数行の表示

　図14のようにpandasのdf.head()は測定の結果を整ったフォーマットのテーブルにしてJupyter Notebook に表示してくれる．Regionpropsの測定結果を使って，**図15**のような簡単なグラフをつくることができる．

コードセル16

```python
# 面積のヒストグラムを作成する
plt.hist(props_df['area'])
plt.xlabel('Area [pixels]')
plt.ylabel('Cell count')
plt.title('Cell Area Distribution')
```

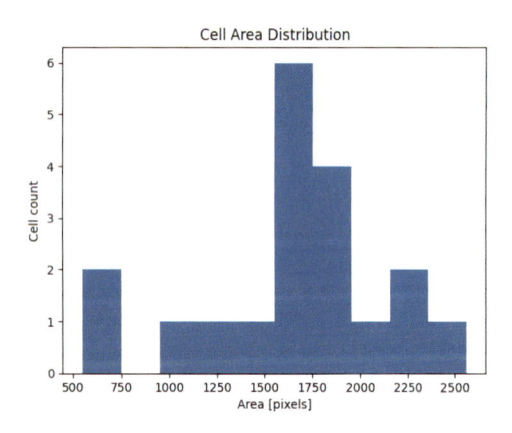

図15　細胞の面積分布

　最後に注意しておくと，ここでは，手動で標識とその境界を修正しながらnapariの標識レイヤーを作成したが，今ではさまざまな機械学習アルゴリズムに基づいた手法を使い，自動的に良好な分節化の結果を得ることができる．例えば，Cellpose[注10]とStarDist[注11]はその代表である．StarDistについては**実践編-4**で具体的な使い方が説明されている．

注10　cellpose: a generalist algorithm for cellular segmentation with human-in-the-loop capabilities　https://github.com/MouseLand/cellpose

注11　StarDist – Object Detection with Star-convex Shapes　https://github.com/stardist/stardist

2）点群レイヤー（Points Layer）

この項では，粒子追跡（particle tracking）の例を通じて，napariの点群レイヤーについて学ぶ．粒子の幾何中心（centroid）を検出し，これらの点をnapariで画像上に表示し，点を編集する方法を学ぶ．

この項および次の項で使用する画像は，**実践編-4**の章で粒子追跡の解説に使用するサンプルである．ここでは，オブジェクトを手動で追跡する．自動追跡については**実践編-4**の「弐の型：外部の分節化プラグインと組み合わせた解析」（p197）でその原理と使用方法について解説する．

まず，**サポートリポジトリ**にあるリンク先からサンプル画像（particle_tracking_sample.tif）をダウンロードし，Jupyter Notebookと同じフォルダの中にsample_imagesフォルダをつくって，そこに配置する．画像ファイルを直接Jupyter Notebookの左半分（**図3**）のファイルエクスプローラーにドラッグ＆ドロップもできる．

次に，以下のコードを実行して，napariで画像を開く．

コードセル17

```python
from skimage.io import imread
import napari

# 画像の読み込み
sample_image = imread('sample_images/particle_tracking_sample.tif')

# 画像の各次元のサイズを表示
print(f'sample_image の画像サイズ: {sample_image.shape}')

# 画像をnapariで表示
viewer = napari.Viewer()
viewer.add_image(sample_image, name='sample_image')

# タイムラプス視覚化のため，時間の次元をスケーリング
viewer.layers['sample_image'].scale = [15, 1, 1]
```

napariに表示される画像の下部にはタイムラプスのフレームを移動するために水平のスクロールバーがついている．左右に動かして動画を確認しよう．

点の幾何中心を測定する

次に，粒子の幾何中心（centroid）の座標を測定する．この座標は，幾何中心を求めたい領域にあるすべての画素の座標を平均した位置の座標である．この計算は自分で行う必要はなく，scikit-imageに実装されたメソッドを利用できる．

演習5

粒子の幾何中心を測定するプログラムを書いてみよう．**図16**に示したワークフローを参考にしてほしい．解答例は**コードセル18**にある．

● ヒント：このタスクには，**コードセル12**で示した大津の閾値処理方法と**コードセル15**の`regionprops_table`を使用できる．

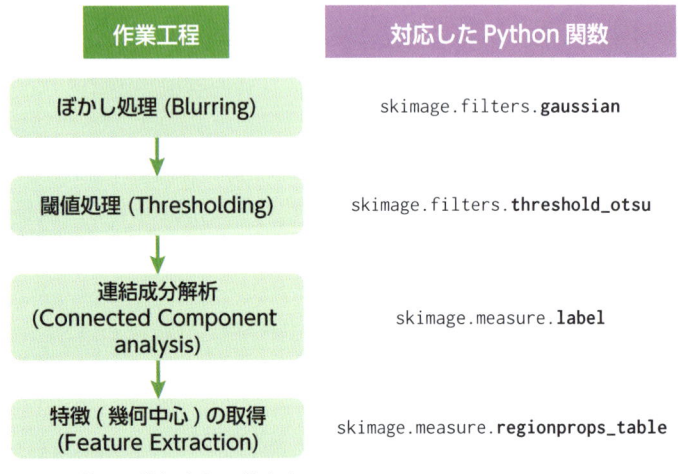

図16 粒子の幾何中心を検出するワークフロー

コードセル18

```python
import numpy as np
import pandas as pd
from skimage.filters import gaussian, threshold_otsu
from skimage.measure import label, regionprops_table

# 閾値処理された標識画像を格納するリスト
labeled_images = []
max_label_last_time_point = 0

# 各タイムポイントで閾値処理とラベリングを適用
for time_point in range(sample_image.shape[0]):

    # ガウスフィルターで画像をスムージング
    smoothed_image = gaussian(sample_image[time_point], sigma=1)

    # 大津の閾値処理を適用
    thresholded_image = smoothed_image > threshold_otsu(smoothed_image)

    # 連結成分解析（ラベリング）を実行
    labeled_image = label(thresholded_image)

    # タイムポイント間で標識が一意になるよう調整
    labeled_image_unique = labeled_image + max_label_last_time_point
    labeled_image_unique[labeled_image == 0] = 0
    labeled_images.append(labeled_image_unique)
```

```python
# 最大標識を更新
max_label_last_time_point = np.max(labeled_image_unique)

# リストをNumPy配列に変換
labeled_images = np.array(labeled_images)

# napariで標識付けされた画像を表示
viewer.add_labels(labeled_images, name='labeled_images')
viewer.layers['labeled_images'].scale = [15, 1, 1]

# 標識付けされた領域の幾何中心を取得，データフレームに格納
properties = ['label', 'centroid']
props_df = pd.DataFrame(regionprops_table(labeled_images, properties=properties))

# データフレームの最初の数行を表示
props_df.head()
```

図17のようなpandasテーブル（データフレーム）が表示される．

	label	centroid-0	centroid-1	centroid-2
0	1	0.0	346.431776	234.282243
1	2	1.0	264.918466	199.986338
2	3	2.0	247.146011	168.451975
3	4	3.0	237.254724	153.732558
4	5	4.0	254.974448	118.499655

図17 粒子の幾何中心の座標を表示するpandasテーブル

napariに点群レイヤーを追加する

すべての粒子の幾何中心が取得できたので，次のステップでは，napariで表示するための形式に変換する．napariのviewerが受け入れる形式を例としてあげる[注12]．

```python
points = np.array([[100, 100], [200, 200], [300, 100]])
```

このように，points変数は2次元の配列とし，その各次元のサイズ（dimension size）はN × D，Nは"点"の数，Dは座標の次元数となる．先程取得したデータフレームをこの形式に変換しよう．

注12 点群レイヤーの詳細はnapariチュートリアルの "Using the points layer"（https://napari.org/stable/howtos/layers/points.html）を参照．

コードセル19

```python
# データフレームをnapariの表示形式に再整形する：
# 例：points = np.array([[0, 100, 100], [1, 200, 200], [2, 300, 100]])
# まず座標の各次元の数値をそれぞれのリストにする

centroid_0 = np.array(props_df['centroid-0'].to_list())
centroid_1 = np.array(props_df['centroid-1'].to_list())
centroid_2 = np.array(props_df['centroid-2'].to_list())


# 次に，これらのリストを再結合させる
points = np.column_stack((centroid_0, centroid_1, centroid_2))
points
```

以上で，napariに点群レイヤーとしてインポートする準備が整った[注13]．次のコードで表示を行う．

コードセル20

```python
# 点群をnapariビューアーに点群レイヤーとして追加する
points_layer = viewer.add_points(points, size=10, name='centroids')

# 点群レイヤーのスケールを画像レイヤーと同じように調整する
viewer.layers['centroids'].scale = [15, 1, 1]
```

3Dviewにすると，**図18**のような表示が確認できるはずだ．点群の一部は標識レイヤーにおおい隠されているものがある．

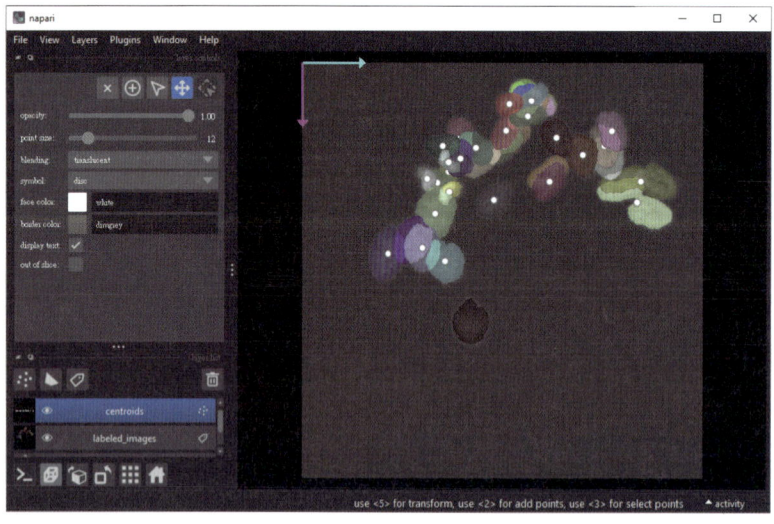

図18 点群レイヤーの表示

注13 "to_list()"関数は，pandasのデータフレームの列をリストに変換するために使用される．このコードでは，各列のデータをNumPy配列に変換する前に，まずリスト形式にしている．

演習6

　以上の結果を丁寧に確認すると，2つの細胞が1つの細胞として間違って認識されている場合がある．各細胞に対応するように標識マップを手動で修正し幾何中心を測定し直そう．この修正後，点群レイヤーのコントロールパネルで，点群の色を個々の細胞に対応するように手で色をつける（タイムポイント6以降に分裂した細胞の標識のつけ方に特に注意を払おう）．最終的には，**図19**のようになればよい．

- ● ヒント：napariチュートリアルの点群レイヤーページ[注12]の "Adding, deleting, and selecting points" セクションなどを参考．点群レイヤーの制御パネルをいろいろと試してみてもよい．

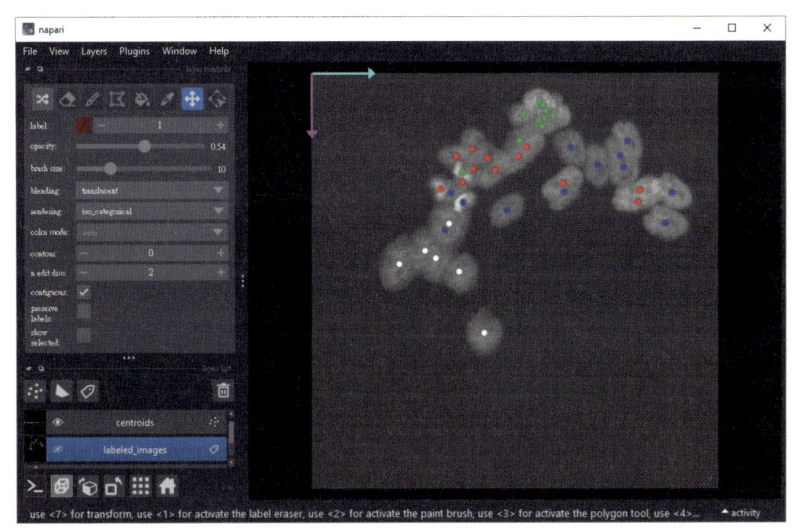

図19　点群レイヤー修正後の結果

　以下のコードは，点の色を抽出し，それを細胞ごとの軌跡のIDに変換する．

コードセル21

```python
# 点の色（フェイスカラー）をpoints_face_colorリストとして取得する
new_points = points_layer.data
points_face_color = points_layer.face_color

# points_face_colorリスト内のユニークな値を取得する
unique_colors = np.unique(points_face_color, axis=0)

# 色の値を整数のcolor_idに変更する
color_id = np.zeros(len(points_face_color), dtype=int)
for i, color in enumerate(unique_colors):
    color_id[(points_face_color == color).all(axis=1)] = i

# 細胞の軌跡のデータフレームにcolor_idを追加する
new_points_df = pd.DataFrame(new_points)
new_points_df['color_id'] = color_id
```

```
# 列の名前Dim-0, 1, 2をわかりやすい名前t,y,xに変える
new_points_df.columns = ['t', 'y', 'x', 'color_id']

# データフレームの最初の数行を表示する
new_points_df.head()
```

	t	y	x	color_id
0	0.0	346.431776	234.282243	3
1	1.0	264.918466	199.986338	3
2	2.0	247.146011	168.451975	3
3	3.0	237.254724	153.732558	3
4	4.0	254.974448	118.499655	3

図20 新しく整理し，細胞のIDを付与した細胞の幾何中心座標のデータフレーム

コードセル21を実行すると，**図20**のようなpandasテーブルが表示される．color_idは選んだ色に依存して決まるので，時系列で細胞が登場するのとは違うオーダーになっているかもしれない．

napariの点群レイヤーの解説は以上である．点群レイヤーでは，点群のさまざまな特徴（features），例えば色，サイズ，シンボル，透過度などを新たに定義したり，追加するなど，さまざまな操作が可能である．詳細については，napariのドキュメントの点群レイヤーの解説を確認することをお勧めする．

napariのビューアーはまだ閉じないでほしい．次の項では，点群レイヤーの点を細胞ごとに時間的につなげた「軌跡レイヤー（track layer）」を紹介する．

3）軌跡レイヤー（Tracks Layer）

軌跡データの作成

以下では，先程作成した点群を細胞ごとの時系列として線でつなぎ，それを細胞ごとの軌跡（Tracks）に変換する．napariでは，軌跡レイヤーに入力する軌跡データ（track data）は，N個の点の軌跡ID（track ID）をD次元座標に含むN × (D+1)のNumPy配列またはリストでなければならない．軌跡データの管理の詳細はあとの章で説明するが，現時点では，2D＋時間の軌跡データは**表2**のように配置する必要があることを覚えておいてほしい．

表2 napari 2D＋時間の軌跡データフォーマット

	track_id	t	y	x
0	1	…	…	…
1	1	…	…	…
2	2	…	…	…

3D＋時間の軌跡の場合，データは**表3**のように配置する.

表3 napari 3D＋時間の軌跡データフォーマット

	track_id	t	y	x	z
0	1	…	…	…	…
1	1	…	…	…	…
2	2	…	…	…	…

それでは，データの列の順番を入れ替える再編成をして軌跡レイヤーへの入力用の形式に変換する.

コードセル22

```
# Track Dataframeを編成：new_points_dfのcolor_id列を最初の列に移動し，列名を'track_id'に変更
tracks_df = new_points_df[['color_id', 't', 'y', 'x']]
tracks_df.columns = ['track_id', 't', 'y', 'x']

# Track Dataframeを保存
tracks_df.to_csv('trackdata.csv', index=False)

tracks_df.head()
```

コードセル22を走らせると**図21**が出力される.

	track_id	x	y	z
0	3	0.0	346.431776	234.282243
1	3	1.0	264.918466	199.986338
2	3	2.0	247.146011	168.451975
3	3	3.0	237.254724	153.732558
4	3	4.0	254.974448	118.499655

図21 再編成してつくられた軌跡データフレーム

napariに軌跡レイヤーを追加する

入力用の軌跡データの準備ができたので，それを `viewer.add_tracks` で napari ビューアーに入れる.

コードセル23

```
# 軌跡レイヤーの追加
tracks = viewer.add_tracks(tracks_df, name='tracks')

# 軌跡レイヤーのスケールを画像レイヤーと同じになるように調整する
viewer.layers['tracks'].scale = [15, 1, 1]
```

図22のように，細胞の軌跡がnapariビューアーに現れる．軌跡レイヤーのコントロールパネルの各スライダーとボタン，ドロップダウンリストの機能を試してみよう．フレーム再生ボタン（**図5**を参考）も試してみるとよい．

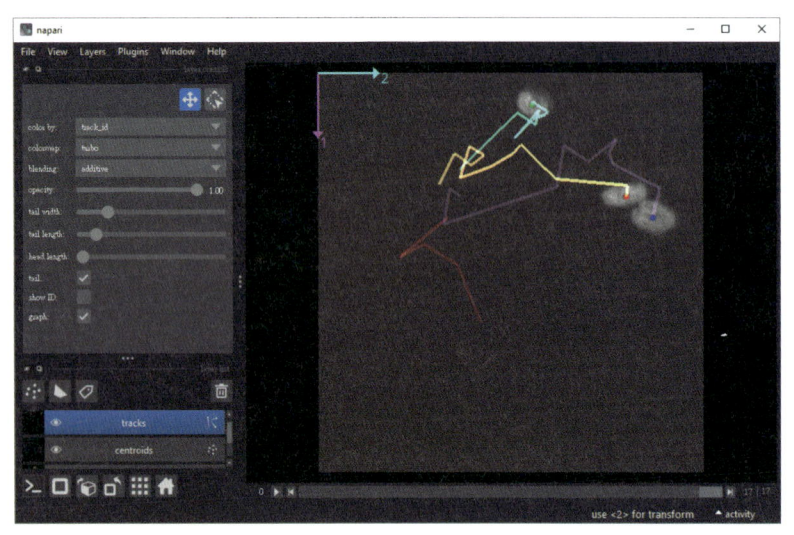

図22　Tracks Layerの表示

軌跡の分岐を管理する

　結果を確認すると細胞が分裂する6番目のフレームで軌跡が不連続になっていることに気づくだろう．これは，軌跡が分岐する前後でそれぞれを別々の軌跡として扱っているためである．

　このようなときには軌跡レイヤーにデータを追加する際にgraphという引数を使用して，軌跡同士の関係（例えば，合流や分岐）を定義することができる．グラフ（graph）はPythonの辞書（Dictionary）として定義され，キーがtrack_id，値がそのtrackの"親"のtrack_idとなる[注14]．例えば，ここでのケースは，track3がtrack0，1，2に分岐する（track3がtrack0，1，2の"親"である）．ここでは次のようにグラフを定義し，viewer.add_tracksの引数にする．

コードセル24

```
# グラフを定義
graph = {
    0: [3],
    1: [3],
    2: [3],
}

# グラフをnapari add_tracksに追加
connected_tracks = viewer.add_tracks(tracks_df, graph=graph, name='connected_tracks')
```

注14 Pythonの辞書については**基礎編-2**の「辞書型（Dictionary）」(p26)を参照せよ．

```
viewer.layers['connected_tracks'].scale = [15, 1, 1]
```

　これで分岐の部分で軌跡が連続する．なお，軌跡の時間軸を3次元目の空間として可視化することもできる（**図23**）．

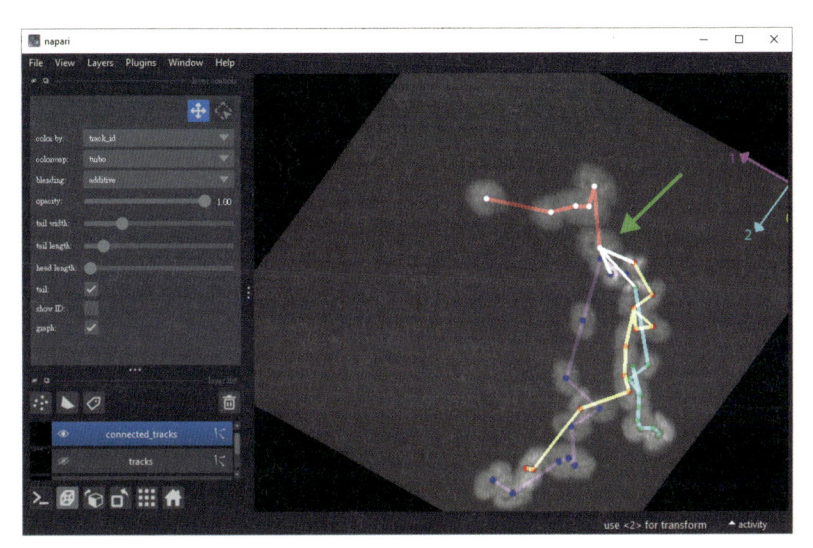

図23　細胞の軌跡の3Dでの表示

分岐しているところが連結されている部分は白でハイライトしている．

コードセル25

```
# napariビューアーを閉じる
viewer.close()

# 軌跡データフレームを保存する
tracks_df.to_csv('tracks.csv', index=False)

# グラフを保存する
import pickle
with open('graph.pkl', 'wb') as f:
    pickle.dump(graph, f)
```

　コードセル25では，グラフをPickleファイル（*.pkl）として保存した．Pickleは，Pythonのデータ，特にリストや辞書などを保存し，あとで復元するためによく使われるデータフォーマットだ．このあと，tracks.csvとgraph.pklを用いて軌跡解析を行うことができる．

　再び画像と保存した軌跡を読み込み，可視化したい場合，**コードセル26**を実行する．

コードセル26

```
# 画像の読み込み
sample_image = imread('sample_images/particle_tracking_sample.tif')
```

```python
# 保存した軌跡データフレームを読み込む
tracks_df = pd.read_csv('tracks.csv')

# 保存したグラフを読み込む
with open('graph.pkl', 'rb') as f:
    graph = pickle.load(f)

# 画像をnapariで表示
viewer = napari.Viewer()
viewer.add_image(sample_image, name='sample_image')

# タイムラプス視覚化のため，時間の次元をスケーリング
viewer.layers['sample_image'].scale = [15, 1, 1]

# 軌跡レイヤーを追加
tracks = viewer.add_tracks (tracks_df, name='tracks', graph=graph)
viewer.layers['tracks'].scale = [15, 1, 1]
```

　以上で，napariの軌跡レイヤーについて概観した．粒子追跡の例を使ってnapariの点群レイヤーと軌跡レイヤーの基本的な使い方を学んだ．今回体験して感じたと思うが，手動での追跡は非常に面倒である．2025年2月時点で，napariコミュニティでは，手動での軌跡の注釈（Manual Track Annotation）を現状よりも容易にする方法を模索しはじめており，今後の開発のアップデートに期待がもてる．また，自動追跡方法も最近では多数開発されている．

4）形状レイヤー（Shape Layer）

　最後にもう1つよく使われるレイヤーである，形状レイヤー（Shapes Layer）を紹介する．その名の通り，このレイヤーではさまざまな形状を作成することができる．以下のコードを試してみるとよい．結果は図24に示した．

コードセル27

```python
import napari
import numpy as np

# 三角形と長方形の頂点座標を定義
triangle = np.array([[10, 200], [50, 50], [200, 80]])
rectangle = np.array([[40, 40], [40, 80], [80, 80], [80, 40]])

# 三角形と長方形をnapariビューアーに形状レイヤーとして追加
viewer = napari.Viewer()

# 三角形を追加
triangle_layer = viewer.add_shapes([triangle], shape_type='polygon', edge_color='red', face_
```

```
color='blue', name='triangle')

# 長方形を追加
rectangle_layer = viewer.add_shapes([rectangle], shape_type='polygon', edge_color='green', face_
color='yellow', name='rectangle')
```

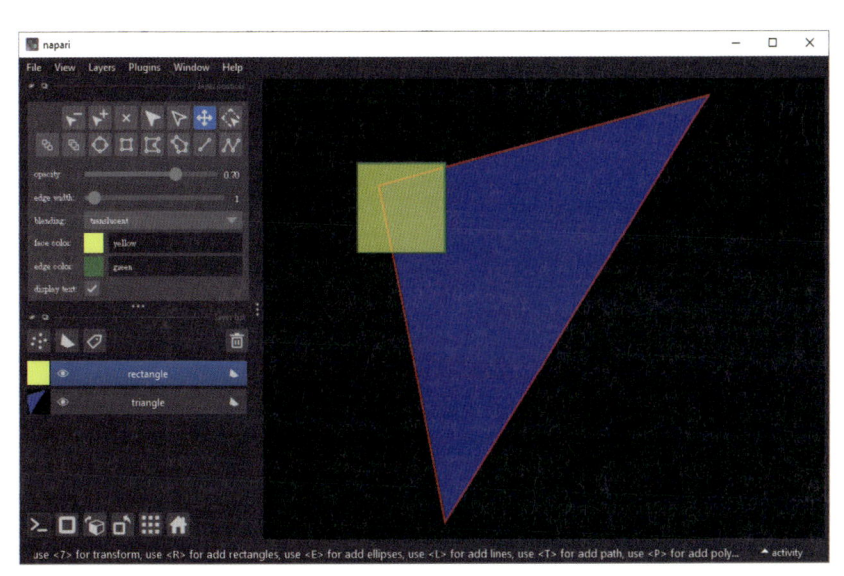

図24 Shapes Layerの表示

　napariの形状レイヤーでは，形を作成するだけでなく，パス（Path）オブジェクトも作成できる．これにより，手動でデータをトレーシング（Tracing）し，それをトレース（Trace）データとして表示することができる．例えば，神経の形態分析（例えば，*.swcファイルの可視化）や，**実践編-3**で説明される血管のトレース可視化にも利用できる．ここでは，**実践編-3**で使用する血管画像を手動でトレーシングしてみよう．

　サポートリポジトリにあるリンク先から，画像blood_vessel_sample.tifをダウンロードして，前項と同じようにノートブックと同じフォルダの中のsample_imagesフォルダに画像を移動しよう．

　以下のコードを使用してその画像を読み込もう．

コードセル28

```
# blood_vessel_sample.tifを読み込む
from skimage.io import imread
import napari
blood_vessels = imread('sample_images/blood_vessel_sample.tif')

# 画像を表示する
viewer = napari.Viewer()
blood_vessels_image = viewer.add_image(blood_vessels, name='blood_vessels')
```

napari ビューアーで形状レイヤーを新しくつくり Path 機能で血管をなぞってみよう．

- ヒント1：レイヤーボタンで新しい形状レイヤーを作成できる．
- ヒント2：2Dビューアーモードで，z方向にスライドしながらなぞってみよう．2024年11月時点では，2Dビューアーモードでだけ 2D/3D トレーシングが可能[注15]．

うまく形状レイヤーでトレースを行うことができれば**図25**のような結果が得られる．

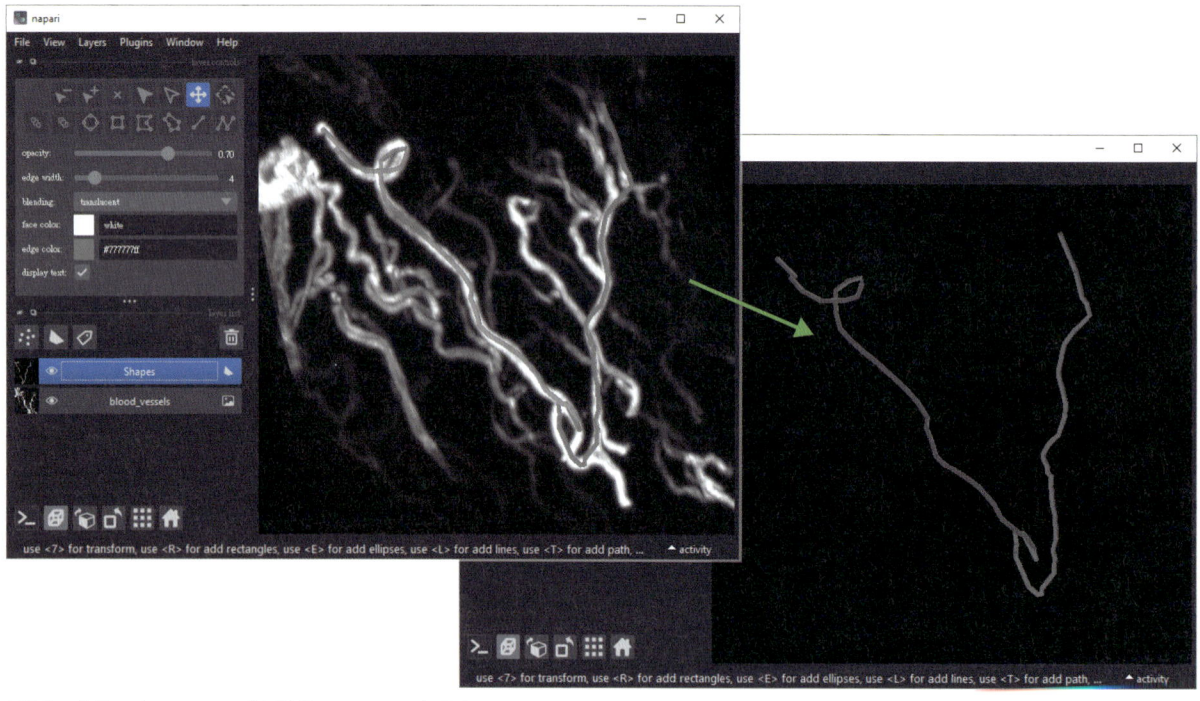

図25　血管のトレーシングを形状レイヤーで表示する

　デフォルトで形状レイヤーには Shape という名前がつく．この名前を blood_vessel_trace に変えよう．これは，レイヤーリスト（**図5**）からレイヤーをダブルクリックすれば簡単に名前を変えることができる．トレーシングの結果を napari から Jupyter Notebook 環境に読み込むには，次のコードで行うことができる．

コードセル29

```
# viewer.layers['blood_vessel_trace']からトレースデータを取得
trace_data = viewer.layers['blood_vessel_trace'].data
```

注15 napari プラグインとして napari-filament-annotator もフィラメントトレーシングに使える．3Dでトレーシングできるようにつくられていて便利．
napari 3D filament annotator　https://www.napari-hub.org/plugins/napari-filament-annotator
なお，napari プラグインと napari hub については，次の節で説明する．

```python
# トレースデータをnumpy arrayに変換
# [0]: ここでは，一番最初に描いた血管のデータのみ輸出
trace_data_np_array = np.array(trace_data[0])

# trace_data_np_arrayの各次元のサイズを確認
print(f'trace_data_np_arrayの各次元のサイズは: {trace_data_np_array.shape}')

import pandas as pd
# trace_data_np_arrayからDataFrameを作成
trace_data_df = pd.DataFrame(trace_data_np_array, columns=['z', 'y', 'x'])
trace_data_df.head()

# DataFrameをcsvファイルとして保存
trace_data_df.to_csv('trace_data.csv', index=False)
```

　自分でやってみるとわかると思うが，手動トレースはたいへん手間のかかる作業である．さらに，同じ人が同じ画像でトレースを行っても，毎回異なる結果になることが多く，再現性に問題がある．**実践編-2**では，深層学習を援用しながら正確かつ自動的にトレースを行う方法について紹介している．

　これまでに，napariの画像レイヤー，標識レイヤー，点群レイヤー，軌跡レイヤー，形状レイヤーを紹介した．私の意見では，これらがnapariで最もよく使用されるレイヤーである．さらに，ベクトルレイヤー（Vectors Layer）と表層レイヤー（Surfaces Layer）もあり，データの視覚化や操作に利用できる．興味がある方は，napariの公式ウェブサイトで詳細を確認してほしい．

napari のプラグイン

　napari も ImageJ/Fiji のようにプラグインシステムを装備している．本節では，napari でプラグインをインストールする方法を紹介する．napari プラグインをインストールする方法は2つある．1つは，napari ビューアーのGUIでnapari プラグインインストーラーを使う方法，もう1つはコマンドラインを使う方法である．ここでは，両方の方法を使って，プレゼンテーションに使う動画をつくるのに便利なnapari-animation と，手動3D トレーシングで便利な napari-filament-annotator をインストールする例を紹介する．

1）napari プラグインマネージャーを使ったプラグインのインストール

　napari ビューアーを開き，メニューから［Plugins > Install/Uninstall Plugins］を選ぶと，"Plugin Manager"というウィンドウが開く（**図26**）．そこにインストール可能なプラグインのリストが表示されるので，napari-animation プラグインを検索し，インストールボタンをクリックする．ネットワークの状況にもよるが，すぐにはインストールは終わらない．Plugin Manager の一番下左側にある "Show Status" というボタンをクリックすると，インストールの状況を眺めることができる．

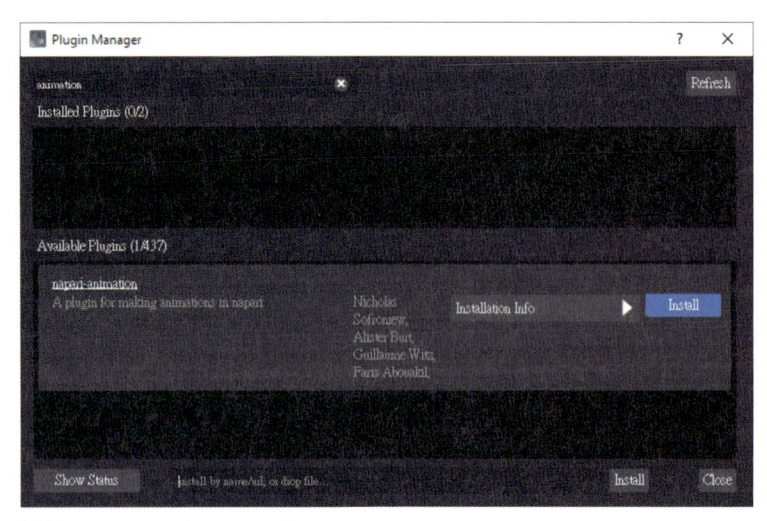

図26 napariのPlugin Installer

　インストールが完了したら，napariビューアーを再起動する．napariのトップバーの［Plugin］からnapari-animationを探そう．最初の節で使用した画像（cells3d）を読み込み，ドキュメンテーションをチェックしながら動画をつくってみよう（**図27**）．cells3dはnapariのサンプル画像であり，［File > Open Sample > napari builtins > cells (3D +2Ch)］で開ける．

　サンプルとしてつくった動画を，**サポートリポジトリ**で見ることができる．

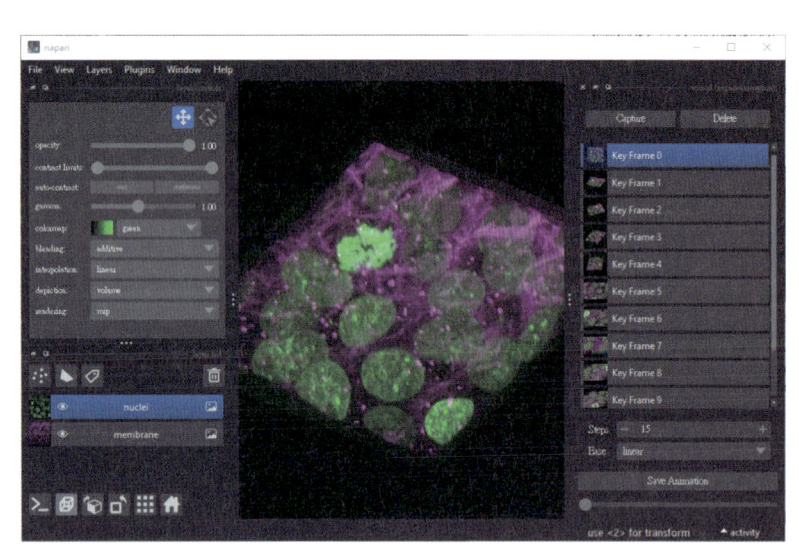

図27 napari-animation pluginのインターフェース

2）コマンドラインを使ったプラグインのインストール

　コマンドラインを使用してプラグインをインストールするには，プラグインのGitHubリポジトリまたは

napari hub[注16]でインストールに必要な情報を探す．napari hubは，napariのプラグインを共有したり，ほしい機能を探してインストールするためのコミュニティサイトである．napari hubのウェブサイトをブラウザで開き，napari-plot-profileを検索してみよう（**図28**）．

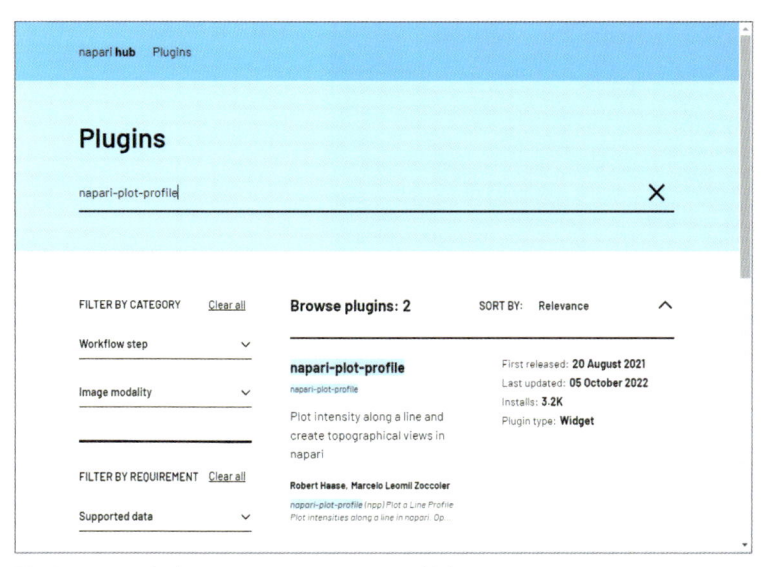

図28　napari hubでnapari-plot-profileを検索

　napari-plot-profileのページ[注17]を開くことができたら，ページの一番下にインストール方法の説明（Installation Instruction）がある．pipでのインストールが推奨されており，以下のコマンドが書かれている．

```
pip install napari-plot-profile
```

　このコマンドをコピーし，Anaconda Promptを開けてnapari-envに入り（**サポートリポジトリ**の「Python環境のセットアップ」を参照）このコマンドをペーストする．インストール後にnapariを起動すると，問題なければnapariのトップバーの［Plugin］からnapari-plot-profileが探せるはずだ．サンプル画像cells3dを開いて，napari hub上のnapari-plot-profileページに詳しい説明が書かれているので，それを見ながら画像の輝度プロファイルの測定を行ってみよう（**図29**）．

注16　napari hub　https://www.napari-hub.org/

注17　napari-plot-profile – napari Plugin　https://www.napari-hub.org/plugins/napari-plot-profile

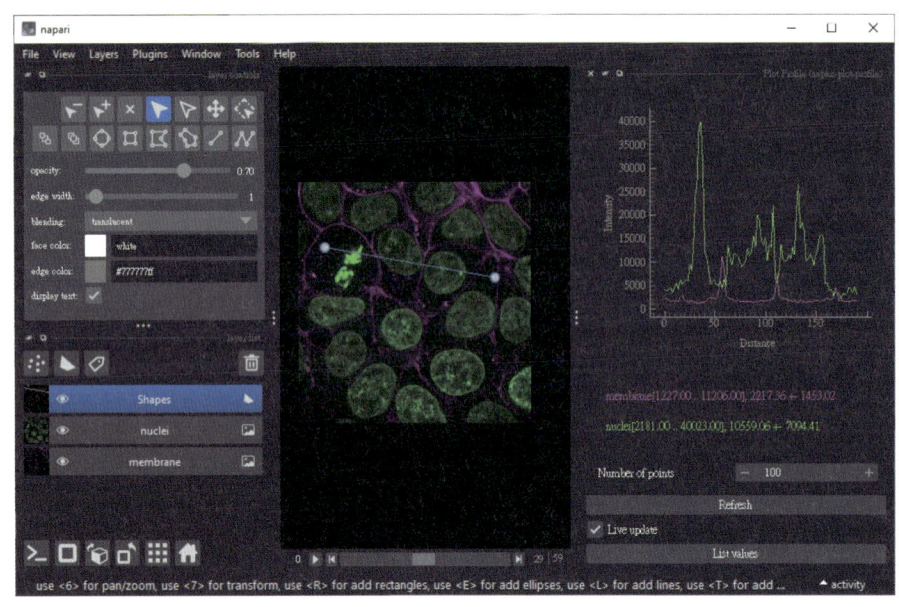

図29 napari-plot-profileによる輝度プロファイルの測定

3）その他の便利な napari Plugins

　この他にお勧めしたいnapari Pluginがいくつかある．一般的な画像解析には，napari-assistant[注18]をお勧めする．これは，クリック＆トライ方式でインタラクティブに画像解析ワークフローを構築するのに役立つ．ImageJ/Fijiを使った画像処理に慣れている方には，特に便利であろう．また，napari-assistantとあわせてnapari-script-editor[注19]をインストールすると，ImageJのコマンドレコーダに相当する機能を実現できる．クリックした操作に対応するPythonコードを生成してくれる．

　napari 3D filament annotator[注20]は，フィラメント状（線状）のデータのアノテーションやトレーシングに特化した便利なツールである．また，深層学習を使った分節化やノイズ除去ツールも複数のnapariプラグインが利用可能である．例えば，cellpose-napari[注21]やstardist-napari[注22]，napari n2v[注23]などがある．これらのプラグインをぜひ自分で試してみてほしい．

　もちろん，自分自身のプラグインを開発することも可能であり，そのためのガイドラインがnapariのウェブサイトに掲載されている[注24]．ただし，これはコーディングの上級者向けの内容となるため，本章では扱わない．

注18 napari-assistant – napari Plugin　https://www.napari-hub.org/plugins/napari-assistant

注19 napari-script-editor – napari Plugin　https://www.napari-hub.org/plugins/napari-script-editor

注20 napari-filament-annotator – napari Plugin　https://www.napari-hub.org/plugins/napari-filament-annotator

注21 cellpose-napari – napari Plugin　https://www.napari-hub.org/plugins/cellpose-napari

注22 stardist-napari – napari Plugin　https://www.napari-hub.org/plugins/stardist-napari

注23 napari n2v – napari Plugin　https://www.napari-hub.org/plugins/napari-n2v

注24 Plugins – napari　https://napari.org/stable/plugins/index.html

4) エラーが発生した場合

napariはまだ発展途上であり，バグや問題に遭遇することがあるかもしれない．もし問題が発生した場合は，napariのドキュメントやGitHubリポジトリを確認してほしい．また，GitHubリポジトリやImage.scで質問することもできる．napariのコミュニティは非常に活発で助け合い精神がとても強い．必要な場合は遠慮せずに助けを求めてほしい．

 おわりに

この章では，napariの基本的な使い方について説明した．具体的には，napariのコマンドラインやJupyter Notebookからの起動方法，napariビューアーに異なる種類のデータレイヤーを追加する方法についてとり上げた．また，napariにプラグインをインストールする方法についても解説した．もしもっと深くnapariとPythonでの画像解析を習いたければ，Robert Haase氏とDresden PoLのチームが開発したBio-image Analysis Notebooks[注25]がお勧めである．

napariは多次元データの可視化の強力なツールであり，画像データを探索的に解析するための使いやすいインターフェースを提供している．この章では，データを手動でラベリングおよびトレーシングする方法に焦点を当てたが，他の章では，より自動化された作業工程を設計し，解析を行う方法についての説明がある．この章がnapariのよい入門となり，読者が自身のデータを探索し，多次元ビューアーでさまざまなデータを扱って解析し，さらにはnapariコミュニティへの貢献をはじめるきっかけとなることを願っている．

 プログラムコードのライセンス

Copyright© 2025 Cheng-Yu Huang．本記事に掲載のソフトウェア（プログラムコード）はMITライセンスのもとで公開．MITライセンス（https://opensource.org/licenses/mit-license.php）．

注25 Bio-image Analysis Notebooks　https://haesleinhuepf.github.io/BioImageAnalysisNotebooks/intro.html

SUMMARY

Google Colaboratory（通称：Colab）は，Jupyter Notebookという対話的プログラミングが可能なフレームワークをベースにGoogleのクラウド上で構築し，より手軽に利用できるようにしたサービスである．インターネット接続，ウェブブラウザ（好ましくはGoogle Chrome），Googleアカウントがあれば直ちに利用することができる．無料・有料契約があり，前者でも一定のプログラミングは不自由なくできる．特に，GPUが使用可能（契約の種類により一定の制限あり）であることにより，高性能な計算環境を必要とする深層学習タスクに適している．TensorFlow，PyTorch，scikit-learnなど，データサイエンスや機械学習に必要な主要ライブラリが事前にインストール済みであることも利便性の高さに寄与している．個人学習だけでなく，プロトタイピングや小規模なプロジェクトの実行に適しており，多くのユーザーに利用されている．本章ではColabの基本的な使い方は，公式の解説[注1]を含め，数多くの本やオンライン資料においてすでに紹介されているため最小限の解説とし，実用上のTipsや注意点などを中心に解説したい．

Google Colaboratoryの基本

1）アクセス

まず，Colabを立ち上げるには，https://colab.research.google.com/?hl=ja にアクセスするか，ブラウザで「Google Colab」と検索する．ColabはGoogleアカウントに紐づいており，ユーザーごとの環境や設定が保存される点が特徴である．例えば，過去に作成したノートブックの一覧に簡単にアクセスできる．Googleのアカウントでログインしていることが必須条件であるため，アカウントを保有していないユーザーは，まずは https://www.google.com/intl/ja/account/about/ にてGoogleのアカウントを作成すること．本章では「ノートブックを新規作成」ボタンを押し，空白のノートブックにて作業を行う（**図1**）．

注1　https://colab.research.google.com/?hl=ja

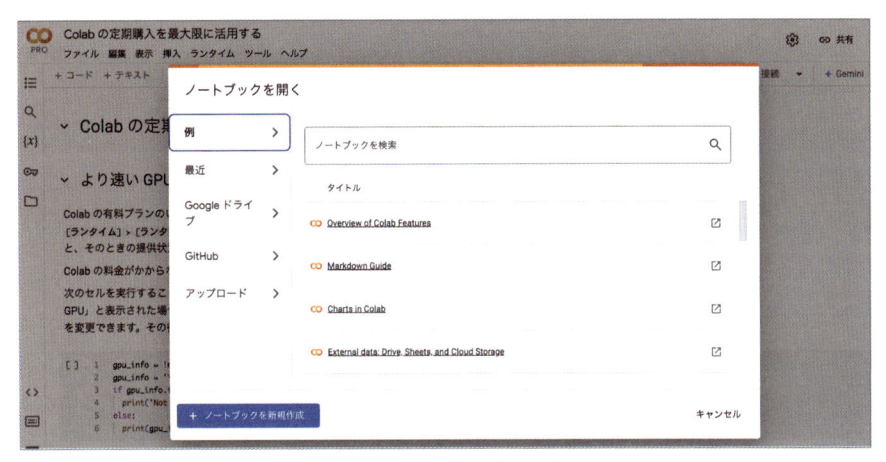

図1 Colabにアクセスしたときに表示されるポップアップメニュー画面

2) コードセルでプログラミング

コードセルの基本

「＋コードセル」を押してコードセルに以下のようにPythonコードを入力し，実行する（ ▶ ボタンを押す）と，出力結果を得ることができる．（以降の操作も同様にコードセルを押入しコードを入力，実行する．）

```python
greet = "hello world!"
print(greet)
```

出力

```
hello world!
```

画像の読み込みと表示

scikit-image ライブラリからサンプル画像camera（CC0 ライセンス）を読み込む．画像の表示にはMatplotlib ライブラリを用いる．

```python
from skimage import data
import matplotlib.pyplot as plt


image = data.camera()
print(type(image))
print(image.shape)
plt.imshow(image, cmap='gray')
plt.axis('off')
plt.show()
```

出力

```
<class 'numpy.ndarray'>
(512, 512)
```

　また，2024年2月21日のアップデートで，NumPy形式のデータの場合，変数のみを記述してコードセルを実行することでも画像を表示することができるようになった．

```
image
```

出力

```
ndarray (512, 512) show data

ndarray (512, 512) hide data
array([[200, 200, 200, ..., 189, 190, 190],
       [200, 199, 199, ..., 190, 190, 190],
       [199, 199, 199, ..., 190, 190, 190],
       ...,
       [ 25,  25,  27, ..., 139, 122, 147],
       [ 25,  25,  26, ..., 158, 141, 168],
       [ 25,  25,  27, ..., 151, 152, 149]], dtype=uint8)
```

show data / hide dataで画像と数値表示を切り替えることができる．

データフレームの読み込みと表示

　表形式のデータを取り扱うためのライブラリはいくつかあるが，最も有名であるのはpandasライブラリである．pandasを使用すると，効率的にデータ分析や操作を行うことができる．pandasデータフレームは，表形式のデータ構造で多様なデータ型を扱え，強力な機能を提供するため，データサイエンスや機械学習のプ

ロジェクトで広く活用されている[注2]．以下はcsvファイルをデータフレームとして読み込み，表示する例である．

```python
import pandas as pd

path = "/content/sample_data/california_housing_test.csv"
df = pd.read_csv(path, sep=",")
df
```

出力

	longitude	latitude	housing_median_age	total_rooms	total_bedrooms	population	households	median_income	median_house_value	
0	-122.05	37.37	27.0	3885.0	661.0	1537.0	606.0	6.6085	344700.0	
1	-118.30	34.26	43.0	1510.0	310.0	809.0	277.0	3.5990	176500.0	
2	-117.81	33.78	27.0	3589.0	507.0	1484.0	495.0	5.7934	270500.0	
3	-118.36	33.82	28.0	67.0	15.0	49.0	11.0	6.1359	330000.0	
4	-119.67	36.33	19.0	1241.0	244.0	850.0	237.0	2.9375	81700.0	
...	...	...	...	...	...	...	...	...	...	
2995	-119.86	34.42	23.0	1450.0	642.0	1258.0	607.0	1.1790	225000.0	
2996	-118.14	34.06	27.0	5257.0	1082.0	3496.0	1036.0	3.3906	237200.0	
2997	-119.70	36.30	10.0	956.0	201.0	693.0	220.0	2.2895	62000.0	
2998	-117.12	34.10	40.0	96.0	14.0	46.0	14.0	3.2708	162500.0	
2999	-119.63	34.42	42.0	1765.0	263.0	753.0	260.0	8.5608	500001.0	

3000 rows × 9 columns

グラフの読み込みと表示

前述では画像表示のためにMatplotlibライブラリを用いたものの，本来はデータ可視化ライブラリでありグラフや図表の作成のために使われる．

```python
import matplotlib.pyplot as plt
import numpy as np

# データの準備
x = np.linspace(0, 10, 100)
y = np.sin(x)

# プロットの作成
plt.figure(figsize=(10, 6))
plt.plot(x, y, label='sin(x)')
plt.title('Simple Sine Wave')
plt.xlabel('x')
plt.ylabel('sin(x)')
plt.legend()
plt.grid(True)
```

注2　**基礎編 -3**にもpandasの解説がある（p79）．

```
# グラフの表示
plt.show()
```

出力

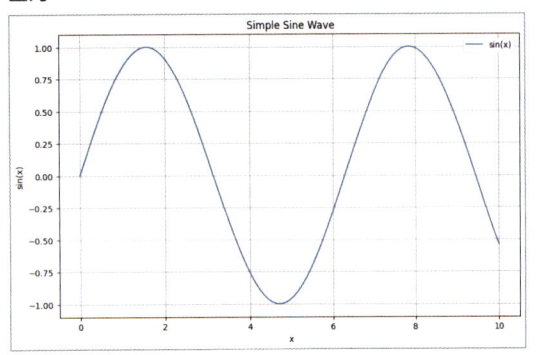

　もちろん Matplotlib だけでなく，数多くのデータ可視化ライブラリが開発・提供されている（seaborn[注3]，Plotly，HoloViews…）．それぞれ得意・不得意な描画があるので興味のある人は調べよう．

3）マークダウンでの記述

　Colab には通常のプログラムコードを記述するコードセルの他にテキストセルとよばれるものを配置する（「＋テキスト」を押す）ことができる．ノートブックのメモや説明，見出し等に使うことができ，その際にはマークダウン記法で記述する．

```
# 見出し1
## 見出し2
### 見出し3
Hello World, *Italic Hello World*, **Bold Hello World**

|---|---|---|
| C1 | C2 | C3 |
| value1 | value2 | value3 |
```

出力

見出し1

見出し2

見出し3

Hello World, *Italic Hello World*, **Bold Hello World**

C1	C2	C3
value1	value2	value3

注3　seaborn の使用例は**実践編-2**を参照（p146）．

Colabでは，単一のコードセルにすべてのコードを記述することも可能である．しかしながら，コードの可読性と保守性を高めるためには，機能や処理のまとまりごとにコードセルを分割し，さらにテキストセルの見出し機能を組み合わせることを推奨する．機械学習のコードを書いているとき例えば「データの読み込み」「モデルの定義」などセクションを分けるとすると，以下のように構造化した状態でコードを管理することができる．また，作業メモも挿入でき，開発が容易になる．

テキストセル

```
# データの読み込み
```

コードセル

```
def load_dataset():
    dataset = "pseudo"
    return dataset
```

テキストセル

```
to do : モデルのバックボーンをMobileNetV3からResNet50に変更する
```

コードセル

```
dataset = load_dataset()
```

テキストセル

```
# モデルの定義
```

コードセル

```
def load_model():
    model = "pseudo"
    return model
```

コードセル

```
model = load_model()
```

```
∨  データの読み込み

[ ]   1   def load_dataset():
      2       dataset = "pseudo"
      3       return dataset

[ ]   1   dataset = load_dataset()

∨  モデルの定義

to do：モデルのバックボーンをMobileNetV3からResNet50に変更する

[ ]   1   def load_model():
      2   💡  model = "pseudo"
      3       return model

[ ]   1   model = load_model()
```

4）シェルコマンドでの記述

　行頭に「!」をつけることにより，ノートブック内でシェルコマンドを実行することができる．これにより，Pythonコードだけでなく，Linuxのコマンドラインツールも使用できるようになる．

```
# カレントディレクトリにあるファイルやフォルダを表示する
!ls -l
```

出力

```
total 4
drwxr-xr-x 1 root root 4096 Aug 26 13:24 sample_data
```

　aptコマンドで任意のパッケージもインストール可能である．例えば以下のコマンドでは，ここではディレクトリをツリー上に表示するtreeコマンドをインストールし，実行する．

```
!apt install tree

!tree
```

出力

```
.
└── sample_data
    ├── anscombe.json
    ├── california_housing_test.csv
    ├── california_housing_train.csv
    ├── mnist_test.csv
```

```
├── mnist_train_small.csv
└── README.md

1 directory, 6 files
```

もちろん，任意のPythonパッケージやライブラリも同様にインストール可能である．例えば深層学習モデルによる物体検出や領域分割結果を可視化するSupervisionライブラリはpipコマンドを用い，以下のようにインストールする．

```
!pip install supervision
```

シェルコマンドはPythonコードと組み合わせることもできる．例えばカレントディレクトリに5つのフォルダを作成する以下の2つのコードは同等の結果となる．

```
for i in range(5):
    !mkdir dir{i}
```

```
import os
for i in range(5):
    os.mkdir(f"dir{i}")
```

シェルコマンドは単一行をサブシェル内で実行するため，情報は引き継がれないことに注意する．

```
# 再び現在の作業ディレクトリを表示
!pwd

# sample_dataフォルダに移動（この行でのみ変更が保持される）
!cd sample_data

# 再び現在の作業ディレクトリを表示
!pwd
```

出力

```
/content
/content
```

実行結果を一時的に引き継ぎたい場合，下のように&&などを用いて単一行で表現するか，後述する%cdの使用や%%bashセル内で作業する．

```
!cd sample_data && ls
```

```
anscombe.json                  california_housing_train.csv  mnist_train_small.csv
california_housing_test.csv  mnist_test.csv                 README.md
```

5）マジックコマンドでの記述

　マジックコマンドはコードセルの行頭に「%」をつけることで実行される特殊コマンドである．Colabのセッション全体に適用されるため，後続のコードや操作に影響を与える．例えば!cdの代わりに%cdを用いるとカレントディレクトリの変更が継続していることが確認できる．

```
%cd sample_data
```

```
!pwd
```

出力

```
/content/sample_data
```

6）セルマジックでの記述

　セルの冒頭に「%%」と記述するとColab（Jupyter Notebook固有の）セルマジック機能（コードセル単位で特殊コマンドを実行する機能）を利用することができる．例えば%%bashを使うとそのコードセルではPythonではなく，Bashが有効となる．

```
%%bash
for i in {1..5}
do
    echo $i
done
```

出力

```
1
2
3
4
5
```

7）Python以外のプログラミング言語や記法の活用

　Colab（Jupyter Notebook）はPython言語・マークダウン記法以外にもいくつかのプログラミング言語や記法に対応しており，前項と同様にセルマジック機能を通じて利用可能である．

LaTex記法

```
%%latex
\begin{equation}
x=\frac{-b\pm\sqrt{b^2-4ac}}{2a}
\end{equation}
```

$$x = \frac{-b \pm \sqrt{b^2 - 4ac}}{2a}$$

ただし，`%%latex`はテキストセルで使うことに注意.

R言語

`%%bash`は`%%script bash`と同義である．Bashの代わりにRを起動するよう指定すればR言語でコーディングできる.

```
%%script R --vanilla --quiet
print("Hello World!")
a <- 1
b <- 2
print(a + b)
```

出力

```
> print("Hello World!")
[1] "Hello World!"
> a <- 1
> b <- 2
> print(a + b)
[1] 3
>
```

`%lsmagic`コマンドで現在利用可能なマジックコマンドとセルマジックの一覧を出力できる．これらを活用するとPython言語以外の機能も使用できるため，把握しておこう．Colabにしかない機能もある（かもしれない；未確認）が，Jupyter Notebookをベースとしているため，公式ドキュメント[注4]を参照すれば大抵の機能について解説を得ることができるだろう.

```
%lsmagic
```

注4 https://ipython.readthedocs.io/en/stable/interactive/magics.html

出力

```
Available line magics:
%alias  %alias_magic  %autoawait  %autocall  %automagic  %autosave  %bookmark  %cat  %cd  %clear
%colors  %conda  %config  %connect_info  %cp  %debug  %dhist  %dirs  %doctest_mode  %ed  %edit
%env  %gui  %hist  %history  %killbgscripts  %ldir  %less  %lf  %lk  %ll  %load  %load_ext
%loadpy  %logoff  %logon  %logstart  %logstate  %logstop  %ls  %lsmagic  %lx  %macro  %magic  %man
%matplotlib  %mkdir  %more  %mv  %notebook  %page  %pastebin  %pdb  %pdef  %pdoc  %pfile  %pinfo
%pinfo2  %pip  %popd  %pprint  %precision  %prun  %psearch  %psource  %pushd  %pwd  %pycat  %pylab
%qtconsole  %quickref  %recall  %rehashx  %reload_ext  %rep  %rerun  %reset  %reset_selective  %rm
%rmdir  %run  %save  %sc  %set_env  %shell  %store  %sx  %system  %tb  %tensorflow_version  %time
%timeit  %unalias  %unload_ext  %who  %who_ls  %whos  %xdel  %xmode

Available cell magics:
%%!  %%HTML  %%SVG  %%bash  %%bigquery  %%capture  %%debug  %%file  %%html  %%javascript  %%js
%%latex  %%markdown  %%perl  %%prun  %%pypy  %%python  %%python2  %%python3  %%ruby  %%script
%%sh  %%shell  %%svg  %%sx  %%system  %%time  %%timeit  %%writefile
```

Google Drive との連携

ColabはGoogle Driveと簡単に連携できる機能を提供しており，ローカルストレージを使わずにクラウド上で大容量データを扱うことができる．特に，Colabセッションが終了しても，Google Drive上に保存されたデータは失われないことがメリットである．以下にGoogle DriveとColabを連携させ，利用する方法を紹介する．

```python
from google.colab import drive
drive.mount('/content/drive')
```

コード実行後，Google Driveへの接続を許可するためのポップアップが複数出てくるが，すべて許可する選択肢を選択する．

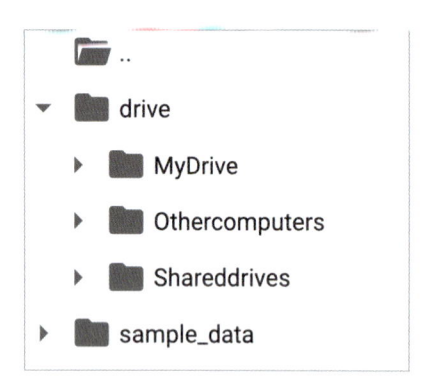

接続に成功するとディレクトリにdriveフォルダが追加され，MyDriveサブフォルダにGoogle Driveの中

身がマウントされる．例えばGoogle Driveにa.csvというファイルを置く場合，Colabでは以下のようにしてアクセスができる．

```
a = "/content/drive/MyDrive/a.csv"
```

* Colabのデフォルトのワーキングディレクトリは /content にある

　Colabはセッションが切れるとデータを含め環境が初期化されるため，自身のデータセットなどの大容量ファイルはGoogle Driveに置いて，Colabからアクセスするのも一つの手である．

 ## 契約プランについて

　Colabの契約プランについて解説する．なお，記載の内容は2024年8月時点のものであることに留意すること．

　個人向けColabユーザーには無料プランと3種類の有料プラン（Pay As You Go，Colab Pro，Colab Pro+）が提供されている．無料プランでは，標準性能のGPUを利用でき，使用時間やセッションの長さには制限がある．メモリ容量も標準的なもので，大規模・長時間のデータ処理には不向きである．また，GoogleのGPUリソースの状況ではGPUが使えない場合もある．それでもなお，Python言語学習や基本的な深層学習推論には支障はない．有料プランでは，より強力なGPUが優先的に利用でき，長時間のセッションやハイメモリモードが提供されるメリットがある（**図2**，**図3**）．最上位のColab Pro+でも月額6,000円以下で利用可能であるため，本格的に開発をしたい人は契約を検討してよいかもしれない．

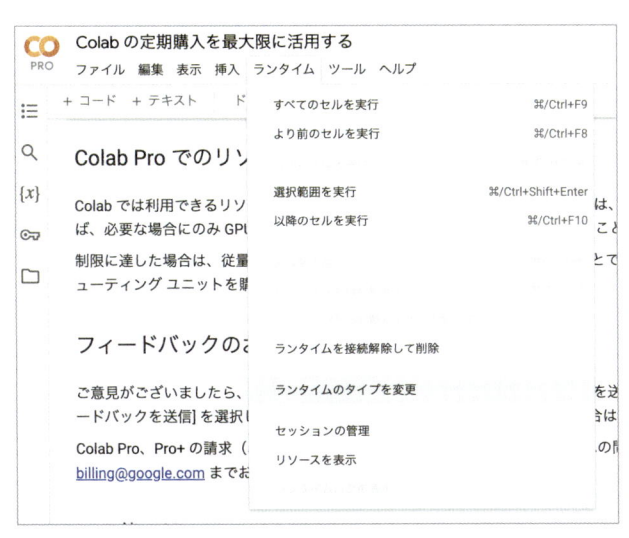

図2　Colab Pro契約における利用可能なリソース
［ランタイム > ランタイムのタイプを変更］から利用可能なGPUやメモリモードの切り替えが可能となる．この契約では3種類のGPUとハイメモリモード切り替えが提供されている．

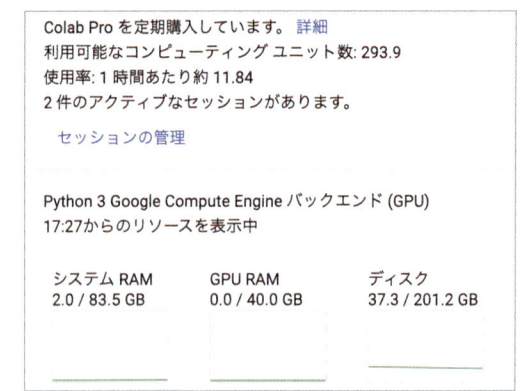

図3 NVIDIA A100を利用するモードにしてリソースモニタを表示したところ

Colab 上部のタブのGPU 名，RAM，ディスクが表示されている領域を選択すると残り時間やメモリ使用率を表示させることができる．A100のような性能のよいGPU は月間の利用可能時間が短い．利用目的に応じて適切なGPU を選択するとよい．

 ## Google Colaboratory の環境アップデートに注意

　Colabでは，いわゆる「AI」の開発をするのに必要なパッケージ・ライブラリがプリインストールされているため，環境立ち上げのたびにインストールの手間や時間をかけなくてよいのが利点だ．一方，定期的に初期環境が変化してしまうことに留意する必要がある（**図4**）．

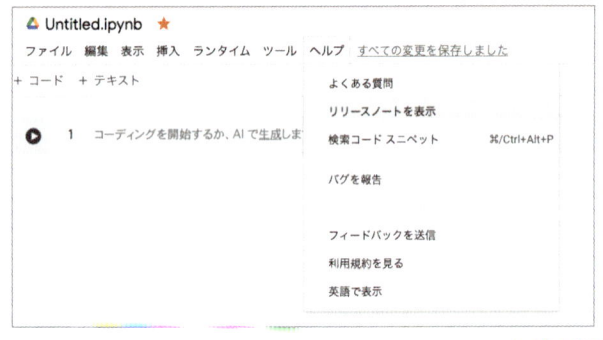

図4　初期環境の変化はリリースノートから確認することができる

公式ノートブック[注5]からも見ることができるので，定期的に確認しよう．

　例えば，2023年12月18日のアップデートでは，CUDA 11.8 から12.2 へのアップデートがなされている．通常 Colab 標準で準備されているパッケージ（PyTorch，TensorFlow など）はそれに伴って新しいCUDA 対応ビルドがプリインストールされるので，気にすることはない．ただし，以下のケースにおいては注意が必要である．

注5　https://colab.research.google.com/notebooks/relnotes.ipynb

1. パッケージのバージョンによっては廃止（deprecated）となるコマンドがあるため，アップデート前に動いていたコードが使えなくなることがある．著名なパッケージは将来のアップデートで仕様が変わる・使えなくなるといった警告（Warning）がセル実行時にログに出力されるため，見流さないでおこう．

```
UserWarning: torch.meshgrid: in an upcoming release, it will be required to pass the indexing
argument. (Triggered internally at ../aten/src/ATen/native/TensorShape.cpp:3587.)
final text_encoder_type: bert-base-uncased

FutureWarning: The `device` argument is deprecated and will be removed in v5 of Transformers.
```

将来の仕様変更やコマンドの廃止予告がログに出力されている．

2. ユーザーが手動でインストール（pip install，apt install）するパッケージのことまでは想定しておらず，特定のライブラリやCUDAのバージョンに依存するようなものを取り扱うときには細心の注意が必要である．

「半年前動いていたコードが突然動かなくなった」の原因のほとんどはこれらである．

おわりに

　以上，Google Colaboratoryの特徴や基本的な利用方法について概説してきた．本サービスは非常に便利であり，ローカルPCの性能に左右されることなく，誰でも気軽に高度な開発や実験を行える点が大きな魅力である．さらに，Colabを出発点として専用の開発環境や，より上位のクラウドプラットフォームへとステップアップしながら幅広い技術分野に挑戦できることは，まさに現代ならではの恩恵といえよう．読者各位には，本章をきっかけにColabの利便性を存分に活用し，さらなる学習・研究・開発へとつなげていただければ幸いである．

プログラムコードのライセンス

　Copyright© 2025 Yosuke Toda．本記事に掲載のソフトウェア（プログラムコード）はMITライセンスのもとで公開．MITライセンス（https://opensource.org/licenses/mit-license.php）．

実践編

実 践 編

多チャネル｜時系列

1 核膜に移行するタンパク質の動態の測定

三浦耕太

SUMMARY

この章で紹介する作業工程は，細胞の核と細胞質の境界におけるタンパク質などの濃度変化の測定である．隣り合う構造の境界にあたる部分を測定対象として特定し，その領域の変化を測定する課題は，さまざまな研究の場面で登場する．核膜のみならず，他のさまざまな細胞内構造や，多細胞の構造の境界の測定にも応用できるだろう．

はじめに

核膜にはさまざまなタンパク質が局在しており，遺伝子発現の制御などが行われていると考えられている．ここでは，Lamin B受容体という細胞質と核内膜（核の二重の脂質二重膜のうち，内側の膜を指す）に局在するタンパク質に注目する．Lamin B受容体は，細胞質から核膜に移行するタンパク質であることが知られており，その動態を測定するのが作業工程の目的である[1]．この作業工程はすでに英語の本，『Bioimage Data Analysis Workflows』（2020）のなかで ImageJ Macro を使って解説しているが[2]，この章では，その内容を発展させて Jython で実装する手法を解説する[注1]．

準備

1）プラグインの追加

この作業工程では，Fiji のプラグインである MorphoLibJ の機能を使う．あらかじめ Update Site 機能を使って，サイト "IJPB-plugins" を追加しアップデートを行い，Fiji をリスタートしよう[注2]．すると Fiji のメニューに，［Plugins > MorphoLibJ >］という項目が追加されるはずである．MorphoLibJ は，Legland らが開発・維持を行っているさまざまな数理形態処理アルゴリズムを実装したプラグインである[3]．もともと Fiji/ImageJ には数理形態処理の機能が含まれているが，これは2次元のデータにのみ対応している．MorphoLibJ は3次元データも扱えることが特徴で，さらに多様な機能も追加されている．

注1 この章は Jython の書き方をある程度知っている方を想定している．Fiji における Jython のスクリプティングを初歩から学びたい方は，**基礎編-2** でまず勉強してほしい．

注2 プラグインの追加方法については，**サポートリポジトリ**（bit.ly/BIAS-book-2025）にある「Update Site を使って Fiji にプラグインを追加する方法」を参照せよ．

2) サンプルデータ

この章で扱うサンプルの画像データは，次のようにして入手する[注3]．Fijiのスクリプトエディタを立ち上げ（[File > New > Script...]），言語はJythonを選び，次のコードを書いてRunをクリックする．

```
1    from ij import IJ
2    imp = IJ.openImage("http://wiki.cmci.info/sampleimages/NPC1.tif")
3    imp.show()
```

このサンプル画像は2チャネルの時系列画像である．ネットから画像データを読み込むので，画像がデスクトップ上に現れるまで，ネットの接続状況によって少々時間がかかるかもしれない．画像がデスクトップ上に開かれたら，[Image > Color > Make Composite]を行うと，2チャネルを同時に見ることができるようになる．シグナルがよく見えるように，メニューから[Image > Adjust > Brightness/Contrast...]を選んで輝度調整のGUIを立ち上げ，コントラストを調整しよう．なお，調整したあとに"Apply"をクリックしなければ元のデータの数値は変わらず，見た目だけが変化する．以上のようにうまく開くことができたら，まずローカルに画像を保存しよう．以降はこのローカルに保存した画像を読み込んで作業工程を組み立てる．

画像のウィンドウの下にスクロールバーが2本あり，下側は時系列の位置を調整するバーである．これを左右に動かしながら，緑のシグナルの変化を確認してみよう．最初は細胞質全体に広がっていたシグナルが，核のまわりに徐々に集まる様子を見ることができるはずである．解析の目的はこの輝度の分布の変化を測定することである．

このサンプル画像は，2015年にThe Journal of Cell Biology誌に発表されたAndrea Boniらによる論文の実験で得られたデータであり，筆頭著者のBoniの許可を得てここで使用している[注4]．この画像データの詳細を紹介しておく．画像データに見られる細胞は，培養細胞（HeLa cells）である．解像度は，0.165 μm/pixelであり，400秒に一度，2チャネルの画像を取得している．チャネル1は561 nmの光で励起したH2B-mCherryのシグナルで核の領域である．チャネル2は，488 nmの光で励起したLamin B受容体–GFPのシグナルであり，細胞質から核内膜へ移行するタンパク質である．

◤ 作業工程の流れ

図1に作業工程の全体の流れを示した．大まかには2つの部分に分かれる．1つ目は，1枚の画像に核が1つだけ含まれる場合の測定の部分である（図1A）．2つ目は，画像データの中にあるおよそ30個の核を対象に，核を1つずつ自動的に切り抜いて1つ目の部分をくり返して測定する部分である（図1B）．図1Aの流れは，まず核を分節化し，白と黒の二値画像に変換する．この分節化の手法はさまざまなものが可能であるが，ここでは最も典型的な大津のアルゴリズムによる閾値の決定を行う．次に，測定対象である核の縁の部分の測定用マスク画像[注5]を得る必要がある．このため，数理形態学処理（Morphological Image Processing）を組み合

注3　サポートリポジトリにもリンクがあるので，そちらから直接ダウンロードも可能である．

注4　文献1）が掲載されているThe Journal of Cell Biology誌のウェブサイトにも，実験の画像データがオープンアクセスで公開されている．

注5　マスク画像とは，ある画像の中で特定の領域を選択するため，画像と同じ大きさで，選択する領域を白に，黒をその領域外とした白黒画像のこと．この白黒は逆でもよい．マスク画像は選択領域（ROI）と同じ役割をもつ．画像処理の歴史ではマスク画像がまず登場し，次にそれをマウスで使いやすくしたROIが登場した．

わせて，核の縁のマスクを作成する．これを使って，Lamin B受容体のチャネルの輝度を測定する．時系列の測定は，この測定をループすることで行う．**図1A**の個別の処理と，多くの対象を抽出する**図1B**の過程をしっかり理解することで，大量データの測定を行うのに必要な基礎知識と自動化の手法を読者は学ぶことができるだろう．

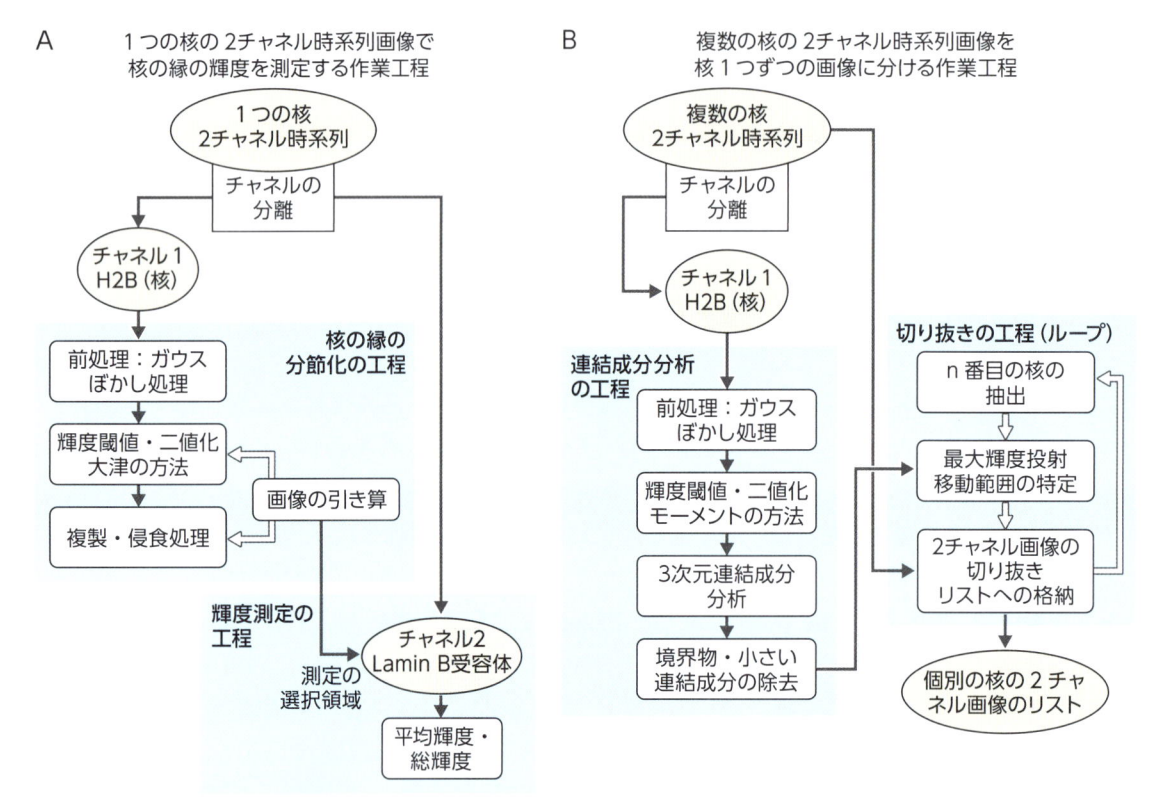

図1　作業工程のフローチャート
A）核が1つだけの2チャネル時系列画像で核の縁の輝度を測定し，その平均輝度と総輝度を得る作業工程．B）複数の核が存在する2チャネル時系列画像から，1つずつの核を切り抜いてリストに格納する作業工程．この工程Bを行って，そこで得られた個々の核に関してAを行う，という自動化が目的になる．

 ## 作業工程の実装

　作業工程を組み立てるときには，開発用に画像データの一部分を切り抜き，それでテストをしながらコーディングを進めるとテストにかかる時間を短縮できる．その開発用の小さなデータで主柱となる作業工程を組み上げたら，あとはそれを時系列や画像全体に拡張すればよい．そこでまず，開発用の画像データをつくろう．サンプル画像NPC1.tifにある複数の核のなかの1つを囲む矩形選択領域をマウスを使って描く（**図2A**）．［Image > Duplicate…］によって，その領域を複製し，［File > Save As…］によってNPC1n1.tifという名前で保存する（**図2B**）．さらにこの核の最初の時点の画像だけを複製し，2次元・2チャネルの画像を作成する．この画像には，NPC1n1t01.tifという名前をつけて保存しよう．この画像で作業工程をまず組み立てる．以下，これらのローカルに保存した画像を読み込みながら解説を進める．

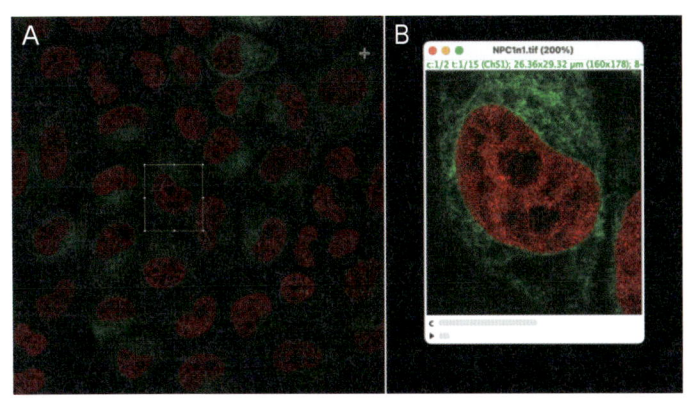

図2 作業工程の開発のための核1つの画像の準備
A）サンプル画像NPC1.tifの1つの核を囲むように矩形選択領域を描く. B）切り抜いた選択領域（NPC1n1.tif）.

1つの核・1つのフレームでの分節化と測定（図1A）

まず，最初の時点の画像NPC1n1t01.tifを使って，測定の作業工程を組み立てる．いくつもの処理ステップがあるので，それぞれのステップのコードを順番に関数として書き，1つずつ確認しながら進める．

背景色の設定

背景色が黒か白か，というのは人によって設定が異なっており，背景が白という設定だとシグナルと背景が反転し，輝度閾値による二値化や数理形態処理の結果が逆になったりおかしな結果になってしまう．このため，大前提としてここで背景色は黒と設定する．スクリプトの最初に，次のように書いておく．

```
1    from ij import Prefs
2    Prefs.blackBackground = True
```

この設定は設定ファイルに書き込まれるので，スクリプトを走らせ終えたあとにもFijiを再起動したときにも有効な設定になる．もし白を背景として処理を行いたいときには，メニューバーから［Process > Binary > Options...］で開く設定ウィンドウで，Black backgroundのチェックを外してOKをクリックするか，次のスクリプトを走らせて「背景は白」と設定し直せばよい．

```
1    from ij import Prefs
2    Prefs.blackBackground = False
```

1) チャネルの分離

サンプル画像は2チャネル画像である．分節化は核のシグナル（赤）で行い，輝度の測定はLamin Bのシグナル（緑）で行う．このため，最初に2つのチャネルを分離し，それぞれの処理や測定を行う．この工程のJythonのスクリプトは**コード01**のようになる．

コード01

```
1    from ij import IJ
2    from ij.plugin import ChannelSplitter
3
4    # orgimp: ImagePlus
5    def splitChannels( orgimp ):
6        imps = ChannelSplitter.split( orgimp )
7        impLamine = imps[0]
8        impNuc = imps[1]
9        return impLamine, impNuc
10
11   nucImagePath = "/Users/miura/samples/NPC1n1t01.tif"
12   impseries = IJ.openImage( nucImagePath )
13   impLamine, impNuc = splitChannels( impseries )
14   #impLamine.show()
15   #impNuc.show()
```

　ここで自作した関数splitChannelsの引数は画像であるImagePlusオブジェクトorgimpである[注6]. L6 (6行目のコードをL6とここでは表記する. 以下同様) でこの画像のチャネルの分離を行う. ChannelSplitterクラスの静的メソッド[注7]であるsplit()を使ってサンプル画像をチャネルごとに分離し, 2つのImagePlusオブジェクトが格納されたリストimpsを得る. 一つひとつのImagePlusオブジェクトにアクセスするには, インデックスを指定する. 0番目がチャネル1の画像, 1番目がチャネル2の画像になる. 可読性に難があるので, L7とL8でわかりやすい名前を与え, L9で2つの返り値とした.

　実際にこのコードを走らせると, L11から実行される. L12は, 画像をファイルシステムから読み込むコードで, ここで使われているIJクラスは, インスタンス化を行わずに直接使うことができるさまざまな静的メソッドを集約したクラスである. その機能は雑多であり, 開発者の間では「何でも屋」的な存在のクラスという印象がある. 厳格なプログラマーは「あのようなクラスをつくってはいけない」とまで名指しで指摘するクラスであるが, スクリプトを書くうえではなにかと便利なクラスである. さて, ここではそのなかのopenImageメソッドを使ってローカルのファイルシステムから画像オブジェクトを得る (**図3A**). なお, このコードのopenImageメソッドの引数は, 私のマシンでの画像のファイルパスである (L11). 読者の方はそれぞれがサンプル画像を保存した場所に応じて, ファイルパスを変更してほしい. また, これはmacOSの場合のファイルセパレータによるパス表記であり, Windowsの場合は二重のバックスラッシュを使うということに注意しよう. なお, openImageメソッドの引数は, ネットのURLのパスでも使うことができる. これはすでに最初のデータの入手の部分で使っているので, 気がついた方もいるだろう.

　L12で取得したサンプル画像のImagePlusオブジェクトimpseriesは, L13でL5〜9の関数splitChannelsに引数として引き渡され, チャネルの分離が行われる. この関数をテストするには, L14とL15のコメントアウト記号を外して実行すればよい (行頭の#を削除する). ImagePlusオブジェクトを描画するメソッドshow()に

注6　ImagePlusクラスとオブジェクトについては, **基礎編-2**「クラスとオブジェクト」の「1) 画像オブジェクトとそのクラス」(p32) を参考に.
注7　静的メソッドについては、**基礎編-2**「クラスとオブジェクト」の「5) 静的メソッド」(p44) を参考に.

よって2つのチャネルの画像がそれぞれデスクトップ上に表示される（**図3B**，核の画像）.

　最初の部分のコードはうまく走っただろうか？ エラーが生じた場合は，エラーの内容をよく読み，どの行でエラーが生じたのかを調べて，その行をもう一度確認してみるとよいだろう.

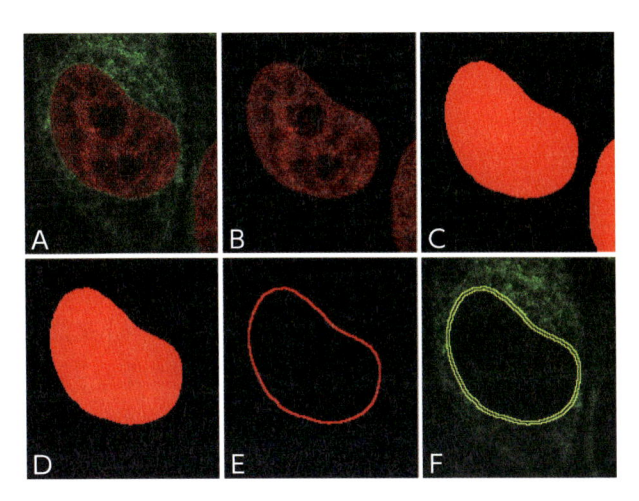

図3　核の縁の分節化の作業工程
A）処理前の画像．B）核のチャネルの画像．C）二値化し，穴埋めを行った核の画像．D）境界物体除去処理を行った核の画像．E）核の縁のマスク画像．F）核の縁の選択領域（黄色）をLamin B受容体の画像（緑）にあてはめた画像．

2）核の縁の分節化

前処理：ガウスぼかし

　元の画像のキメはかなり粗いのでそのまま分節化を行うと，核の縁の部分がギザギザになる．このため，ガウスぼかし処理によって画像をなめらかにする前処理を行う．次の**コード02**がこの前処理になるが，実際に試すときには，**コード01**に続けて書き加えると実行できる（以降のコードに関しても同様に書き加えて実行してほしい）.

コード02

```
1    from ij.plugin.filter import GaussianBlur
2    # Gaussian blur, blur slightly to attenuate noise
3    def gaussianBlur( impNuc ):
4        impNucSeg = impNuc.duplicate()
5        radius = 2.0
6        accuracy = 0.01
7        GaussianBlur().blurGaussian( impNucSeg.getProcessor(), radius, radius, accuracy )
8        return impNucSeg
9
10   impNucSeg = gaussianBlur( impNuc )
11   #impNucSeg.show()
```

　最初に，ImagePlusクラスのメソッドであるduplicate()を使って核の画像を複製する（L4）．この複製画像

はオリジナルの完全なコピーだが別のオブジェクトである．以後，この複製画像に処理を行えば，処理前の画像は保全される．ぼかしフィルタ処理はL5〜7である．最初に，フィルタの畳み込み処理に使うカーネル半径と，精度の数値を決め，これらの数値を使ってL7で実際の処理を行う．この行は，GaussianBlurクラスのインスタンス化とフィルタ処理を一気に行っているが，説明のため段階的に書き直すと**コード02b**の3行になる．

コード02b

```
1    ip = impNucSeg.getProcessor()
2    gb = GaussianBlur()
3    gb.blurGaussian( ip , radius, radius, accuracy )
```

コード02bのL1では，核の複製画像のImagePlusオブジェクトimpNucSegから，getProcessorメソッドを使って画像本体のデータであるImageProcessorオブジェクトを抜き出す[注8]．L2ではGaussianBlurクラスの空のコンストラクタでインスタンス化を行う．L3ではこのインスタンスgbを使って，L1で抜き出したImageProcessorオブジェクトipと，すでに数値を与えられている各パラメータを引数に与えてフィルタ処理メソッドblurGaussianを実行する．これらの過程を1行にまとめたのが**コード02**のL7である．わかりにくい，と思われる方もいるかもしれないが，少し慣れてくると一気に読むことができるのでかえって可読性は高くなる．ただ，あまりに多くの行を圧縮して1行で書くと逆に可読性は低くなるので，ほどほどにするとよいだろう．1行にどこまで詰め込めるか，ということに情熱を傾ける人もいるが，どちらかというと趣味の世界である．

可読性という意味で重要なのは，使用するパラメータとその数値を，意味のわかる変数名で与えることである（**コード02**のL5，L6）．これは一見無駄に思えるかもしれない．実際，アルゴリズムに与えるパラメータに変数名を与えず，そのまま引数に数値を書き込む例を多く見かけるが，そうすると動くことは動くものの，あとでなんの数値だったのか，コードを見ただけではよくわからなくなる．Javadocを調べればその数値がなんであるかの推測はつくが，可読性は低くなってしまうので，特に処理のパラメータとして使う数値にはわかりやすい変数名を与えておくのが後々のためである．実行結果は，コメントアウトしてあるimpNucSeg.show()で確認できる（**コード02**のL11）．

分節化：大津アルゴリズムによる輝度閾値の決定と二値化

次に，グレイスケールの画像の二値化を行い，核の領域を分節化しよう．使うのは大津の方法による輝度閾値の決定であり，次のコードになる．

コード03

```
1    from fiji.threshold import Auto_Threshold
2    def thresholdOtsu( impNucSeg ):
3        # get Otsu threshold value
4        hist = impNucSeg.getProcessor().getHistogram()
```

注8　ImageProcessorクラスについては，**基礎編-2**「クラスの使い方：実践編」の「1）ImageProcessorクラスと画像処理」（p46）を参考にするとよい．

```
5          lowTH = Auto_Threshold.Otsu(hist)
6          print "Otsu Threshold:", lowTH
7          impNucSeg.getProcessor().threshold(lowTH)
8
9      thresholdOtsu( impNucSeg )
10     #impNucSeg.show()
```

　大津の閾値決定アルゴリズムは，Auto_Thresholdクラスに実装されており，引数には画像の輝度ヒストグラムが必要になる．このためL4で核の画像からint型のリストとしてヒストグラムを取得する．このヒストグラムを引数にして，閾値を決定しているのがL5である．L7でこの閾値を引数として与えたImageProcessorクラスのthresholdメソッドにより，実際に画像を分節化し，黒と白だけの二値画像にする．

後処理：穴埋め

　こうして二値化し，その領域がほぼ判明した核であるが，内部のコントラストの低い部分はうまく分節化されておらず穴になっている．そのままだと後述する侵食処理を行うときに，不本意にも穴が処理対象に含まれてしまうので，あらかじめこの穴を埋める（**図3C**）．**コード04**がこの処理である．

コード04

```
1      from ij.plugin.filter import Binary
2      # fill hole
3      def fillHole( impNucSeg ):
4          binner = Binary()
5          binner.setup("fill", None)
6          binner.run(impNucSeg.getProcessor())
7
8      fillHole( impNucSeg )
9      #impNucSeg.show()
```

　穴埋め処理（fill holes）の機能はBinaryクラスに含まれている．このクラスはImageJのPlugInFilterインターフェースを実装したクラスなので，まずインスタンス化を行い（L4），次にsetupメソッドで処理の種類を特定し（L5），runメソッドで引数にImageProcessorインスタンスを与える（L6），というコードになる[注9]．runメソッドに返り値はなく，引数に与えたインスタンスに処理がなされるので上書きとなる．つまり，L8の前と後では，impNucSegは異なる画像データになっている．

後処理：画像の端にある不完全な核を除去する

　穴埋めの問題は解決したがもうひとつ問題がある．二値画像には画像の縁にかかっている不完全な核の領域が一部混在している．これらの核を測定対象からは除外するため，次のような処理を行う．これは"killborders"と名付けられた境界物体の除去処理であり，プラグインMorphoLibJに含まれている機能で（**図3D**），

注9　PlugInFilterインターフェースのJavadocを見ると，これらのクラス名を見ることができる．

実践編

その実装が**コード05**である．これまでのコードに追記して実行し，もしL1のMorphoLibJのインポート文でエラーが生じた場合には，まず自分のFijiのUpdate Sitesに"IJPB-plugins"が含まれているかどうか，もしくはpluginメニューにMorphoLibJが含まれているかどうか，あらためて確かめてみるとよいだろう．

コード05

```
1   from inra.ijpb.morphology import Reconstruction
2   from ij import ImagePlus
3   # remove other nuclei (border nuclei)
4   def removeBorderNuc( impNucSeg ):
5       ipSeg = Reconstruction.killBorders(impNucSeg.getProcessor())
6       impNucSegFinal = ImagePlus("nucseg", ipSeg)
7       return impNucSegFinal
8
9   impNucSegFinal = removeBorderNuc( impNucSeg )
10  #impNucSegFinal.show()
```

L5が境界物の除去処理である．Reconstructionクラスの静的メソッドkillBordersを使っている．引数は核画像のImageProcessorインスタンスであり，返り値として新しく生成された処理後のImageProcessorインスタンスを得ることができる．このメソッドの場合は，引数に与えた画像は変化しない．以上で核の分節化の後処理は完了であるが，次のステップで分節化画像がImagePlusクラスのインスタンスとして必要になるので，L6でImagePlusオブジェクトを作成する．

核の縁のマスクをつくる

測定は核膜の領域，つまり，分節化した核の縁の部分で行う．このため，核の縁の部分のマスクを準備して，選択領域を作成する必要がある．まず分節化画像を複製し，侵食処理（erode）によって核の領域を2ピクセルほど削る．この侵食画像を，元の分節化画像から引き算すると，核の縁のマスク画像（これも二値画像である）を得ることができる（**図3E**）．核の内側をマスク領域にしたのは，Lamin B受容体が，核内膜に局在することが知られているからである．もし，核外膜の外に集積するようなタンパク質であったら，逆に膨張処理を行って，元の分節化画像を引き算すればよい．この場合，核の外側に選択領域をつくることになる．

コード06

```
1   from ij.plugin import ImageCalculator
2   # get the nucleus edge mask
3   def getEdgeMask( impNucSegFinal ):
4       impErode = impNucSegFinal.duplicate()
5       binner = Binary()
6       binner.setup("erode", None)
7       binner.run(impErode.getProcessor())
8       binner.run(impErode.getProcessor())
9       impEdge = ImageCalculator().run("Subtract create", impNucSegFinal, impErode)
10      return impEdge
```

```
11
12    impEdge = getEdgeMask( impNucSegFinal )
13    #impEdge.show()
```

　コード06では，まず核分節化画像の複製を行い，侵食処理をする画像を用意する（L4）．次に，`Binary`クラスの`binner`オブジェクトをインスタンス化し，侵食処理のセットアップを行う（L5～6）．1回の処理で1ピクセル分，核の領域が削られるので，これを2回くり返すことで，2ピクセル分，核の領域が小さくなる（L7～8）．最後に，元の分節化画像から，侵食画像の引き算を行う（L9）．これには，`ImageCalculator`クラスの`run`メソッドを使う．1番目の引数は演算のパラメータであり，`Subtract`は引き算を，`create`は返り値の結果を新しい`ImagePlus`オブジェクトにすることを指定している．続く2つの引数は引き算を行う2つの`ImagePlus`オブジェクトである．

3）輝度の測定

　ここまでで測定対象の選択領域を得る準備はできた．あとは実際の測定である．

核内膜の選択領域の作成

　コード07は核の縁の分節化画像（＝マスク画像）から選択領域（ROI）を生成する．

コード07

```
1    from ij.plugin.filter import ThresholdToSelection
2    from ij.process import ImageProcessor
3    # generate ROI from the binary image, and set the ROI to the Lamine image
4    def getEdgeROI( impEdge ):
5        impEdge.getProcessor().setThreshold(255, 255, ImageProcessor.NO_LUT_UPDATE)
6        roiEdge = ThresholdToSelection.run(impEdge)
7        return roiEdge
```

　ここでは，`ThresholdToSelection`クラスの実に便利な機能を使う．その静的メソッドである`run`メソッドの引数に，マスク画像を与えると，そのマスク部分の`Roi`オブジェクトが返り値として得られる（L6）．ここで`run`メソッドの引数に与えるマスク画像はあらかじめ閾値を指定した状態であることが必要なので，L5では，`ImageProcessor`クラスの`setThreshold`メソッドを使ってマスク画像の白い部分（輝度255）を閾値選択した状態にしている．このメソッドでは閾値下限値と閾値上限値を指定するが，ここで扱っているのはすでに二値化した画像なので白の部分を選択するように，上下ともに255にした．3番目の引数は，デスクトップで画像を眺めたときに，閾値で指定した範囲を赤や黄色などで色付けするためのオプションである．この色付けはlook-up table（LUT）を変更することで行うが，ここでは目視で確認する必要はないので，LUTはアップデートしない（`NO_LUT_UPDATE`），としている．

選択領域におけるLamin B受容体の輝度の測定

　ここからはLamin B受容体の画像の輝度の測定である．ひとまず新たな関数を使わずに書く（**コード08**）．

```
1   roiEdge = getEdgeROI( impEdge )
2   impLamine.setRoi( roiEdge )
3   impLamine.show()
4   #Measurements
5   stats = impLamine.getRawStatistics()
6   print " Pix counts", stats.pixelCount
7   print " Mean", stats.mean
8   print " total intensity", stats.pixelCount * stats.mean
```

　まず，**コード07**の関数getEdgeROIを呼び出して，核の縁のRoiオブジェクトを得る（L1）．このROIを，Lamin B 受容体の画像オブジェクトにsetRoiメソッドで設置する（L2，**図3F**）．そして，その選択領域のImageStatisticsオブジェクトを取得すると，そのオブジェクト内にさまざまな測定値を得ることができる（L5）．ImageJマクロの場合，同じ測定はResultsTableを使った煩雑な処理が必要になる．直接APIにアクセスできるJythonならではの単純さである．なお，ImagePlusクラスにはここで使っているgetRawStatisticsメソッドの他に，よく似た名前のgetStatisticsメソッドもあるが，この場合，画像に付随する物理スケールを使った測定結果となる．今回は総輝度を計算するために，物理スケールを使わない，ピクセルベースの測定結果が必要である．このため，getRawStatisticsメソッドを使った．

　L6～8では，これらの測定結果をScript Editorの出力パネルに出力する処理を行っている．以下は，出力例である．

```
Otsu Threshold: 22
  Pix counts 871
  Mean 36.4603903559
  total intensity 31757.0
```

　以上が，2チャネル1時点の核1つを測定する作業工程となる．

タイムラプスの測定

　ここまでで，核の縁を検出し，その領域で輝度の測定を行う工程を組み上げた．時系列の測定を行うには，すべてのフレームでこの測定をくり返す必要がある．このため，核の縁の検出の工程と，輝度の測定の工程をまとめた自作関数をいくつか作成し，それをループに組み込んで時系列の測定を行えるようにしたのが次のコードである．これまでに書いた関数を組み上げる部分がほとんどなので，定義済みの関数はそのコードを省略する．コード全文はGitHubの**サポートリポジトリ**にある（code09.py）．

コード09

```
1   from ij import IJ
2   from ij import ImagePlus
3   from ij.process import ImageProcessor
4   from ij.plugin import ImageCalculator
```

```
5    from ij.plugin import ChannelSplitter
6    from ij.plugin import Duplicator
7    from ij.plugin.filter import GaussianBlur
8    from ij.plugin.filter import Binary
9    from ij.plugin.filter import ThresholdToSelection
10   from fiji.threshold import Auto_Threshold
11   from inra.ijpb.morphology import Reconstruction
12
13   ### <省略>実際にはここにコード01からコード07の関数群を書く  ###
14
15   # impNuc: nucleus image, 1ch, single time point
16   # returns a ROI at the nucleus edge
17   def getEdgeROISingle( impNuc ):
18       impNucSeg = gaussianBlur( impNuc )
19       thresholdOtsu( impNucSeg )
20       fillHole( impNucSeg )
21       impNucSegFinal = removeBorderNuc( impNucSeg )
22       impEdge = getEdgeMask( impNucSegFinal )
23       roiEdge = getEdgeROI( impEdge )
24       return roiEdge
25
26   # impLamine: lamin image
27   # t: framenumber starting from 0
28   # roiEdge: Nucleus edge ROI
29   def measureNucEdge(impLamine, t, roiEdge):
30       impLamine.setT( t + 1 )
31       impLamine.setRoi( roiEdge )
32
33       #Measurements
34       stats = impLamine.getRawStatistics()
35       print "Frame:", t+1
36       print "  Pix counts", stats.pixelCount
37       print "  Mean", stats.mean
38       print "  total intensity", stats.pixelCount * stats.mean
39       return stats.pixelCount, stats.mean, stats.pixelCount * stats.mean
40
41   #nucImagePath: image path string
42   def measureSingleNucleus( orgimp ):
43       impLamine, impNuc = splitChannels( orgimp )
44       nframes = impNuc.getNFrames()
45       pixcountA = []
46       meanA = []
47       totalA = []
48
49       for t in range(nframes):
50           impNucOneFrame = Duplicator().run(impNuc, t+1, t+1)
51           roiEdge = getEdgeROISingle( impNucOneFrame )
```

```
52          pixcount, mean, total = measureNucEdge(impLamine, t, roiEdge)
53          pixcountA.append(pixcount)
54          meanA.append(mean)
55          totalA.append(total)
56
57      return pixcountA, meanA, totalA
58
59  nucImagePath = "/Users/miura/samples/NPC1n1.tif"
60  orgimp = IJ.openImage( nucImagePath )
61  pixcountA, meanA, totalA = measureSingleNucleus( orgimp )
62  print pixcountA
63  print meanA
64  print totalA
```

　核を分節化し，縁のマスクをつくる関数群（**コード02〜07**）を組み込んだのが関数 getEdgeROISingle（L17〜24）である．この関数は核の画像（ImagePlus オブジェクト）を引数にとり，返り値は核の縁の選択領域（Roi オブジェクト）である．

　輝度の測定の部分（**コード08**）を関数にしたのが measureNucEdge である（L29〜39）．引数は3つであり，Lamin B 受容体の時系列画像の ImagePlus オブジェクト impLamine，測定対象のフレーム数 t，核の縁の選択領域である Roi オブジェクト roiEdge である．ここでの t は，0 からはじまるフレーム数である．次に説明する関数の for ループの range 関数で生成される数値のリストが 0 からはじまるためだ．L30 で，処理対象とする impLamine のフレームを setT メソッドで指定しているが，ここで t+1 としている理由は，このメソッドの引数は 1 からカウントするフレームの数え方だからである．この L30 は，画像 1 枚だけを処理することを想定して書いた**コード08**に，時系列を測定するために新たに挿入した部分になる．関数の返り値は3つあり，核の縁の選択領域の面積 pixcount，平均輝度 mean と，総輝度 total である．

　3番目の関数 measureSingleNucleus（L42）は，測定全体の関数で，前述の2つの関数を組み込んでいる．引数は測定を行う2チャネル時系列画像のファイルパスである．L43 でチャネルを分離し，それぞれの時系列にする．L44 で ImagePlus オブジェクトの getNFrames メソッドを使ってフレーム数 nframes を取得する．次に L45〜47 で，面積，平均輝度，総輝度の測定結果を格納するための空のリストを用意する．L49 からはじまる for ループは，range(nframes) というループの条件からわかるように，時系列画像を 1 枚ずつ処理するためのループである．L50〜55 がループ内の処理で，まず，核の画像の時系列から，1 時点のフレームだけを Duplicator クラスの run メソッドを使って複製する（L50）．このメソッドの引数は 1 番目が複製元の ImagePlus オブジェクト，2 番目と 3 番目の引数は複製するフレームの範囲である．ここではフレーム 1 枚だけが必要なので，いずれも t+1 を指定している．この複製した 1 時点での画像は関数 getEdgeROISingle（L17）に引数として渡され，核の縁の Roi オブジェクトが作成される（L51）．L52 では，この選択領域を関数 measureNucEdge（L29）に引数として渡し，核の縁の領域の面積，平均輝度と総輝度の測定値を出力パネルに表示したあと，これらの測定値が返り値となる．測定値は，L45〜47 で用意した 3 つのリスト pixcountA，meanA と totalA に順次格納される（L53〜55）．

　このスクリプトを実行すると，L59 の画像データのファイルパスの設定から開始する．この行のファイルパスは各自の画像の保存場所に応じて，書き換える必要がある．このファイルパスを読み込んでインスタン

ス化した ImagePlus オブジェクト（L60）は関数 measureSingleNucleus に渡され（L61），関数が作動して測定結果の3つのリスト pixcountA，meanA と totalA が得られる．これらの測定値のリストは Script Editor の出力フィールドに出力される（L62〜64）．次に出力例を示す．

```
1   [871, 876, 886, 899, 904, 908, 908, 904, 916, 908, 911, 920, 929, 928, 940]
2   [36.46039035591274, 36.73858447488585, 39.770880361173816, 46.08120133481646,
    51.49778761061947, 55.22246696035242, 58.33259911894273, 60.12942477876106,
    62.967248908296945, 62.58810572687225, 64.48518111964874, 60.721739130434784,
    62.13993541442411, 59.307112068965516, 60.282978723404256]
3   [31757.0, 32183.000000000004, 35237.0, 41427.0, 46554.0, 50142.0, 52966.0, 54357.0, 57678.0,
    56830.0, 58746.00000000001, 55864.0, 57728.0, 55037.0, 56666.0]
```

　1行目が面積，2行目が平均輝度，3行目が総輝度のリストである．2行目の数値を確認すると平均輝度が徐々に増えることがわかるだろう．もし増えていないようであれば，元画像の時系列を目視でよく見て，なにが起きているのか確認するとよい．実際にそのような細胞もあるかもしれない．面積はコンスタントに少しずつ大きくなることが通常であるが，核が分裂した場合などには異常な変化を起こすのでそれを検出するのに役立つだろう．これらの数値をプロットしたりさらに分析するために，表にしてCSVなどのファイルに出力するが，これは複数の核を自動処理する作業工程を完成させてから解説する．

■ 複数の核の測定の自動化（図1B）

　複数の核を自動的に測定するには，核を1つずつ特定する必要がある．これが単なる2次元の画像ならば，そしてImageJにある程度慣れ親しんだ方であれば，「Particle Analysisを使えば一発でできる」と考えるであろう．しかし，時系列の2次元画像の場合は，それぞれの核の時系列を個別に測定しなくてはいけない．粒子追跡法（particle tracking）で核を追ってから測定を行うこともできるが，実装には結構な労力がかかる．それよりもシンプルな方法で似たようなことを行うことができる．時系列の2次元画像を，3次元の立体画像として考えて，核を「追跡」する方法である[注10]．

　ご存知のように，2次元の時系列も，3次元の立体画像も，実態は3次元のスタック画像，あるいは，3次元の行列である．分節化した3次元の画像に連結成分分析（connected component analysis）をかけると，XYZ方向に同じ対象物であると認識され，その占有領域に連続した物体であるという標識番号（labels）が付与されるが，これと同じように，2次元の時系列データでもXYT方向に同じ対象物であるとして，同一の核に同一の標識番号を付与できる．ただし，この連結成分分析による「追跡」には制約がある．ある時点と次の時点のフレームで，その対象物の位置が重なっていることが必要である．今回のサンプル画像はまさにこれに合致する．一方で，バクテリアや細胞内小胞のように，激しく運動し，フレーム間での重なりがしばしばなくなってしまう時系列データでは使えない方法である．

　これから準備するコードの目的は，多数の核が存在する時系列画像から，個々の核の時系列画像を抜き出すことである．このため，それぞれの核が動く範囲をあらかじめ調べ，その範囲を含むように選択領域を作

注10　粒子追跡を含む作業工程はこの本の他の章でも紹介している．**基礎編-3**ではnapariを使った半自動の手法である．**実践編-4**と**実践編-5**ではFijiのプラグイン TrackMate を使った手法，**実践編-6**ではFijiのプラグイン ELEPHANT を使った手法である．

成し，その核の時系列を抜き出す．うまく個別の核の時系列を用意できれば，すでに書いたコードで測定を行うことができる．

　この個別の核を抜き出す過程を図示したのが**図4**である．まず，画像データのチャネルを分離し，複数の核の時系列画像を得る（**図4A**）．若干のガウスぼかし処理により画像をなめらかにし，輝度閾値による二値化を行う（**図4B**）．この二値画像で連結成分分析を行うことにより，あたかも3次元の物体であるかのように，時系列のなかで同一の核をそれぞれラベルする（**図4C**）．画像の境界に接する核と，核ではない小さな物体も除去する（**図4D**）．個々の核の移動範囲を知るため，それぞれの核をT軸に沿って最大輝度投射し（処理は"Z Projection"という名前になるが，ここでは時間軸になる），時間を通じた核の重ね描き像を得る（**図4E**）．その範囲を若干大きくした矩形選択領域を抜き出す範囲とする．この選択領域を使い，元の2チャネル画像からその核を抽出する（**図4F**）．この作業工程の流れは**図1B**の流れ図にまとめた．以下，それぞれのステップを関数化したコードをいわば部品として説明し，そのあとでこれらの関数を組み合わせた全体の作業工程を示す．

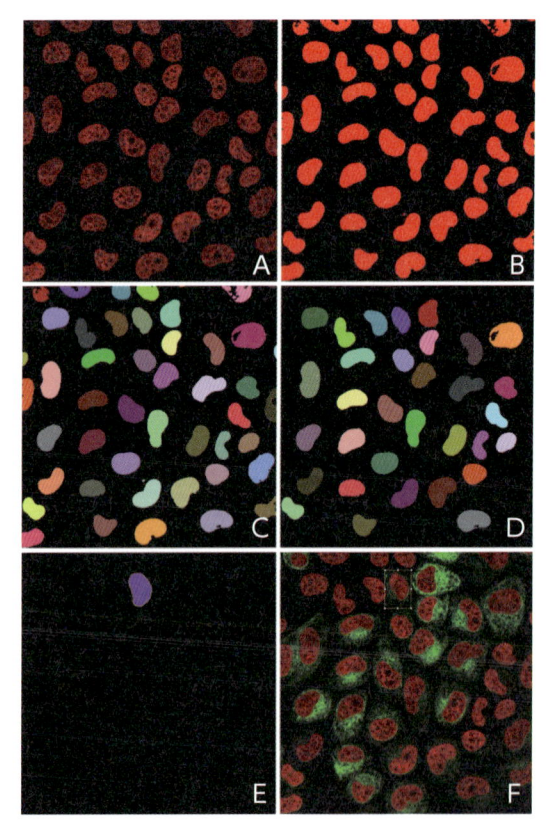

図4　核の時系列画像を1つずつ切り出す作業工程
ここでは時系列の最初のフレームだけ示す．A）サンプル画像の核のチャネル．B）輝度閾値により二値化し，穴埋めを施した画像．C）連結成分マップ．D）境界物体の除去，および小さなサイズの連結成分を除去した連結成分マップ．E）上端から3番目の連結成分（核）の時系列を抜き出し，最大輝度投射した2次元画像．F）Eで選んだ核を切り抜くための選択領域を自動的に設置したサンプル画像．

1）連結成分分析

画像スタックのガウスぼかし処理

まずチャネルの分離は**コード01**に準じるのでここでは省略する．ガウスぼかし処理のコードはすでに**コード02**で紹介したが，ここではそれを画像スタックで行うため，ループ処理を使う（**コード10**）．

コード10

```
1    def gaussianBlurStack( imp ):
2        radius = 2.0
3        accuracy = 0.01
4        for i in range(imp.getStackSize()):
5            GaussianBlur().blurGaussian( \
6                imp.getStack().getProcessor(i+1), \
7                radius, radius, accuracy)
```

この関数の引数はImagePlusオブジェクトであり，具体的には核の時系列画像である（**図4A**）．関数の返り値はなく，引数に与えた画像オブジェクトに処理が加わる．画像スタックを処理するためのループがL4～7であり，ImagePlusクラスのgetStackSizeメソッドによってスタックの枚数を取得し，それをループの回数と定める．L5～7は，1行のコードをバックスラッシュで3行に分割したコードである．このようにして見やすくすることもできる．L6は画像スタックのImagePlusオブジェクトから1枚ずつの画像を抽出する典型的な方法である．まず，ImagePlusオブジェクトからStackオブジェクトを得て，そこからさらにフレーム数（あるいはスライス数でもある）を指定して2次元画像のImageProcessorオブジェクトを取得する．

モーメント法による輝度閾値推定とスタックの二値化

輝度閾値による画像の二値化もすでに**コード03**でAuto_Thresholdクラスの大津の方法を紹介しているが，ここではモーメント法による閾値の決定を行う（**コード11**）．核の形になるべく忠実な二値化を行うには大津の方法がよいのだが，ここでは核同士が近接したときに，融合しないように二値化をすることが優先になるので，若干小さめに核を二値化する閾値アルゴリズムを選んだ．

コード11

```
1    # get Moment threshold value
2    def thresholdMomentStack( imp ):
3        hist = imp.getProcessor().getHistogram()
4        lowTH = Auto_Threshold.Moments(hist)
5        print "Moment Threshold:", lowTH
6        binner = Binary()
7        binner.setup("fill", None)
8        # create nucleus mask
9        for i in range(imp.getStackSize()):
10            ip = imp.getStack().getProcessor(i+1)
11            ip.threshold(lowTH)
12            binner.run( ip )
```

この関数も，引数に与えたImagePlusオブジェクトを上書きする処理である．返り値はない．簡略のため，閾値の決定は画像スタックの最初のフレームから得たヒストグラムだけで行っている（L3）．もしスタック全体のヒストグラムを得たい場合には次のように行えばよい．

```
1       from ij.process import StackStatistics
2       histdouble = StackStatistics(impNucSeg).histogram()
3       hist = map(int, histdouble)
```

コード11のL9〜12が二値化処理である．スタックをループしながらフレームごとの`ImageProcessor`オブジェクトを抽出して二値化処理を行う．処理全体でのループの回数を節約するため，同じループのなかに，穴埋め操作もここでは含めた（L12，**図4B**）．さらにループを減らすのであれば，**コード10**も統合させればよいが，わかりやすさを優先し別の関数のままにした．

3次元の連結成分分析

XYTの空間で連続する領域を探す連結成分分析を行う（**コード12**）．

コード12

```
1       from inra.ijpb.binary import BinaryImages
2       from ij.plugin import LutLoader
3       # connected component analysis
4       def connectedComponentAnalysis3D( imp ):
5           connectivity = 6
6           bitdepth = 8
7           implabeled = BinaryImages.componentsLabeling\
8               ("labeled", res.labelMap)
9           gilut = LutLoader.getLut("glasbey_inverted")
10          implabeled.setLut(gilut)
11          return implabeled
```

L4〜11の自作関数`connectedComponentAnalysis3D`は，引数の二値化した`ImagePlus`オブジェクト`imp`の連結成分分析を行う．まず連結成分分析の2つの設定値を決める．

L5で連結数`connectivity`の値を6にする．2次元画像であればある画素の東西南北にある4つの画素だけを「連結している」とし連結数を4とするか，それに北西，北東，南西，南東の斜め方向の画素も加えて連結数を8とするか，という2つのパターンが基本である．3次元でも東西南北上下の連結数6か，それに斜め方向も加えた連結数26の2種類が基本になる．

L6ではビット深度`bitdepth`の設定値を8，すなわち8ビットにする．ここでのビット深度は想定される成分数によって決める．8ビットの連結成分マップでは，255個の標識番号（ラベル）を付与できる（0は背景色）．16ビットであれば，標識数の最大は65,535個になるが，今回扱っているサンプル画像の核の数は255に満たないことが明白なので，8ビットで十分である．

L7〜8で`BinaryImages`クラスの`componentsLabeling`メソッドを使って，連結成分マップ`implabeled`を得る．

このメソッドの引数は第1引数が二値画像の ImagePlus オブジェクト，第2引数が連結数，第3引数が連結成分マップのビット深度である．L9〜10は連結成分を標識番号ごとに色分けするための look-up table（LUT）を適用する部分である．L9で読み込む LUT の glasbey_inverted は，色調が徐々に変わる LUT ではなく，なるべくランダムに色を配分した LUT で，連結成分マップで標識番号ごとに色付けを行うのによく使われる．L10でこの LUT を implabeled に適用し，L11でこの連結成分マップを関数の返り値とする．この連結成分マップには，解析対象から除外したい連結成分が存在するので，次の2つのステップでこれらを取り除く．

小さな物体の除去

まず，明らかに核ではない小さな連結成分も含まれていることから，一定のサイズより小さい連結成分を核ではないとみなして除去する．このサイズは必要に応じてあとで調整できるように，関数に引数として加え，sizeLimit とした（**コード13**）.

コード13

```
1    from inra.ijpb.label.select import LabelSizeFiltering
2    from inra.ijpb.label.select import RelationalOperator
3    # size filtering
4    def removeSmallOnes(implabeled, sizeLimit):
5        sizeFilter = LabelSizeFiltering\
6            (RelationalOperator.GT, sizeLimit)
7        implabeledFiltered = sizeFilter.process(implabeled)
8        return implabeledFiltered
```

連結成分の大きさによるフィルタリングは LabelSizeFiltering クラスを使って行う．自作関数 removeSmallOnes の第1引数は連結成分マップである ImagePlus オブジェクト implabeled，第2引数は成分のサイズの最小値 sizeLimit とする．すなわち，このサイズより小さいものを除去する．まず，LabelSizeFiltering オブジェクトをインスタンス化する（L5）．このコンストラクタの第1引数は「より大きい」「より小さい」などのフィルタ機能のアルゴリズムを担う RelationalOperator のオブジェクトであり，ここでは「より大きい」（GT = Greater Than）を使う．第2引数は，フィルタに使う成分のサイズの閾値 sizeLimit である．フィルタの実行は process メソッドにより L7でなされ，その返り値でフィルタ処理をした連結成分マップである implabeledFiltered を自作関数の返り値とする（L8）.

境界物体の除去

さらに，連結成分として検出した核のなかには，画像の境界に位置していて一部分しか測定できないものもある．こうした核は境界物体（border objects）として除去する（**コード14**）.

コード14

```
1    from inra.ijpb.plugins import RemoveBorderLabelsPlugin
2    # remove border nucs
3    def removeBorderNucs( implabeledFiltered ):
```

```
4    removeLeft = True
5    removeRight = True
6    removeTop = True
7    removeBottom = True
8    removeFront = False
9    removeBack = False
10   implabeledFiltered2 = \
11       RemoveBorderLabelsPlugin.remove(\
12       implabeledFiltered, removeLeft, \
13       removeRight, removeTop, removeBottom, \
14       removeFront, removeBack)
15   return implabeledFiltered2
```

　MorphoLibJ の RemoveBorderLabelsPlugin クラスには境界物体の除去機能が実装されており，その静的メソッドの remove を使う．3次元のデータの境界は左右上下および前後，という6つの面である．remove の2番目から7番目の引数で除去対象となる境界を明示する．今回の作業工程では，左右上下の境界に接している連結成分を除去し，スタックの最初と最後のフレームにあたる前後に接しているものは無視する．コードのL4〜9は，この境界面の設定のための変数で，L10〜14の remove メソッドの引数となる．返り値は，新しく生成された，除去後の連結成分マップの ImagePlus オブジェクトである．

2）切り抜きの工程

個々の核の最大輝度投射

　おのおのの核の時系列画像に最大輝度投射処理（maximum intensity projection）を行い，核の重ね描き画像を作成する．この次に紹介する**コード16**の一部になる関数である（**コード15**）．

コード15

```
1    from ij.plugin import ZProjector
2    def maxZprojection(stackimp):
3        zp = ZProjector(stackimp)
4        zp.setMethod(ZProjector.MAX_METHOD)
5        zp.doProjection()
6        zpimp = zp.getProjection()
7        return zpimp
```

　ここでは ImageJ の ZPorjector を使って投射を行う．コンストラクタの引数に，投射を行いたいスタックの ImagePlus オブジェクトを与えてインスタンス化し（L3），setMethod メソッドで投射の手法を最大輝度に設定する（L4）．L5で実際の投射の計算が行われ，投射像は新しい ImagePlus オブジェクトとして getProjection メソッドで得ることができる（L6）．

核の切り抜き選択領域の確定

　核の移動範囲は，核の時系列を最大輝度投射法によって重ね描きの状態にすれば知ることができる．この

投射像からその核を切り抜くための選択領域を用意するのが**コード16**の関数getBoundingRoiである.

コード16

```
1    from ij.gui import Roi
2    from ij.plugin.filter import ThresholdToSelection
3    from inra.ijpb.label import LabelImages
4    def getBoundingRoi(implabel, nucID):
5        offset = 10
6        labels = [nucID]
7        impOneNuc = LabelImages.keepLabels(implabel, labels)
8        #impOneNuc.show()
9        impProj = maxZprojection( impOneNuc )
10       ip = impProj.getProcessor()
11       ip.setThreshold(nucID, nucID, ip.NO_LUT_UPDATE)
12       roinuc = ThresholdToSelection.run(impProj)
13       impProj.setRoi(roinuc)
14       stats = ip.getStats()
15   # print "nuc x", stats.roiX
16   # print "nuc y", stats.roiY
17   # print "nuc width", stats.roiWidth
18   # print "nuc height", stats.roiHeight
19       roibound = Roi(stats.roiX-offset, stats.roiY-offset, stats.roiWidth+ 2*offset, stats.
     roiHeight+2*offset)
20       return impProj, roibound
```

　関数getBoundingRoiの1番目の引数implabelは,**図4D**にあるような連結成分マップのImagePlusオブジェクト,2番目の引数は,そのなかから抜き出す核の標識番号nucIDである(L4).特定の標識番号の核の抜き出しには,MorphoLibJのLabelImagesクラスの静的メソッドkeepLabelsを使う(L7).このメソッドの2番目の引数は,抜き出したい標識番号のリストとして与える必要があるので,nucIDをリストlabelsに格納してから(L6),L7で使用する.L7で得られるimpOneNucは核1つだけを単離した二値画像のスタックであるが,画像の大きさは元の連結成分マップと同じ大きさであり,必要のない背景がほとんどである.以降はこの背景部分を除去し,核の移動範囲の部分だけを残す処理になる.まず,最大輝度投射法で重ね描きの2次元二値画像impProjに変換し(L9,**コード15**),ThresholdToSelectionクラスの静的メソッドrunを使ってその重ね描きの輪郭の選択領域roinucを得る(L10〜12,**図4E**).この不定形の選択領域をちょうど囲むような長方形の左上の座標,および幅と高さを得るため,まずroinucを2次元二値画像impProjに設置し,そのImageProcessorオブジェクトであるipのメソッドgetStatsを使って,選択領域roinucのさまざまな統計情報をフィールド値として保持するImageStatisticsオブジェクトstatsを得る(L13〜14).コメントアウトしたL15〜18にあるように,statsのフィールド値から,roinucをちょうど囲むような長方形の左上の座標,および幅と高さを得ることができる.L19で,この長方形を上下左右に10画素分ずつ拡大した矩形選択領域roiboundのインスタンス化を行う.拡大する大きさは変数offsetで決めており,実際の数値は,L5で与えている.この矩形領域roiboundがすなわち,標識番号nucIDの核の時系列を切り抜くための領域となる.

実践編

核を抜き出す作業工程の組み上げ

ここまでに紹介した**コード10〜16**の関数を部品として使い，核を抜き出す作業工程を組み立てる．これらの関数のコードとインポート文はすでに紹介済みなので内容の重複を避けるため，ここでは省略する．コード全文はGitHubの**サポートリポジトリ**にある（code17.py）．

コード17

```
1   from ij import IJ
2   from ij.plugin import ChannelSplitter
3   from ij.process import StackStatistics
4   from inra.ijpb.label import LabelImages
5   from ij.plugin import Duplicator
6
7   def extractNucs( imporg ):
8       imps = ChannelSplitter.split( imporg )
9       impnuc = imps[1].duplicate()
10      gaussianBlurStack( impnuc )
11      thresholdMomentStack( impnuc )
12      implabeled = connectedComponentAnalysis3D( impnuc )
13      sizeLimit = 1000
14      implabeledFiltered = removeSmallOnes(implabeled, sizeLimit)
15      implabeledFiltered2 = removeBorderNucs( implabeledFiltered )
16      LabelImages.remapLabels(implabeledFiltered2)
17      #implabeledFiltered2.show()
18      sstats = StackStatistics(implabeledFiltered2 )
19      print "Labels Count:", sstats.max
20      labelCount = int(sstats.max)
21      nucimpA = []
22      for i in range(labelCount):
23          nucID = i + 1
24          impProj, roibound = getBoundingRoi( implabeledFiltered2, nucID)
25          imporg.setRoi(roibound)
26          impnuc = Duplicator().run(imporg)
27          nucimpA.append( impnuc )
28      return nucimpA
29
30  imporg = IJ.openImage("/Users/miura/samples/NPC1.tif")
31  imporg.setMode(IJ.COMPOSITE)
32  nucimpA = extractNucs( imporg )
33  nucimpA[0].show()
34  nucimpA[4].show()
35  nucimpA[9].show()
```

L7からはじまる関数extractNucsは，これまでに書いた関数を集約する関数である．引数には2チャネル・2次元の時系列データであるImagePlusオブジェクトをとり，返り値は，個別に切り抜いた核の2チャネル・2次元の時系列であるImagePlusオブジェクトのリストになる．L8〜9でチャネルの分離と，核のチャネルの複

製を行う．L10〜12では，複製した核の時系列データに，**コード10〜12**の3つの関数を使い，連結成分マップの ImagePlus オブジェクトを得る．L13で連結成分の大きさの具体的な下限値を与え，L14〜15で，測定対象の連結成分，すなわち核を選びとる．L16は，新しいコードである．境界に接する核や核ではない領域などを除去したあとには，標識番号が飛び飛びになる．そこで MorphoLibJ の LabelImages クラスの静的メソッド remapLabels を使って，あらためて番号を1から振り直す．

L18では，標識した連結成分の数を数えるため，StackStatistics クラスのコンストラクタに連結成分マップ implabeledFiltered2 を引数として与えてインスタンス化する．このことで生成される StackStatistics オブジェクト sstats は，フィールド値に連結成分マップのさまざまな統計値を保持しており，そのなかの max は，画素の最大値である．これは連結成分マップでは標識番号の最大値，すなわち，連結成分の数になる．ここで得られる max は double 型のオブジェクトなので，これを L22 のループで使うため int 型に変換する（L20）．また，ループのなかで切り抜いた核画像を格納するために空のリストを用意する（L21）．連結成分の標識番号は1からはじまるので，L23でループのインデックス i に，1を足し，L24で，**コード16**の関数を使って核を切り抜く矩形選択領域を取得する．この選択領域を元の画像の ImagePlus オブジェクト imporg にセットし（L25，**図4F**），複製を行うと，選択領域のみが複製され，核1つの時系列画像 impnuc を得ることができる（L26）．これをループ前に用意したリスト nucimpA に格納する．このループは，最後の標識番号まで回り，ループを出ると，切り抜いた核の画像オブジェクトのリスト nucimpA が返り値となる．

コードを実行すると L30 からはじまる．まず，ファイルシステムに保存してあるサンプル画像 NPC1.tif の ImagePlus オブジェクト imporg を得る（L30）．見た目上，2つのチャネルが重なって表示されていたほうが状況を確認しやすいので，複数のチャネルを同時表示するコンポジットモードに変換する（L31）．前述の集約関数 extractNucs の引数に imporg を与えて，おのおのの核の時系列のリストを得る（L32）．L33〜35は，核が確かに1つずつ得られているかどうかを確認するためのコードである．

 ## 複数の核の測定と結果の出力

さて，いよいよすべての部品を組み合わせ，複数の核を測定する作業工程を組もう．ここでも，既述の関数のコードは省略し，全体の流れの部分だけを次に示す．このコードは，すべてのインポート文と関数の下に書くとよい．コード全文は**サポートリポジトリ**に置いた（code18.py）．

コード18

```
1    ### 既述のimport文と，部品の関数（コード01からコード17）は省略 ###
2    imporg = IJ.openImage("/Users/miura/samples/NPC1.tif")
3    imporg.setMode(IJ.COMPOSITE)
4    nucimpA = extractNucs( imporg )
5
6    import csv
7    outfilepath = "/Users/miura/samples/nucmeasures.csv"
8    f = open(outfilepath, 'wb')
9    writer = csv.writer(f)
10   writer.writerow(["NucleusID", "Frame", "PixArea", "Mean", "Total"])
11
```

```
12   for i, aimp in enumerate( nucimpA ):
13       pixcountA, meanA, totalA = measureSingleNucleus( aimp )
14
15       for ii in range(len(pixcountA)):
16           row = [i+1, ii, pixcountA[ii], meanA[ii], totalA[ii]]
17           writer.writerow(row)
18
19       print "NUC", i
20       print "  ", pixcountA
21       print "  ", meanA
22       print "  ", totalA
23
24   f.close()
```

　L2〜4で，サンプル画像NPC1.tifから**コード17**の関数extractNucsを使い，核の2チャネル2次元時系列画像のリストnucimpAを得る．L12からこのリストをループする．この際に，Pythonの組み込み関数であるenumerateを使って，ループのインデックスも同時に得る．ループのなかでは，核の時系列画像aimpをmeasureSingleNucleus（**コード09**）の引数に与え，測定結果である面積，平均輝度，総輝度のリストを得る．結果を表にしてCSVファイルとして保存するために，ループに入る前に，L6〜10でその準備をする．まず，Pythonの組み込み関数csvをインポートし（L6），出力先のファイルパスを決める（L7）．このファイルを新規作成あるいは上書きモードにし（L8），書き込めるようにインスタンス化（L9），表のヘッダを書き込む（L10）．ループのなかでは，ループごとに得られた測定結果のリストをCSVファイルに書き込む（L15〜17）．すべての測定が終わったら，CSVファイルを閉じる（L24）．

■ まとめ

　すべての関数と**コード18**を1つのスクリプトに書いて実行すると，**コード18**のL7で設定したCSVファイルに，測定結果が保存されるはずである（**図5**）．この結果を使って統計的な解析などの一般的な「データ分析」に入る．生物画像解析には本来この部分も含まれ，そのデータ解析結果から逆に測定アルゴリズムを改善したり解析精度を調整する，ということも行う．とはいえ，今回は生物画像解析の中心である測定を行う際の「型」を1つ示した，ということで，データ分析についてはまた別の機会に紹介することにしよう．なお，測定結果の「データ分析」部分についても，JythonであればFijiに同梱でそのまま使うことのできるライブラリ，例えばWekaやJFreeChartなどを使えば作業工程に含むことができる．とはいえ，RStudioで測定結果を読み込みデータ分析やプロットを行ったほうが，Rがまさにデータ分析のために開発され最適化されているソフトなのでなにかと便利である．プロットも美しいものを作成することができる．逆に，Rにも画像処理・解析用のライブラリが用意されており，すべてをRで，という強者もいるが，Rで使える画像処理・解析用のライブラリはあまり充実しているとはいえないので自分で実装する部分がかなり増える．私の場合は，生物画像解析に最も強いFijiと，統計解析に最も強いRを組み合わせて使うことが多い．この部分は各自の好みであろう．簡単なグラフのプロットをするだけならば，CSVファイルをExcelで読み込んで，図をつくることもできる．

　最後になるが，紹介した作業工程のうち，特に核の分節化の部分は，他のさまざまな部品に置き換えること

が可能である．今回は典型的な大津の方法による輝度閾値を使ったが，深層学習モデルを使ったDeepImageJ[4]，StarDist[5]，Cellpose[6] などによる核の分節化に替えてもよい．この作業工程で扱ったサンプルデータでは核と核の間が離れており，重なりが少ない．このような分節化という面で比較的好条件のデータでは輝度閾値で十分対応できるが，核が互いに重なっているようなデータでは，重なりの部分をうまく分節化できるツールを部品として使うことを検討するとよい．トピックは異なるが，**実践編-4**では，StarDistを部品に使って作業工程を組み立てる．CellPoseに関しては，PythonでCellPoseをインストールすることを前提としたFijiのプラグインがある[注11]．DeepImageJを使った分節化については，プラグイン本家のサイト[注12]，あるいは日本語では文献7を参考にするとよい．

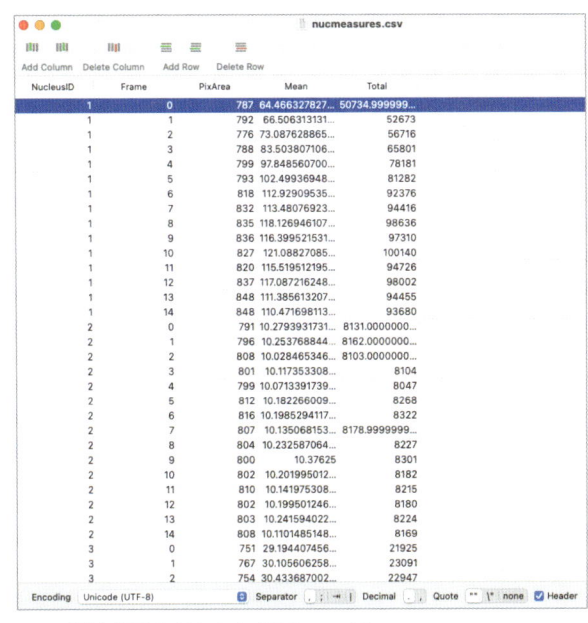

図5 測定結果を保存したCSVファイル

 ## 謝辞

本章に関しては塚田祐基さんに助言をしていただいた．ここに謝意を表する．

 ## 文献

1) Boni A, et al：J Cell Biol, 209：705-720, doi:10.1083/jcb.201409133（2015）
2) Miura K：『Bioimage Data Analysis Workflows』（Miura K & Sladoje N, eds），pp9-32, Springer, doi:10.1007/978-3-030-22386-1_2（2020）
3) Legland D, et al：Bioinformatics, 32：3532-3534, doi:10.1093/bioinformatics/btw413（2016）
4) Gómez-de-Mariscal E, et al：Nat Methods, 18：1192-1195, doi:10.1038/s41592-021-01262-9（2021）

注11 BIOP/ijl-utilities-wrappers　https://github.com/BIOP/ijl-utilities-wrappers
注12 deepImageJ　https://deepimagej.github.io/

5) Schmidt U, et al：『Medical Image Computing and Computer Assisted Intervention – MICCAI 2018』（Frangi A, et al, eds），doi:10.1007/978-3-030-00934-2_30, Springer（2018）

6) Stringer C, et al：Nat Methods, 18：100-106, doi:10.1038/s41592-020-01018-x（2021）

7) 三浦耕太：実験医学増刊「機械学習を生命科学に使う！」（小林徹也，杉村　薫，舟橋　啓／編），pp3342-3352，羊土社（2020）

プログラムコードのライセンス

電子顕微鏡画像のミトコンドリア分節化と形状のクラスタリング解析

河合宏紀

生物画像解析では，さまざまな手法で細胞やオルガネラを背景から分けて解析する．特に電子顕微鏡画像は撮影条件などの違いで輝度やノイズが変化し，古典的な画像処理では汎用的な自動分節化が困難であった．しかし深層学習モデルの高い特徴抽出力により，人の感覚に近い汎用的な分節化が可能となり，3次元画像から対象を再構築できるようになってきている．本章では，napariのプラグインPHILOWを用いて深層学習モデルを作成し，3次元電子顕微鏡画像のミトコンドリアを再構築する．その形態を測定してクラスタリングを行い，どのような形や種類が分布しているかを調べてみよう．

 ## はじめに

　生物画像解析では，他章でも紹介しているように，単純な二値化から複雑な手法までさまざまな方法で対象とする細胞やオルガネラのマスク画像を作成することによって背景と区別し，解析を行うことが多々ある．こうした手法は古くから開発されてきた便利なアルゴリズムやツールがたくさんあるが，一方で，ごく最近まで多くの人が手作業で行ってきたのが電子顕微鏡画像のトレーシング（tracing）作業である．トレーシング作業とは，主に電子顕微鏡画像において，画像（3次元の場合はスライス）ごとに目的とする細胞やオルガネラなどの対象物の領域を背景から塗り分けてその形状を評価するものである．電子顕微鏡画像は特定のタンパク質を標識する蛍光顕微鏡などとは異なり，画像内にあらゆる物体が映っているグレイスケール画像であり，全く同じ固定法や造影法とイメージングの設定で同じ生物構造を撮影してもサンプルごとに輝度やノイズが変わり，見え方が大きく異なる．そのため，特定の構造物を汎用的に分節化（segmentation）する手法を古典的な画像処理で確立することは困難だった．深層学習モデルは従来の手法よりも特徴量の抽出力が高く，学習データさえ集めることができれば人の感覚と同等な汎用的な分節化が可能になる．

　そこで，本章では，筆者のグループが公開している，深層学習モデルを簡便に作成し3次元分節化を効率的に行うことのできるnapariのプラグインであるPHILOW[1] 注1 を用いて3次元電子顕微鏡画像からミトコンドリアを3次元立体再構築する．その後，ミトコンドリアの形状を測定し，この結果をもとにクラスタリングをして，どのような形と種類のミトコンドリアが分布しているのか調べてみよう．

注1　https://github.com/neurobiology-ut/PHILOW

 **準備**

1）サンプルデータ

　ここでサンプルとして使用するデータはマウス胎仔線維芽細胞株である NIH3T3 細胞の Optic Atrophy 1（OPA1）KD 細胞と Control 細胞の3次元電子顕微鏡画像である．OPA1 は優性視神経委縮症の1型から同定された GTP 加水分解タンパク質であり，ミトコンドリア内膜に局在してクリステの構造を制御していることが知られている．これらのデータはインターネット上から取得できるので[注2]各自ダウンロードしていただきたい．このデータセットは集束イオンビーム走査電子顕微鏡（Focused Ion Beam Scanning Electron Microscopy：FIB-SEM）によって撮影された 10 nm × 10 nm × 10 nm の等方性の画像になっている．ダウンロードサイズは2つのデータセットを合わせて 1.7 GB ほどである．この画像からミトコンドリアをトレーシングして3次元立体再構築し，その形状を評価することで Control 細胞と比べた OPA1 KD 細胞におけるミトコンドリアの形状変化を調べてみよう．なお，トレーシングを行ううえで，対象物が塗り分けられ，ミトコンドリアの領域の輝度値が1，残りの背景の輝度値が0となっているような画像のことを今後マスク画像とよぶ．

2）napari と使用するプラグインのインストール

　napari をはじめて使う方は**基礎編-3**にインストールの方法と基本的な使い方の解説がある．この解説の知識を前提として以下の解説を行う．この章では napari にプラグインを追加してインストールする必要がある．napari では plugin manager を使用してプラグインをインストールする方法と，conda や pip を使用してインストールする方法の2種類の方法がある．ここでは後者の方法で行う．すでに napari がインストール済みの conda の napari-env 環境にインストールする場合は以下のコマンドを使えばよい．

```
conda install -c conda-forge napari-philow
```

作業工程1　深層学習モデルによる分節化

　ここでは深層学習モデルを作成して3次元再構築を行うまでの工程を示す（**図1**）．まずデータセットを準備して作業を開始しよう．深層学習モデルを学習させるためには，まずアノテーションを作成しなくてはならない．深層学習では，入力画像とモデルが推論すべき正解のセットを用意し，このセットをモデルに与えることで入力画像に対して正解を出力できるように学習させる（教師あり学習）ことが基本である．この入力画像に対する正解データを作成する作業をアノテーションとよぶ．ここではミトコンドリアの領域を抽出・3次元再構築して解析することを目的とするので，電子顕微鏡画像の各スライスに対するミトコンドリアのマスク画像が正解データとなる．PHILOW は段階的にモデルの性能を上げていくように設計されているので，最初は数枚のスライスにアノテーションをつければ十分である．次に深層学習モデルを学習させ，その深層学習モデルを用いてデータセット全体の推論を行う．この段階では推論結果には多くのミスが含まれているの

で，一部のスライスでミスの修正を行う．ミスの修正を行ったスライスは学習データに追加できるので，修正済みスライスを追加した学習データセットで再度学習を行う．この作業工程をくり返すことによってモデルの性能を上げていく．十分にモデルの性能が向上し，ミスの修正がほとんど必要なくなったら，最終校正として全スライスでミスの修正を済ませることで分節化が完了する．完了したデータセットはその後解析を行う（作業工程2）．

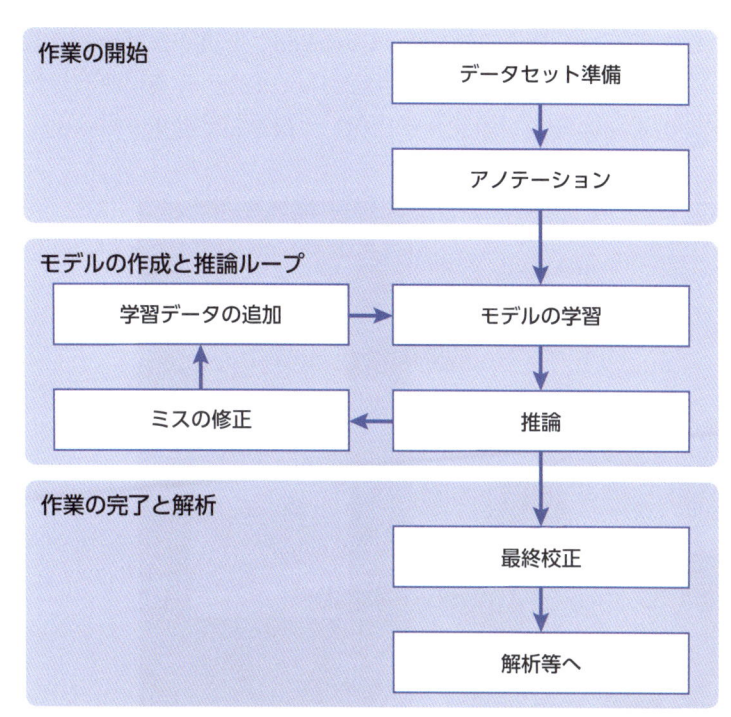

図1 作業工程1：分節化ワークフロー

1）作業の開始

　深層学習モデルを学習させるために，まずは画像にアノテーションを行わなくてはならない．napariを起動し，[Plugins > napari-PHILOW > Annotation Mode] を選択してアノテーションを開始しよう．Original dirとしてダウンロードした画像の入ったディレクトリ（フォルダ）を選択し（データセットはスライスごとに連番になったpng画像になっている），Model typeにはミトコンドリアをラベルするので，"mito" と記入しておく．3D dataのチェックボックスにチェックを入れてstart tracingボタンを押しトレーシングを開始する．自動的にmitoという名前のフォルダがつくられて元画像と同じ名前で縦横サイズも同じだがすべての輝度が0になっている画像が保存される．これはトレーシングした結果が描き込まれる画像であり，元画像と一対一対応するマスク画像になる．またcsvファイルもmitoフォルダ内に作成され，元画像のファイル名と学習に使うかどうかの情報が記載されている．分節化モデルを作成するには，学習のために通常一対一対応した元画像とマスク画像が必要になる．プログラミングを行い，コードを実行して深層学習モデルの学習を行う場合などは，通常，自分でこのセットをフォルダに集める作業や，学習に使用するファイルのリストを作成する作業などが発生する．そういった煩雑さを排除するために，napari-PHILOWではアノテーションを行

いながら，同じGUI上で簡便にファイル操作を伴う作業が自然と完了するようになっている．

　具体的なトレーシングによるアノテーション作業を説明する．トレーシングを開始すると，画像が表示されるので，アノテーションしやすいスライスにスライダーを動かして移動し，アノテーションを行おう（図2）．そのスライスに映っているミトコンドリアをすべてアノテーションする必要があるので，ミトコンドリアが少ないスライスを最初は選ぶとラクである．また多様性を確保するために離れたスライスをいくつかアノテーションすることが望ましい．一方で，このあと複数回の学習を行うことから，最初は少ない枚数（3枚程度）のアノテーションで構わない．アノテーションが完了したスライスは"Not Checked"と書かれているボタンを忘れずに押して"Checked"に変えておく．これで学習に使われるようになる．また，作業が終わったり中断するときは，napariのウィンドウの右下にあるsaveボタンを忘れずに押して保存しておく．

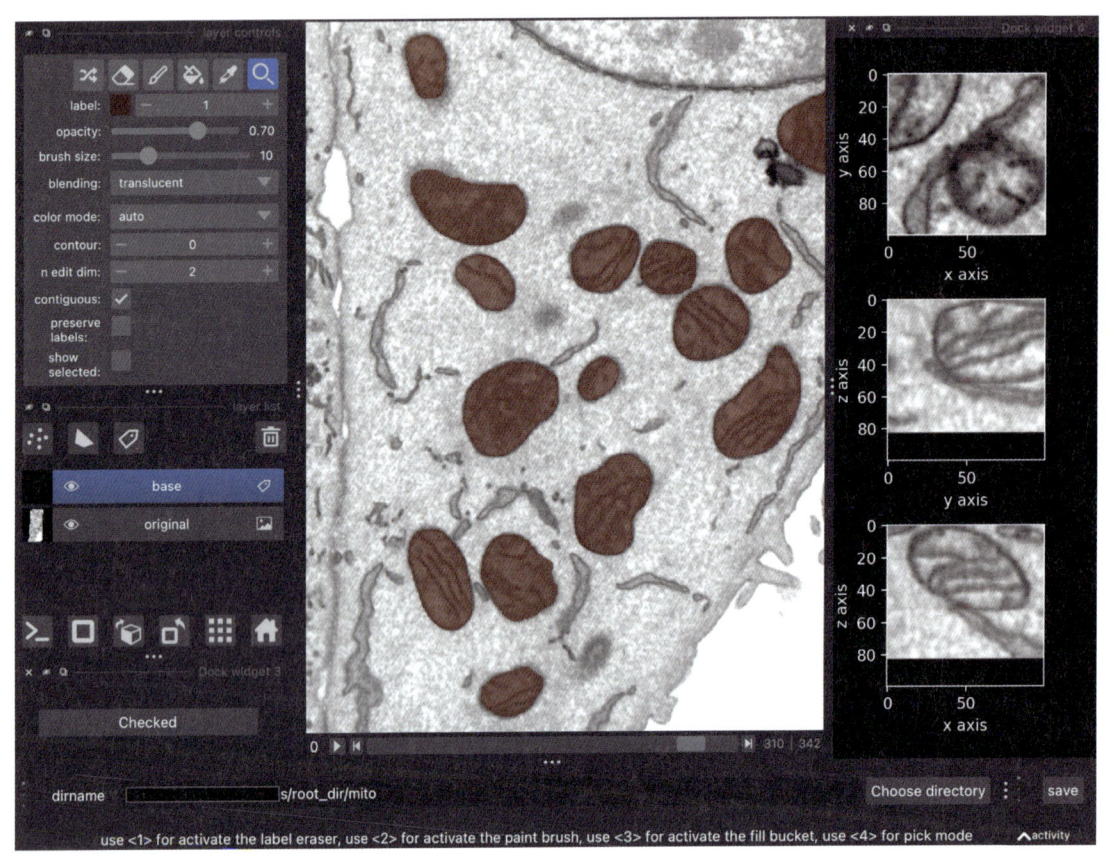

図2　napari-PHILOWのアノテーションGUI

2）モデルの作成と推論ループ

モデルの学習

　次にモデルの学習をはじめる．［plugins > napari-PHILOW > Trainer］を選ぶ．original dirには元画像の入ったフォルダを，label dirにはアノテーションの入ったフォルダを，model output dirにはモデルを保存したいフォルダを指定する．このmodel output dirに保存されるファイルが学習されたモデルの重みであり，学

習結果の本体である。一般的に学習時には1つの画像を一定のサイズに大きさを変換（resize）して学習する場合と，一定のサイズを切り抜いて（crop）学習する場合がある。これは深層学習モデルは基本的に入力のサイズが固定であるためである。napari-PHILOW ではどちらのモードにするかは"Resize"のチェックボックスを選ぶかどうかで選択できる。一般画像では被写体の大きさが変化することが普通であり，resize して学習や推論をすることが多い。また，倍率の異なる顕微鏡画像を扱っている場合も，同様に対象とする細胞やオルガネラの大きさが変化するので，resize するとよい。ただし，resize して画像が小さくなる場合は，解像度を落とすことになりモデルの性能が下がる場合があるので注意が必要である。今回は，同一倍率の画像しか使わないことから，Resize は選択しないでおく。また検証用データ（Validation data）をつくるかどうかの選択肢がある。学習時に学習用データとは別に，モデルの性能を評価するための検証用データを用意することが多い。これによってモデルの過学習（学習データに過度に特化したモデルとなる状態）を防ぐのである。特別な理由がなければチェックを入れていただきたい。epoch 数とは学習回数である。多くの場合，すべての学習用画像を1度ずつモデルに見せ終えたところを1epoch とするので，epoch 数とはそれぞれの学習画像をモデルに見せる回数，と考えていただければよい。適切な回数はモデルや学習データしだいではあり，次に説明する train_loss と val_loss の変化の様子を見てあとからわかってくるものであるが，最初は100程度にしておくとおおむね問題ない。start ボタンをクリックすると学習が開始され，検証用データに対する推論結果が画面中央に，train_loss と val_loss の epoch ごとの変化が折れ線グラフで右側に表示される（**図3**）。train_loss と val_loss とはそれぞれ学習用データと検証用データの損失（loss）を示している。損失とは，元画像を入力したときのモデルの出力画像と正解画像を比較したときのズレを数値化したものであり，その計算方法はいろいろな種類がある。ここではその詳細は述べないが，モデルがこの損失を小さくするようパラメータを変化させていく，これが深層学習におけるモデルの学習過程である。その結果として，モデルは元画像を入力すると正解画像を出力できるようになるのである。epoch 数を重ねていくと loss の値は小さくなっていくが，ある程度学習が進むと変化しないか，場合によっては学習用データに最適化されすぎて val_loss が大きくなってくる（過学習）。そうなるとそれ以降の学習は無駄なので，そこまでの epoch 数が無駄のない適切な epoch 数であったということになる。10枚程度の学習データであれば，CPU 実行でも一晩で学習は完了する。

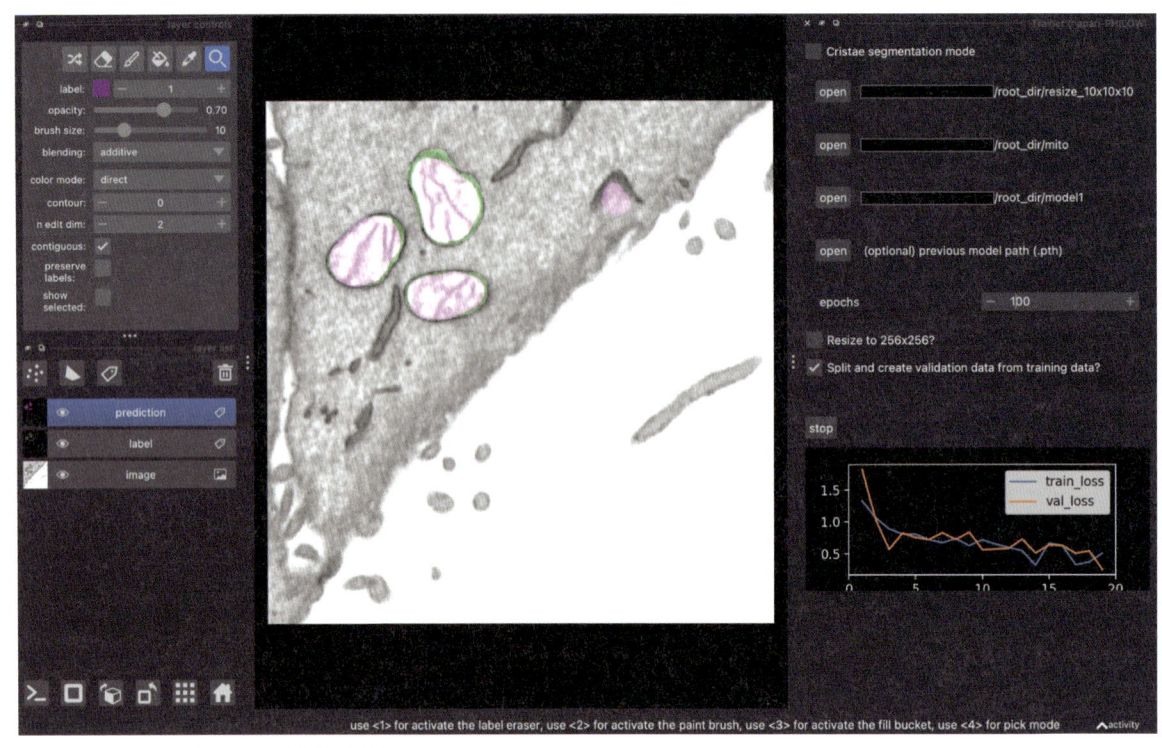

図3 napari-PHILOWのモデル学習GUI

推論

　学習が完了したら推論（prediction）を行う．ここで行いたいのは，解析対象のデータセットの全スライスに対して学習したモデルでミトコンドリアの領域を推論することである．学習したモデルは512×512画素（pixels）の領域に対して推論を行うものになっているので，データセット全体を推論するためには，次の手順が必要である．① 全スライスを1スライスごとに読み込み，② 512×512 pixelsの領域を切り抜いたあと，③ モデルで推論を行う．④ ②と③を場所をずらしながらくり返し，⑤ 推論結果を貼り合わせる．napari-PHILOWでは内部でこれらの操作が実行されるので意識する必要はない．実行方法は次の通りである．［plugins > napari-PHILOW > Predictor］を選ぶ．モデルは2つできているはずで，これらのうち検証用データで評価された最もよいモデルがunet_best.pthであるのでこれを選ぶ．output dirには推論結果を保存するフォルダを選ぶ．Z方向解像度がそれなりに高い3次元データに対してはTAP（Three-axes prediction）を選ぶと性能が高くなる．これは，XY面，YZ面，ZX面の3つの方向から推論を行い，その平均値を最終的な推論値とするものである．これによって単独面からは判断が難しい箇所でも正確な推論が可能となる．

　推論はCPU実行の場合は数時間かかる．推論が完了するとoutput dirにはいくつかのフォルダができる．重要なのはmerged_predictionとmerged_prediction_rawというフォルダである．この2つは先述した張り合わせ処理とTAPを使った場合は3つの面の推論結果の合算処理，そして次に説明する推論値に対する処理の済んだ最終的な1スライスごとのモデルの推論結果である．生のモデルの出力は0〜1の連続値をとっている．これを0〜255にスケールしてそのまま保存したものがmerged_prediction_rawであり，さらにこれを127の値を閾値として0と1の二値に変換したものがmerged_predictionである．

ミスの修正と学習データへの追加

　最初の状態では推論結果にはミスが多数ある．特にミスが多いスライスにはそれだけ学習できていない特徴が含まれているということである．そこで特にミスが多いスライスを数枚選び，修正を行う．修正したデータを学習データに追加して再学習を行うことで効率的にモデルの性能を向上させることができる．また，モデルにとって判断が難しかった箇所は，たとえ閾値で二値化したときに1（0～255にスケールした場合は255）になったとしても，モデルの生の出力では境界値に近い値をとっている．したがって生の値を確認して微妙な値の場合はそのスライスも学習に加えることが望ましい．

　では実際にnapari-PHILOWでこの作業を実行しよう．まず，［plugins > napari-PHILOW > Annotation Mode］で画像を読み込む．今回は推論結果の修正を目的とするので，originalレイヤーに元画像を，baseレイヤーには推論結果を表示する．そのために，先程とは異なりLabel dirとして推論時に指定したoutput dirのなかにできているmerged_predictionフォルダを指定する．これを読み込むと，originalというレイヤーには元画像が，baseというレイヤーには推論結果が表示される．このbaseを修正して"checked"に変えることでデータセットに追加していく．さらに最初の推論前にはなかったlow_confident（「自信がない」という意味である）というレイヤーが加わっているはずである．これはmerged_prediction_rawに後処理を加えたレイヤーで，表示されている箇所はモデルの生の出力が微妙な値を示したことを示しており，修正の際に注目すべき箇所である．最後に"save"ボタンで保存すれば修正の作業は完了である．

再学習

　再び［plugins > napari-PHILOW > Trainer］を実行し，学習のプロセスを実行する．そして［plugins > napari-PHILOW > Predictor］で推論を行う．その結果は前回よりもずっとよくなっているはずである．修正－再学習－推論をくり返し，十分によい結果が得られたところで次のステップに移る．

3）作業の完了と解析

　最後はすべての解析したいスライスについて修正を完了させ，解析に移る．しかし，修正をしていくなかで，解析を考慮すると困ったことがあることに気づくのではないだろうか．それは例えば画面の端で途切れたミトコンドリアや，特定の細胞ごとに解析をする場合は解析対象外の細胞内にあるミトコンドリアの存在である．こうしたミトコンドリアは，解析の邪魔になってしまうのでどこかのタイミングで除外する必要がある．例えば，各ミトコンドリアの中心座標を取得し，それが$100 < x < 400$，$150 < y < 350$の範囲に収まっている場合のみ残し，それ以外を除外する，といったコードを実行することによって実現したり，もしくは各ミトコンドリア領域が画面端から10画素以内にある場合，そのミトコンドリアを除外する，といった操作もありうる[注3]．一方で，それぞれのミトコンドリアを目視で確認し，解析に適したものだけを選び取るという方法も考えられる．ここではこの方法を採用しよう．［plugins > napari-PHILOW > Selector］を選び，元画像，修正済みラベル，選択したミトコンドリアの出力先フォルダをそれぞれ選び開始する．選び取りたいミトコンドリアにカーソルを合わせて"q"を押せばそのミトコンドリアは選別されたことになる．最後に"save"ボタンを押して完了である．それでは解析に移ろう．

■ 作業工程2

　ここまでで，スライスごとにミトコンドリアのマスク画像が作成できた．これによって3次元的なミトコンドリアのトレーシングが完了したことになり，3次元再構築ができるようになったので，その再構築像の解析へと移る．目的はミトコンドリアの形状解析である．ここでは各ミトコンドリアの形状の定量を行い，サンプル間で比較することと，定量された特徴量を用いてクラスタリングをする．工程は次の通りである（**図4**）．まず，推定した分節化画像を読み込んだ時点では，すべてのミトコンドリア領域は数値が1になっている．そこで1つ1つに違う数値を割り当てて見分けられるようにする．これを個別標識（オブジェクトラベリング）とよぶ．次にそれぞれの数値のミトコンドリアごとに3次元的な体積等の形状特徴量を測定する．その後，必須ではないが，結果を表に整理する．適切な表形式にまとめることで，Pythonのライブラリを使って簡便にクラスタリングやグラフの作成を行うことができる．これらの解析によりサンプル間の比較やどんなミトコンドリアがあるのかを調べてみよう．

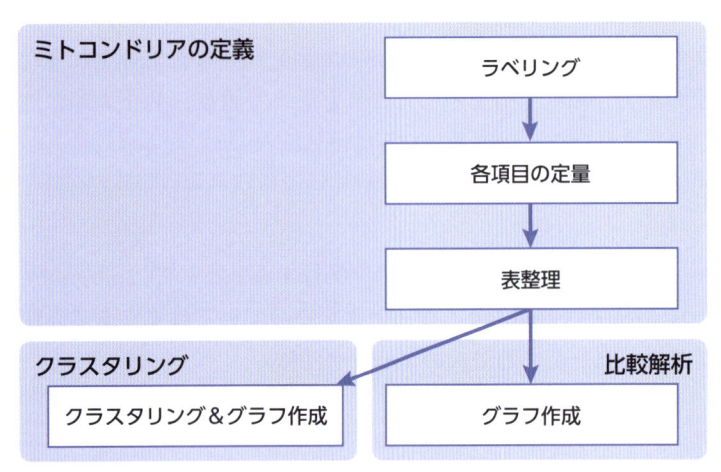

図4　作業工程2：サンプル間ミトコンドリア比較解析ワークフロー

1) ミトコンドリアの測定

　ここからはPythonを使ってコーディングしていく[注4]．まず，以下の必要なライブラリを読み込む．

- Pathlib：ファイル操作に使用
- numpy：画像を行列として扱うために使用
- pandas：表を扱うために使用
- seaborn：グラフ作成およびクラスタリングに使用
- scikit-image（skimage）：画像処理に使用

ライブラリのインポート文は以下のようになる．

注4　作業工程2のコードは，Jupyter Notebookのファイルを**サポートリポジトリ**（bit.ly/BIAS-book-2025）からダウンロードできる．

```
from pathlib import Path

import numpy as np
import pandas as pd
import seaborn as sns
from skimage import io
from skimage.measure import label, regionprops
```

　まずctrl（Control）およびkd（OPA1 KD）のラベル画像が入ったフォルダをpathlibで読み込む．次に拡張子がpngの画像をすべて取得し，順番に読み込んでリストにする．そして最後に3次元行列に変換する．次のコードでは，リスト内包記法[注5]を使いこれを1行で行う．

```
ctrl_dir = Path('ctrl_mito')
ctrl_mito = np.array([io.imread(x) for x in sorted(list(ctrl_dir.glob('./*png')))])
kd_dir = Path('kd_mito')
kd_mito = np.array([io.imread(x) for x in sorted(list(kd_dir.glob('./*png')))])
```

　個別標識はscikit-image（`skimage.measure.label`）を使用すると非常に簡単に行うことができる[注6]．

```
labeld_ctrl = label(ctrl_mito)
labeled_kd = label(kd_mito)
```

　これによって，一塊りのミトコンドリア領域ごとに数値が割り振られ個別標識される．次にミトコンドリアの形状に関するさまざまな項目を測定する．これもscikit-image（`skimage.measure.regionprops`）を使用すれば項目は限られるものの簡単に行うことができる．今回は簡単に取得できる体積（volumes）・近似楕円の長軸および短軸の長さ（`axis_major_length, axis_minor_length`）・凸度（solidity）を取得する．regionpropsは標識された物体を順番に取り出し，指定した測定値を返してくれる．このとき，各項目の測定結果を順番にリストに格納していくが，同時にその測定値がControl（ctrl）に属するのか，OPA1 KD（kd）に属するのかもリストに格納しておく．これがあとで表とグラフをつくるときに役に立つ．

```
cell_type = []
volumes = []
axis_minor_length = []
axis_major_length = []
solidity = []
for props in regionprops(labeled_ctrl):
    cell_type.append('ctrl')
    volumes.append(props.area)
    axis_minor_length.append(props.axis_minor_length)
```

実践編

```
    axis_major_length.append(props.axis_major_length)
    solidity.append(props.solidity)
 for props in regionpropslabeld_kd):
    cell_type.append('kd')
    volumes.append(props.area)
    axis_minor_length.append(props.axis_minor_length)
    axis_major_length.append(props.axis_major_length)
    solidity.append(props.solidity)
```

　体積を取得する際にprops.areaと記述しており，これは「area＝面積」なので混乱するかもしれないが，これはスライスごとに同じ標識番号の領域のピクセル数がカウントされ積分した値が取得される．完了したらpandasのデータフレーム（pd.DataFrame）を使って結果を表にする．

```
df = pd.DataFrame({'cell_type': cell_type,
                   'volume' : volumes,
                   'axis_minor_length': axis_minor_length,
                   'axis_major_length': axis_major_length,
                   'solidity': solidity})
df.head()
```

出力

	cell_type	volume	axis_minor_length	axis_major_length	solidity
0	ctrl	545648.0	77.127440	156.848253	0.918167
1	ctrl	457678.0	66.717930	139.627873	0.943927
2	ctrl	449917.0	63.434572	142.629946	0.936847
3	ctrl	295946.0	59.479903	122.917124	0.933071
4	ctrl	395491.0	65.371332	155.257444	0.894022

　この特徴量の表を保存したcsvファイルも画像と同じ場所[注7]にアップロードされているので，自身で分節化をせずに特徴量の解析からとり組んでみたい場合にはそのcsvファイルを以下の方法で読み込んで使用していただきたい．

```
df = pd.read_csv('features.csv', index_col=0)
```

2）比較解析

　表がつくれたら，それをもとにグラフをプロットしてみよう．ここではControlとOPA1 KDでミトコンドリアの体積（volume）を比較してみる．seabornを使用すると各種のグラフを作成できる．今回はそのなかからバイオリンプロットの作成を以下のように行う．

注7　https://zenodo.org/records/13938312

```
sns.violinplot(data=df, x='cell_type', y='volume')
```

出力されるプロットは**図5**のようになる.

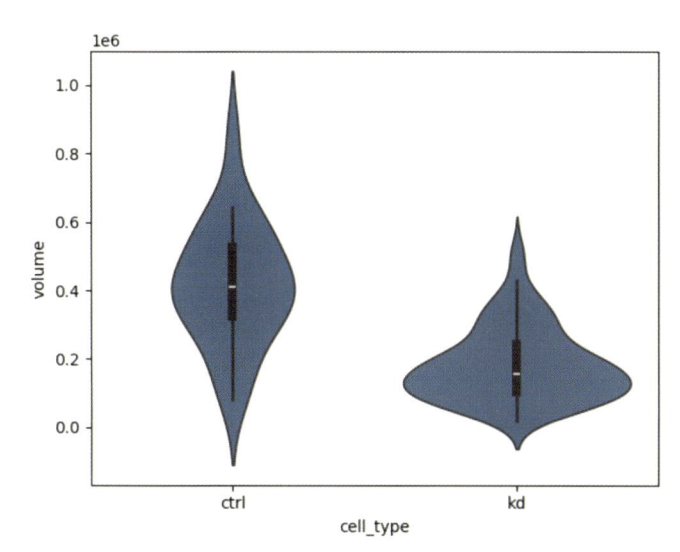

図5 ミトコンドリアの体積をControlとOPA1 KDで比較したバイオリンプロット

3）比較解析

次にクラスタリングを行ってみよう．これも seaborn（seaborn.clustermap）で実行できる．clustermap は ヒートマップと樹形図（dendrogram）を表示できるので便利である．clustermap には引数に表（表から使 用する特徴量の列だけを抜き出したもの），クラスタリングのメソッド，そのときに使用する距離計算方法， ヒートマップのカラーマップ，そして今回の場合はそれぞれの行がcontrolとkdのどちらに属するか知りた いのでkdを赤でctrlを青とするリスト，そして特徴量ごとに正規化を行うことを指定する．

```
sns_plot = sns.clustermap(
    df[['volume', 'axis_minor_length', 'axis_major_length', 'solidity']],
    method='ward',
    metric='euclidean',
    cmap='magma',
    row_colors=['red' if x=='kd' else 'blue' for x in df['cell_type']],
    standard_scale=1
)
```

出力されるプロットは**図6**になる．1行が1つのミトコンドリアを示しており，各特徴量は明るいほど値が 大きいことを示している．また，ヒートマップ左にそのミトコンドリアがcontrol（青）とkd（赤）どちらに 属しているのかが表示されている．これを見ると，controlとkdはおおむね別のクラスターとして分かれてい ることがわかる．また，controlとkdは体積の値によって大きく分かれているように見えるが，kdのなかに

は比較的体積や長軸の値が大きくcontrolに近いミトコンドリアと体積や長軸の値の小さいミトコンドリアのクラスターがあることや，凸度が小さく凸凹した形状をもつミトコンドリアのクラスターがあることもわかり，controlに見られない特徴をもつミトコンドリアがいくつかの種類に分けて発見できる．

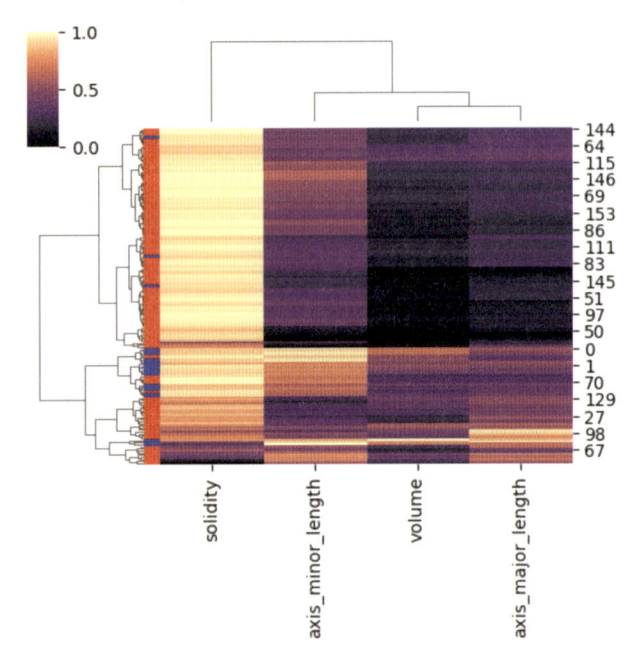

図6　ミトコンドリアごとの特徴量のヒートマップとクラスタリング結果

 ## まとめ

　深層学習を用いた3次元電子顕微鏡画像の分節化と3次元再構築結果の解析を行った．深層学習に関しては，プラグインを活用し，ノーコードで行ったが，コーディングを行う場合であっても，各項目の概要は同じである．また，分節化にしても定量解析にしても，特にnapariのプラグインはどんどん増えている．今回の方法が適さない場合でも，プラグインを探すと，ノーコードで解析できるものが見つかるかもしれない．読んでいただいてわかる通り，どれだけツールが発展しても，いまだ手作業の修正などはなくなっていない．重要な細部にこだわるためにも，ラクをできるところはラクをする方法をぜひ貪欲に探して使ってほしい．

 ## 文献

1)　Suga S, et al：PLoS Biol, 21：e3002246, doi:10.1371/journal.pbio.3002246（2023）

 ## プログラムコードのライセンス

実践編

3 腫瘍血管における3次元管状構造ネットワークの分析

三浦耕太

この章では組織レベルでの生物画像解析を紹介する．生体の組織に張り巡らされている血管の3次元ネットワークの解析である．脳卒中，心筋梗塞や腫瘍などは虚血を引き起こし，炎症を誘発するとともに血管のネットワークに大規模な変化を引き起こす[1]．このため，これらの病態を血管のネットワーク構造の変化として分析することもできる[2]～[5]．こうした構造の変化を定量的に解析するための指標は例えば，血管の密度，分枝の長さや頻度，血管径の平均値などである．こうした血管ネットワークの構造の特性を示す指標をFijiを使った画像分析によって測定する手法を解説する．さらに，ネットワーク構造の3次元的な可視化も行う（図1）．

A

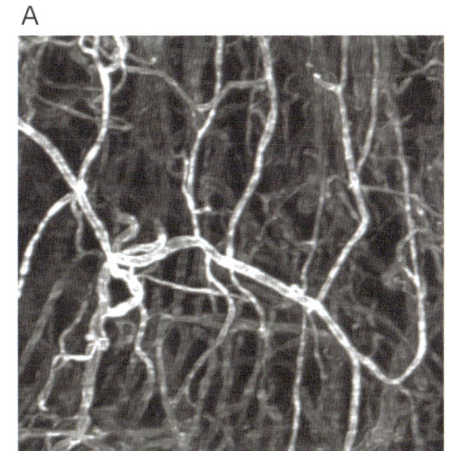

B

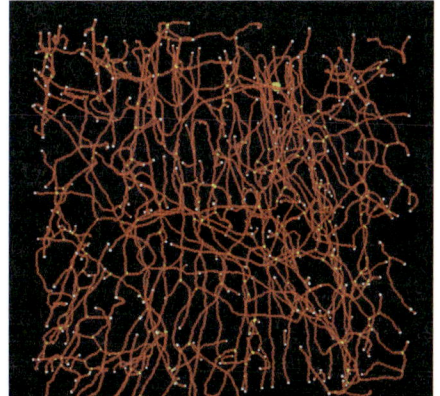

図1　血管の3次元ネットワーク構造
A）3次元のサンプルデータをZ軸方向の輝度最大値投射法によって2次元画像にしたもの．B）血管のネットワーク構造の3次元的な可視化．今回の作業工程の最終出力はこのようなデータになる．赤が細線化した血管，黄色の点が分枝の位置である．

はじめに

この内容は，2016年に出版した英語の教科書『Bioimage Data Analysis』のなかでImageJマクロを使った手法として紹介されているトピックであるが[6]，今回はこれをJythonで記述するという変更を加え，さらに，フィルタなどに関してより新しい実装が提供されているOpsフレームワークの使用も試みる[注1]．

注1　この章はJythonの書き方をある程度知っている方を想定している．FijiにおけるJythonのスクリプティングを初歩から学びたい方は，**基礎編-2**で勉強してほしい．

ImageJ2とOpsについて

ImageJ2とOpsフレームワークに関して少し説明する．ImageJ2とよばれる第2世代のImageJ[7]では，その中核にImgLib2という画像処理・解析ライブラリが使われている．今は米国のジャネリアファーム研究所にいるStephan SaalfeldとStephan Preibischがドイツのドレスデンで大学院生であったときに，当時はまだ学部生であったTobias PietzschとともにFijiのプラグインとして開発をはじめたライブラリである．このライブラリでは画像データ自体の実装が第1世代のImageJ（以後，ImageJ1とよぶ）とは異なっており，特に多次元データとして画像データを一般的に扱うための工夫が施されている[8]．

この違いをより具体的に解説してみよう．ImageJ1における3次元画像は，2次元画像を積み重ねたスタックとして表現されている．このため，2次元画像のフィルタを3次元のスタック画像に対して処理すると，積み重なった一枚一枚の2次元画像にそれぞれ独立にフィルタ処理が行われる．例えば，ガウスぼけフィルタを適用したときには，XY軸平面に対して畳み込み処理が行われるが，Z軸の上下の画素データはこの畳み込み処理の計算には使われない．3次元データのフィルタ処理であれば，本来は，Z軸の上下の画素データも畳み込みの計算に使われる必要があり，この処理を行うには，3次元のフィルタ処理用のプラグイン，例えばこの章でも使うことになる3D ImageJ Suiteや，他にもFeatureJなどをインストールして行う必要がある．なお，Fijiには，もとから3次元処理のフィルタが用意されているが（[Process > Filters > Gaussian Blur 3D…] など），計算速度が遅いのであまり実用的ではない．

一方，ImgLib2，すなわちImageJ2では，画像データをより一般化した（「ジェネリックな」ともいう）n次元のデータとして実装しているため，多次元のデータとしてn次元の処理アルゴリズムを適用できるデザインになっている．より一般的な多次元データの実装であり，処理速度を高めるための工夫もさまざまになされている．ただし，そうなると画像処理アルゴリズムの実装も，ImgLib2の一般化された画像データを扱えるようにつくられている必要がある．これまでの第1世代ImageJにある実装をそのまま使うことはできないのである．このため，ImageJ2ではさまざまな画像処理アルゴリズムがあらためて実装しなおされている．これらは処理の名前だけ見れば重複しており，なにが違うのか少々わかりにくいかもしれないが，処理の結果がほぼ同等でも内部のコードは別物である．ImageJ2の実装の利点は一般性や拡張性が高い，並列化計算に頑強，ということである．ただし難点は，使っている人が少ないこともあり，使い方がわかりにくい，また，便利なプラグインはまだまだImageJ1の実装であることがほとんどで，ImageJ2で使える実装が少ない，ということであろう．さらにいえば，歴史的に画像処理のアルゴリズムは2次元に特化して開発されてきているので，実装以前にn次元のアルゴリズム自体をデザインしなおす必要があり，この点で多次元への拡張はまだまだ端緒についたばかりともいえる．ImageJ1とImageJ2の実装のどちらを使うか，という点であるが，作業工程全体をImageJ2の実装で組み上げることができるならば，ImageJ2でよいが，ImageJ2で再実装されていないプラグインもかなり多く，その場合にはImageJ2のオブジェクトをImageJ1のImagePlusオブジェクトに変換する，などのステップが必要になる．工程全体を考えてどうするか決めるとよい．

ImageJ2向けに書かれた画像処理・解析アルゴリズムを，スクリプトでの使用に簡便なように提供しているのがウィスコンシン大学のCurtis Ruedenを中心に開発が行われているOpsとよばれるフレームワークである（ImageJ Ops）．今回はこのOpsを使う方法も一部で紹介する．ImageJ2の開発者たちによれば，今後Opsをさらに強力にしていく予定とのことなので，使い方を知っておけばあとで役に立つであろう．

 ## 準備

1）サンプルデータ

　この章で扱う血管の3次元画像データは，腫瘍をもつマウスにローダミンレクチンを注射，腫瘍組織を摘出後に固定処理を行い，さらに透明化処理を施したサンプルの画像データである．本書籍のGitHubの**サポートリポジトリ**[注2]からそれぞれダウンロードして使っていただきたい．リポジトリのトップページには，この章で扱うコードとサンプル画像のフォルダへのリンクがある．そのフォルダにはサンプルである血管の3次元画像データのファイルが2つある．1つはBloodVessels_med.tifである．もう1つは開発用にその一部を切り出したBloodVessels_small.tifである．開発中はテストをくり返すため，この小さいサイズのものを使うと簡便である．作業工程を組み終えたら，大きなデータで本番の解析をすればよい．データの物理的なスケールは等方的で，体素〔Voxel. 画素（Pixel）に高さの要素を加えた3次元空間での正規格子単位のこと〕の縦，横，高さはいずれも2 μmである．

　このデータはバルセロナ医科学研究所（IRB）において，同研究所のイメージングファシリティが独自開発した低倍率用ライトシート顕微鏡（macroSPIM）によって取得されたデータである．この顕微鏡では，1 cm^{3}程度までの，固定と透明化を施した組織，臓器や小さな生物種の個体などのサンプルからデータを得ることができる．サンプルの調製の詳細は文献を参考にするとよい[9]．

2）プラグインの追加

　Fijiに2つのプラグイン，3D ImageJ SuiteとMorphoLibJを追加する[注3]．このため，Update Siteで"3D"と"IJPB-Plugins"の2つのサイトにチェックを入れる．アップデート後にFijiを再起動すると，［Plugins > 3DSuite >］以下，および，［Plugins > MorphoLibJ >］以下のメニュー項目が新たに追加されているはずである．

 ## 作業工程

　ここで紹介する作業工程は**図2**にその流れを示した．まず分節化のための前処理，次に分節化，そして分節化の結果である二値画像を骨格化する後処理，最後にネットワーク構造の指標の量の測定，およびそこから得られるさまざまなネットワーク構造のパラメータの計算およびネットワーク構造の可視化を行う，という4つのステップである．この工程はループや分枝がほぼなくシンプルである一方，血管ネットワークという複雑な構造の解析であることから，ステップそれぞれに特徴がある．

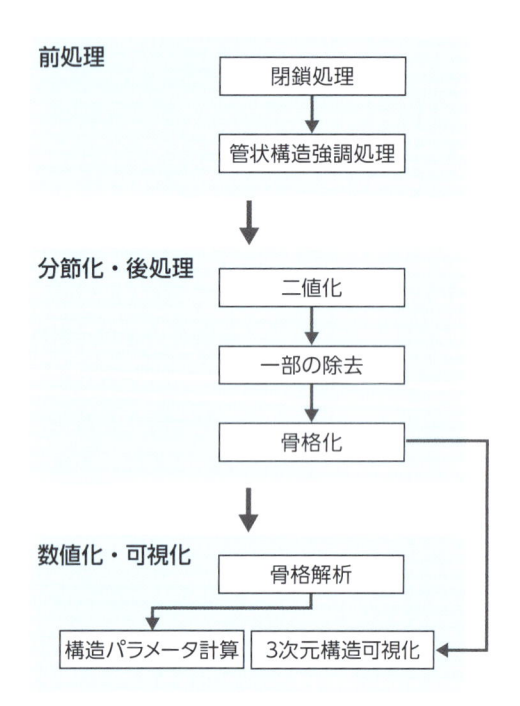

図2 作業工程のアウトライン

1）前処理：ImageJ1の機能を使ったスクリプト

　前処理では，血管構造を良好に分節化するために，二段階の画像処理を行う．まず，数理形態学処理の1つであるグレイスケールの閉鎖（Close）処理を行う[10]．例えば**図3A**のような画像の血管はその内部が空洞になっているが，作業工程の目的は血管のネットワーク構造の解析なので，この空洞は無視できるようにしたほうが解析が行いやすい．このため，閉鎖処理によって血管内部の空洞を埋めてしまう．その次に管状構造強調フィルタ（Tubeness filter）によって血管像を強調する処理を行う．これらの処理の自作関数をつくり，あとでそれを組み合わせて全体の作業工程を組み上げる．

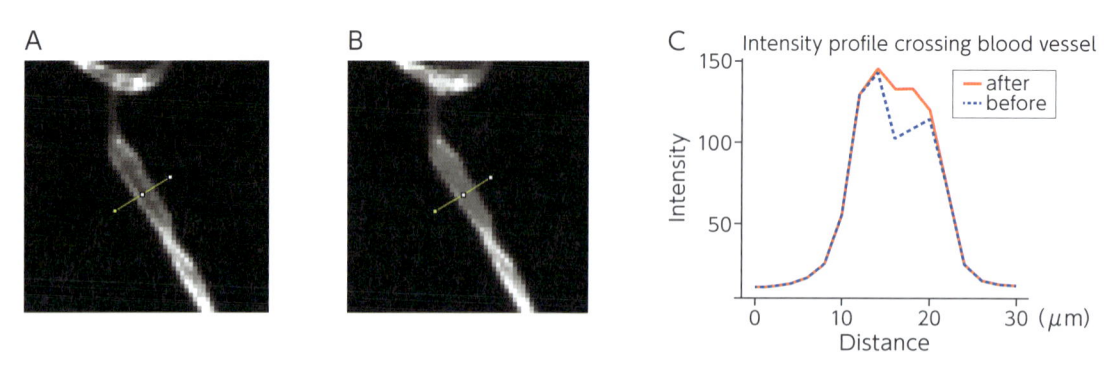

図3 血管内腔の閉鎖処理
3次元のデータなので，血管の空洞部分が埋まっているかどうかを確かめるのは少々難しいがちょうど血管の長軸方向の断面が写っている部分を探して図として示した．閉鎖処理前（A），閉鎖処理後（B）．血管の内側の黒い部分が，処理後には灰色になっているのがわかるだろう．C）AとBの黄色で示した線の部分の輝度プロファイルを重ねて示した．空洞部分の凹部が顕著な閉鎖処理前（青）に比較し，閉鎖処理後（赤）には血管内部の空洞が埋められていることがわかる．

前処理に関しては，ImageJ1の実装，ImageJ2の実装で処理を行う2種類のスクリプトを紹介する．まず，ImageJ1のクラスを使った前処理を見てゆこう．

閉鎖処理

　数理形態学演算（morphological image processing）は「構造要素（structuring element）」とよばれる小さな面積，あるいは体積をもつ任意の形の要素を使って処理を行う．最も一般的なのは円や球であるが（実際にはその近似であるが），線や長方形の構造要素でも処理を行うことができる．演算の基本になるのは，侵食（erosion）と膨張（dilation）処理である．例えば膨張処理を行った場合には，円の構造要素で処理を行うとその直径分だけ，画像の中の何らかの形状は拡大する．侵食処理であればその逆である．侵食と膨張処理を組み合わせることで数理形態学処理のさまざまな処理が構成され，閉鎖処理もその1つになる．閉鎖処理は構造要素の大きさよりも小さな距離で隣接する領域を接続する演算である．したがって，血管の内部を埋めるためには，その径よりも少し大きい程度の構造要素で閉鎖処理を行えばよい．ここでは，血管内径をほぼ6 μm として処理を行うことにする．先に結果を示すと**図3**になる．

　閉鎖処理をプラグイン 3D ImageJ Suite を使って行うスクリプトが**コード01**になる．なお，3D ImageJ Suite は，現在はフランスのニースにあるエコールサントラル・メディテラネ校にいる Thomas Boudier がこの十数年にわたって開発している3次元画像処理・解析のプラグインである[11]．最新のソースコードは，FramaGitというサイトでmcib3d-coreとして管理されており[注4]，GitHub にあるコードは開発停止になったかなり古いバージョンなので注意したほうがよい．mcib3d-coreは画像処理・解析機能の中核部分であり，これらの機能をプラグインとして使うためのラッパー（Wrapper）的な実装はmcib3d-pluginという別のリポジトリになっている[注5]．今回は，この中核部分をスクリプトで直接使った．なお，筆者らはこれらのコードのJavadocを公開していないので，私のほうで作成して公開している．他の機能を使いたい，といった方は参照するとよい[注6]．3次元の立体オブジェクトを多数扱うためのクラスや，3次元の共局在解析機能など，3次元のデータを扱うための実に多様な機能を実装している優れたライブラリである．

コード01：code01_IJ1filtering.py

```
 1    from ij import ImagePlus
 2    from mcib3d.image3d.processing import FastFilters3D
 3
 4    # MCIB3D
 5    def fast3Dclose(orgimp, ClosingRadius, Nthreads):
 6        cal = orgimp.getCalibration()
 7        radx = ClosingRadius / cal.pixelWidth
 8        rady =  ClosingRadius / cal.pixelHeight
 9        radz =  ClosingRadius / cal.pixelDepth
10
11        res = FastFilters3D.filterIntImageStack(\
```

注4　https://framagit.org/mcib3d/mcib3d-core
注5　https://framagit.org/mcib3d/mcib3d-plugins
注6　https://wiki.cmci.info/mcib-javadoc/

実践編

```
12              orgimp.getStack(), FastFilters3D.CLOSEGRAY, \
13              radx, rady, radz, Nthreads, True)
14      fastfiltered_imp = ImagePlus("filtered", res)
15      fastfiltered_imp.setCalibration(cal)
16      return fastfiltered_imp
17
18  ClosingRadius = 6      # (μm)
19  Nthreads = 2      # (3D filter multi-threading)
20
21  orgimp = ImagePlus("/Users/miura/samples/BloodVessels_small.tif")
22  fastfiltered_imp = fast3Dclose(orgimp, ClosingRadius, Nthreads)
23  fastfiltered_imp.show()
```

　最初の2行のインポート文のうち，L2（2行目という意味，以下同様に）が3D ImageJ Suiteの3次元フィルタ機能のクラスであるFastFilters3Dのインポート文である．L5～16が閉鎖処理用の自作関数で，1番目の引数は処理対象である画像のImagePlusオブジェクト，2番目の引数は閉鎖処理に使う構造要素の半径（閉鎖半径），3番目は計算に使うスレッド数である．コア数の多いマシンで処理する場合には，この数を増やせば，並列処理により処理速度を劇的に上昇させることができる．関数ブロック内のL6では，処理対象のImagePlusオブジェクトから，その画像の物理的スケールなどの情報を含んだCalibrationオブジェクトをcalとして抜き出す．ここから，1体素あたりのX，Y，Z方向の物理的な長さをcal.pixelWidthのように，そのフィールド値から得ることができる．L7～9では，物理的な長さの単位で与えられた閉鎖半径を，体素単位の長さに換算する．L11～13は本来1行のコードだが，かなり長くなるためバックスラッシュを使って3行に分けた．FastFilters3Dクラスの静的メソッドfilterIntImageStackは，8ビットの3次元画像を対象に多様なフィルタ処理を行うためのメソッドである．引数の数が多いので，その内容を**表1**に示した．このメソッドの返り値は，フィルタ処理をした新しいImageStackオブジェクトであり，これをもとにL14でImagePlusオブジェクトを生成し，L15では元の画像と同じ物理スケールを付与する．L16でこの処理後の画像を関数の返り値とする．

表1　filterIntImageStackメソッドの引数

引数の順番	引数の内容
1	フィルタ対象の3次元データのImageStackオブジェクト（ImageStack型）
2	処理するフィルタの種類（int型）
3	構造要素のX軸方向の半径（float型）
4	構造要素のY軸方向の半径（float型）
5	構造要素のZ軸方向の半径（float型）
6	使用するスレッド数（int型）
7	処理経過の表示を行うかどうか（Boolean型）

　このスクリプトを走らせたときには，L18から処理が開始する．L18は，閉鎖半径の設定，L19は計算に使うスレッド数の設定である．L21で，画像をファイルシステムから読み込むが，このパス名はそれぞれの画像の保存先に変更してほしい．L22で閉鎖処理の自作関数が実行され，L23でデスクトップ上に処理後の画像を表示する．

管状構造強調処理

　前処理の2番目のステップは，管状構造の強調処理（Tubeness filter）である．画像のなかの細長い構造を強調処理するこのフィルタは，ヘッセ行列（Hessian matrix）とよばれる一定範囲の画素値の二階偏導関数の行列から，その一定範囲の固有値を計算し，3次元画像ではその3つの固有値の大きさの組み合わせによって画像のその場所の管状の形状を評価し，管状と判定される場合には強調処理を施す．奈良先端科学技術大学院大学の佐藤嘉伸らが開発した実に巧みな手法であり，医用画像解析では広く使われているフィルタである[12]．この固有値の判定基準を変更することで，3次元空間の面上の構造や，塊状の構造を強調するフィルタを作成することもできる．ヘッセ行列を使った処理を畳み込む前に，強調したい管状構造の太さに応じて，ガウスぼけフィルタをかけるが，そのシグマ値は，おおよそ管の径程度の大きさにするとよい．今回の血管の画像の場合は，おおよそ8 μmとする（**図4**）．Fijiには，Mark Longairが実装したライブラリVIBが同梱されており，このライブラリには管状構造強調処理フィルタが含まれている．**コード02**ではこの実装を使った．

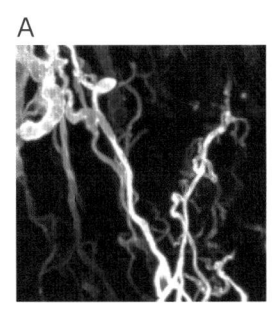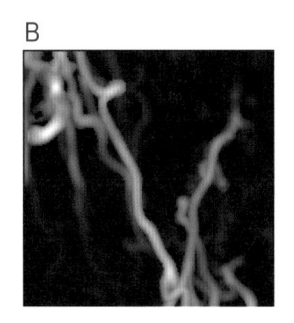

図4　管状構造強調処理

A）処理前の画像．閉鎖処理を行ったものである．B）処理後の画像．処理を行う際にシグマ値を8 μmとしたので，径が8 μm程度の血管が強調される．さまざまな径の血管をすべて強調したいときには，異なるシグマ値で処理した複数の画像を重ね合わせる，といった工夫もできる．

コード02：code02_IJ1tubeness.py

```
1    from ij import ImagePlus
2    from features import TubenessProcessor
3
4    def tubenessFilter(filteredimp, sigma, useCalibration):
5        cal = filteredimp.getCalibration()
6        # check if sigma is larger than the resolution
7        minimumSeparation = min(cal.pixelWidth, cal.pixelHeight, cal.pixelDepth)
8        if sigma < minimumSeparation:
9            sigma = minimumSeparation
10
11       tp = TubenessProcessor(useCalibration)
12       tp.setSigma(sigma)
13       result = tp.generateImage(filteredimp)
14       result.setCalibration(cal)
15       return result
```

```
16
17    useCalibration = True
18    sigma = 8 # in the phyisical units
19
20    orgimp = ImagePlus("/Users/miura/samples/BloodVessels_small.tif")
21    tubeimp = tubenessFilter(orgimp, sigma, useCalibration)
22    tubeimp.show()
```

L2が管状構造強調処理のクラスのインポート文である．L4～15の自作関数は，まず処理対象の ImagePlus オブジェクト（引数1）から L5 で物理スケールの情報をもつ Calibration オブジェクトの cal を抜き出し，与えられたシグマ値（引数2）がその体素あたりの物理スケールよりも小さいと計算が不可能になる．その場合にはシグマ値を物理スケールの最小値に更新する（L7～9）．L11 で TubenessProcessor クラスをインスタンス化し，それを tp とする．引数は，シグマ値が物理スケールの単位かどうかという論理型である．L12 でシグマ値の設定を行ってから，L13 で tp による実際の強調処理を，generateImage メソッドによって行う．このメソッドの引数に対象画像である ImagePlus オブジェクトの filteredimp を与える．処理結果の result は，新しい ImagePlus オブジェクトなので，L14 で物理スケールを付与する．処理結果を L15 で返り値とする．

スクリプトを実行すると，L17 では物理スケールを使って処理を行う設定を行い，L18 で強調処理のシグマ値（μm の単位の値）を設定する．L20 で画像の読み込みが行われ，L21 で自作関数を使った処理が行われる．

2）前処理：ImageJ2 の機能を使ったスクリプト

閉鎖処理と管状構造強調処理を ImageJ2 の Ops を使って行うスクリプトを解説する．前述した処理と同様の結果になるが，ImageJ2 に特有の構文を含め，実装方法を紹介するために解説する．

ImageJ2 の閉鎖処理

Ops に実装されている閉鎖処理を使ったスクリプトが**コード03**になる．

コード03：code03_IJ2filtering.py

```
1    #@ IOService io
2    #@ OpService ops
3    #@ UIService ui
4
5    from net.imglib2.type.numeric.integer import UnsignedByteType
6    #from net.imglib2.algorithm.neighborhood import DiamondShape
7    from net.imglib2.algorithm.neighborhood import HyperSphereShape
8
9    def ops_morphClose(img, ClosingRadius):
10       radx = long( ClosingRadius / img.averageScale(0))
11       shape = HyperSphereShape( radx )
12       result = ops.create().img( img, UnsignedByteType())
13       ops.morphology().close( result, img, [ shape ]  )
14       return result
```

```
15
16    ClosingRadius = 6      # (μm)
17
18    bspath = "/Users/miura/samples/BloodVessels_small.tif"
19    img = io.open(bspath)
20    ui.show(img)
21    result = ops_morphClose(img, ClosingRadius)
22    ui.show( result )
```

　最初の3行は #@ からはじまる「スクリプトパラメータ」とよばれる構文で，ImageJ2に特有の構文である．これらのコードは，実行中のFijiから，その中ですでにインスタンス化されているさまざまな機能（サービスともよばれる）をよび出すためのコードである．L1では，ファイルの入出力に関する機能を司る IOService クラスのオブジェクト，L2ではOpsに関する機能を司る OpService オブジェクト，L3では，画面上の表示にかかわる機能を司る UIService オブジェクトをよび出している．これらのオブジェクトをコード本文で使う．

　L9〜14が閉鎖処理の自作関数である．第1引数は画像オブジェクト，第2引数は閉鎖半径である．ここでの画像オブジェクトは，ImageJ1で使われる ImagePlus のオブジェクトではなく，ImageJ2における一般化した画像のオブジェクトであり，ImgLib2に実装されているクラスのオブジェクトである．この「画像のオブジェクト」はその仕様だけが書かれた「インターフェース」とよばれる，いわば仕様書を参照し，実装されたクラス群のどれか1つが実際のオブジェクトになる．卑近な例で解説すると，「絵画」という言葉は特にその絵がどのようなものかを指定しないが，「キャンバスの上になにか描かれたもの」が仕様である．そこには油絵，水彩画，鉛筆画などの，さまざまな，いわばクラスが含まれる．そして，油絵クラスのなかには，具体的な「ゴッホのひまわり」とか「モンドリアンの赤，青，黄色のコンポジション」などがある．同様に，ImgLib2の画像は Img（net.imglib2.img.Img）というインターフェース（絵画）によって代表され，そこにさまざまなビット深度，次元数をもつ画像クラスが含まれる（油絵，水彩画，鉛筆画）．具体的な画像は，例えば油絵クラスのインスタンス（"ひまわり"，"コンポジション"），となる．コードで画像を扱う際には，具体的な画像のクラスのことはあまり考えずに，Img という一般化された仕様書のオブジェクトとして扱うだけでよく，あとの細かい処理は，ImgLib2がその内部で行ってくれる．情報科学の専門家は「課題を極限まで一般化する」ということに大きな価値を置いている．ImgLib2の Img も「画像データ」を究極まで一般化させた存在である．

　自作関数の説明を続けよう．L10では，画像オブジェクト img から，物理スケールの情報（μm/voxel）を引き出し，物理的な単位の閉鎖半径（ここでは μm）を体素単位に変換している．この商を，long 型に変換しているのは，次の行で使うためである．L11では，数理形態学処理に使う構造要素をインスタンス化する．この構造要素は球形の HyperSphereShape クラスである．他の形の，例えばダイヤモンド型である DiamondShape クラスを使っても（L6でコメントアウトしてある），今回使うサイズの構造要素であれば結果はほぼ変わらない．

　L12では，処理結果の出力先となる画像を先につくってしまう．スクリプトパラメータとしてL2で取得した OpService のインスタンス ops を使ったコードで，ここでは画像を生成する create().img() メソッドを使っている．create().img() メソッドの第1引数は処理対象の画像になっている．これはこの画像と同じ大きさの画像を新規作成するためである．第2引数では画像のビット深度を指定する．ここでは符号なし byte 型，すなわちImageJで最もよく使われる8ビット画像を指定するインスタンスを与える．

実践編

L13では実際の閉鎖処理を行う．ここでもopsオブジェクトから機能をよび出す，という形式で，morphology().close()メソッドを使う．第1引数が出力先の画像，第2引数が入力画像，第3引数が構造要素である．この第3引数は，要件に従うようにリストとして与える．L14で結果画像を返り値とする．

　スクリプトを実行すると，L16から処理がはじまる．L16は閉鎖半径の設定，L18は処理対象の画像のファイルパス（実行の際にはそれぞれの環境に応じて変更が必要），L19はファイルをImgのオブジェクトとして開くコマンドで，スクリプトパラメータとして得たioのopen()メソッドを使う．このメソッドは，画像に限らず，テキストやCSVファイルをリストとして開くことも可能である．L20では，この開いた画像を表示する．スクリプトパラメータのオブジェクトuiのshow()メソッドをここでは使った．このメソッドは，多機能な表示メソッドで，画像以外のオブジェクトも表示することができる．例えば，以下を実行すると，"test"という文字列が表示される．

```
#@ UIService ui
ui.show("test")
```

【Opsについて】

　Opsの機能を実際に使ってみたので，もう少しその全体像を眺めてみよう．Opsに実装されているさまざまな処理機能は，ImageJ Wikiのページ"ImageJ Ops"にリンクされている"ImageJ Tutorial: Introduction to ImageJ Ops"のなかのテーブルを見ると概観できる[注7]．数理形態学の処理アルゴリズムは，有名なものはほとんどが網羅されている．net.imagej.ops.morphologyパッケージのMorphologyNamespaceクラスのJavadocで，使うことのできる処理アルゴリズムの名前や，メソッドとして使う際の引数について確認することができる[注8]．それぞれのメソッドの使い方は，スクリプトを使って確認することもできる．例えば，閉鎖処理であれば以下を実行すると次のように，使い方のテキストが出力される．

```
#@ OpService ops
print( ops.help('morphology.close') )
```

```
Available operations:
    (IterableInterval out?) =
    net.imagej.ops.morphology.close.ListClose(
        IterableInterval out?,
        RandomAccessibleInterval in1,
        List in2)
```

　?がついている引数はオプションで，なくても動く，という意味である．また，数理形態学処理の実装をリストしたいときにもopsを使って次のようにできる[注9]．

注7　https://nbviewer.org/github/imagej/tutorials/blob/master/notebooks/1-Using-ImageJ/2-ImageJ-Ops.ipynb

注8　https://javadoc.scijava.org/ImageJ2/net/imagej/ops/morphology/MorphologyNamespace.html

注9　このコードのL2で使われているリスト内包記法については基礎編-2「その他のテクニック」の「2) リストの一括処理」「リスト内包記法」(p57)を参照せよ．

```
#@ OpService ops
morphops = [op for op in ops.ops() if "morphology" in op]
for op in morphops:
    print(op)
```

このコードを実行すると数理形態学処理のすべてのメソッドが出力される.

```
morphology.blackTopHat
morphology.close
morphology.dilate
morphology.erode
morphology.extractHoles
morphology.fillHoles
morphology.floodFill
morphology.open
morphology.outline
morphology.thinGuoHall
morphology.thinHilditch
morphology.thinMorphological
morphology.thinZhangSuen
morphology.topHat
```

ImageJ2の管状構造強調処理

　佐藤らによる管状構造強調アルゴリズムはパスツール研究所のJean-Yves TinevezがOpsの機能として再実装しており，これを使った場合が**コード04**となる．Longairの実装に対して，スケールに異方性のある3次元データも処理することが可能なので，Z軸方向のサンプリング周波数がXY平面に比べて少ないことの多い実際の場面ではこちらのほうが便利である．ただし，今回のサンプルデータは3次元的に等方性のあるデータなのでどちらでもOKである．

コード04：code04_IJ2tubeness.py

```
1   #@ IOService io
2   #@ OpService ops
3   #@ UIService ui
4
5   def tubeness(img, sigma, cal):
6       if sigma < min(cal):
7           sigma = min(cal)
8       return ops.filter().tubeness(img, sigma, cal)
9
10  img = io.open('/Users/miura/samples/BloodVessels_small.tif')
11
12  sigma = 8
13  cal = [img.averageScale(0), img.averageScale(1), img.averageScale(2)]
14  tubeimg = tubeness(img, sigma, cal)
```

```
15  ui.show(tubeimg)
```

　最初の3行は**コード03**と同じであり，スクリプトパラメータの宣言文である．一方，インポート文はこのスクリプトに存在しない．つまり，新たに何らかのクラスをインスタンス化する必要はなく，すでにインスタンス化して作動している既存のオブジェクトだけを使って処理を行う．注意しなければならないのは，このスクリプトの書き方は，すでにFijiが走っていることを前提としているということである．別の言い方をすると，スクリプトエディタで走らせることが前提なのである．Fijiを立ち上げずにスタンドアローンでスクリプトを走らせる場合には，Fiji自体のインスタンス化をまず行い，そこからさまざまな機能のインスタンスをよび出す必要がある．

　コード04のL5～8が自作関数であり，L6～7は**コード02**のImageJ1のスクリプトと同じように，与えられたシグマ値が体素の大きさよりも小さくないかを確認し，必要に応じてシグマ値を更新する部分である．実際の処理は，返り値の行L8で filter().tubeness メソッドにより行っている．引数は，img が画像オブジェクト，sigma がシグマ値，cal が画像の物理スケールのリストで，3次元なのでその要素は3つになる．

　スクリプトを走らせると，L12でシグマ値を設定し，L13で画像オブジェクトから物理スケールの情報を取り出して，リストを生成する．これらの設定値を使って，L14で自作関数を使った処理が行われる．L15では，スクリプトパラメータである ui を使って処理結果をデスクトップに表示する．

3）分節化・後処理

　ここからは前処理を行った画像データの血管を細い線状にする．この処理を「骨格化（skeletonization）」とよぶ．まず輝度閾値で分節化・二値化を行い，次に血管でない部分などを除去したのち，二値化した血管の像を細い線状のシグナルになるまで削り取る．このことで，ネットワーク構造の特徴を示す血管の全長，分枝の頻度や長さといったパラメータを測定することができるようになる．ステップごとに3次元再構築画像で処理結果を確認しつつ進める．

　前処理に関してはImageJ1とImageJ2のそれぞれで前処理を行う2つの手法を示した．以降の処理や解析に関しても双方の手法で紹介できればよいのだが，残念ながら3次元の骨格化処理とその骨格構造の分析ツールはImageJ2ではまだ実装されていない．ここからはImageJ1による手法だけを解説する．なお，ImageJ2による骨格化のアルゴリズムは複数の手法が実装されているのだが，いずれも2次元の画像データの処理に限定されている．

二値化

　さて，管状構造強調フィルタの出力画像のビット深度は32ビットである．これをまず8ビット画像に変換し，輝度閾値での二値化を行いやすくする．そのあとで輝度閾値を自動的に決定するアルゴリズムを適用する．Fijiには17種類の輝度閾値決定アルゴリズムが実装されている．このなかから選ぶことが必要になる．

　実際に処理を行う前にどのような結果になるのか先に眺めよう．**図5A**は，二値化前の画像で，175枚のスライスのうち，例として80枚目を抜き出して示した．**図5B**は，同じ80枚目の二値化後の画像である．図の下側はいずれも3D Viewerを使って3次元再構築を行ったもので，**図5C**が二値化前，**図5D**が二値化後である（3次元再構築については後述する）．2次元のスライス画像で二値化前後を比較すると，二値化前の画像に

は輝度がかなり暗い血管があるはずだがこの表示のしかたでは可視化できていない．同じことは3次元の再構築画像を見てもわかるだろう．とはいえ，これは画像の表示上の限界にすぎず，二値化した画像では弱い輝度の血管も捕捉できており，次の工程に進むには十分である．

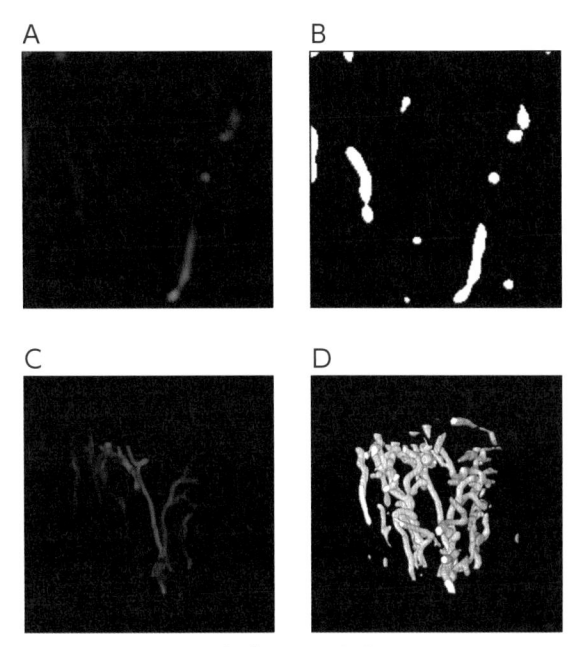

図5　二値化前後の画像データの可視化
A，Cが二値化前，B，Dが二値化後である．上段は3次元スタックから，80枚目を抜き出したもの，下段は3D Viewerを使って3次元全体を可視化したものである．Cの二値化前のデータには体積再構築法，Dの二値化後のデータには表面再構築法を使った．

二値化の工程を**コード05**として示す．ビット深度変換と二値化は2つの自作関数に分けた．読者の方がこのコードを実行する際には，L31のファイルパスを，それぞれのファイルの場所に応じて書き換えてほしい．

コード05：code05_binarizeThreshold.py

```
1    from ij import ImagePlus, IJ
2    from ij.process import ImageConverter
3    from ij.process import StackStatistics
4    from fiji.threshold import Auto_Threshold
5
6    # Convert 32-bit image to 8-bit without clipping
7    def convertTo8bit(tubeimp):
8        tube8bimp =  tubeimp.duplicate()
9        sstats = StackStatistics(tube8bimp)
10       smax = sstats.max
11       smin = sstats.min
12       IJ.setMinAndMax(tube8bimp, smin, smax)
13       ic = ImageConverter(tube8bimp)
14       ic.convertToGray8()
```

```
15        return tube8bimp
16
17    # Defaul value: 8
18    def getThresholdedImage( tube8bimp ):
19        binimp = tube8bimp.duplicate()
20        sstats = StackStatistics( binimp )
21        hist = sstats.histogram()
22        histint = map(int, hist)
23        lowTH = Auto_Threshold.Huang(histint)
24        print("Lower threshold: " + str(lowTH))
25
26        for i in range(binimp.getStackSize()):
27            binimp.getStack().getProcessor( i + 1 ).threshold(lowTH)
28
29        return binimp
30
31    tubeimp = ImagePlus("/Users/miura/samples/BloodVessels_small_tubed.tif")
32    tube8bimp = convertTo8bit(tubeimp)
33    tube8bimp.setTitle("BloodVessels_small_tubed8b.tif")
34    tube8bimp.show()
35    binimp = getThresholdedImage( tube8bimp )
36    binimp.setTitle("BloodVessels_small_binary.tif")
37    binimp.show()
```

　L7〜15の自作関数convertTo8bitはImagePlusオブジェクトを8ビット画像に変換する．引数は入力画像となるImagePlusオブジェクトtubeimpである．L13で使うビット深度変換のクラスImageConverterは，入力画像を上書きするタイプなので，あらかじめL8で複製画像tube8bimpを作成し，これを8ビットに変換する．

　32ビット画像を8ビット画像に変換すると情報量は減るが，入力画像の画素値の最小値と最大値の間で正規化を行うことで32ビット画像の情報を8ビット画像にできるだけ多く継承させることができる．このため，L9で入力画像tubeimpのStackStatisticsオブジェクトsstatsをインスタンス化する．このオブジェクトのフィールド値には3次元画像のさまざまな統計値が含まれており，L10では輝度最大値，L11では輝度最小値を得る[注10]．L12では，これらの値を使って画像オブジェクトtube8bimpの表示最小値と表示最大値を設定する．こうすれば，8ビットに変換する際に，入力画像の輝度の最小値が8ビット画像の0に，最大値が255になるように変換される．L13〜14では，ImageConverterクラスのインスタンス化と，ビット深度の変換がなされ，L15で変換後のtube8bimpを関数の返り値にする．

　L18〜29の自作関数getThresholdedImageは，引数であるImagePlusオブジェクトtube8bimpを輝度閾値によって二値化する関数である．この二値化を行うクラスAuto_Thresholdは，**実践編-1**（p120）にも登場しているクラスであり，使い方は同じだが処理内容は少々異なる．

　まずL19でtube8bimpを複製してbinimpとし，この画像スタックで以降の閾値処理を行う．輝度閾値の自動検出には，画像のヒストグラムが必要になる．このため，L20でStackStatisticsのコンストラクタにbinimp

---

注10　**基礎編-2**「クラスの使い方：実践編」の「3）スタック画像の輝度の測定」（p48）ではImageStatisticsクラスを使って2次元の画像の統計値を得たが，ここではStackStatisticsクラスを使ってスタック丸ごとの統計値を得ていることに注意しよう．

を引数として与えてインスタンス化し，L21でhistogramメソッドを使って画像スタックのヒストグラムである double 型の配列 hist を取得する．Auto_Threshold クラスのメソッドでは，int 型の配列を引数に与える必要があるので，L22でmap関数を使ってint型の配列に変換し，これをhistintとする[注11]．

L23では，輝度閾値の自動推定を行う．Auto_Threshold クラスには，輝度閾値を推定するアルゴリズムがいくつも実装されており，それぞれのアルゴリズムの名前をとった静的メソッドを使うことが可能である[注12]．ここではHuangとWangによるアルゴリズム，すなわちHuang メソッドに引数histintを与えて輝度閾値を推定し，それを lowTH とする[13]．このアルゴリズムを選んだ理由は，目視での確認で最適と判断した輝度閾値 = 4 に最も近い値を算出するのがHuangとWangのアルゴリズムだったからである．この「目視での確認」の方法に関しては次の「【3次元再構築による分節化パラメータの探索】」の項で詳述する．

L26〜27ではfor ループを使ってスタックから ImageProcessor オブジェクトを一枚一枚取り出して輝度閾値 lowTH により二値化するのであるが，L27のようにすれば，1行でスタックの中の特定の ImageProcessor オブジェクトを二値化することができる．この1行を言葉で書き下せば，「ImagePlus オブジェクトから ImageStack オブジェクトを抜き出し，そこからi+1番目の ImageProcessor オブジェクトを抜き出し，そのメソッド threshold を使って，閾値 lowTH で二値化する」となる．

なお，このスタックの二値化処理はmap関数を使って次のように書くこともできる．

```
map(lambda i : binimp.getStack().getProcessor( i + 1 ).threshold(lowTH), \
    range(binimp.getStackSize())))
```

この map 関数の第1引数は無名関数（ラムダ関数ともよぶ）で，スタックのi+1番目の ImageProcessor オブジェクトを二値化する，という関数である．第2引数は，スタックの中の画像群のインデックス番号のリストである．こうするとスクリプトのインタプリタが回すループ処理が，Javaで書かれたライブラリの内部的なループ処理になる．このことで，処理速度が速くなる，とされている．しかし，私の経験では体感できるほどの差は出ないことがほとんどである．また，map関数は要素を処理した結果のリストを返すが，今回の処理で使う threshold メソッドは返り値がNullなので，この返り値のリストには意味がない．無駄なことになる．for ループを毛嫌いし，ともかくmap関数やリスト内包記法を使うほうがよいコード，という考え方もあるが，無駄なことをするのはよくない．map関数を使うのは，L22のように簡潔さが際立ち，可読性が向上する場合にオススメである．最後にL29で二値化を終えたスタックを自作関数の返り値とする．二値化の自作関数はここまでになる．

L31〜37はファイルの読み込み，2つの自作関数の実行，出力画像の表示の部分である．これらに関してはもはやあまり説明は必要ないだろう．スクリプトを走らせると，次の2つの画像スタックが表示される．これらの画像は次の節で使うので，保存しよう．

- BloodVessels_small_tubed8b.tif
- BloodVessels_small_binary.tif

注11 map関数については基礎編-2「その他のテクニック」の「2）リストの一括処理」「map関数」（p55）を参照するとよい．
注12 実践編-1では大津のアルゴリズム（Otsu()），とモーメントアルゴリズム（Moment()）を使った．

【3次元再構築による分節化パラメータの探索】

　工程からは少々脇道にそれる．XYZ軸からなる立体3次元データの分節化のパラメータを検討する際に，元の画像と二値画像を並べ，スタック形式のまま一枚一枚スライスを比較するという方法がある．頭の中で全体の3次元像を再構成しながらこの作業を行うのはかなりの労力がかかる．さらに，異なるパラメータ条件での二値画像をいくつも比較することになる．こうしたことから，特に輝度閾値の大きさによる二値化画像の違いを把握するには3次元再構築を行って全体像を比較するのが手っ取り早い．3次元再構築を自動化できればなおのこと効率的である．以下ではこの手法を紹介する．

　Fijiには3D Viewerというプラグインがデフォルトで同梱されており，3次元再構築を簡単に行うことができる．これを使って異なる輝度閾値で表面再構築（surface rendering）を行ったときに，どのように二値化画像が変わるかを見てみる．まず3D ViewerをGUIで使う方法を説明し，次に輝度閾値を何段階か変えたときの二値化画像を比較するスクリプトを作成する．

　まず**コード05**で得られた二値化画像をGUIで3次元再構築してみる．画像スタック BloodVessels_small_binary.tif がディスプレイ上に開いていることを確認したあと，［Plugin > 3D Viewer］を選ぶ．すると，**図6**にあるようなウィンドウが開くので，パラメータを以下のように設定する．

- Image：BloodVessels_small_binary.tif
- Display as：Surface
- Color：White
- Resampling factor：1

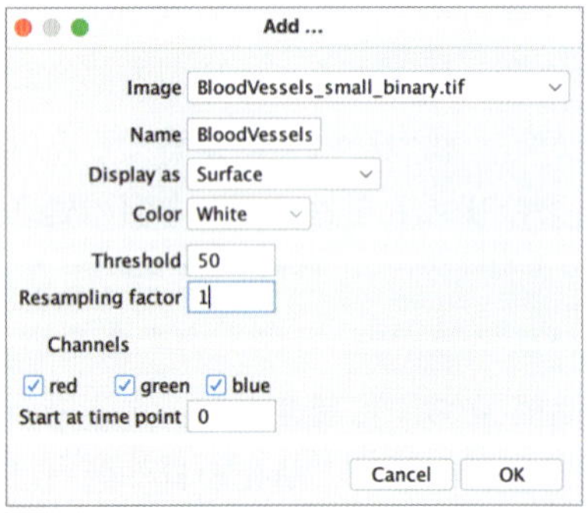

図6　3D Viewerの設定

　以上の4カ所を変更し，あとはデフォルトのままでよい．OKをクリックすると，3次元表面再構築像が現れる．**図5D**に示したものは，これを矢印キーで水平に30度ほど回転させたものである．

　3D Viewerの設定項目のうち，"Threshold"という項目がある．これは輝度閾値であり，この値より小さい値をもつ体素は背景として再構築が行われる．**図6**の例ではすでに二値化した画像スタックを再構築に使っているので，閾値は0よりも大きければ任意である．デフォルトの50という値はそのままにしている．一方，二値化する前の画像で閾値を変化させて表面再構築をすれば，どの輝度閾値が最適なのかを調べることができる．手動ではかなり手間がかかるのでスクリプトで行おう．**コード06**のスクリプトは，輝度閾値を2から

20まで，2ずつ増やしたときの二値化の結果を表示する（**図7**）．この結果から，輝度閾値は4程度がよい，ということで，この値を参考に，**コード05**の自動輝度閾値アルゴリズムを選んだ．

コード06：code06_ExploreParameter3Dviewer.py

```
1    from ij import IJ, ImagePlus, ImageStack
2    from ij3d import Image3DUniverse
3    from org.scijava.vecmath import Color3f
4    from java.awt import Color
5    import jarray
6
7    imp = ImagePlus('/Users/miura/samples/BloodVessels_small_tubed8b.tif')
8    univ = Image3DUniverse()
9    univ.show()
10
11   color = Color3f(Color.WHITE)
12   obj_name = "vessels"
13   channels = [True, True, True]
14   resamplingF = 1
15   thresholdRange = range(2, 21, 2)
16   snapsA = []
17
18   for threshold in thresholdRange:
19       c = univ.addMesh( imp, color, obj_name, threshold, channels, resamplingF)
20       snap = univ.takeSnapshot()
21       snapsA.append(snap)
22       univ.removeAllContents()
23
24   univ.close()
25   jsnapsA = jarray.array(snapsA, ImagePlus)
26   stack = ImageStack.create(jsnapsA)
27   outimp = ImagePlus("Thresholding", stack)
28
29   for i, th in enumerate(thresholdRange):
30       label = "Threshold=" + str(th)
31       outimp.getStack().setSliceLabel(label, i + 1)
32
33   outimp.show()
```

実践編

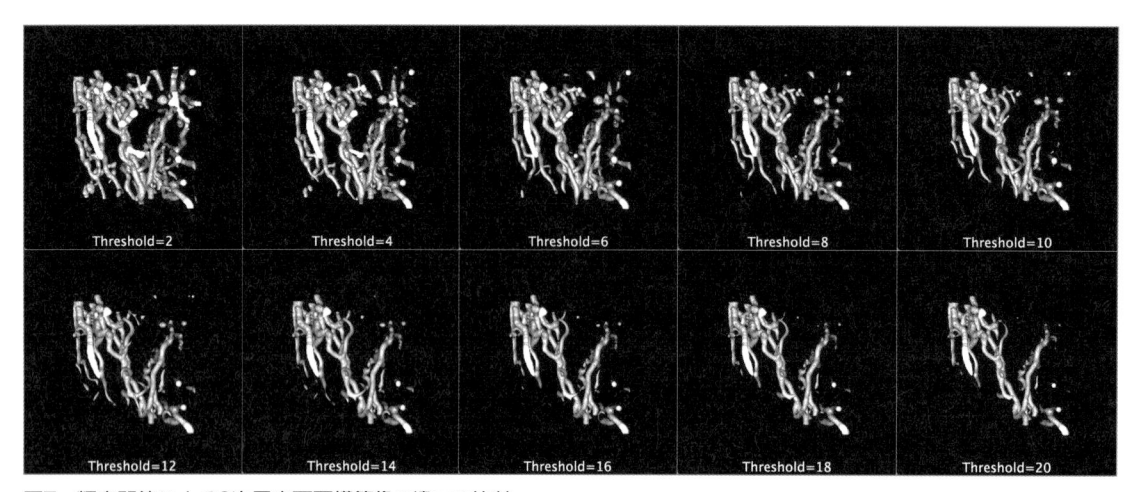

図7 輝度閾値による3次元表面再構築像の違いの比較

コード05の出力結果は画像スタックである．これを［Image > Stacks > Montage...］によって変換したものを示した．

スクリプトの解説をする．L7で管状構造強調フィルタをかけて8ビットに変換した画像を読み込む．L8で3D Viewerの本体であるImage3DUniverseクラスをunivとしてインスタンス化し，L9でディスプレイ上にそれを表示する．この時点ではまだなにも描画されていない．ディスプレイ上に表示しなくても，再構築の計算自体は可能なのだが，今回はさまざまな輝度値での3次元再構築像のスナップショットを撮って比較するのが目的なので，ディスプレイ上に表示する必要がある．

L11〜15は3次元再構築のパラメータ設定である．L11は描画の色指定，L12は3D Viewer内での名前（同じ画像を異なる再構築法で重ねることがあるので，それぞれ名前をつける必要がある），L13は画像データがRGB画像であったときに，再構築するチャネルを選ぶためのリストである．**図6**のウィンドウの下部にある"red, green, blue"のチェックボックスに相当する．今回はグレイスケールの画像なので，このオプションは関係ないが，すべてチェックした状態にしておく．L14は，元画像からどのような頻度でサンプリングを行うかどうか，という再標本化（resampling）の数値で，デフォルトでは2になっている．この場合，2×2×2，すなわち8体素をひとまとめにする再標本化が行われる．サイズの大きな画像では膨大になる再構築の計算を節約し，回転などしたときによりなめらかに動くようにすることができるが，解像度を犠牲にすることになる．今回のデータはそれほど大きくないので，すべての体素を再構築の対象，すなわち1とする．L15は，比較したい輝度閾値をリストthresholdRangeとして生成する．その要素は2, 4, 6, ... 20という数列になる．L16では，それぞれの輝度閾値での表面再構築像を保持するための空のリストsnapsAをあらかじめ用意しておく．

L18〜22が輝度閾値を徐々に変えたときの結果を得るためのループで，L15で用意したリストthresholdRangeを使ってループを回す．ループ内ではL19で表面再構築像をaddMeshメソッドを使ってuniv上に描画する．このメソッドの第1引数は再構築したい3次元画像のImagePlusオブジェクト，第2引数以降は，それぞれL11〜15の設定値である．L20で3D Viewer上に表面再構築された3次元像のスナップショットをImagePlusオブジェクトとして撮影，L21でそれをsnapsAに格納する．これが終わったら，L22で，3D Viewer上に描画された再構築像をクリアする．ループを終えたら，L24で3D Viewerを閉じる．

L25〜33は結果を画像スタックとして表示するためのコードである．snapsAは結果画像のリストで，それぞれはImagePlusオブジェクトなので，直接画像スタックに変換したいところである．しかしこれはJythonの

リストであり，そのままでは Java のメソッドの引数としては使えない．そこでこれを Java の配列に変換するのが L25 である[注13]．L26 ではこの ImagePlus オブジェクトの配列を引数にして，ImageStack オブジェクトをインスタンス化し，L27 でそれを使って ImagePlus オブジェクトをインスタンス化する．これを outimp とする．

このまま L33 のコードで結果を表示してもよいのだが，どのスライスがどの輝度閾値の結果なのかわかりにくくなるので，それぞれのスライスに使った輝度閾値の情報を付与する．これが L29 〜 31 のループである．L31 の setSliceLabel メソッドは，画像スタックのスライスそれぞれに文字情報をメタデータとして書き込むためのメソッドである．この情報は画像のウィンドウのタイトルバーと画像の間に表示される．第1引数に文字情報，第2引数に，スライスのインデックス番号（1からはじまる）を与える必要がある．ループは thresholdRange リストで行うが，インデックス番号を取得するために L29 で enumerate 関数を使った．こうするとループが回るたびにそのインデックスと，それに対応するリストの要素の値を一度に得ることができる．

スクリプトを実行し，表示される画像スタックを再生すると，輝度閾値が大きくなるに従い，二値化された血管が減っていくのがわかるだろう（**図7**）．輝度の低い血管は背景になって消えてゆく．

一部の除去

横道にそれたが，作業工程に戻ろう．二値化したスタックを連結成分分析にかけ，成分の大きさによるフィルタリングを行う．二値化した画像スタックには血管ではない小さな連結成分も混在しており，これを除去する必要がある．**コード05** の下に **コード07** を書き加えて実行してほしい．

コード07：code07_FilterBySize.py

```
1    from inra.ijpb.binary import BinaryImages
2    from inra.ijpb.label.select import LabelSizeFiltering
3    from inra.ijpb.label.select import RelationalOperator
4    from ij.plugin import LutLoader
5
6    def filterLabelTubes(binimp, sizeLimit):
7        labeledimp = BinaryImages.componentsLabeling\
8            (binimp, connectivity, bitdepth)
9        gilut = LutLoader.getLut("glasbey_inverted")
10       labeledimp.setLut(gilut)
11       sizeFilter = LabelSizeFiltering\
12           (RelationalOperator.GT, sizeLimit)
13       filteredlabeledimp = sizeFilter.process(labeledimp)
14       return filteredlabeledimp
15
16   connectivity = 26
17   bitdepth = 8
18   sizeLimit = 1000
19   filteredlabeledimp = filterLabelTubes(binimp, sizeLimit)
20   filteredlabeledimp.setTitle("BloodVessels_small_label.tif")
21   filteredlabeledimp.show()
```

[注13] この変換についての詳細は，**基礎編-2**「その他のテクニック」の「4) Jython のリストを Java の配列に変換する手法」（p59）を参照してほしい．

L6〜14が自作関数 filterLabelTubes で，第1引数は二値化した画像データである ImagePlus オブジェクト binimp，第2引数は成分のサイズの最小値 sizeLimit とする．すなわち，このサイズより小さいものを除去するようにコードを書く．L7〜10が連結成分分析と成分の色付け，L11〜13が成分のサイズによるフィルタリングである．これらの処理は**実践編-1**（p131）で登場した．詳しい解説はそちらを参照するとよい．フィルタ後の連結成分マップである filteredlabeledimp を自作関数の返り値とする（L14）．

L16〜18は処理パラメータの設定，L19は自作関数の実行，L20で処理後の画像に名前をつけ，L21はそのデスクトップでの表示である．サイズによる成分の除去をした前後の様子を3D Viewerで比較すると，小さな断片が除去されて長く伸びる血管構造だけが残っていることがわかるだろう（**図8**）．今回はサイズの閾値として1000（体素）を使った．他のサンプルで行うときには，**コード05**で輝度閾値の決定のしかたとして紹介した方法を参考に，段階的にサイズを変えたフィルタで処理を行うスクリプトを書いて，最適なものを選ぶとよいだろう．

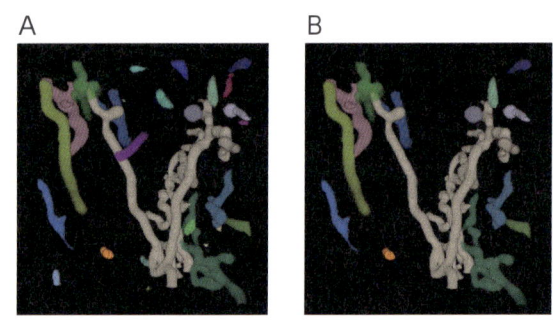

図8　成分のサイズによるフィルタリング
Aがフィルタをかける前で，Bがフィルタをかけたあとの様子である．体積が1000体素より大きい成分だけを残した．体積再構築法（volume rendering）によって描画した．

MorphoLibJ は，パリにあるフランス国立農学研究所の David Legland が開発している数理形態学処理のライブラリである[14]．数理形態学は1960年代にフランスの理工系の最高峰とされるパリ国立高等鉱業学校（エコール・デ・ミン）ではじまった数学の一分野で，今でもパリで強力な学派をなしている．Davidもそのサークルの一人であり，かくなる専門家がこのプラグインを開発し続けてくれているのは実に心強い．

骨格化処理

次に骨格化処理を行う．骨格化はより一般的には細線化（thinning）とよばれており，文字や指紋の認識などでも使われる重要な画像処理の手法である．空間構造の位相幾何学的な性質を保ちながら，その特徴を細い線にして抽象化することが処理の目的である．要するに「究極まで削り取る」だけなのだが，少し考えると，例えば「球状の構造を細線化するとどうなるか」など，難しい問題が次々と出てくる．細線化のアルゴリズムは今でも活発な研究が行われており，それだけで一大分野とさえいえる[15]．

これらのアルゴリズムのうち，ImageJ1に実装されている骨格化は，Zhang と Suen による細線化アルゴリズムである[16]．ImageJ のメニューでは［Process > Binary > Skeletonize］になる．この実装は2次元に限られており，3次元のデータを処理すると，2次元のスライスごとに骨格化を行うので，真の3次元処理にはな

らない．ImageJ2のOpsにも，複数の細線化アルゴリズムが実装されているが，いずれも2次元の処理に限られる．3次元の細線化を実装しているのはプラグインSkeletonize3Dだけであり，これはLeeらによる3次元細線化のアルゴリズムを実装したものである[17]．Fijiに同梱されているこのプラグインを使った骨格化処理が**コード08**になる．**コード05**と**コード07**の続きに書き加えると実行できる．なお，このプラグインは今はスペインのバスク大学にいるIgnacio Arganda-Carrerasがバルセロナでのポスドク時代の2008年に実装した．Trainable Weka Segmentationという機械学習のプラグインを実装したことでも有名な人である．

コード08：code08_skeletonize3D.py

```
1    from sc.fiji.skeletonize3D import Skeletonize3D_
2
3    def skeletonize3D( filteredlabeledimp ):
4        skelimp = filteredlabeledimp.duplicate()
5        skz = Skeletonize3D_()
6        skz.setup("", skelimp)
7        skz.run(None)
8        return skelimp
9
10   skelimp = skeletonize3D( filteredlabeledimp )
11   skelimp.setTitle("BloodVessels_small_Skel.tif")
12   skelimp.show()
```

L3〜8が自作関数skeletonize3Dで，引数は連結成分マップのImagePlusオブジェクトである．Skeletonize3D_クラスによる骨格化は0より大きい輝度のすべての体素を対象とするので，連結成分マップをあらためて二値化する必要はない．L4で引数で与えられたImagePlusオブジェクトを複製しskelimpとする．L5でSkeletonize3D_クラスをskzとしてインスタンス化，L6でそのskzの処理対象をskelimpとして設定する．L7が処理を実行する行である．引数がNoneとなっているが，これはImageJプラグインに共通するrunメソッドの引数としてImageProcessorオブジェクトを常に必要とするからで，Skeletonize3D_クラスに実装されたrunメソッドのなかではこのオブジェクトは使われていない．このため，Noneとしても問題はない．L8で，処理後のskelimpを関数の返り値とする．

L10が自作関数の実行，L11では処理後の画像skelimpにわかりやすい名前をつけ，L12で表示する．この結果画像BloodVessels_small_Skel.tifは，3次元の点の連なりなので，それを見ただけでは骨格化前の画像との関係を検証するのが難しい．そこでいくつかの方法で検証用に可視化を行った結果を**図9**に示す．**図9A**は，骨格化処理前の二値画像を赤，骨格化処理後の画像を緑のチャネルに指定してマージした画像スタックから，80枚目を抜き出したものである．赤い領域の中に，わずかに「骨格」の黄色い点が見えるのがわかるだろう．スタックの状態で，赤の領域と，黄色い点の関係をZ軸を上下させて確認することができる．さらに，このマージした画像スタックを最大輝度投射（maximum intensity projection）したのが**図9B**である．深さ方向の情報は失われるが，血管の構造（赤）をうまく骨格化（黄）していることがわかる．他にも，このマージ画像に対して［Image > Stacks > Orthogonal Views］をかけると，XY，XZ，YZの3つの断面を同期しながらインタラクティブに表示して骨格化処理の結果を検証できる．

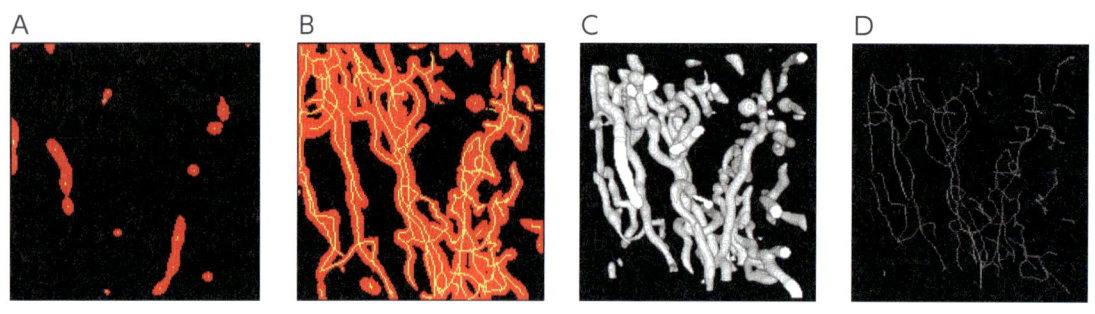

図9 3次元骨格化処理の結果の可視化

　マージした画像を3D Viewerで可視化すると，骨格化した画像が骨格化前の血管の画像のなかに埋もれてしまうので，検証はなかなか難しく，マージせずに3次元構築をして比較するほうが検証はしやすい．骨格化処理前の3次元表面再構築画像が**図9C**，処理後のものが**図9D**になる．2次元の紙面上ではわかりにくいが，ディスプレイの上でマウスを使って回転させながら眺めて確認するとよいだろう．他にも，Volume Viewerや，Image5Dなどの3次元画像データを検証するためのプラグインがFijiには組み込まれている．余裕のある方はこれらも試してみるとよいだろう．

4）血管ネットワーク構造の数値化・可視化

　さて，いよいよ血管のネットワーク構造の分析に入る．分析にはIgnacio Arganda-Carrerasが開発したプラグインAnalyze Skeletonsを使う[18]．このプラグインを以下では骨格分析プラグインとよぶことにする．生物システムには枝分かれした構造やネットワーク状の構造が多く見られ，骨格分析プラグインは血管の構造のみならずさまざまな系で使われている．最近の報告から列挙すると，ミトコンドリアの形態[19]，中枢神経系グリア細胞の形態[20]，小胞体の形態[21]，アクチンのメッシュワーク構造の分析[22]，マクロファージの形態[23]などがある．またFijiのプラグインBoneJでは海綿骨の構造の定量に骨格分析プラグインが使われている[24]．応用範囲は実に幅広い．

　骨格分析プラグインはFijiのメニューから簡単に使うことができる．ただし解析結果に表示されるパラメータの名前や出力画像はおそらく多くの方にとってはじめて見るものが多いだろう．このため，まずGUIを使って解析を行い多岐にわたるパラメータ名やその意味をまず解説してからスクリプトの解説を行う．最後にこれまでの工程につなげて，より大きな画像での解析を試みる．

GUIを使った解析

　これまでの工程のスクリプトを走らせて表示される骨格化画像“BloodVessels_small_Skel.tif”がアクティブな状態（最も手前にウィンドウがある状態）にあることを確認し（**図10**），Fijiのメニューから［Analyze > Skeleton > Analyze Skeleton（2D/3D）］を選ぶ．すると**図11**にあるような設定ウィンドウが表示される．**表2**のように設定してOKをクリックしてみよう．すると解析が行われ，3つの画像（Tagged skeleton, Longest shortest paths, BloodVessels_small_Skel-labeled-skeletons）と，2つの表（Results, Branch information）が表示される．これらの出力結果については順次解説する．

図10 これまでの工程の出力画像スタック

骨格化された血管のシグナルが確認できる77枚目の画像を示した.
3次元画像なので,ここでは骨格化したシグナルの一部のみが見えている.

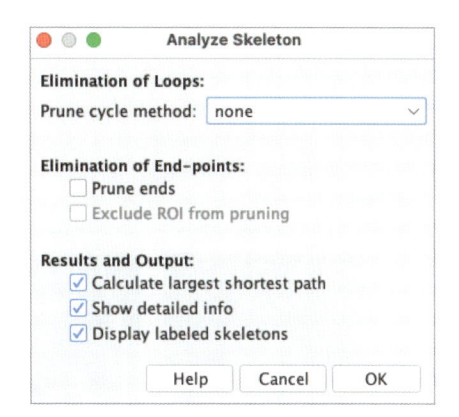

図11 骨格分析プラグインの設定ウィンドウ

表2 Analyze Skeletonの設定

設定項目	設定値	変数名
Prune cycle method	none	pruneIndex
Prune ends	チェックなし	pruneEnds
Exclude ROI from pruning	—	—
Calculate largest shortest path	チェックする	shortPath
Show detailed info	チェックする	verbose
Display labeled skeletons	チェックする	—

変数名はスクリプトの解説で登場する.

　なお,ここでは設定値"Prune cycle method"や"Prune ends"は「なし」にした.画像の骨格化の状況によっては本来あるべきではない突起状の骨格や,リング上の骨格が生成されていることがある.特に厚みのある構造などでは見られやすい.これらは「ひげ」ともよばれ除去が必要になる.この除去処理が"Prune = 枝刈り"とよばれている[注14].今回は「ひげ」の問題が比較的生じにくいデータであることと,ページ数の都合もあるのでこうした「ひげ」を無視して解析を進める.実践の場では骨格化の結果を丁寧に眺めて余計な構造が生じていないか確認し,もし顕著に存在していたら枝刈りを2回続けて行うとよい.1回目では刈り切ることのできなかった部分が2回目ではかなりきれいになるだろう.

注14 「ひげ」ならばヒゲ剃りであるが,ヒゲ剃りをpruningとはいわないので枝刈りとする.

●出力される画像の解説

　出力画像はいずれも3次元スタックである．これに，Z軸最大輝度投射処理（[Image > Stacks > Z-projection...]）を行って2次元画像にしたものを図にした（**図12**）．

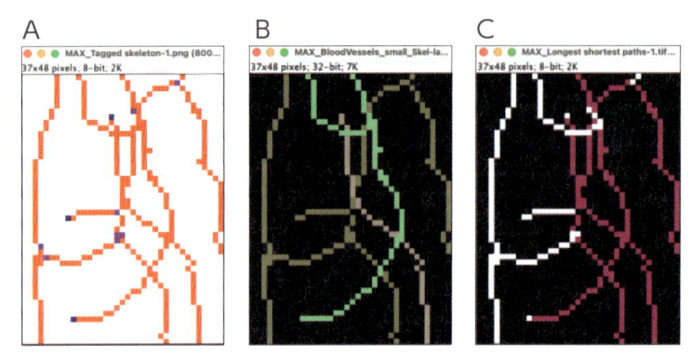

図12　プラグインAnalyze Skeletonの出力画像

解説のため一部を切り取った．A）Tagged skeleton の最大輝度投射像．背景を白に変換した．B）BloodVessels_small_Skel-labeled-skeletons の最大輝度投射像．LUT を変更して色付けを行った．C）Longest shortest paths の最大輝度投射像．

①Tagged Skeleton（タグ付き骨格画像）

　"Tagged Skeleton" の投射像の一部を拡大し，さらにマクロのコマンド changeValues(0, 0, 255) により輝度値が0の画素を輝度値255に置き換えることで，背景を黒から白に入れ替えた画像を**図12A**に示した．背景色を替えたのは，色を見やすくするためである．骨格（実態は血管であるが，以下便宜上骨格とよぶ）のネットワークを構成する3種類の構造を示すため，この画像では骨格の体素（voxels）が色分けされている．ある体素がどの構造に属するかは，その体素に隣り合った骨格の体素がいくつあるか，ということによって決まっている（**表3**）．なお，ここでの「隣」の定義は，ある体素を3次元的に取り囲む26の体素になる（26連結）．

　ネットワーク構造はグラフ理論を援用して分析されることが多く，骨格分析プラグインでもそうである．ただし，グラフ理論の用語では，オレンジが辺（edge），紫と青が節点（node）になるが，骨格分析プラグインでは，オレンジをスラブ（slab），紫を分岐（junction），青を末端（end-points）としている（**表3**）．これらの分類に基づいてそれぞれの構造の数や長さが集計され，それが後述のResultsの表にまとめられる．

表3　骨格の色分けとその意味

色	体素値	構造	隣接体素の数による定義
オレンジ	127	辺（slab, edge）	隣接体素＝2個
紫	70	分岐（junction, node）	隣接体素＞2個
青	30	末端（end-points, node）	隣接体素＜2個

②BloodVessels_small_Skel-labeled-skeletons（ラベル画像）

　最初の設定ウィンドウで "Display labeled skeletons" をチェックすると表示される画像である（**図12B**）．画像の名前は，解析した画像の名前の末尾に "-labeled-skeletons" を付け加えたものである．連結成分分析

の一般的な結果画像と考えればよく，骨格の連結した構造一つひとつにラベルが画素値として付与されている．出力画像はモノクロなので，LUTを"Glasbey on Dark"に変更したものを**図12B**に示した．**図12B**には3つの骨格（それぞれ緑，オリーブ，ベージュの色）がある．骨格が重なっているのは投射像だからであり，元の3次元データでは互いに離れて位置している．サンプル画像全体では16の骨格が検出される．

③Longest shortest paths（最長最短経路）

　最初の設定ウィンドウで"Calculate largest shortest path"をチェックすると表示される画像である．Longest shortest path（最長最短経路）は画像の赤で色付けられた部分である（**図12C**）．とはいえ「最長の最短っていったいなんだ？」と思われる方がおそらくほとんどであろう．少々詳しく説明する．

　ここで使われている「最短経路」はグラフ理論の世界ではよく知られる「最短経路問題」に由来している．この問題は，節点と辺からなるグラフにおいて，ある節点と別の節点を結ぶ最短の距離を求める問題である．この問題はさらにいくつかの細かい問題と解法に分かれており，その1つが，すべての2つの節点の組み合わせペアそれぞれに関して，2つの節点を結ぶ最短の経路を求めるという問題で，その解法がワーシャルフロイドのアルゴリズム（Floyd–Warshall Algorithm）になる．計算結果はすべての節点のペアのそれぞれの最短経路のリストになるが，これらの最短経路のうち，最も長い経路を「最長最短経路」とする．このアルゴリズムが骨格分析プラグインに実装された当初の目的は水草のカナダモ（E. candensis）の個体の全長の測定である（**図13**）．カナダモは茎と一定間隔で伸びる葉からなる単純な形態であるが，いざその長さを画像解析で計測しようとすると，どこからどこまでを全長として測ればよいのか判別しにくい．そこで，水草の形態を骨格化して最長最短経路を解析し，それを「水草の長さ」とすれば，客観的な定義のもとで長さを測定できる．血管は画像データの範囲を越えて連続していることがほとんどであり，ネットワーク構造全体が解析領域に含まれていることを前提とするこのパラメータはあまり意味がないものの，他の系での応用範囲は広いだろう．

図13　Polderらの最長最短経路によるカナダモの全長測定
Gerrit Polder氏（ワーグニンゲン大学，オランダ）の厚意により，文献25の図2の一部を掲載した．左が元画像，中が骨格化画像，右の緑の辺が最長最短経路である．

●出力される表の解説

① Results

　Resultsという名前のウィンドウの表は骨格のリストで，行番号がそれぞれの骨格のID番号である．**図12B**の連結成分分析画像のラベル値が，この表の骨格のID番号である．これまでの工程をそのまま実行して解析したならば，16本の骨格がリストされるはずである．表の見出しにパラメータの名前が書いてあり，その意味は**表4**のようになる．

表4　Resultsに表示される骨格ごとの計測値の名前と解説

見出しの名前	解説
# Branches	辺の数．図12Aのオレンジの構造．
# Junctions	分岐の数．図12Aの紫の構造．
# End-point voxels	末端の体素数．図12Aの青の構造．
# Junction voxels	分岐の体素数
# Slab voxels	辺の体素数
Average Branch Length	辺の平均長
# Triple points	3本の辺からなる分岐の数
# Quadruple points	4本の辺からなる分岐の数
Maximum Branch Length	辺の最大長
Longest Shortest Path	最長最短経路の長さ
spx	最長最短経路の始点のX座標
spy	最長最短経路の始点のY座標
spz	最長最短経路の始点のZ座標

物理スケールが画像にある場合には長さや座標は物理単位に換算された数値が表示される．

② Branch Information

　この表はすべての辺の計測値のリストである．**表5**に計測値の解説をした．最初の設定ウィンドウで"Show detailed info"をチェックすると表示される．

表5　それぞれの辺に関する計測値の名前とその解説

見出しの名前	解説
Skeleton ID	辺が属する骨格のID番号
Branch length	辺の長さ
V1 x, V1 y, V1 z	辺の始点の座標
V2 x, V2 y, V2 z	辺の終点の座標
Euclidean distance	始点と終点の間の直線距離
running average distance	5体素の移動平均による辺の長さ
average intensity(inner 3rd)	元の画像の辺を構成する体素の輝度値の平均（辺を3分割したときの中央の部分だけ）
average intensity	元の画像の辺を構成する体素の輝度値の平均

物理スケールが画像にある場合には長さや座標は物理単位に換算された数値が表示される．

●血管ネットワーク構造の特徴パラメータ

　これらの計測値から，**表6**にある骨格（血管）構造の特徴を表すパラメータを算出することができる．辺，血管，分岐の密度はわかりやすいパラメータである．迂回度（tortuosity）は少々解説が必要だろう．このパラメータは辺の長さを辺の始点から終点までの距離で割った比であり，辺が直線に近いほど1に近く，曲がったり歪んでいるほど1より大きくなる．**表6**のパラメータ以外にも，二値化した血管の体積を測定領域の体積で割ることで得られる血管の平均半径の推定値も重要であるが，今回の前処理に特定の太さの血管を強調する処理（Tubeness Filter）が含まれており，結果に人工的なバイアスがかかることが想定されるため割愛する．**表6**のパラメータのうち，パラメータ名にアスタリスクをつけたものが，系を比較するときに使える数値である．それぞれの実際の計算方法は，スクリプトで示す．

表6　算出するネットワーク構造のパラメータ

パラメータ	解説	変数名
総辺長（total branch length）	すべての辺の長さの総和．	totalBranchlens
総辺数（total branch number）	辺の総数．	totalBranchNum
＊平均辺長と標準偏差（average branch length & sd）	辺の長さの平均と標準偏差．	ave_BranchLen, sd_BranchLen
＊辺の密度（branch density）	体積あたりの辺の数．総辺数 / 測定対象の体積．	branchDensity
＊血管密度（vessel length density）	体積あたりの血管の総長．総辺長 / 測定対象の体積．	vesselLengthDensity
総分岐数（total number of junctions）	検出された分岐点の総数．	totaljuncs
＊血管分岐密度（vessel junction density）	体積あたりの分岐の数．総分岐数 / 測定対象の体積．	junctionDensity
＊平均迂回度（tortuosity）	迂回度は，辺の長さ / 辺の始点から終点までの距離．すべての辺の迂回度の平均値を平均迂回度とする．	ave_tortuosity

＊：系の比較に有効なパラメータ．

骨格解析のスクリプト

　以上で骨格分析の内容を理解していただけたのではないかと思う．ここからは骨格分析のスクリプトである**コード09**を**09a**，**09b**，**09c**の3つの部分に分けて順番に解説する[注15]．

- 骨格分析プラグインの実行（**コード09a**）
- プラグインの解析結果を使った血管ネットワークのパラメータの算出（**コード09b**）
- 結果の3次元再構築（**コード09c**）

　実行する場合は，骨格化までの結果である画像スタック"BloodVessel_small_skel.tif"が必要である．そして**コード09a**のL18のファイルパスを，その保存先に応じて変更してから実行する．

注15　**サポートリポジトリ**からコード全体のファイルcode09_SkelAnalysis.pyをダウンロードできる．

実践編

●骨格分析プラグインの実行

骨格分析プラグインではAnalyzeSkeleton_クラスによってほぼすべての解析が行われる．プラグインの内部では，骨格画像をグラフ理論のグラフに変換し，さまざまな数値パラメータを抽出したり，骨格のフィルタリング（枝刈り）が行われる．グラフを格納するためのGraphクラスが実装されており，結果を扱う際にはこのクラスのインスタンスを扱う．

コード09a：骨格分析プラグインの実行

```
1   from ij import IJ, ImagePlus
2   from sc.fiji.analyzeSkeleton import AnalyzeSkeleton_
3
4   def analyzeSkeleton3D( skelimp ):
5       skel = AnalyzeSkeleton_()
6       skel.setup("", skelimp)
7       pruneIndex = AnalyzeSkeleton_.NONE
8       pruneEnds = False
9       shortPath = False
10      origImp = None
11      silent = True
12      verbose = False
13      skelResult = skel.run(pruneIndex, \\
14          pruneEnds, shortPath, origImp, silent, verbose)
15      return skel, skelResult
16
17  skelimp = ImagePlus(\\
18      "/Users/miura/samples/BloodVessels_small_skel.tif")
19  cal = skelimp.getCalibration()
20
21  skel, skelResult = analyzeSkeleton3D( skelimp )
```

L4〜15が骨格分析プラグインを実行するための自作関数analyzeSkeleton3Dである．骨格化画像のImagePlusオブジェクトskelimpを引数にとる．まずL5でプラグインのクラスAnalyzeSkeleton_のインスタンス化を行いそのオブジェクトをskelとする．次にsetupメソッドで解析対象をskelimpとして指定する（L6）．なお，このメソッドの第1引数はこのプラグインのなかでは使われないため，空の文字列（""）でよい．L7〜12は骨格解析の設定で，それぞれの変数の対応関係は**表2**に示した．新たに登場したのはorigImpとsilentである．前者はpruneIndexにLOWEST_INTENSITY_VOXELを選んだ場合には元の画像データを指定する必要があるが，今回はL7にあるように「ひげ」の刈り取り自体を行わないので不要であり，Noneでよい．silentは，結果画像や表のデスクトップ表示のスイッチである．スクリプトでは必要な結果だけを表示するので，Trueにして自動表示を抑える．L13〜14が骨格解析を実行する部分で，上で定めた設定値を引数に与えてrunメソッドを実行し，結果をskelResultオブジェクトとする．このオブジェクトはSkeletonResultsクラスのインスタンスで，解析結果をグラフとして保持している．L15の返り値はskel，skelResultの2つのオブジェクトである．出力画像はskelオブジェクトに含まれている．

スクリプトを実行すると，L17〜18の画像の読み込みが行われ，この画像をskelimpとする．画素の物理的単位の大きさは計測値の換算に重要になるので，L19でCalibrationオブジェクトcalを画像から抜き出しておく．L21で自作関数を実行し，結果をskel，skelResultの2つのオブジェクトで受ける．

●血管ネットワーク構造のパラメータ算出

プラグインによる解析結果であるSkeletonResultsオブジェクトから必要な結果を取り出して**表6**にあるパラメータを計算する部分が**コード09b**である．

コード09b：血管ネットワークのパラメータの算出

```
1    skeletons = skelResult.getGraph()
2    juncNums = skelResult.getJunctions()
3    ### stats ###
4    imWidth = skelimp.getWidth() * cal.pixelWidth
5    imHeight = skelimp.getHeight() * cal.pixelHeight
6    imDepth = skelimp.getNSlices() * cal.pixelDepth
7    totalVolume = imWidth * imHeight * imDepth #μm^3
8    totalVolume = totalVolume / pow(1000, 3) #μm^3
9    # standard deviation
10   def sd( l ):
11       mean = float(sum(l))/len(l)
12       ss = sum((x-mean)**2 for x in l)
13       sd = (ss/(len(l)-1))**0.5
14       return sd
15   #tortuosity
16   def calcTortuosity(edge):
17       length = edge.getLength()
18       v1p = edge.getV1().getPoints().get(0)
19       v2p = edge.getV2().getPoints().get(0)
20       dist = skel.calculateDistance(v1p, v2p)
21       tortuosity = length/dist
22       return tortuosity
23
24   Alltortuosity = []
25   AllBranchLen = []
26   for s in skeletons:
27       edgeList = s.getEdges()
28       tortuosityA = map(calcTortuosity, edgeList)
29       Alltortuosity += tortuosityA
30       branchLengthA = map(\\
31           lambda e:e.getLength(), edgeList)
32       AllBranchLen += branchLengthA
33
34   totalBranchlens = sum(AllBranchLen)
35   totalBranchNum = len(AllBranchLen)
36   ave_BranchLen = totalBranchlens / totalBranchNum
```

```
37    sd_BranchLen = sd(AllBranchLen)
38    branchDensity = totalBranchNum / totalVolume
39    vesselLengthDensity = totalBranchlens / totalVolume
40    totaljuncs = sum(juncNums)
41    junctionDensity = totaljuncs / totalVolume
42    ave_tortuosity = sum(Alltortuosity) / len(Alltortuosity)
43
44    print("Image Width: " + str(imWidth) +  " (um)")
45    print("Total Imaged Volume: " + \\
46        str(totalVolume) + " (mm^3)")
47    print("Total Branch Length: " + \\
48        str(totalBranchlens) + " (um)")
49    print("Total Branch Number: " + \\
50        str(totalBranchNum))
51    print("Average Branch Length: " + \\
52        str(ave_BranchLen) + " (um)")
53    print("... standard deviation: " + \\
54        str(sd_BranchLen) + " (um)")
55    print("Branch Density: " + \\
56        str(branchDensity) + " (/mm^3)")
57    print("Vessel Length Density: " + \\
58        str(vesselLengthDensity/1000) + \\
59            " (mm/mm^3)")
60    print("Total Junction Number: " + \\
61        str(totaljuncs))
62    print("Junction Density: " + \\
63        str(junctionDensity) + " (/mm^3)")
64    print("Average Tortuosity: " + str(ave_tortuosity))
```

まず結果のオブジェクトskelResultから，骨格群を取得してskeletonsとする（L1）．この実態は骨格をグラフにしたGraphクラスのオブジェクトのリストであり，ここからそれぞれの骨格を構成する辺のオブジェクトを抽出し測定値を得ることができる．L2ではskelResultから骨格ごとの分岐の数のリストjuncNumsを得る．L4～6では，画像データ全体の幅，高さ，深さ（いずれも体素単位）を，**コード09a**のL19で取得したcalを使ってμm単位の大きさに換算する．L7で画像データの領域全体の体積を物理単位で算出する．L8ではこれをさらにmm^{3}単位に換算し，totalVolumeとする．

L10～14は，標準偏差を計算するための自作関数sdである．引数には数値リストをとる．計算方法は，統計の一般的な教科書通りである．L16～22は迂回度を計算するための自作関数calcTortuosityで，引数にはEdgeクラスのオブジェクトedgeをとる．Edgeクラスは，骨格解析で得られるグラフを構成する辺のクラスである．そのオブジェクトからL17で辺の長さlength，L18～19で辺の始点と終点であるPointクラスのオブジェクトv1pとv2pを得ることができる．この2つの点のオブジェクトを引数にして，AnalyzeSkeleton_クラスのメソッドcalculateDistanceによって2点間の直線距離distをL20で得て，L21で迂回度を算出し，それを返り値とする（L22）．

L24～32は，L1で得た骨格群のリストskeletonsからすべての辺に関する測定値を得るためのループであ

る．L24〜25でデータの格納用の空のリストを2つ用意し，L26から骨格群を巡るループに入る．まず骨格からEdgeクラスのオブジェクトのリストedgeListを得る（L27）．このリストには，骨格を構成する辺のすべてが含まれている．L28ではリストedgeListのおのおのの辺の迂回度をmap関数によって算出し，その結果である迂回度のリストを格納用リストAlltortuosityに追加する（L29）．L30〜31では，同様にmap関数によっておのおのの辺の長さを取り出し，その結果の長さのリストを格納用リストbranchLengthAに追加する（L32）[注16]．

　得られた計測値の2つのリストはL34〜42で使われ，**表6**の計算を行う部分である．**表6**の「変数名」はスクリプトの変数の名前に対応している．結果はL44〜64にあるように，スクリプトエディタのコンソールに出力するようにした（**図14**）．実際に結果を発表する際には，もともとの画像の1体素の大きさがどの軸も2μmであることを勘案して数字を丸めるべきである．例えば，平均辺長は77.5144624512 ± 66.4266609452 μmではなく，78 ± 66 μmとする．また，出力先はCSVファイルなど目的に応じて変更するとよいだろう[注17]．

```
Run    Batch    Kill    ☐ REPL
Image Width: 342.0 (um)
Total Imaged Volume: 0.0411768 (mm^3)
Total Branch Length: 8371.56194473 (um)
Total Branch Number: 108
Average Branch Length: 77.5144624512 (um)
... standard deviation: 66.4266609452 (um)
Branch Density: 2622.83616017 (/mm^3)
Vessel Length Density: 203.307735053 (mm/mm^3)
Total Junction Number: 47
Junction Density: 1141.41944007 (/mm^3)
Average Tortuosity: 1.29648390975
```

図14　スクリプトエディタのコンソールに出力されたパラメータ群

●結果の3次元再構築

　最後に解析結果のタグ付き画像とラベル画像の3次元再構築を行う（**コード09c**）．そのまま再構築を行うと，骨格の線が細すぎることに加えモノクロなのでとても見づらい．可視性を改善すべく骨格を若干太くし，着色してから再構築を行う．

コード09c：血管ネットワークの解析結果の3次元再構築

```
1    ### visualization
2
3    import  Replace_Value
4    from ij.process import LUT
5    from ij.plugin import LutLoader
6    from inra.ijpb.binary.distmap import ChamferMask3D
7    from inra.ijpb.label.filter import ChamferLabelDilation3DShort
8    from ij.process import ImageConverter
9    from ij3d import Image3DUniverse
10
11   # tagged image visualization
12   tagstack = skel.getResultImage(False)
```

注16　このループで使われているmap関数やlambda関数についての解説は**基礎編-2**「その他のテクニック」の「2）リストの一括処理」「map関数」（p55）にある．

注17　CSVに出力するスクリプトの書き方は**実践編-1**に解説がある（p135）．

```
13    tagimp = ImagePlus("tagged", tagstack)

14

15    rv = Replace_Value()
16    rv.setup(None, tagimp)
17    rv.doit(70, 215)
18    rv.doit(30, 250)

19

20    radius = 1.0
21    algo = ChamferLabelDilation3DShort(\\
22        ChamferMask3D.SVENSSON_3_4_5_7, radius)
23    tagstackDilated = algo.process(tagstack)
24    tagDilatedimp = ImagePlus("tagDilated", tagstackDilated)

25

26    fireLL = LutLoader.getLut("fire")
27    fireLut = LUT(fireLL, float(0), float(255))
28    tagDilatedimp.setLut(fireLut)

29

30    univ = Image3DUniverse()
31    c = univ.addVoltex(tagDilatedimp)
32    univ.show()

33

34    # labeled image visualization
35    labelstack = skel.getLabeledSkeletons()
36    labelstack = algo.process(labelstack)
37    labelimp = ImagePlus("labeled", labelstack)
38    currentState = ImageConverter.getDoScaling()
39    ImageConverter.setDoScaling(False)
40    ImageConverter(labelimp).convertToGray8()
41    ImageConverter.setDoScaling(currentState)

42

43    giLut = LutLoader.getLut("Glasbey on Dark")
44    labelimp.setLut(giLut)

45

46    univ2 = Image3DUniverse()
47    c2 = univ2.addVoltex(labelimp)
48    univ2.show()
```

　L3〜9は，可視化に使うクラスのインポート文である．L11〜32がタグ付き画像，L34〜48がラベル画像の3次元構築のコードである．まず解析結果のオブジェクトskelからgetResultImageメソッドを使ってタグ付き画像であるStackクラスのオブジェクトtagstackを取り出す（L12）．引数にあるFalseは，取り出したい画像が最長最短経路の画像であるときには，Trueにする．次にtagstackを使い，ImagePlusオブジェクトtagimpをインスタンス化する（L13）．この画像では分岐の体素が紫（体素値70），末端の体素が青（体素値30）に色付けられているが（**表3**），黒の背景ではコントラストが悪くきわめて見づらい．そこで，分岐の色を黄色（体素値215），末端の色を白（体素値250）に変更する．この変更を行っているのがL15〜18である．L15でインスタンス化するReplace_Valueクラスは，Mark LongairのライブラリVIB-libに入っており，特定の画素

値・体素値を任意の値に置き換える機能をもつ．変換対象を`tagimp`に指定し（L16），L17〜18でそれぞれの体素値の変更を行う．

L20〜24は骨格を太くする処理である．二値画像であれば単に膨張処理（dilation）を行えばよいが，タグの体素値を温存しながら膨張させる必要がある．そこでまさにこのためにあるクラスを使う．まず膨張させる大きさを決め（L20），MorpholibJの`ChamferLabelDilation3DShort`クラスをインスタンス化する（L21）．ここで，第1引数は膨張処理で使う構造要素（マスク）になる．ある体素とその周辺の体素との間の距離をどのように定義するかという点でさまざまなデザインの構造要素を使うことができるが，ここでは作者のDavid Leglandが最も優れているとする構造要素（Chess Knightsと名付けられている）を選択した（L22）．こうしてインスタンス化したオブジェクトを`algo`とし，実際の処理を`process`メソッドで行う（L23）．処理結果は新しい`Stack`オブジェクト`tagstackDilated`とし，これを使って新たに`ImagePlus`オブジェクトをインスタンス化し`tagDilatedimp`とする（L24）．L26〜28ではこの膨張処理をしたタグ付き画像に`fire`のLUTを適用して色分けを行う．L30〜32は，すでに解説済みの3次元再構築のコードである[注18]．これでタグ付き画像の可視化は完了となる．

ラベル画像についても同じような処理を行うが操作は若干異なる．`skel`から`Stack`オブジェクトを取り出すメソッドは`getLabeledSkeletons()`であり（L35），視認上そのままでも問題ないので体素値の置換の必要はない．また，すでにインスタンス化した`algo`を使って，そのままラベルの膨張処理を行える（L36）．このラベル画像の`ImagePlus`オブジェクト`labelimp`（L37）は32ビットの画像なので，3次元再構築を行えるようにL38〜41で8ビット画像への変換を行う．この変換の際に，体素値のスケーリングが施されるとラベルの値が変わってしまうので，スケーリングを行わないように設定してから（L39）変換を行う（L40）．ラベル画像用のLUT"Glasbey on Dark"を適用し（L43〜44），3次元再構築を行う（L46〜48，**図15**）．

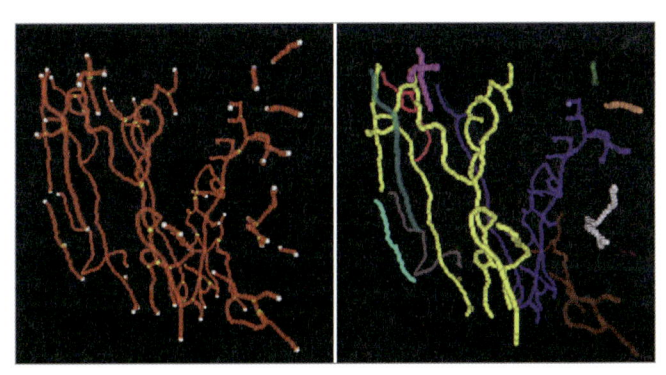

図15 タグ付き画像（左）と，ラベル画像（右）の3次元再構築像
実際にはそれぞれの3D Viewerウィンドウに描画される．

スクリプトの組み上げ

仕上げに，ここまでのすべての作業工程を1つのスクリプトに組み上げる．これはあまりたいへんなことではなく，2つのスクリプトを組み合わせるだけである．最初の部分がbloodAnalysisFullWorkflowP1P2.pyで

注18 p166の「【3次元再構築による分節化パラメータの探索】」を参照せよ．

あり，そこに2番目の部分である**コード09**を追加する．**コード09**の骨格化画像のファイルの読み込みは不要になるので，コメントアウトしよう．それでうまく走るようであれば，念のため重複する宣言文や変数を削除するとよい．フルの作業工程のコードは，**サポートリポジトリ**の "code10_vesselAnalysisWorkflowFull.py" である．

最後に，サイズの大きなサンプル画像BloodVessels_med.tifをこのフルのスクリプトで解析してみよう[注19]．画像のサイズがほぼ4倍なので，計算時間もほぼ4倍かかるだろう．結果の1つは**図1B**にある再構築像になる．デスクトップで血管のネットワーク構造を回転させながら3次元的に眺めることができるはずである．

おわりに

いくつか留意しておくと，工程の前処理で使った管状構造強調フィルタは特定の太さの構造を強調することになりバイアスがかかりやすい．このため，一定の範囲でシグマ値を変化させて強調処理をした一連の画像スタックをまず用意し，その最大輝度投射を行った画像を使えばバイアスが少なくなるだろう．こうした改善点や，「ひげ」の枝刈りのポイントなど，カバーできなかった部分もある．

血管構造のネットワークを定量する場合には，Pythonで書かれたパッケージも利用可能である[26]．この章と同じように，グラフを使った分析を行うパッケージである．Dockerのイメージを走らせる知識が必要になるがテストしてみるとよいだろう．コミットログを眺めるとメンテナンスされている様子である．

以上で血管のネットワーク構造を解析する作業工程の解説を終える．工程のデザインはシンプルであるが，使用する工程の部品に特徴があるものがいくつもあり，読者の方がこれらの部品を別の系で使うことに思い至るようなことがもしあったならば，筆者としては狙い通りである．特にネットワーク（グラフ）として生物の形態を扱うことは，点，長さ，面積，形態記述子，体積といった基本的な定量パラメータに加えて，それぞれの解析を発展させるヒントになるのではなかろうか．例えば，辺の始点と終点のデータから，角度の統計値を算出することも可能であろうし，粒子追跡の軌跡や組織の変形をネットワークとして分析する，といった可能性もある．読者の方々の自由な発想に期待している．

謝辞

本章に関して，塚田祐基さんに助言をいただいた．ここに謝意を表する．

文献

1) Carmeliet P：Nature, 438：932-936, doi:10.1038/nature04478（2005）
2) Hong SM, et al：Mod Pathol, 33：639-647, doi:10.1038/s41379-019-0409-3（2020）
3) Kirst C, et al：Cell, 180：780-795.e25, doi:10.1016/j.cell.2020.01.028（2020）
4) Merz SF, et al：Nat Commun, 10：2312, doi:10.1038/s41467-019-10338-2（2019）
5) Lugo-Hernandez E, et al：J Cereb Blood Flow Metab, 37：3355-3367, doi:10.1177/0271678X17698970（2017）
6) Tischer C & Tosi S：Tumor Blood Vessels: 3D Tubular Network Analysi.『Bioimage Data Analysis』（Miura K, ed），pp219-236, Wiley-VCH（2016）

注19 BloodVessels_med.tif は**サポートリポジトリ**からダウンロードできる．

7) Rueden CT, et al：BMC Bioinformatics, 18：529, doi:10.1186/s12859-017-1934-z（2017）

8) Pietzsch T, et al：Bioinformatics, 28：3009-3011, doi:10.1093/bioinformatics/bts543（2012）

9) Jährling N, et al：Organogenesis, 5：227-230, doi:10.4161/org.5.4.10403（2009）

10) Vincent L：IEEE Trans Image Process, 2：176-201, doi:10.1109/83.217222（1993）

11) Ollion J, et al：Bioinformatics, 29：1840-1841, doi:10.1093/bioinformatics/btt276（2013）

12) Sato Y, et al：Med Image Anal, 2：143-168, doi:10.1016/s1361-8415(98)80009-1（1998）

13) Huang LK & Wang MJ：Pattern Recognition, 28：41-51, doi:10.1016/0031-3203(94)E0043-K（1995）

14) Legland D, et al：Bioinformatics, 32：3532-3534, doi:10.1093/bioinformatics/btw413（2016）

15) 『Skeletonization: theory, methods, and applications』（Saha PK, et al, eds），Academic Press, doi:10.1016/C2016-0-00051-7（2017）

16) Zhang TY & Suen CY：Commun ACM, 27：236-239, doi:10.1145/357994.358023（1984）

17) Lee TC, et al：CVGIP: Graphical Models and Image Processing, 56：462-478, doi:10.1006/cgip.1994.1042（1994）

18) Arganda-Carreras I, et al：Microsc Res Tech, 73：1019-1029, doi:10.1002/jemt.20829（2010）

19) Hauser F, et al：Front Bioeng Biotechnol, 12：1372807, doi:10.3389/fbioe.2024.1372807（2024）

20) Mingo YB, et al：Front Cell Neurosci, 18：1343562, doi:10.3389/fncel.2024.1343562（2024）

21) Griffing LR：Methods Mol Biol, 2772：87-114, doi:10.1007/978-1-0716-3710-4_7（2024）

22) Li W, et al：Nat Commun, 15：1311, doi:10.1038/s41467-024-45648-7（2024）

23) Kumar KP, et al：J Am Heart Assoc, 13：e033279, doi:10.1161/JAHA.123.033279（2024）

24) Domander R, et al：Wellcome Open Res, 6：37, doi:10.12688/wellcomeopenres.16619.2（2021）

25) Polder G, et al：Measuring shoot length of submerged aquatic plants using graph analysis. In Proceedings of the ImageJ User and Developer Conference. 172-177（2010）

26) Spangenberg P, et al：Cell Rep Methods, 3：100436, doi:10.1016/j.crmeth.2023.100436（2023）

 ## プログラムコードのライセンス

4 細胞移動を定量するための 粒子追跡（トラッキング）

塚田祐基

SUMMARY

本章では生物画像に限らず一般的な画像解析の問題設定として出会うことの多い，粒子追跡（particle tracking）を題材とする．ImageJ では，粒子追跡において便利なプラグインが多数開発されており，特にフランスパスツール研究所の Jean-Yves Tinevez とそのグループが開発を進めている TrackMate は用途が広く使いやすいため人気がある．粒子追跡の一般的な問題設定や，作業工程のための戦略を確認したうえで，TrackMate を活用した粒子追跡の実践的な方法とその発展について解説する．

はじめに

生物画像解析ではさまざまな場面で物体追跡（object tracking）の需要がある．免疫系細胞や，創傷治癒などで移動する細胞，分化・発生において移動する細胞，はたまた個体の移動など，動く解析対象は多くあり，それらがどのような経路で移動しているか，速度変化がどのようになっているか，個体・集団としてどのようにふるまうかという問いが立てられる．

このように生物学では，スケールや様子が異なるさまざまな対象へ，物体追跡という同じ枠組みで解析を進める状況になることが多い．そのため，さまざまな実験条件による撮影画像の質の違いがある一方で，対象を認識して追跡するという共通のタスクを解決することになる．そのなかでも特に，点を対象とした追跡ということを明確にした，粒子追跡（particle tracking）という問題が一般的に設定されている．粒子追跡を行うための ImageJ プラグインはたくさん開発されている一方で，自分の扱うデータが初期パラメータによって一発で解析できることはほとんどない．生物学研究の現場におけるさまざまな画像データに対応できるように，本章では，この粒子追跡の問題を解決する作業工程についての解説とプラグインを駆使した解析方法について解説する．

問題設定

具体的な画像を見ながら生物画像解析における粒子追跡問題の詳細を確認しよう．顕微鏡視野内に捉えた移動性の培養細胞（**図1**）を例にする．視野内に捉えられている複数の細胞は時間を経るごとに移動，静止し，ときには分裂し，移動経路が重なったりもする．生物学的には，特定の細胞がどのような系譜をたどり，どのような特徴が生死に影響しているか，またどのような細胞が最終的に多数派の細胞になるのか，といった問いがあげられる．

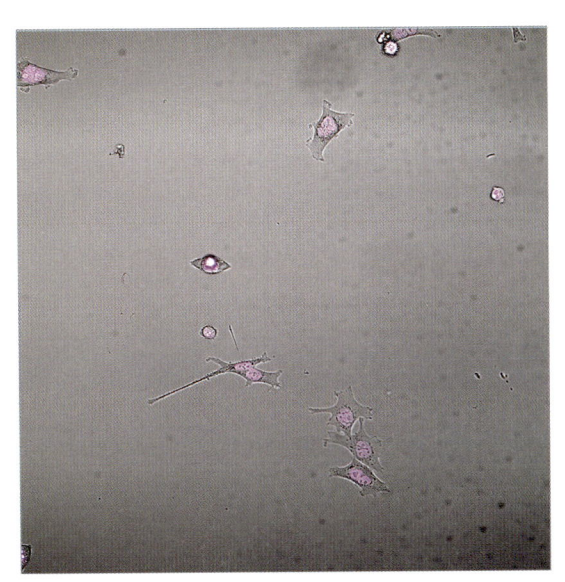

図1　HCT116細胞

ヒト大腸がんに由来する移動性の培養細胞．今回はこの時系列画像をサンプルデータとして扱う．サンプル画像は核を蛍光ラベルし，明視野画像と蛍光画像の2チャネルで構成されている．今回の粒子追跡には蛍光画像のみ扱う．（北海道大学上原亮太研究室提供）

　このような解析対象において，データとして扱う画像は必然的に時系列画像となる．解決すべき問題は，追跡対象を定義し，その追跡軌跡を定量測定することである．扱う問題を単純に，また対象を明確にするため，ある時刻の追跡対象の座標は一点（例えば物体の幾何学的重心）とし，形や輝度値の変化は扱わないのが一般的である．それでも，追跡問題にはさまざまな難しさが伴う．一番の問題は，ある時刻の点と次の時刻の点を結ぶ組み合わせは，通常，多く存在するということである．多数の候補から1つを選ぶには，何らかの選択基準が必要であり，最も簡単なのは次の時刻に一番近くにある点を選ぶこと（最近傍法）である．しかし実際にやってみるとこの単純な方法は間違った点を関連づけてしまい，うまく追跡できないことがあるのはすぐにわかるだろう．他にも，追跡対象が視野から出たり入ったりすることや，視野内にあっても検出できないときがあること，分裂や融合をすることを考えると，その困難さは容易に想像できるだろう．こうしたことから，完全に追跡対象を視野内に捉え，すべての対象を検出できていても，正しく追跡することが難しい場合もある．そのため，何らかの仮定を置いて解析したり，追跡できていない対象を考慮したうえで，解析結果を解釈する必要が出てくる．

■ 作業工程の骨格

　本書で考え方の基盤にしている「作業工程」に基づいて，これまでに議論した問題を解決のために分割し，追跡解析の全体像を把握しよう（**表1**）．まずある時刻での個体や細胞，ラベルしたオルガネラなど，視野内の解析対象である物体を，その位置を示す点として検出する（detection）．次に，ある時刻の点から次の時刻での点を，同一の対象として紐づける．この紐づけ操作をここでは連係（linking）とよぶことにする．連係により，同一の追跡対象の時系列を通じた位置変化が判明すれば，それを追跡対象の軌跡とすることができる．最後に，得られた点群とそれらをフレーム間でつなぐ軌跡について，可視化や運動パラメータの計算な

どを通して計測する（measurement）．これらの具体的な手続きとしては，分節化による位置検出，連係による軌跡の決定，速度などを含む軌跡のさまざまなパラメータの計測といった処理を行うことになる．さらに，入力画像をフィルタリングするなどの前処理も加わったものが作業工程の全体となる（**図2**）．ここであげている部品の具体例は追跡解析に使われる典型的なものであって，必ずしもこのなかから選ぶ必要はない．実際の生物画像解析では得られる画像の質や特徴がさまざまであるため，自分が取り扱っている解析の目的を明確にしたうえで，適切な部品を自由に選んだり，独自の実装で部品を自作することに注力するとよい．

表1 粒子追跡における作業工程の骨格

作業工程における部品の役割	作業工程における部品の具体例
追跡対象を点として検出（detection）	分節化（segmentation），テンプレートマッチ，機械学習
検出した点の連係（linking）	組み合わせ最適化，ルールベース，機械学習
計測（measurement）	軌跡の可視化，運動パラメータの算出と可視化，要約統計値の算出

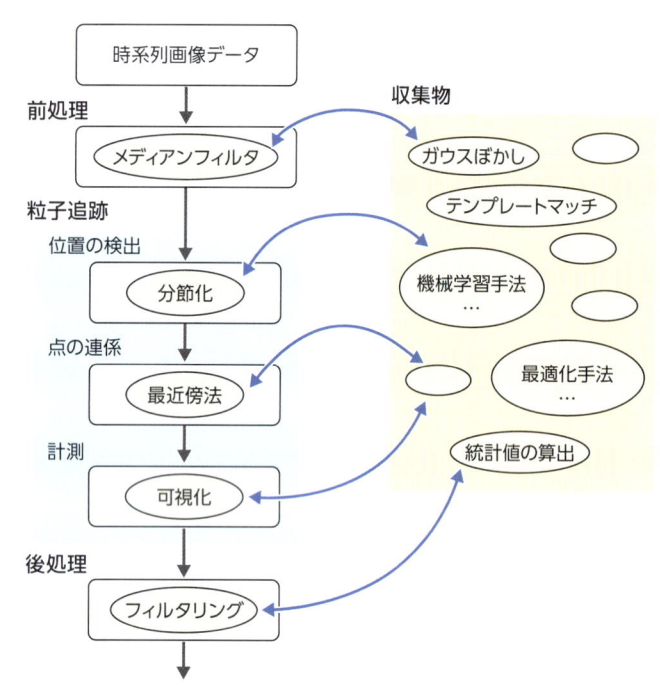

図2 作業工程の骨格
追跡解析の作業工程は左の流れになり，それを構成する部品は収集物の領域に示したさまざまな方法である．左の流れを念頭に，現在解析しているデータに対して適切な部品を選ぶことをめざす．特定の工程でよく使われる手法や定番はあるが，使ってはいけない手法などの制限はあまりない．

　さて，具体的な生物学的課題に直面し追跡解析によってこれを解決しようと決めた場合，取得したデータに対して，**図2**左側の追跡タスクを上から順番に進めていくことになる．それは**表1**右列の具体的な部品を選ぶという形で行われ，その方法もプラグインなど他人が実装したものを利用する，自分でプログラムを作成する，もしくはマニュアル操作で解決するなど，選択肢は幅広い．これからいくつかの具体的な解決法を型として紹介する．

複数のプラグインとスクリプトを駆使した解析

　ここからは，オールインワンの解析から既存のツールとの組み合わせ，カスタマイズまで行える多機能追跡プラグイン TrackMate[1] [2] に焦点を当てる．**基礎編-1** で TrackMate が作業工程の鋳型（workflow template）であることに言及した．つまり，粒子追跡を行う作業工程を提供し，解析者はパラメータを調整するだけで解析ができる．さらに，この鋳型を部分的に変更することで，実験の要請にあった解析方法をつくり出すことも可能である．

　本章では，まず「壱の型」としてプラグイン単体で解析を行い，単純なデータに対してひととおりの処理を最初から最後まで行うことで，粒子追跡問題の全体像を概観する．次に「弐の型」として，最近活発に研究が進んでいる機械学習を取り入れるため，機械学習を応用した分節化ツール，StarDist と TrackMate の組み合わせについて解説する．最後に「参の型」として追跡対象の連係を例に，自分でスクリプトを作成しながら TrackMate の機能を利用する方法について解説する．本章では粒子追跡に絞って解説し，他の機能については解説はしないが，TrackMate は追跡している形の解析結果なども含められる高機能プラグインである．**実践編-5** でも TrackMate を駆使した解析方法について解説し，また**実践編-6** で扱う Mastodon は TrackMate と製作者が重なり共通の概念も多いのであわせて参照することを推奨する．

壱の型：TrackMate 単体を使った粒子追跡

　それでは実際のデータを用いて TrackMate 単体で粒子追跡を行おう．データは**図1**に示した培養細胞の時系列画像を扱う[注1]．Fiji にははじめから TrackMate が同梱されているため，解析する時系列画像を開いてから［Plugins > Tracking > TrackMate］で TrackMate を起動すれば解析がはじまる．TrackMate は**図2**に示す工程ごとにウィザードウィンドウで操作を促すようになっているので，順を追って説明する．

1）縮尺と解析範囲の設定

　はじめの工程は縮尺の設定になる（**図3**）．TrackMate は画像ファイルのメタデータに埋め込まれている情報を自動的にとり込むが，ウィンドウに表示されている縮尺が実際と異なっていたら，一度 TrackMate を終了してから解析対象の画像を開き，［Image > Properties］から正しい縮尺情報を入力すると，TrackMate を開いたときにその情報が反映される．この工程では画像内の一部分を解析範囲として指定することもでき，Fiji の領域選択ツールで画像を選択し，Refresh ROI ボタンを押すことで解析する領域を設定することができる．さらに Z 軸方向，時間方向（T）のどの範囲を解析するかもここで設定することができる．縮尺と解析範囲に問題がなければ Next ボタンで次へ進む．

実践編

注1　**サポートリポジトリ**（bit.ly/BIAS-book-2025）よりダウンロードできる．

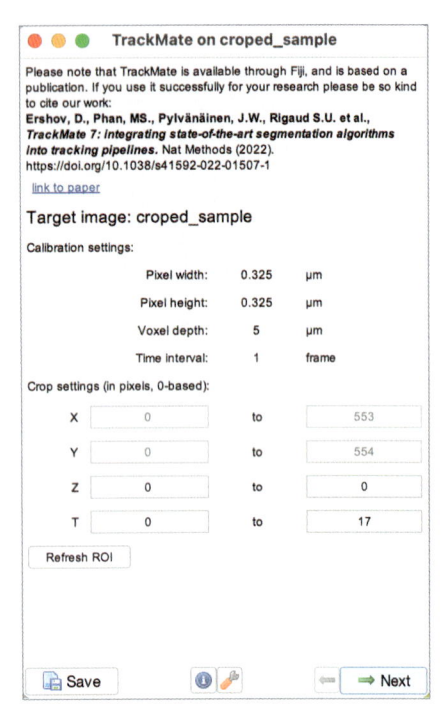

図3 縮尺・解析範囲設定

TrackMateを起動させるとはじめに出てくる縮尺・解析範囲設定のパネル.

2）追跡対象検出アルゴリズムの選択

　次の工程は追跡対象の検出器のアルゴリズム（detector）の選択になる（**図4**）．ここではTrackMateで使われている他のアルゴリズムの基本となっているLoG（Laplacian of Gaussian filter）detectorを選択してみよう．LoGの詳細は文献1を参照していただきたいが，簡単に説明すると，元画像にまずガウシアンフィルタをかけ，さらに二階微分を計算することでノイズに対しても頑健に対象領域を抽出するアルゴリズムで，フーリエ空間にて計算される．TrackMateの公式ドキュメントによると，おおよそ5〜20画素の幅のガウス分布（正規分布）様の輝点に対して効果的であるとのことである．今回は対象が45画素程度であるが，それでも実用上は問題なさそうである．Nextボタンを押すことで，選択したLoG detectorのパラメータを設定するウィンドウに進む．

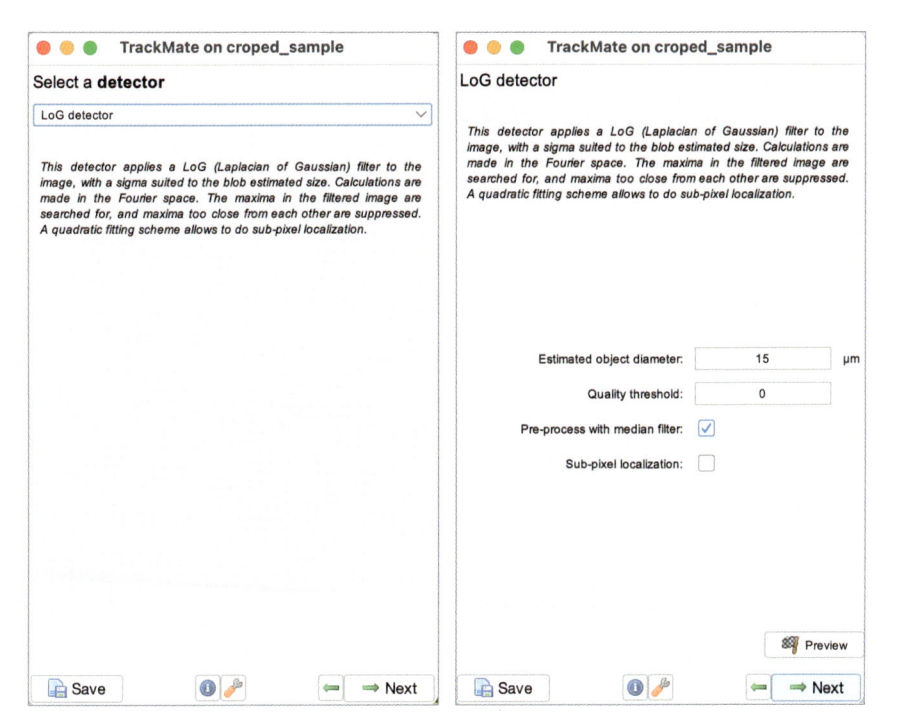

図4 検出アルゴリズムの選択とパラメータの設定
アルゴリズムを選択したあとにNextボタンを押すとパラメータの設定パネルに移動する.

　LoG detectorのパラメータは少なく，予想される追跡対象の直径と輝度閾値，処理の前に3×3のメディアンフィルタをかけるかどうか，画素解像度以下精度（subpixel，サブピクセル）での輝点の位置推定を行うかどうかである．ここでは直径を15 μm，閾値を0（フィルタしない），メディアンフィルタをかけ，サブピクセル精度の位置推定を含めない設定で動かしてみる．Previewボタンを押すことでウィンドウ下部に検出される対象の数と，輝度閾値によるその数の変化が図示されるので，直感的にパラメータを決めることができる．パラメータを決めてNextボタンを押すと，ログが表示されて検出処理が実行される．このログは編集可能であり，XML形式で保存することもできるし，iボタンを押すことで解析中に参照することもできる．

3) 検出した追跡対象へのフィルタリング

　さらにNextボタンを押すと，quality閾値を決めるウィンドウへ進む（**図5**）．これは検出された追跡対象の候補が非常に多い場合（100万点など）に，メモリの節約のため任意の閾値によって追跡対象とするかどうか選別する工程である．対象の候補がメモリで十分扱えるならば全く必要のない手続きなので，よくわからなければそのままNextボタンを押して次の工程に進んでよい．設定する場合は，ヒストグラムの谷間（もしあれば）を選択することが常套手段となる．最下部には設定した閾値によって検出される追跡対象の数が表示される．なお，この段階で除外された検出対象は保存されず，このあとの解析では一切扱えなくなるので，この段階ではメモリの許す限り追跡対象候補は多めにとっておいたほうが無難である．

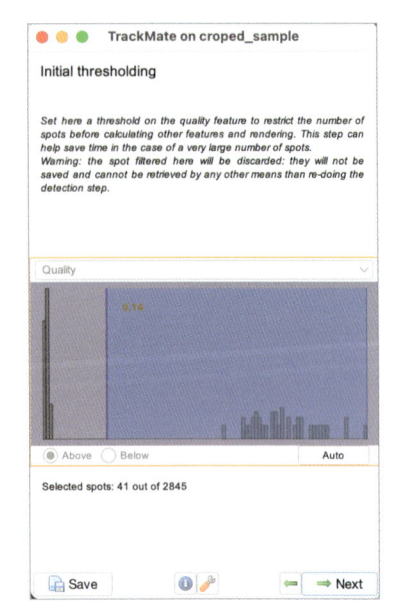

図5 quality閾値の決定

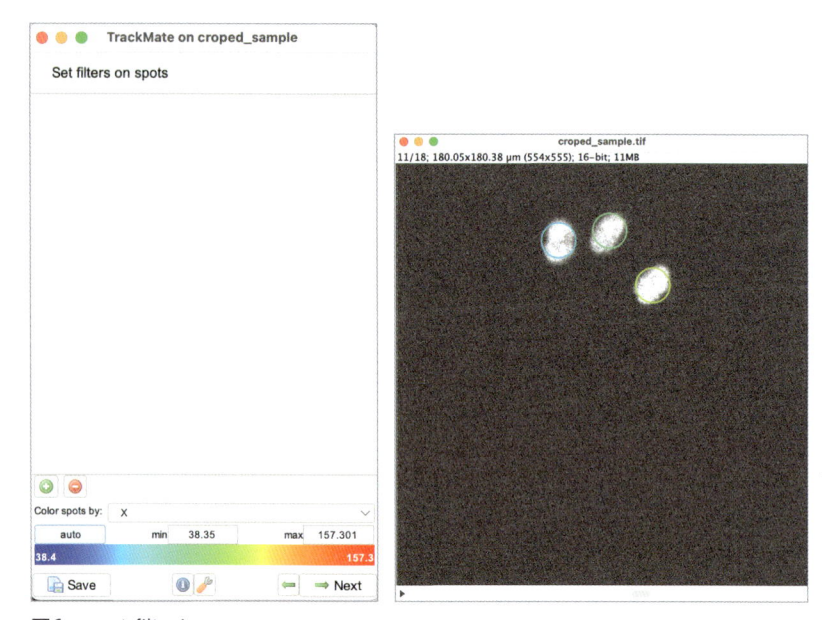

図6 spot filtering
検出した追跡対象をさまざまな基準で選別することができる.

　次にNextボタンを押すと，spot filteringのウィンドウに進むとともに，元画像に検出された対象を示す円が重ね描きされたstackのウィンドウが現れる．TrackMateでは検出された追跡対象をspotとよぶ．spot filteringウィンドウ下部のColor spots by:のプルダウンメニューを選ぶと，それに従ってstackウィンドウに示される解析対象候補が色付けされる．例えば，プルダウンメニューからXを選び，すぐ下のautoボタンを押すと，X座標に従ってstackウィンドウに重ね描きされた円が色付けされる（**図6**）．色はautoボタン下のカラーバーに従った配色になり，プルダウンメニューから選択したカテゴリの値に従って追跡対象候補が色付けされたことがわかる.

　さらに緑色の＋ボタンを押すと，spot filteringウィンドウ上部に，今選択したカテゴリに従ったヒストグラムが現れる．これにより選択したカテゴリに従って閾値を決め，解析対象候補をフィルタリングすることができる．ここでautoボタンを押すと大津のアルゴリズムに従って閾値が決定される．AboveとBelowのラジオボタンは文字通り，閾値の上を選択するか下を選択するかの切り替えである.

　このフィルタリング機能により，前段階までに得られた追跡対象の候補を，輝度値や半径など任意のカテゴリに従って解析対象に含めたり外したりということができる．例えば，一定の輝度値以上の追跡対象のみを解析したい場合に有効である．フィルタは何度か＋ボタンを押すことで組み合わせることができるため，非常に強力なツールとなる.

4）追跡対象の連係

　ここまでで追跡対象を点群として検出することができたら，いよいよフレーム間の連係を作成する．Nextボタンを押すと追跡器（tracker）のアルゴリズム選択ウィンドウへと進む（**図7**）．プルダウンメニューからいくつかのアルゴリズムが選べるので，TrackMateで基本となっているSimple LAP trackerを選択してみよ

う．LAP（linear assignment problem）trackerは，Jaqamanらによって報告された追跡アルゴリズムである[3]．Simple LAP trackerはその名の通り単純な方法で，少ないパラメータで分岐や融合を考慮しない．一方でLAP trackerは分岐や融合も考慮に入れて解析できる他，カスタマイズがいろいろとできるようになっている．ここでいう分岐や融合は，冒頭で述べたような分裂する細胞や融合する対象の軌跡のことで，同じデータでもこれらを考慮するかどうかで解析結果が変わる．アルゴリズムの選択やコーディングのしかたもこれらの仮定により変わるため，解析対象が何で，どのような仮定を置くかということを明確にすることが重要である．ちなみに，さらにもっと単純なアルゴリズムとしてnearest-neighbor trackerも選択できる．これは最近傍法に基づくもので，最大距離を設定して，次のフレームのなかで距離が最大距離以下の対象のうち，一番近い対象とつなげるというものである．

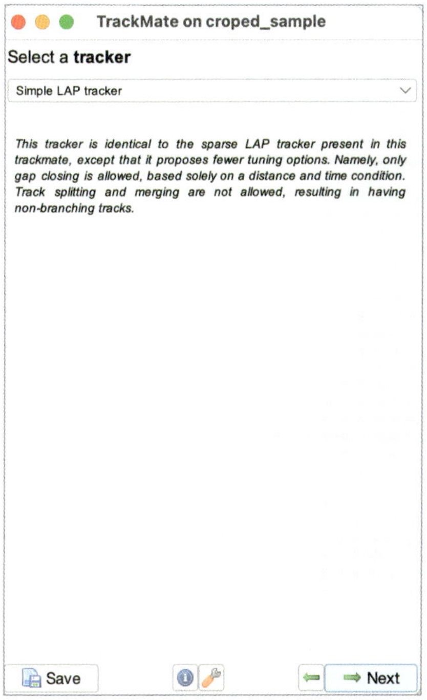

図7　trackerの選択

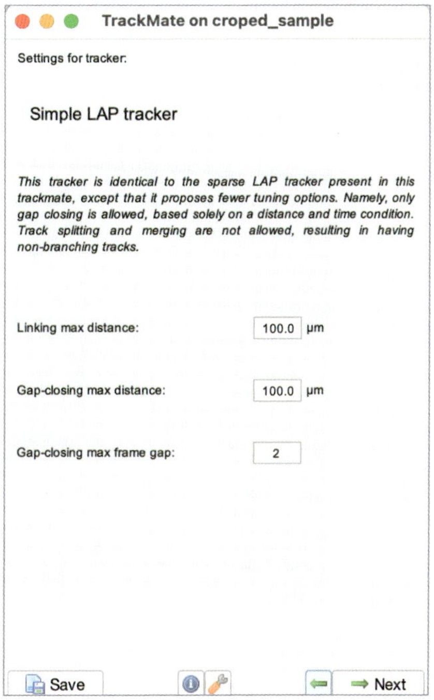

図8　Simple LAP trackerのパラメータを設定
パラメータはデータや解析したい内容に依存するが，例にしているサンプルデータではこの図の値でおおむねよさそうである．

　ここではSimple LAP trackerを選択してNextボタンを押す．次のウィンドウではSimple LAP trackerのパラメータを設定することになる（図8）が，設定できるのは最大移動距離（Linking max distance），最大飛躍距離（Gap-closing max distance），最大飛躍時間（Gap-closing max frame gap）の3つである．Linking max distanceは，あるフレームでの追跡対象とそれに関連づける次のフレームの対象の最大距離で，フレーム間の追跡軌跡がこの距離よりも長くなるものは除外する．Gap-closing max distanceは追跡している対象が，焦点ぼけや分節化の失敗により途中で消えた場合でも，この距離内であれば同一対象として解析候補に入れる値となる．Gap-closing max frame gapは同様に，途中で追跡対象が消えた場合でも何フレーム後に出現すれば同一対象として追跡対象候補に入れるかの値である．ここでは図8のように設定した．

5）追跡軌跡へのフィルタリング

　検出した追跡対象の連係が終わったら，得られた追跡軌跡に対しても，追跡対象に行ったようにフィルタリングをすることができる．LAP trackerのウィンドウでNextボタンを押すと以前行ったフィルタリングと同様のウィンドウが現れ，元画像に軌跡が重ね描きされたスタックが表示される（図9）．プルダウンメニューからフィルタをかけたいカテゴリを選び，緑色の＋ボタンで追加，autoボタンで色を調整したあとにウィンドウ上部に現れるヒストグラムを参考に閾値を設定することで，任意のカテゴリに従って選別された軌跡のみ抽出することができる．ここではすべての検出された軌跡を含むように閾値を設定した．

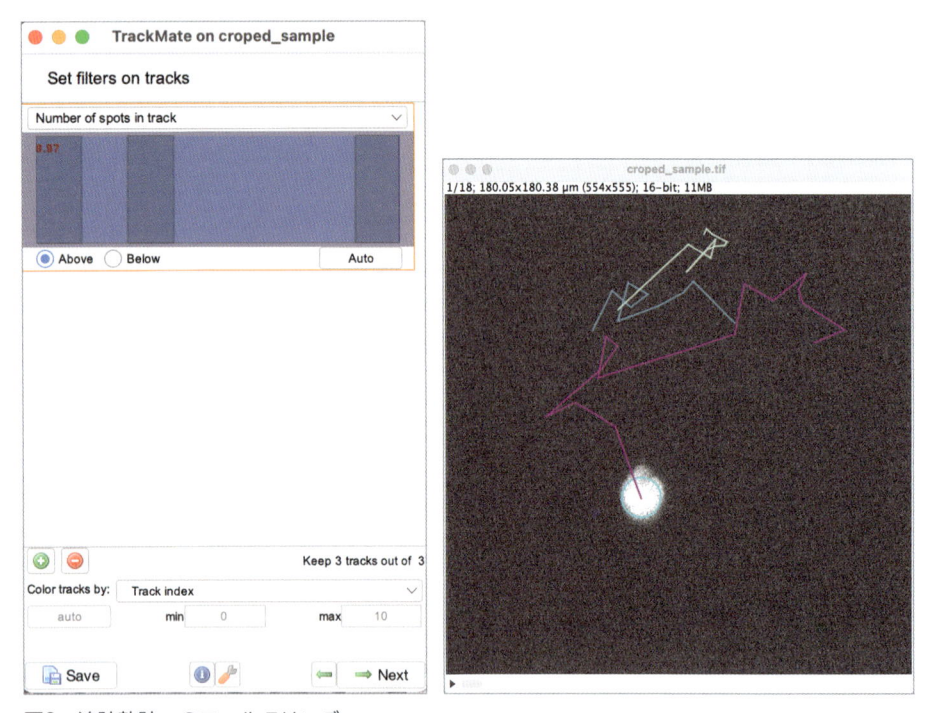

図9　追跡軌跡へのフィルタリング
追跡対象と同様に軌跡もフィルタリングで選別できる.

6）計測と結果の表示

　ここまででひととおりの解析処理が済んだので，あらためて定量的な結果を表示することができる．追跡軌跡へのフィルタリングを終えてからNextボタンを押すと結果表示の設定のためのウィンドウへ移動する（図10左）．ウィンドウ上部のプルダウンメニューはこれまでのフィルタリングと同様に，追跡対象と追跡軌跡を元画像に重ね描きするための設定である．線幅などのさらに細かい設定はEdit settingsボタンから設定することができる．

　ウィンドウ下部には最終的な結果を表示・編集できるTrackSchemeボタン，同定された軌跡の表を表示するTracksボタン，検出された対象の表を表示するSpotsボタンがある．さらにNextボタンを押すと定量した情報から，選択した任意の項目間の2グラフを描くウィンドウへと移動する（図10右）．

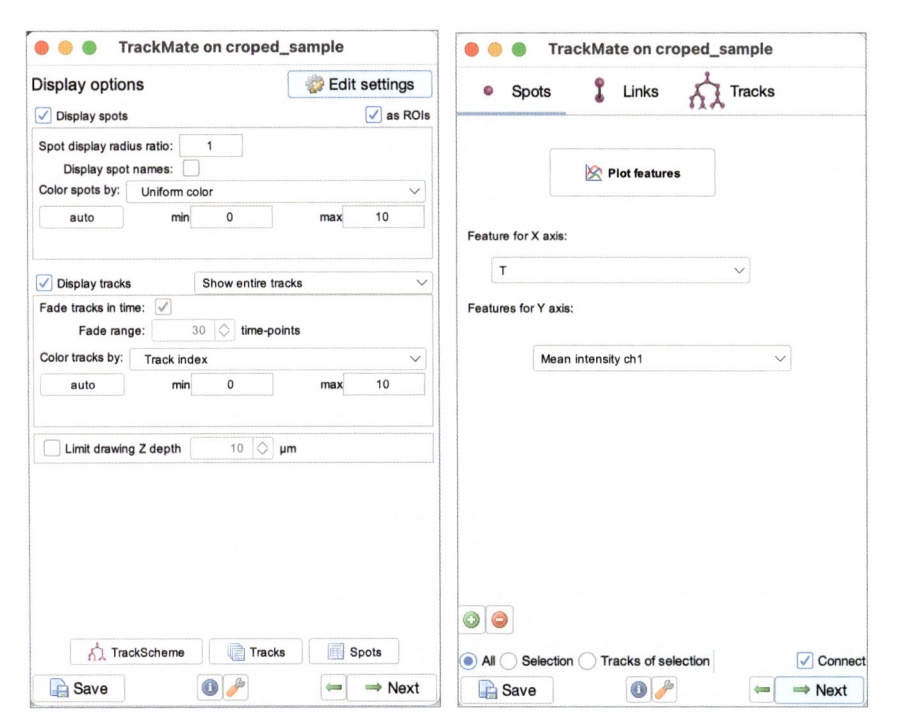

図10 結果表示の設定

定量した値とは独立して表示を設定することができる．またTrackSchemeを使うとここまでで自動的に定量した軌跡をマニュアルで編集することもできる．

ウィンドウ上部のタブを選ぶことで，検出された対象，対象をつなぐリンク，軌跡全体に対して処理をすることができる．X軸とY軸に任意の項目（例えばX軸にフレーム番号T，Y軸に対象の平均輝度値）を選び，Plot featuresボタンを押すことでグラフが得られる．ウィンドウ下部にある緑色の＋ボタンを押すことで，複数の項目を同時にグラフに描画することができる．

次にNextボタンを押して移動する最後のウィンドウは，データの書き出しやコピーなど，単純な操作を行うパネルである（**図11**）．解析したデータ，特にグラフの情報をXML形式で保存すると，この時点での処理から再開して，異なる解析やデータの修正を行うことができる．

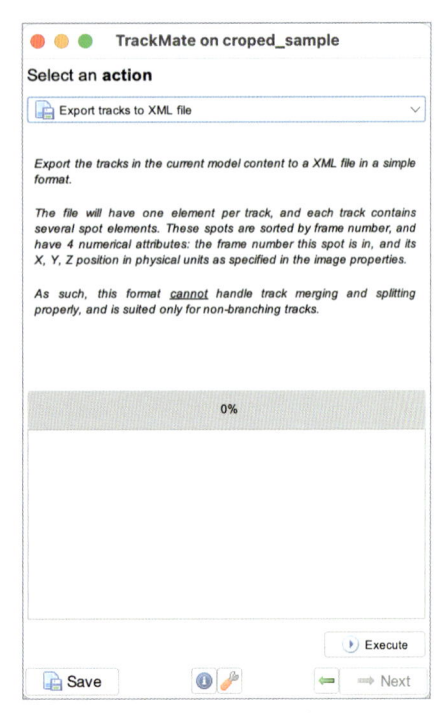

図11　データの書き出し，コピー
最後のパネルで書き出しなどの操作が行えるので，XML形式で保存するとよいだろう．

7）壱の型のまとめ

　まずはTrackMateで行う一連の粒子追跡を解説した．TrackMateは非常に多くの機能があり，今も発展しているプラグインなので，ここで見た解析はTrackMateができることの一部でしかないが，粒子追跡における基本的な作業工程の流れと各部品の性質が把握できたはずである．より詳細な解析もこの作業工程の流れを基盤に行うことができる．

プラグインの情報収集

　粒子追跡課題の場合はそれ自体がさまざまなスケール，対象にあてはまる一般的な問題であるため，Trackmateの他にも，ひとまとまりのプログラムやプラグインが数多く公開されており，すぐに利用できるものも多い．自分がとり組んでいる課題に対して，すでに手に入るプログラムやプラグイン，そしてライブラリがあるかどうかを調べることは重要である．そのため生物画像解析の問題に出会ったときに，まず使えるプラグインやプログラムを探すところからはじめることが常套手段となる．また対象とする試料ごとに研究コミュニティが形成されていることもある．例えば，線虫 *C. elegans* を対象とした追跡法は活発に研究されており，それだけでレビュー記事も書かれているほどであり[4]，現在進行形で新たな解析プログラムの公開も進んでいる．

　さらに分節化や物体認識などの個々の処理は汎用性が高いため，多くのプログラムやライブラリが利用で

き，研究も活発に進められている．昨今では特に機械学習を利用した画像解析の研究がさかんで，Cellpose[注2]やYolo[注3]，DeepImageJ[注4]など公開されているリソースも多い．

　これらの機械学習ツールは発展が著しく，問題設定によっては新しく発表された研究成果を利用することが非常に効果的であるが，利用できるリソースの状況は日々変わっているため，時期が過ぎると入手できなくなったり，使えなくなることもあるので，最新の状況を把握することが第一歩となる．

弐の型：外部の分節化プラグインと組み合わせた解析

　さて，粒子追跡のような一連の作業工程は，全体的な流れはうまくいきそうであるが部品の1つがうまく機能しない場合に，その部品だけ変更したいという要請が出てくることがある．粒子追跡のはじめの工程である追跡対象の検出は，画像からの分節化という枠組みで活発に研究されており，特に機械学習や大規模計算の恩恵を受け日進月歩の分野である．TrackMateに実装されていない機械学習を用いた分節化アルゴリズムを利用して，解析を改善することを試みよう．

1）機械学習ツールの利用

　機械学習による分節化ツールは非常に多くのものが発表されているが，ここでは2018年に発表されたStarDist[5]をTrackMateと一緒に使う方法を紹介する．StarDistのプラグインはFijiに追加する必要があり，Update Sites機能を用いてインストールする．まず［Help > Update…］からImageJ Updaterを起動して，Manage Update Sitesボタンを押し，とり込みたいプラグインを選択するウィンドウを開く．次にStarDistとStarDistを使うために必要なCSBDeepにチェックを入れよう．さらに，TrackMateとStarDistを一緒に使うためのコンポーネント，TrackMate-StarDistにもチェックを入れる．Apply and closeボタンを押し，ImageJ UpdaterのApply Changesボタンを押して変更を導入してから，Fijiを再起動したらインストール完了となる．

2）単体としてのStarDist

　まず単体としてプラグインを使ってみて，StarDistによる分節化の様子を見てみよう．なおImageJのStarDistプラグインは現在のところ2Dと2D＋T，つまり画像もしくは時系列の画像にのみ対応していて，3次元のデータはPythonのライブラリを使う必要がある．また，StarDistでは学習済みのモデルを選択することができ，さらに自分で用意した学習モデルも利用できるが，新しいモデルを学習するためにはPython環境で動かす必要がある．

注2　Cellpose：機械学習を用いた分節化アルゴリズム／ソフトウェアで主に細胞を対象にしている．使いやすさと安定性から多くのユーザーを擁する．
　　　ウェブサイト：https://www.cellpose.org/
　　　文献：Pachitariu M & Stringer C：Nat Methods, 19：1634-1641, doi:10.1038/s41592-022-01663-4（2022）

注3　Yolo：You only look onceと名付けられた，高速に画像から物体認識と分節化をするアルゴリズム．初版からバージョン3までを開発したJoseph Redmonが開発をやめたあともOpen Sourceとして，また企業による開発で2024年現在バージョン11まで更新されており，広く使われている．
　　　ウェブサイト：https://docs.ultralytics.com/ja
　　　文献：Redmon J, et al：arXiv, doi:1506.02640（2015）

注4　DeepImageJ：事前学習された細胞の分節化モデルなどをImageJやFijiで利用するためのプラグイン．
　　　ウェブサイト：https://deepimagej.github.io/
　　　文献：Gómez-de-Mariscal E, et al：Nat Methods, 18：1192-1195, doi:10.1038/s41592-021-01262-9（2021）

プラグインの利用方法はとても簡単で，分節化したい画像（時系列も可）をFijiで開いてから，[Plugins > StarDist > StarDist2D] で起動する．すると**図12**のパネルが現れるので，適宜設定を行ってパネル右下のOK ボタンを押すと処理がはじまる．ここでは初期値でOK ボタンを押してみよう．しばらく処理中を示すバーが現れ，ROI Manager に検出された対象の情報が得られるとともに，Label Image というタイトルで検出結果が画像で得られる．

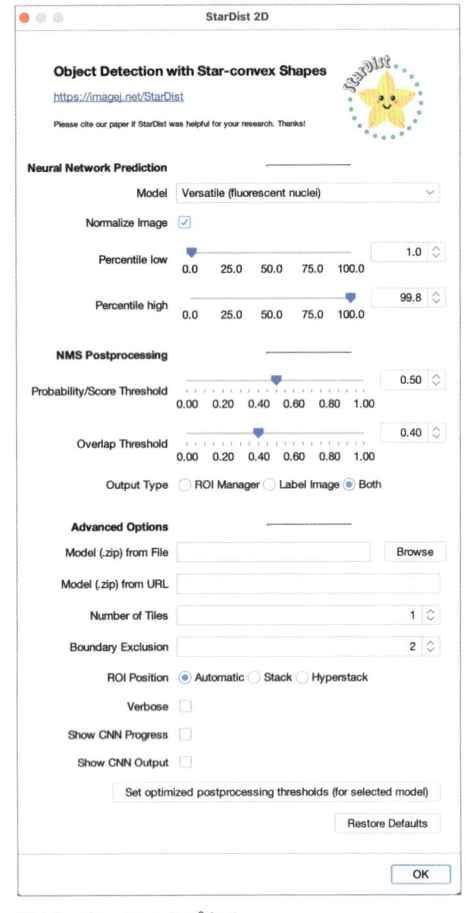

図12 StarDistのパネル
各パラメータを設定して右下のOKボタンを押すと処理がはじまる．
Advanced Options からは自分で用意した学習モデルをとり込むことができる．

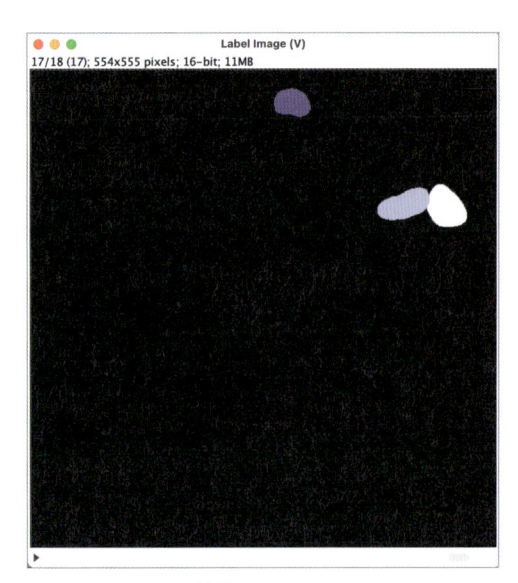

図13 StarDistの結果
サンプルデータをStarDistで処理したあとの画像．色で個別の対象が識別されており，カーソルを載せると数値のラベルがImageJのステータスバーに表示される．

検出結果の画像を確かめてみると，単純な二値化などでは得られない，重なった対象でも異なる対象として検出された解析結果が得られたことがわかる（**図13**）．ここでLabel Image の値は検出されたそれぞれの標識番号になっており，ウィンドウがアクティブな状態でカーソルを対象の上に載せると，ImageJ のステータスバーにその標識番号が表示される．さらにROI Manager に記録された対象をクリックすると，Label Image 上の対象が表示されているので対応関係がわかるようになっている．

3) StarDist のアルゴリズムとパラメータ

　ここで簡単に機械学習における物体検知問題の概要に触れることで，StarDist の特徴を概観し，パラメータの意味も簡単に解説する．一般に機械学習を使って画像から物体検知を行う際，問題の枠組みによってアプローチや方法は大きく異なる．領域分節化（semantic segmentation）とよばれる，画像から意味のある領域を抽出する課題では，例えば，細胞と背景を区別するように各画素の判別を学習する．一方で，検知する物体の個別性を区別する場合は個別分節化（instance segmentation）とよばれ，細胞1，細胞2，細胞3といった個別の対象を検出する．個別分節化もさまざまなアプローチが提案されているが，そのなかでもトップダウン的な方法では，対象物の形状を媒介変数により数値的に表現し，機械学習の学習データとして扱う．一般的には矩形領域（bounding box）を設定するので，この場合には，媒介変数による表現は，右上の角の座標と，縦と横それぞれの長さになる．

　しかしながら，混雑した細胞核を一つひとつ検出するような課題では，矩形で検知対象を定義すると重なりが多くなり，誤検出（過小分節化）を生み出してしまう．StarDist では矩形で対象を検出する代わりに，画素ごとに以下の2つの特徴量を計算する．

1. 検知対象の中心である確率
2. 全方向（実際には32方向など有限数）における対象（細胞核）の縁までの距離

　後者は画素を中心とする放射状の形状である．これを星状凸多角形（star-convex polygon，SCP）[注5] とよぶ．訓練用データを使ってこれらの特徴量を学習させ，その学習結果をもとに，未知画像の各画素について1.の検知対象の中心である確率と2.の星状凸多角形の形状を推定する．学習に使うネットワークに制限はないが，オリジナルの論文ではU-net[注6] で実装されている．このような手順の学習で，まず検知したいそれぞれの核について膨大な数（その核に属するであろう画素の数だけ）の星状凸多角形が候補として推定される．そして，対象となる核の候補のなかから最も核の中心である確率の高いものが選別される．この選別には非極大値抑制（Non-Maximum Suppression，NMS）とよばれる物体検出で一般的に用いられるアルゴリズムが使われ，これにより特に細胞核が混雑した状態において，重なっている細胞領域でそれぞれの画素がどちらの細胞核に帰属するかを決めることで，過小分節化の問題を解決している．

　なお，学習は訓練用のデータ（Training Data）で進められ，学習したあとのモデルを解析対象とする未知のデータに適用することで，この分節化を利用することができる．提供されているStarDistのプラグインはすでに学習したあとのモデルが含まれているため，パネルのプルダウンメニューModelからそのまま使うことができるが，自分で訓練用データを準備して学習させることで，別の特徴をもつデータに対して効率よく検出することも可能である．

　StarDistは混雑した状態での細胞核の検出を念頭に開発されたアルゴリズムであるが，ここで説明したように，細胞であっても円形や楕円形など，幾何学的に定義される星状凸多角形として認識される形状であれば効果的な分節化が期待できるだろう．このアスタリスクに似た形状の媒介変数表現から，結果として混雑

注5　星状多角形と星型：StarDistで用いられる星状多角形は，数学における星状領域，星状凸集合，放射凸集合などとよばれる定義であり，日本語の星型や星型多角形から想像されるイメージと少々異なることがあるので注意が必要である．

注6　分節化のための畳み込みニューラルネットワークの一つ．少ないトレーニングで実用的な動作が得られるためよく使用される．

実践編

した状態での核や培養細胞の形状を扱うことができるようになっている.

4) TrackMate と StarDist を組み合わせた解析

　TrackMate では StarDist のような外部プラグインと組み合わせて解析できるように, 全体が独立した部品の集まりとして設計され, 追加や交換が容易にできるような構成が徹底されている. 特に StarDist は単にそのプラグインを追加インストールさえすれば分節化のいちアルゴリズムとして選べるようになり, 簡便に使うことができるので, 組み合わせて使ってみよう. ここまでで, すでに StarDist と CSBDeep, TrackMate-StarDist をインストールしており準備はできているので, 解析したい画像を Fiji で開いてから［Plugins > Tracking > TrackMate］により TrackMate を通常通り起動しよう. StarDist 関連のモジュールがインストールされていれば, はじめの尺度設定パネルのあと, 検出対象を検知する detector を選ぶパネルで, プルダウンメニューに StarDist detector が追加されているはずである. 追加されている StarDist detector を選び, あとはこの章のはじめで説明したように, 既存の detector のときと同様に続く処理を行えば, 分節化に StarDist を用いた粒子追跡の解析ができる. 用意したテストデータ[注7]では, StarDist と TrackMate の初期値で十分に解析可能であることが確認できる (**図14**).

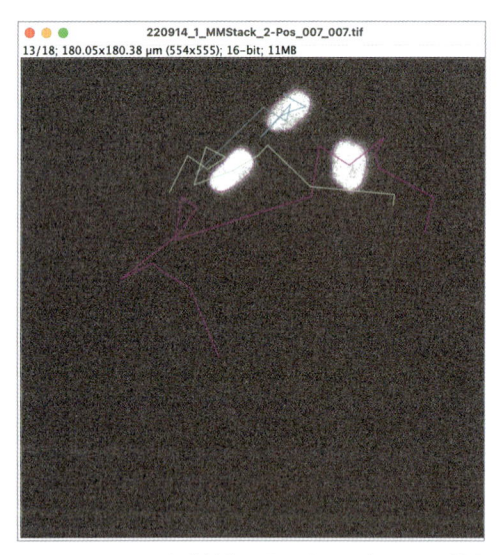

図14 StarDistを分節化に用いたTrackMateの結果
TrackMate はモジュール構造が徹底されているため, 機械学習など外部のプラグインもシームレスに取り入れることができる.

5) 弐の型まとめ

　機械学習のアプローチである StarDist を用いた分節化について解説し, StarDist と TrackMate を組み合わせて粒子追跡を行う方法を説明した. 現在活発に研究が進んでいる機械学習を取り入れることで, 解析の幅を大きく広げることが期待できるだろう.

注7　サポートリポジトリ (bit.ly/BIAS-book-2025) よりダウンロード可能.

参の型：自作のスクリプトと組み合わせる

　本章最後は既存のツールとして提供されていない機能をスクリプトで実装し，プラグインのTrackMateと組み合わせて解析する方法を解説する．弐の型で紹介したStarDistのように，プラグインのライブラリやモジュールが提供されている場合は作業工程の部品として，そのままそれらを利用することができるが，それがない場合は自分でつくるしかない．ここでは自作のスクリプトとTrackMateを組み合わせた解析について紹介する．生物学では解析対象は特異的なことが多く，粒子追跡についても「どのような」追跡を行うかということは対象や目的ごとに大きく異なることがある．ここでは分節化などで追跡対象を検出したあとの工程，連係について，より深く取り扱う．分節化と同様に，連係（particle-linking）に関しても，TrackMateではインストール時に実装されていない方法を利用することができるが，分節化と比較すると連係に関しては公開されているプラグインやライブラリがほとんど存在しない状況である．

　特に連係は，扱う対象によって満たしたい要請が異なるが，TrackMateに実装されている連係のアルゴリズムは特定の状況に合わせたものではなく，あくまで一般的な方法論を提供しているため，カスタマイズの必要性は潜在的に高い．例えば，マクロな生物個体の追跡であれば，遮蔽物に隠れたり出てきたりということがあり，こうしたときにも合理的な連係をつくることができる自作のアルゴリズムがあれば，TrackMateのもともとの連係アルゴリズムよりも，長時間個体を追跡できるだろう．一方で，顕微鏡視野内の細胞が2つの娘細胞に分裂する経時観察の場合は，遮蔽物などは少ないが2つに分裂するという挙動が続き，母細胞から娘細胞へと連続して追跡するには，独自の連係アルゴリズムが必要になる．今回は，このように追跡対象の動態と，知りたいことの内容により適合した粒子追跡を行うために，連係の自作のスクリプトを実装し，TrackMateと一緒に使う方法を紹介する．なお，今回扱ったデータとスクリプトは本書の**サポートリポジトリ**[注8]にて公開している．

1）問題設定

　弐の型で解説したStarDistとTrackMateを組み合わせて行う解析では，追跡対象の検出はうまくいっており，連係を行ったあとの軌跡も一見うまくいっているように見える．ただし，軌跡をよく眺めたり，TrackSchemeボタンで軌跡の詳細を表示すると，3本の軌跡であることがわかる（**図15**）．つまり，フレームT＝1で1つだった核がT＝7で3つに分裂し，3つのまま最後のフレームまで動いている．知りたいこと，解析したいことによってはこのままでも十分であるかもしれないが，分裂後と分裂前の細胞や核を同一の対象として追跡したいという研究上の必要性が出てくることもあるだろう．例えば発生生物学では，特定の器官を形成する細胞群が発生過程を遡ったときに，どの細胞が祖先になっているのかといった細胞系譜の解析が行われる．このような生物学的問いに答えるために，分裂や融合を考慮した自動的な系譜解析が有効である．そこで，分裂前の1核と分裂後の3核を同じ軌跡として変更するスクリプトをこれまでの解析と組み合わせてみよう．ちなみに，TrackMate自身にもマニュアルで解析結果を修正する機能があり，TrackSchemeを使って軌跡を任意に編集することで解決もできるが，1つや2つの修正であれば事足りるものの，100，1,000などの修正箇所であればスクリプトを使う必要が出てくる．

注8　bit.ly/BIAS-book-2025

実践編

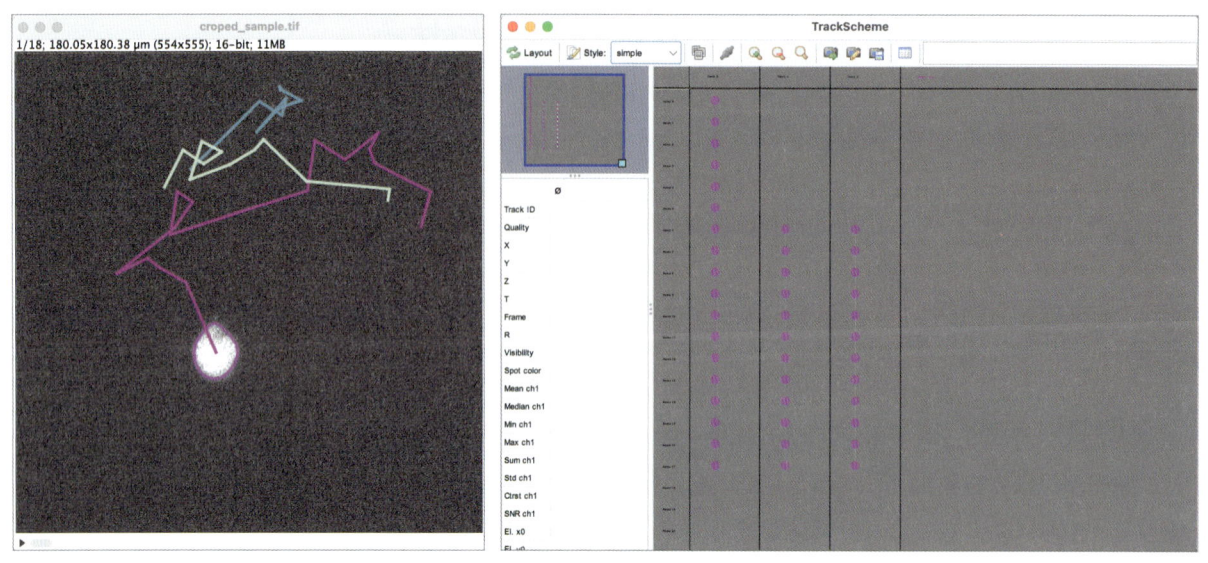

図15　前回までに行った核の追跡軌跡

1つの核が7フレーム目で3つに分裂しており，分裂後は別の核としてラベルされている．核の追跡軌跡がそれぞれ異なる色で表示されている．TrackSchemeで表示すると各時間での追跡対象が前後のどの軌跡と連係されているかがわかる．この例では7フレーム目から独立した3つの軌跡と認識されている．

2）解決の戦略

　具体的な解決方法に入る前に，今回扱う対象である系譜，グラフなどの用語の確認と，解決する戦略を概念的に説明する．**図16左**に示すような画像データにおいて，追跡する対象がはじめは3つであり，その後，融合と分裂をする場合，時間変化する追跡対象は**図16右**のような系譜として表現される．ここで系譜とは，追跡対象が時系列でたどった融合や分裂の記録を指す．このとき，系譜はグラフで記述され，各フレームでの追跡対象をノード（丸，スポット），前後のフレームの追跡対象の対応をリンク（線，エッジ）で表す．追跡は異なる時間フレーム間の追跡対象の連係をグラフで表すため，このグラフの接続，つまりリンクを修正することが今回扱う連係の編集になる．

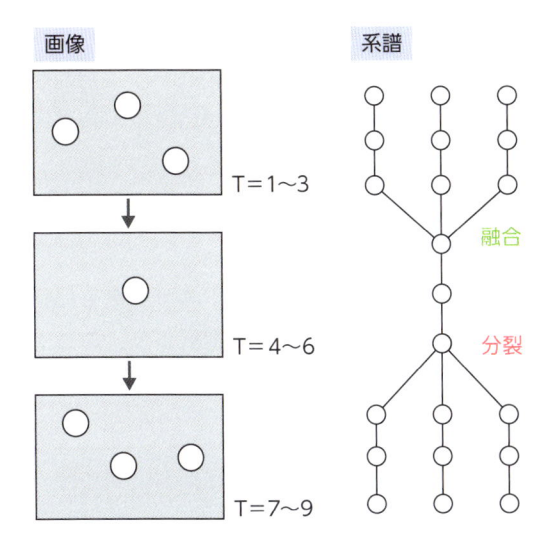

図16 融合や分裂として扱うデータとその表現

T＝1〜3では3つあった対象がT＝4で融合し，そのまま1つの状態で経過，T＝7で再び分裂したとする．画像データから抽出された情報を系譜としてグラフで表現する．

3）連係の実装基盤

　TrackMateではグラフ，つまりノードとリンクからなる構造の実装にJGraphTライブラリを使っている．そのためノードAからノードBへのリンクを加える操作はgraph.addEdge(A,B)とするだけでよい．TrackMateで構築した系譜はTrackModelが引き受けるため，実際にはTrackModel.addEdge(Spot1, Spot2, cost)という命令で2つの対象物（Spot1，Spot2）を連係する．costは解析の用途に従って自由に設定できる費用関数の具体的な値，別のいい方をするとリンクの重みだが，必要ないので重みを均一にする場合は−1など負の値を仮に入れておけばよい．このとき，構築・編集するグラフは以下のルールに従う．

- 重み付き無向グラフとする
- 2点間の多重リンクは許容しない
- セルフループは許容しない
- 同じフレーム内でのリンクは許容しない

　TrackMateはこのルールに従ってグラフを構築し，SpotCollectionにリンクするスポットの集合をまとめることで解析した軌跡を表現する．

　ここではこれまでに紹介したTrackMateのGUIで作成した追跡モデル（軌跡）をスクリプトから編集する方法を紹介する．TrackMateはスポットやリンクが編集されたときに，自動的にリンクとスポットの整合性を再計算する．この再計算はそのつど行わなければならないため，以下の2行のスクリプトにはさまれたコードブロック内に処理を書く必要がある．

```
1    model.beginUpdate()
2    # ... 追跡モデルへの操作に関する手続き
```

```
3    model.endUpdate()
```

逆に，このコードブロックのなかにグラフを編集するスクリプトを書いておけば，TrackMateの制約は満たされるので，その後GUIで解析し直すこともできる．

4）スクリプトの作成

それでは実際にスクリプトを書いてみよう．まず［File > New > Script…］からスクリプトエディタを起動し，エディタをクリックしてアクティブにした状態で［Language > Python (Jython)］を選択する．ここからは機能のまとまりごとにスクリプトを解説する．

コードブロック01：モジュールの読み込みと初期設定

```
1    from fiji.plugin.trackmate.visualization.hyperstack import HyperStackDisplayer
2    from fiji.plugin.trackmate.io import TmXmlReader
3    from fiji.plugin.trackmate.io import TmXmlWriter
4    from fiji.plugin.trackmate import Logger
5    from fiji.plugin.trackmate import Settings
6    from fiji.plugin.trackmate import SelectionModel
7    from fiji.plugin.trackmate.gui.displaysettings import DisplaySettingsIO
8    from fiji.plugin.trackmate.visualization.trackscheme import TrackScheme
9    from java.io import File
10   import sys
11
12   # 文字コードを UTF8 に設定
13   reload(sys)
14   sys.setdefaultencoding('utf-8')
```

まずスクリプトの冒頭でファイルの入出力やTrackMateの機能など今回必要なモジュールを読み込み，ログファイルなどでの文字化けを防ぐために文字コードを設定する．次に**コードブロック02**では，前回GUIで作成したTrackMateの解析ファイルを読み込み，確認のため表示する．GUIで作成したモデルはmodelというインスタンスに格納している．さらに画面表示のための初期設定をdsというインスタンスに格納し，それらをdisplayerが受けて画面に表示させている（**図17**）．

コードブロック02：ファイルの読み込みと表示

```
1    # スクリプトで読み込むTrackMateのモデルを保存したファイルのパス
2    # ファイルパスは自分の環境，ファイル位置に差し替えること
3    file = File( '/Users/yuki-ts/Documents/drafts/test7.xml' )
4
5    # log編集のための変数
6    logger = Logger.IJ_LOGGER
7    # ファイルを読み込むためのreaderの初期化
8    reader = TmXmlReader( file )
9    # ファイルがなければエラーを出力する
```

```
10   if not reader.isReadingOk():
11    sys.exit( reader.getErrorMessage() )
12
13   # 読み込んだファイルからTrackMateのモデルを受けとる
14   # 値がないものはnullもしくはNone
15   # ここでのモデルはfiji.plugin.trackmate.Modelで定義される
16   model = reader.getModel()
17
18   # モデルの部分選択
19   sm = SelectionModel( model )
20
21   # 画面表示のための初期設定
22   ds = DisplaySettingsIO.readUserDefault()
23
24   # 読み込んだモデルを初期設定で表示
25   displayer = HyperStackDisplayer( model, sm, ds )
26   displayer.render()
```

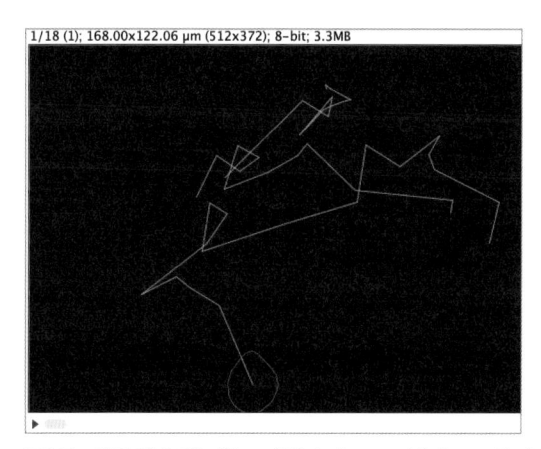

図17　前回GUIで作成し，保存したファイルをコードブロック02のスクリプトで読み込み表示させた結果

　それではいよいよTrackMateのモデルを扱おう．**コードブロック03**の目的は読み込んだデータを確認することである．TrackMateでは追跡対象をspotクラスとして表現し，その集団をSpotCollectionクラスとして定義する．追跡対象の系譜に関する情報はこのSpotCollectionクラスで表現されており，modelオブジェクトにファイルから読み込んだ情報のなかから，追跡対象の集団をspotsオブジェクトへ引き継ぐ．TrackMateでは多めに検出した追跡対象や連係を状況に応じてフィルタリングして使うという戦略をとっている．ここでは解析で得られた一筋一筋の軌跡の追跡対象をtrackIDsへ抽出する．trackIDsはLinkedHashSetクラスから派生しているため順番を保持した集合として扱われる．

　得られた軌跡と追跡対象を元画像に重ね描きするため，画像の表示も行う．このとき，画像の設定をsettingsとして格納しておく．このコードの最後ではモデルと元画像を表示したウィンドウが得られる（**図18**）．

コードブロック03：元画像とモデルの重ね描き

```
1    # モデルのなかの追跡対象（スポット）の集団をspotsとして抽出
2    # spotsはfiji.plugin.trackmate.SpotCollectionで定義される
3    spots = model.getSpots()
4    # 抽出したspotsをログに記述
5    logger.log( str(spots) )
6
7    # TrackMateのフィルタで選別された追跡対象（spot）のみ
8    # 抽出し，ログに記述
9    trackIDs = model.getTrackModel().trackIDs(True)
10   for id in trackIDs:
11     logger.log( str(id) + ' - ' + str(model.getTrackModel().trackEdges(id)) )
12
13   # 画像ファイルを読み込み変数impに格納する
14   # 先に読み込んだXMLに記述されている場所を参照するため，
15   # 画像ファイルを移動すると不具合が出る
16   imp = reader.readImage()
17
18   # 画像のための設定も読み込みsettingsに格納する
19   settings = reader.readSettings( imp )
20   # ついでに画像のフレーム数を取得
21   NumFrame = settings.nframes
22   # 設定をログに表示する
23   logger.log(str('\n\nSETTINGS:'))
24   logger.log(str(settings))
25
26   # 画像をウィンドウに表示
27   imp.show()
28
29   # 元画像とTrackMateのモデルを重ねて表示
30   displayer = HyperStackDisplayer(model, sm, imp,ds)
31   displayer.render()
```

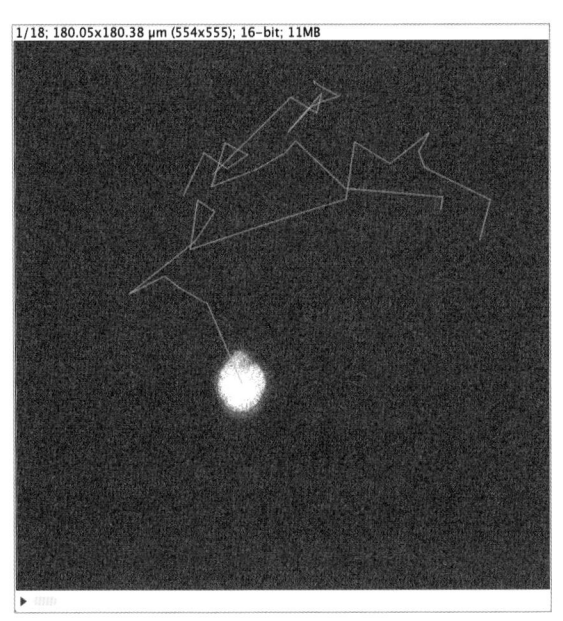

`1/18; 180.05x180.38 µm (554x555); 16-bit; 11MB`

図18 読み込んだモデルと元画像の重ね描きをコードブロック03のスクリプトにより描画した結果

　それでは今回のスクリプトの中心となる**コードブロック04**の処理を説明する．処理前は**図16**に示すように，独立した3つの軌跡がある．フレームT＝7で3つに分裂する軌跡を1つに統合したいので，まずそれぞれの軌跡の先頭を探す．探す対象は3つの軌跡であるが，それぞれの軌跡はmodel.getTrackModel().trackIDs(True)で抽出できる．ここでTrueにしているのは可視化（選択）されている軌跡のみというフラグである．この軌跡は追跡対象のスポットで構成されているため，各軌跡（trackオブジェクト）のなかの追跡対象（spotオブジェクト）を抽出する．この抽出された追跡対象がspot in trackになっており，各軌跡のなかで一番小さいフレーム数を抽出するアルゴリズムになっている．

コードブロック04：解析

```
1   # ログに記述
2   model.getLogger().log('Found ' + str(model.getTrackModel().nTracks(True)) + ' tracks.')
3
4   # 対応づけ（リンク）と，追跡対象が保持している値（feature）を取得
5   fm = model.getFeatureModel()
6   # 各軌跡の先頭フレームを探すため，先頭フレームを格納するリストを先に作成する
7   StartFrames = [NumFrame] * len(model.getTrackModel().trackIDs(True))
8   StartIDs = [0] * len(model.getTrackModel().trackIDs(True))
9   # 解析対象としている軌跡のなかでくり返し処理を行う
10  for id in model.getTrackModel().trackIDs(True):
11   # 現在の軌跡のなかのすべての対象（スポット）に対して処理を行う
12   track = model.getTrackModel().trackSpots(id)
13   for spot in track:
14    sid = spot.ID() # くり返し処理の対象としているスポットのIDを得る
15    t=spot.getFeature('FRAME') # くり返し処理の対象としているスポットのフレームを得る
```

```
16      t_int = int(t) # フレームは文字列で格納されていたので整数型に変換
17      if t_int < StartFrames[id]: # 得られたフレームが小さければStartFramesへ更新
18        StartFrames[id] = t_int
19        StartIDs[id] = sid # 同時に小さいときのスポットのIDもStartIDsに格納
```

コードブロック05では抽出した軌跡の先頭にあるスポットを，直前のフレームでかつ，空間的に近いスポットへと連係を作成する．ただし，先頭フレームのスポットはその前のフレームが存在しないので除外する．ここで重要なのは，「3）連係の実装基盤」の項（p203）で説明したmodel.beginUpdate()とmodel.endUpdate()のコードブロックである．

コードブロック05：対応づけの編集

```
1    model.beginUpdate()
2    Idx = 0
3    for head in StartIDs:
4      if StartFrames[Idx] >0: # 元画像の先頭フレームは除外してそれ以外で処理
5        HeadSpot = spots.search(head) # 先頭スポット
6        PartnerSpot = spots.getClosestSpot(HeadSpot,StartFrames[Idx]-1,True)
7        # 先頭スポットの前のフレームで距離が近いスポットをPartnerSpotとする
8        IID = PartnerSpot.ID()
9        model.addEdge(PartnerSpot,HeadSpot,-1)
10       # 先頭とパートナーを対応づける
11     Idx = Idx + 1 # 先程抽出したすべての先頭軌跡について処理する
12   model.endUpdate()
```

コードブロック06では目的通りの処理ができたか確認するため，元画像とモデルの重ね描きを行う．なお，前述の**コードブロック05**の段階で更新されているため，ここまでで説明したすべてのコードブロックをまとめて処理する場合は画像とモデルの表示をあらためて行う必要はない．**図19**に示すようにここまでスクリプトを実行したうえでtrackschemeを使って軌跡の様子を確認すると無事連結されていることがわかる．

コードブロック06：結果の表示

```
1    # 画像の表示
2    imp.show()
3    # モデルの画像への重ね描き
4    displayer = HyperStackDisplayer(model, sm, imp,ds)
5    displayer.render()
6    # 軌跡の表示
7    trackscheme = TrackScheme(model, sm, ds)
8    trackscheme.render()
```

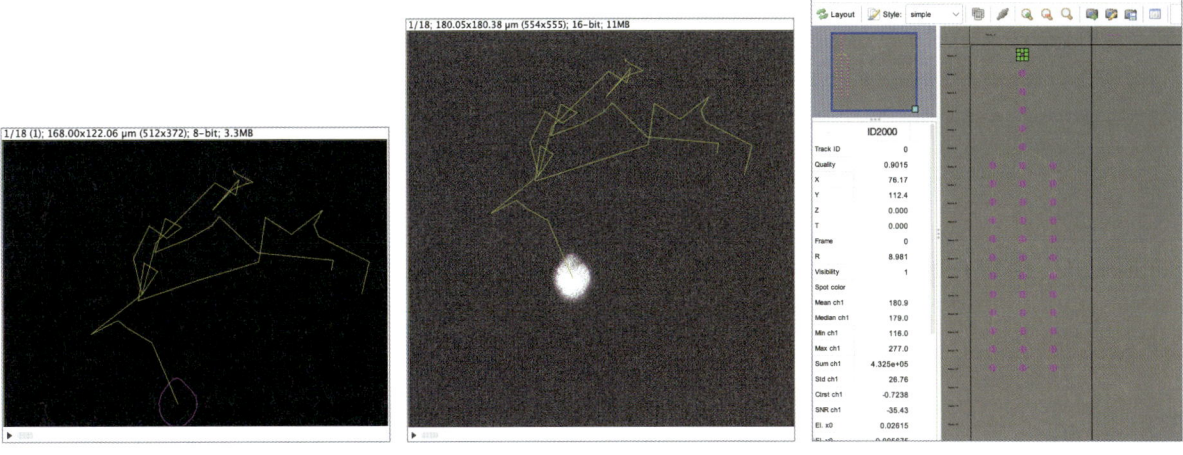

図19 最終的な結果である，分裂する細胞を同じ系譜としてまとめたもの
TrackMate の形式で保存しているため，TrackMate を使ったさらなる編集や処理に進むこともできる．

　最後に**コードブロック07**で結果を XML 形式で保存する．編集したモデルを XML 形式で保存することで，編集したモデルはもちろん，解析のときにフィルタアウトした追跡対象なども含めて再度 TrackMate で解析することもできる．また，MATLAB などの他の計算ソフトウェアでも扱える．

コードブロック07：結果の保存

```
1   # ファイルを保存するパスの指定
2   # 適宜，自分のパス，ファイル名へ置き換えること
3   Outfile = File('/Users/yuki-ts/Documents/drafts/test.xml')
4   # ファイルハンドラのコンストラクタ
5   writer = TmXmlWriter(Outfile)
6   # 今回処理したモデルをファイルハンドラへ加える
7   writer.appendModel(model)
8   # 設定ファイルも加える
9   writer.appendSettings(settings)
10  # ファイルへの書き込み実施
11  writer.writeToFile()
```

おわりに

　本章では生物画像解析で頻繁に出会う粒子追跡をテーマに，既存のプラグインの利用と，複数プラグインの統合的な処理，さらには自作スクリプトとの協調について解説した．ここで解説した spot クラスなどの基礎的な知識を使い，最適化などの方法を応用することでさまざまな問題の解決ができるだろう．本章での裏テーマは既存ツールの利用とその改変であった．インターネットのおかげで世界中の開発者や実験者がつくったリソースを簡単に利用できるため，なにかの解析問題に出会ったときにスクリプトを一から作成する代わりに，他者がつくった成果物を利用するという選択肢は多い．時間が節約できたり，自分では思いつかない，作成できないプログラムが利用できる一方，使い方の正しい理解をしないと予想もつかないことが起きたり，

そもそも使えない，なにが起きているかわからないということもあるだろう．また改変する場合も，データ構造や設計思想を理解しないと改変することはできない．逆にポイントを掴めば，世界中の開発者が作成した資産を自分の扱っている問題に適用することができる．本章の内容が読者の世界を広げることに少しでも貢献できれば幸いである．

謝辞

記事内で例にあげた画像データを提供していただいた，北海道大学先端生命科学研究院 上原亮太博士，楊光さん，画像データからよい例となる領域の設定をしていただいた慶應義塾大学理工学部 大関彩貴さんにここに感謝を申し上げる．

文献

1) Ershov D, et al：Nat Methods, 19：829-832, doi:10.1038/s41592-022-01507-1（2022）
2) Tinevez JY, et al：Methods, 115：80-90, doi:10.1016/j.ymeth.2016.09.016（2017）
3) Jaqaman K, et al：Nat Methods, 5：695-702, doi:10.1038/nmeth.1237（2008）
4) Husson SJ, et al：Keeping track of worm trackers（September 10, 2012），WormBook, ed. The C. elegans Research Community, WormBook, doi:10.1895/wormbook.1.156.1, http://www.wormbook.org.
5) Schmidt U, et al：「Medical Image Computing and Computer Assisted Intervention – MICCAI 2018」（Frangi A, eds），pp265-273, Springer, Cham, doi:10.1007/978-3-030-00934-2_30（2018）

プログラムコードのライセンス

5 細胞周期の蛍光プローブ Fucci の時系列データ解析

ImageJ/Fiji **Jython** **TrackMate** **粒子追跡** **輝度測定** **多チャネル** **時系列**

平塚 徹

SUMMARY

本章では，前章に引き続き細胞の追跡について解析する．TrackMate を用いた細胞追跡は，核の蛍光ラベル画像の解析に適しているが，本章ではそれを Jython スクリプトを用いて行い，多くの時系列データを一度に解析する．さらに，細胞周期のプローブである Fucci（フーチ）の時系列画像を例に，TrackMate 処理の対象となる画像に前処理を行い，TrackMate 解析の幅を広げる．Fucci では，細胞周期に応じて発現する蛍光の種類が変化するため，複数のチャネルの画像の重ね合わせ画像を作成するなど，煩雑な前処理が必要となる．本章では，以上の処理を自動で行い，ミスを防ぎつつ効率的に画像解析する方法を紹介する．

はじめに

生体内の多くの細胞は細胞分裂をくり返すことで生体組織を維持する．個々の細胞分裂のサイクルは，DNA 合成を行う S 期，実際に細胞が分裂する M 期，S 期の前の準備期間である G1 期，M 期の準備期間である G2 期から構成される．それぞれのフェーズの移行は，細胞が遺伝的かつ機能的に正常に分裂するためのチェックポイントとして機能する．また，がんや創傷などの病態においては，細胞周期の変化が認められ，細胞周期の詳細の解析は病態メカニズムの解明に重要である．ここでは，個々の細胞周期を異なる蛍光にて検出するプローブである Fucci（フーチ）の時系列画像を解析する方法を紹介したい．

Fucci を用いた細胞周期のライブイメージング

細胞周期を生細胞で検出できるプローブである Fucci（フーチ）は，2008 年に坂上（沢野）らにより Cell 誌に発表され[1]，さまざまな改良版を含め，細胞生物学の分野で非常によく使用される蛍光プローブである．Fucci では，細胞周期ごとに特異的に発現するタンパク質を利用し，それを蛍光タンパク質の発現パターンとして検出する．例えば，2017 年に坂上（沢野）らによって報告された Fucci（CA）2 には，mCherry-hCdt1（30/120）および mVenus-hGem（1/110）の 2 種類の蛍光レポーターが組み込まれており，それぞれが細胞周期の G2 から G1 期，および S 期から M 期にかけて異なるタイミングで発現するため，結果として 2 色の単発現 ＋ どちらも発現の 3 パターンで細胞周期が識別可能である（**図1**）[2]．

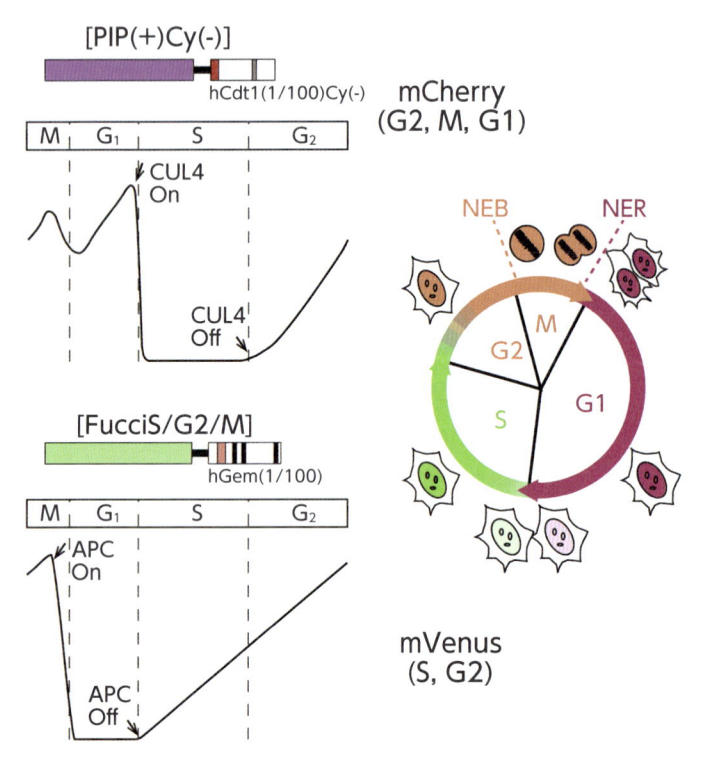

図1　細胞周期レポーターFucciの蛍光位相特性

Cdt1との融合タンパク質として発現するmCherryは，G2期に発現がはじまりM期およびG1期に増大し，S期に入ると分解され，その蛍光は見られなくなる．一方，Gemininとの融合タンパク質として発現するmVenusは，S期からG2期にかけて発現量が増え，M期に最大となり，G1期に入ると分解され蛍光が見られなくなる．以上の特性から，G1期，S期とG2期およびM期を，2つの蛍光およびそのどちらも検出するという3つで識別することができる．文献1より引用．

　本章では，eLife誌に2023年に掲載された大阪国際がんセンター原田先生と筆者の共同研究[3]で取得したヒト線維肉腫細胞HT1080におけるFucci蛍光画像を例に，画像解析のためのアプローチ，スクリプトの実装を解説する．その使用にあたっては，原田先生の了承の他，eLife誌のCreative Commons Attribution license上の問題がないことを確認済みである．またSSBD:repository[注1]にもアップロードしており，そこからダウンロードすることもできる（https://doi.org/10.24631/ssbd.repos.2024.11.406）．

　Fucciを発現している細胞の時系列画像データから，3つのフレームを抜き出して**図2**に示した．Fucciは核に局在するので，赤や緑で見えているのはすべて核である．赤の蛍光はmCherry，緑の蛍光はmVenusの発現に由来する．矢印で示した核は，最初の2フレームが分裂前，最後の1フレームが分裂後である．核の分裂前後で蛍光色が緑から赤に変化している様子がわかる．もとの画像は，960×720ピクセルの比較的大きな画像であり，さらに深さ方向（Z方向）でもデータ取得を行ったが，今回の説明の都合上，Z方向の1スライスだけを抜き出し，さらにそこから256×256ピクセルの領域を切り取った画像を使用する．時間は15分ごとのタイムラプスで，306枚，つまり76.5時間の観察である．

注1　SSBD:repositoryについては**論文投稿編-2**を参照．

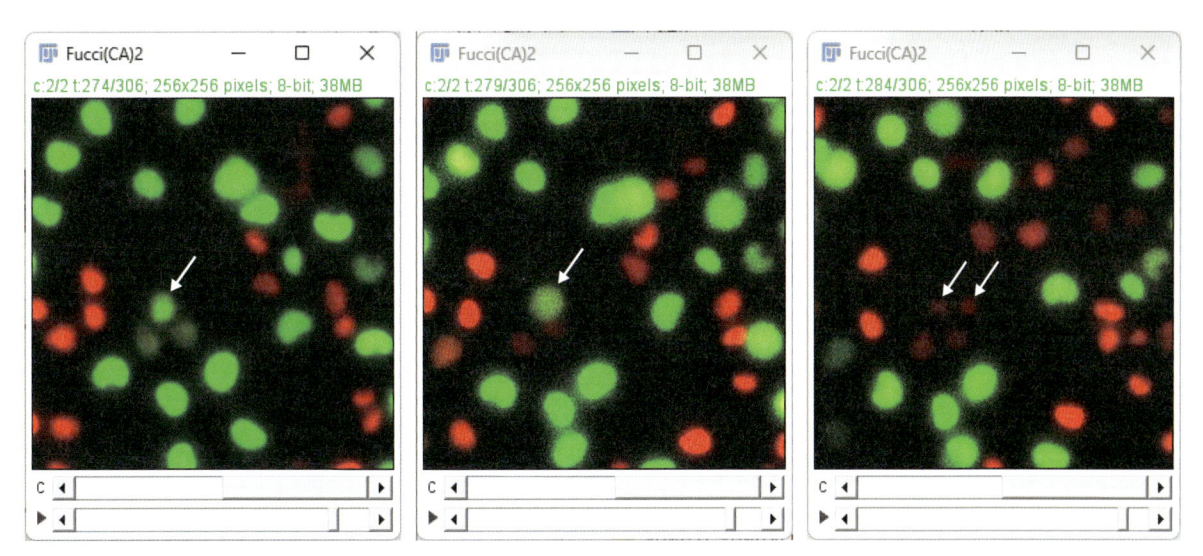

図2 Fucciのマルチチャネル画像

このデータは2チャネルのHyperstack画像（チャネルと時間のスライドバーがついている）であり，核に局在するFucciの蛍光が見える．この画像表示では，Fucciの蛍光は赤，緑で，さらにマージしてオレンジに見える核も存在する．細胞分裂の一例を矢印にして示した．

Fucci 画像の TrackMate 解析の問題点

　この章では，**実践編-4**でも扱ったImageJのプラグインであるTrackMateを使って定量的な時系列解析を行う．Fucciの蛍光の形状は球状であり，TrackMateを使った解析にはまさにうってつけの画像データである．しかし，実際にTrackMateによる解析を行う際には次のような問題が生じる．2つの蛍光チャネルのうち1つのチャネル画像だけで核を追うと細胞周期によって蛍光が見られない時間帯が存在し，そのために核を追跡できなくなってしまうのである．この問題を**図3**に示した．左はmCherryチャネルでのTrackMateのプレビュー，右はmVenusチャネルでのTrackMateのプレビューであり，TrackMateで認識されなかった細胞（紫丸がついていない細胞）を筆者が白破線の丸で囲った．

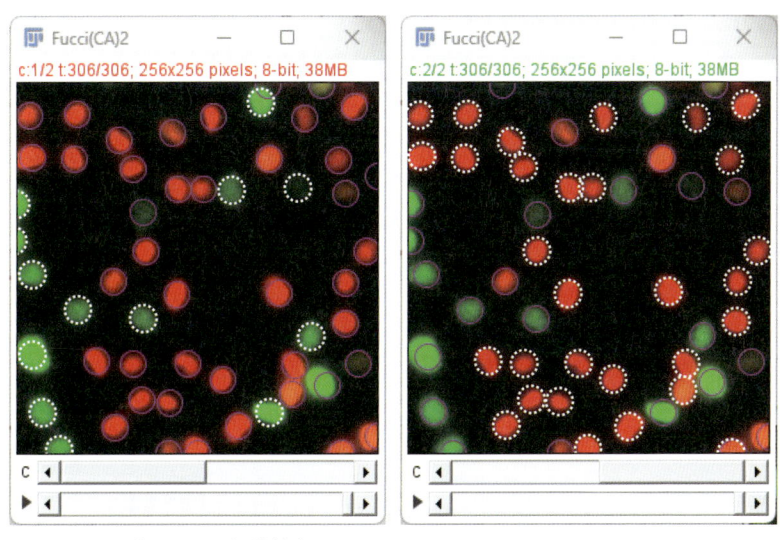

図3 Fucci画像における細胞検出

このような問題を解決するための一つの方法は，追跡（Tracking）のために2つの蛍光画像を重ね合わせることである[2) 3)]．こうすれば細胞周期のほとんどの位相において，mCherryとmVenusの少なくとも一方が発現しているため，核の像は消えることがなく，TrackMateによる細胞追跡が可能になる．

準備（サンプル画像の入手）

本章で用いたサンプル画像は，**サポートリポジトリ**[注2]よりダウンロードできる．レンチウイルスを用いてFucci（CA）を発現させたヒト線維肉腫細胞HT1080蛍光顕微鏡画像であり，XYの画像サイズが67.0 μm四方，撮影は15分ごと（計76.5時間）の時系列観察データである．

解析の流れ

解析の作業工程を**図4**のフローチャートに示した．**図4**の右側で拡大した【メインの処理】では，まず，mCherryとmVenusの蛍光チャネルを個別の画像にする（**図5A**）[注3]．その後，その2つの画像へ画像演算機能による足し算を行い，輝度値を重ね合わせた画像を新たに作成する（**図5B**）[注4]．次にmCherryとmVenusの画像は，それぞれを輝度の測定用に使うのでベースライン輝度の引き算を行う．ここでは，それぞれのスタック画像の輝度の最小値をベースライン輝度値とする．一方，重ね合わせ像は核の位置の追跡用に使う．このため，核の像をTrackMateが検出しやすいように前処理を行う．具体的にはガウスぼけ処理（Gaussian blur）[注5]と，背景引き算処理（background subtraction）である[注6]．以上の処理のあと，重ね合わせ画像を，もとの2チャネル画像の3チャネル目に連結させる[注7]（**図5C**）．このように単に連結しただけの状態だとすべての画像が1列に並んでおり，あとのTrackMate解析でチャネルと時間の認識ができないので，Hyperstack画像に変換する[注8]（**図5D**）．

以上の工程を経て，Fucciの画像データはTrackMateでの解析が可能となる．TrackMateでは，追跡に用いるチャネルから得た位置情報をもとに，他のチャネルでその位置の輝度情報を得ることができる．これにより，重ね合わせ画像を核の追跡に用い，得られた軌跡の座標情報をもとにそれぞれの核のmCherryおよびmVenusのチャネルの輝度情報を時系列として取得することができる[注9]．

ここまでの工程は**注2**〜**注7**で示した方法でGUIでも行うことができるが，この多くのステップを1タイムラプスごとに行うとかなり煩雑である．Fucciを用いる解析は長時間の時系列画像で行うことが多く，さらに，画像サイズが大きいと処理に時間がかかる．また，うっかり画像の選択やパラメータを間違えてしまうと，解析は大きなミスに発展しかねない．生物の実験においては，複数の条件で取得した画像データを比較することがきわめて多く，この工程を手動でくり返すなかでケアレスミスが生じる可能性は非常に高い．

注2　bit.ly/BIAS-book-2025
注3　[Image > Color > Split Channels]
注4　[Process > Image Calculator...]
注5　[Process > Filter > Gaussian blur...]
注6　[Process > Subtract Background...]
注7　[Image > Stacks > Tools > Concatenate...]
注8　[Image > Hyperstacks > Stack to Hyperstack]
注9　ただし，ImageJ/Fijiのアップデートがされておらず，初期のTrackMateがインストールされたままになっている場合はこれができないため注意が必要である．その場合は［Help > Update］より最新版にアップデートするか，最新のFijiをインストールし直す．

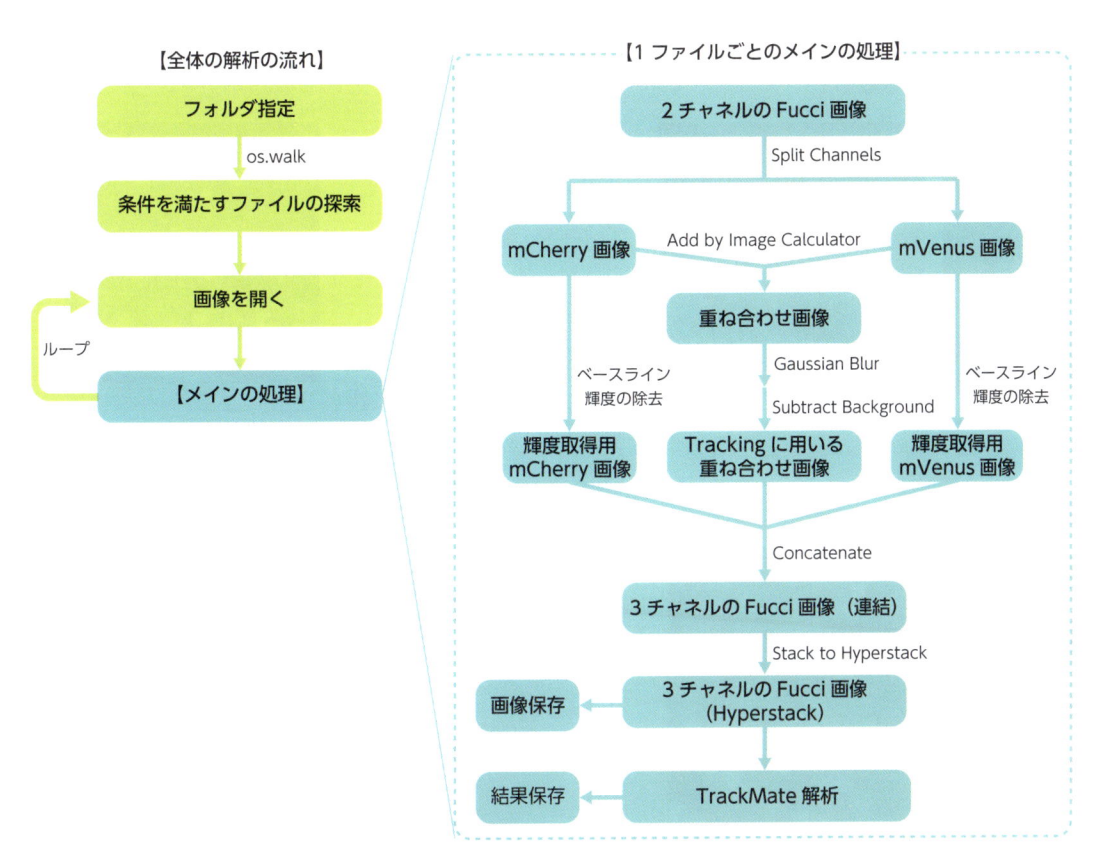

図4 解析の流れ

　そこで，本章では，以上の処理をJythonによるスクリプトによって行う手法を紹介する．先の工程の説明に加えてさらに利便性を上げるため，①任意のフォルダ内のすべてのファイルに同じ処理を行えるように，ポップアップウィンドウで処理対象のフォルダを選ぶ，②ただし，指定した拡張子をもたないファイル（主に画像ファイルでないファイル）は無視する，③特定の文字列をもつファイルだけを処理する，という効率性を増すための機能も実装する（**図4左**）．これらの利便性を向上させるためのスクリプトは細胞追跡に限らず，幅広い応用が可能と考えられる．また，TrackMateをスクリプトから使う方法も他の系での応用が可能であろう．ぜひ活用してほしい．

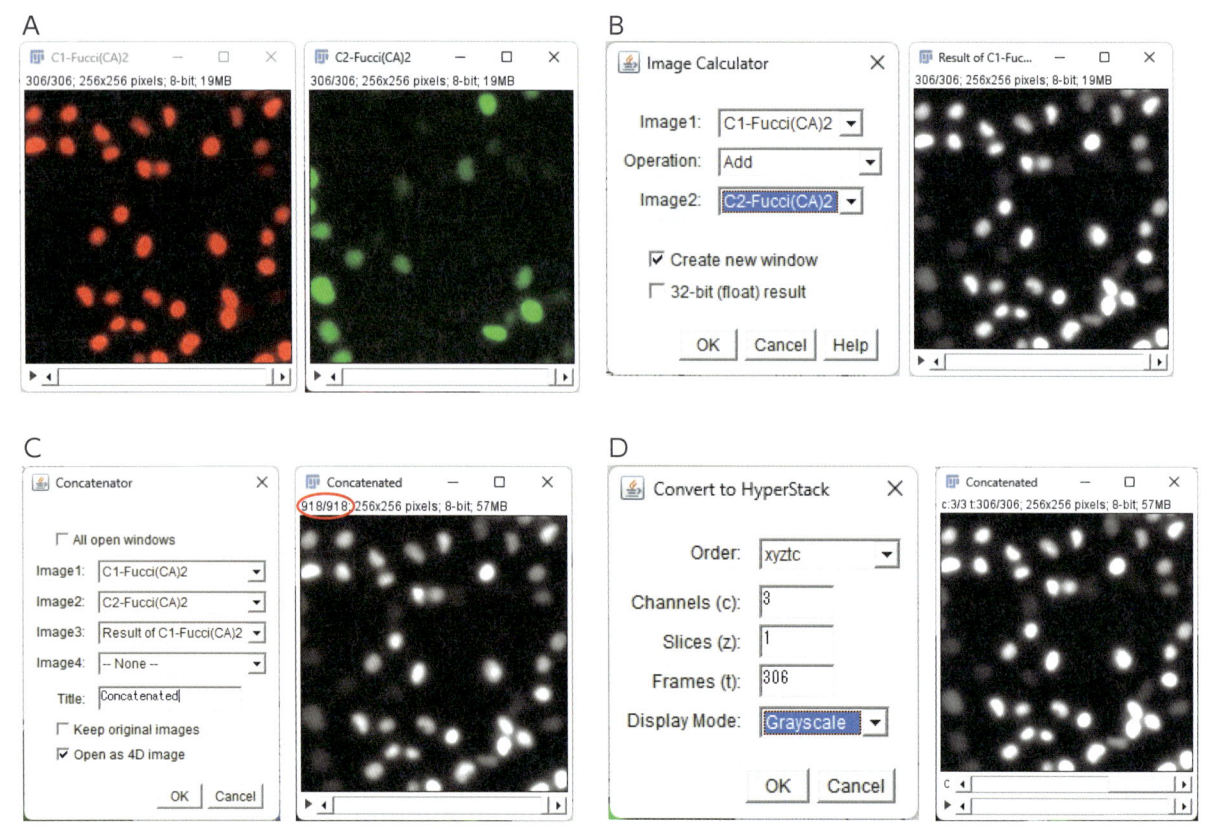

図5 GUI操作での画像の分割と重ね合わせ

実装

1) スクリプトエディタの起動

　スクリプトの作成はImageJ/Fijiの［File > New > Script］からスクリプトエディタを起動することからはじまる．そのエディタのウィンドウのメニューから［Language］をクリックし，［Python（Jython）］を選択する．万一の場合に備え，あらかじめ［File > Save］からファイルを保存しておくといいだろう（拡張子は.pyとすること）．ImageJでスクリプトを使ってプログラムを作成する際には，①ImageJが提供するさまざまなAPIを利用すること，②小さなパーツを少しずつ組み上げて複雑な工程を完成させること，③ループ処理がある場合はその内容を完成させてからループにする，ことがコツである（**実践編-4**参照）．

2) チャネルの分割

　実装にあたり，1ファイルごとのメインの処理（**図4右**）を行うJythonスクリプトを作成することからはじめる．まず，Fucciの画像の2つのチャネルを分ける．これは，GUIでは［Image > Color > Split Channels］に相当する．そこで，たとえAPIがなにかわからなくとも，Googleで「ImageJ Split Channels API」で検索してみよう．すると，ImageJ WikiのJavadocのページがヒットするだろう．このページには，「Class

ChannelSplitter」とあり，ChannelSplitter というクラスを使えばSplit Channels ができることがわかり，その使い方も同じページに書かれている．Javadoc の解読方法については**基礎編-2** の「4）クラスの見取り図，Javadoc」（p34）に解説があるが，使っているうちに実感がわいて理解できるものなので，理解できなくともまずは本章のスクリプトを使って実践してみてほしい．なお，ChannelSplitter は**実践編-1** の「1）チャネルの分離」（p117）にも使用例があるため，あわせて確認するとより理解しやすいだろう．まず，アクティブな画像に対してSplit Channels を行うスクリプトはChannelSplitter クラスを使って行う．以下のようになる．

コード01：チャネルの分割

```
 1    from ij import IJ
 2    from ij.plugin import ChannelSplitter
 3
 4    # アクティブな画像を取得
 5    imp = IJ.getImage()
 6    imp_split = ChannelSplitter.split(imp)
 7    # 1番目のチャネル
 8    imp_mCherry = imp_split[0].duplicate()
 9    # 2番目のチャネル
10    imp_mVenus = imp_split[1].duplicate()
11    # 結果の表示
12    imp_mCherry.show()
13    imp_mVenus.show()
```

実践編

複数あるサンプル画像のうちどれか1つの画像をデスクトップに開き，スクリプトエディタでRun をクリックして実行してみてほしい．**図5A** で示したように1番目のチャネルと2番目のチャネルの画像が独立したファイルとして現れるはずである．ImageJ のさまざまなプラグインやコマンドは，ij.plugin というパッケージにまとめられている．ij がImageJ の本体モジュールであり，さまざまな画像処理に用いるクラスがplugin というパッケージにまとまっている．ChannelSplitter クラスもその1つであり，スクリプトで使用する際には，それをインポートすることで使用できる．ここでは，ChannelSplitter クラスで，その具体的な流れを以下に示す．まずImageJ のChannelSplitter のJavadoc を見る．そして「java.lang.Object」の下の行にある「ij.plugin.ChannelSplitter」を見て，それを**コード01** のL2（2行目という意味）のように書き換えて記述すると，そのクラスをインポートし，スクリプトで使うようにすることができる．

その後，同じJavadoc のページのMethods のリストから使いたい機能を選んで操作を記述すればよい．ここでは静的メソッドのsplit を使う（L6）．前述のスクリプトで，最後の2行は画像の確認のためであり，これらの文頭に # を挿入しコメントアウトしてもバックグラウンドでSplit Channels は行われる．imp_split には，バラバラになった各チャネルの画像がリストとして格納されている．

3）重ね合わせ画像の作成

次に，1番目と2番目のチャネルの画像を重ね合わせた画像をつくる．Split Channels と同様に，「ImageJ Image Calculator API」と検索すると，やはりImageJ のImageCalculator クラスのJavadoc がヒットするはずである．このクラスを使うと，次のようなスクリプトになる．**コード01** に続けて，次のコードを書き加えよ

う．このコードは単体では動かないので注意しよう．

コード02：重ね合わせ画像の作成

```
1    # コード01に続けて書く
2
3    from ij.plugin import ImageCalculator
4
5    # インスタンスを作成
6    IC = ImageCalculator()
7
8    imp_add = imp_mCherry.duplicate()
9    IC.run("add stack", imp_add, imp_mVenus)
10   # 結果は複製したimp_addに上書きされる
11
12   # 結果の表示
13   imp_add.show()
```

現れた画像は**図5B右**のような重ね合わせの画像になっているはずである．ここで，ImageCalculator の使用にはインスタンスの作成が必要であることに注意してほしい（L6）．また，L8で duplicate メソッドを用いてmCherry 画像を複製してから mVenus の画像を重ね合わせないと，元の mCherry 画像が重ね合わせ画像に上書きされてしまうことにも注意が必要である．

以上の2つのスクリプトを関数としてまとめたものが次のスクリプトである．

コード03：チャネルを分割し重ね合わせ画像を作成する関数

```
1    from ij import IJ
2    from ij.plugin import \
3        ChannelSplitter, \
4        ImageCalculator
5
6    # インスタンスを作成
7    IC = ImageCalculator()
8
9    # チャネルを分割し，重ね合わせ画像を作成する関数
10   def split_and_add(imp):
11       imp_split = ChannelSplitter.split(imp)
12       imp_mCherry = imp_split[0].duplicate()
13       imp_mVenus = imp_split[1].duplicate()
14       imp_add = imp_mCherry.duplicate()
15       IC.run("add stack", imp_add, imp_mVenus)
16       return imp_mCherry, imp_mVenus, imp_add
17
18   # アクティブな画像を取得
19   imp = IJ.getImage()
20   imp_mCherry, imp_mVenus, imp_add = split_and_add(imp)
```

```
21    # 画像を表示
22    imp_mCherry.show()
23    imp_mCherry.setTitle('mCherry')
24    imp_mVenus.show()
25    imp_mVenus.setTitle('mVenus')
26    imp_add.show()
27    imp_add.setTitle('Add')
```

L10〜16が関数（def）の部分である．ここでは，split_and_addという関数を定義した．画像（ImagePlus型）を引数とし，imp_mCherry，imp_mVenus，imp_addの3つの画像が返り値となる（L16）．L19からL27までは画像の確認のために記述したが，なくても画像処理はされる．ここでは，結果の確認のために，どの画像がどのチャネルかを明示するために，画像のタイトルを変更するメソッドであるsetTitleを使用した（L23，L25，L27）．なお，インポートするクラスが複数ある場合には，L2〜4のように省略して記載が可能である．また，「\」は改行に用いる記号である．

Fucciの時系列画像を1つImageJで開き，この**コード03**のスクリプトを実行してほしい．3つの画像が「mCherry」，「mVenus」，「Add」というタイトルで現れるはずである．

4）ガウスぼかし処理

ここからは，重ね合わせ画像で粒子追跡で核を追うための前処理になる．まず，画像が粗い場合のガウスぼかしの部分のスクリプトを組もう．Jythonによるガウスぼかしは**実践編-1**にも解説があるが，ここではあえて異なった書き方を紹介する．ImageJのマクロを記録するコマンドレコーダ機能を用い，Jythonのコマンドを生成することができるのでこれを使う．まず，ImageJのメニューから［Plugins > Macro > Record…］を選択する．表示された「Recorder」ウィンドウにて，「Record:」の横の言語を「Python」とする．そして，任意の画像でガウスぼかしを行う（［Process > Filters > Gaussian Blur］）．ここでは，**図6A**のように，Sigma（Radius）に2を入力し，OKをクリックする．さらに，その後の「Process Stack?」ウィンドウのYesをクリックし，Hyperstack画像内のすべての画像を処理対象とすると，「Recorder」ウィンドウに以下の行が追加される（**図6B**）．

```
IJ.run(imp, "Gaussian Blur...", "sigma=2 stack");
```

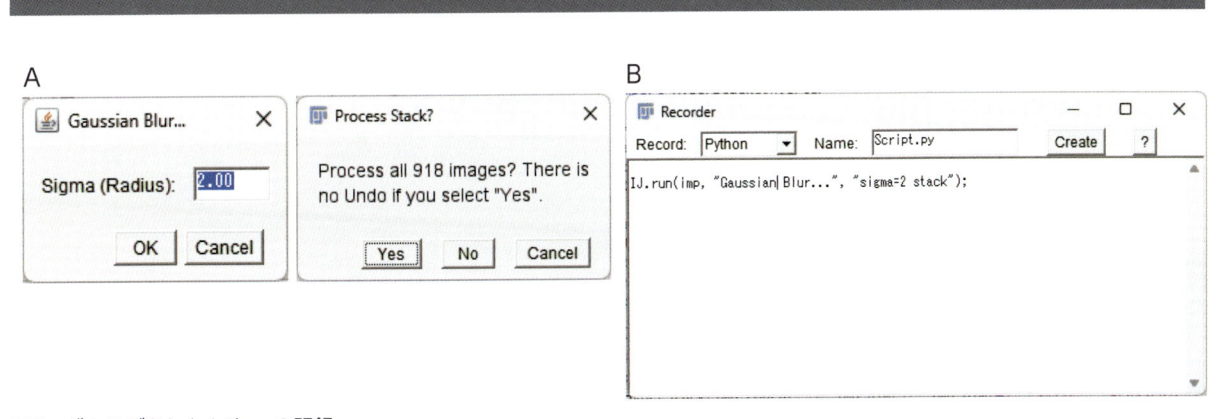

図6 ガウスぼかしとJythonの記録

これは，impという画像に"Gaussian Blur..."というメニューの項目を適用し，そのパラメータとして"sigma=2 stack"が与えられていることを示している[注10]. sigmaはガウスぼかしの強さを制御するパラメータであり，数字が大きいほど強いぼかし効果が得られる. そのあとのstackはガウスぼかしをスタック画像を構成する全画像に適用することを意味する. これを踏まえ，アクティブな画像にガウスぼかしを適用するJythonスクリプトは以下のようになる.

コード04：ガウスぼかし

```
1    from ij import IJ
2    # アクティブな画像の取得
3    imp = IJ.getImage()
4    IJ.run(imp, "Gaussian Blur...", "sigma=2 stack");
5    # 最後のセミコロンはなくてもよい
```

これをRunにて実行すれば，GUI操作と同じことがJythonスクリプトで実行可能である. 最終行の最後のセミコロンはあえて残したままコピー＆ペーストしているが，削除しても問題なく動作する. なお，コマンドレコーダで記録されるJythonのコマンドにセミコロンがついているのはJavaScriptを記録するコードをJythonの記録に利用しているためのバグなので，Pythonの書式に従って消してしまうほうがよい. ここで，L4の記述は間違いやすいことに注意されたい. 例えば，「2」と「stack」の間の半角スペースが抜け落ちている，「sigma=2, stack」のようにコンマを入れてしまう，""（ダブルクオテーションマーク）を入力し忘れる，などのミスが起こりやすい. また，「stack」の前の半角スペースも忘れやすい. このようなガウスぼかしの記述は，JythonというよりImageJ Macroの記述方法であり，多くのパラメータが存在するときにはかえって煩雑である他，融通がきかない. また，そもそも使用できないこともある. しかし，わずか1行で書けてしまうこと，マクロの記録と対応しておりわかりやすいというメリットがある.

　これを関数にすると以下のようになる.

コード05：パラメータを可変にしたガウスぼかしの関数

```
1    from ij import IJ
2
3    # ガウスぼかしの関数
4    def Gaussian_filter(imp,sigma):
5
6        imp = IJ.getImage()
7        IJ.run(imp, "Gaussian Blur...", \
8            "sigma=" + str(sigma) + " stack");
9
10   # アクティブな画像の取得
11   imp = IJ.getImage()
12   sigma = 2
13   Gaussian_filter(imp, sigma)
```

注10 IJ.runメソッドについては**基礎編-2**の「6) コマンドレコーダ」の項（p45）も参考にするとよい.

L7〜8の3番目の引数はあくまでも文字列であることに注意する．str()を用いて数字を文字列に変換する処理をしないと文字列の連結ができずにエラーとなる．

　さらに，**コード05**の関数にインタラクティブな機能を追加する．sigmaの値をポップアップでユーザーに入力させる以下の関数に差し替える．

コード06：パラメータをポップアップで入力するガウスぼかし関数

```
1    #@ Integer (Label = "Gaussian Blur (Disabled if 0)", value = 1) sigma
2
3    # ガウスぼかしの関数
4    def Gaussian_filter(imp,sigma):
5        if sigma > 0:
6            print "Gaussian Blur: sigma: " + str(sigma)
7        IJ.run(imp, "Gaussian Blur...", \
8            "sigma=" + str(sigma) + " stack")
9
10   Gaussian_filter(imp_add, sigma)
```

　このJythonスクリプトを**コード03**に追記して実行してほしい．**コード03**までの処理のあと，重ね合わせ画像である「Add」というファイルにガウスぼかしが適用される．

　コード06のL1の#@ではじまるコードが変数の値の入力を促すポップアップのウィンドウを表示させるコードである．#ではじまるが，これはコメントアウトではないので注意されたい．この#@ではじまる書き方を使うと，入力させる変数の型，ウィンドウに表示する文字列，初期値，変数名を1行で簡単に記述できる．この記法を「スクリプティングパラメータ（scripting parameter）」という[注11]．記法の基本ルールは次のように，①#@ではじめ，②1行につき1変数のみの記述とすることである[注12]．

```
#@ {データ型} (label = {表示する文字列}, style = {パラメータの取得方法}, value = {初期値}) 変数名
```

　スクリプティングパラメータで用いる変数とその意味は**表1**のようになる．このように，スクリプティングパラメータでは，文字列から数値，ディレクトリなどを多彩な方法で取得することができるので便利である．

[注11] 詳細については，ImageJ Wikiのページに解説がある．
　　　Scripting Parameters　https://imagej.net/scripting/parameters

[注12] この使い方はスクリプティングパラメータをユーザーに変数を入力させるインターフェースとして使う方法である．**実践編-3**の**コード03**（p158）と**コード04**（p161）でもスクリプティングパラメータを使っているが，この場合は走っているシステムから既存のオブジェクトを抜き出すために使う方法である．いずれも「変数をコードの外のどこかから取得する」ことが共通点で，その「どこか」はユーザーであったり，システムであったりする．

実践編

表1 スクリプティングパラメータに用いる引数

変数名	意味	例
データ型（#@に続く文字列）	取得するパラメータの型．文字列，数字，ディレクトリなど．	String（文字列） Integer（整数） Float（小数点を含む数値） File（ディレクトリ）
label	ポップアップに表示する文字列	"どのチャネルを解析しますか？"
style	パラメータの取得方法	"text field"（文字を入力） "slider"（スライダーで選ぶ） "directory"（ディレクトリ参照）
value	初期値	"None" "10"

さらに，**コード06**ではifによる条件文を追加した（L5）．sigmaの値が正の値のときだけに処理がなされ，不要である場合には0や負の数を入力すればガウスぼかしが行われない仕様になっている．実際にはif文がなかったとして，sigmaが0や負の数のまま以下が実行されたとしてもなにも起こらず，エラーにもならない．前述のif条件文はプログラムの作動を明示的にするための例外処理の記述である．

```
IJ.run(imp, "Gaussian Blur...", "sigma=" + str(sigma) + " stack")
```

5）背景の引き算処理

元画像によっては，照明ムラなどにより背景の輝度が不均一となり，TrackMateによる細胞の分節化がうまくいかないことがある．この場合，GUIで［Process > Subtract Background...］で背景の引き算を行うとよい（**図7A**）．このときに入力するパラメータRolling ball radiusは，核の直径より少し大きい程度の大きさにすると，背景にある核ではない小さなシグナルなども除去される．これを，［Plugins > Macro > Record］で記録を行うと，**図7B**が表示され，そこに記録されるコマンドを使ってスクリプトを書ける．さらに，Rolling ball radiusをポップアップで入力できるようにすると，以下のような関数ができる．

コード07：パラメータをポップアップで入力するバックグラウンド除去関数

```
1    #@ Integer (label = "Background subtraction (Disabled if 0)", value = 50) BGval
2
3    # 背景の引き算処理の関数
4    def Background_subtraction(imp,BGval):
5        if BGval >0:
6            print "Background subtraction: rolling ball: " \
7                + str(BGval)
8            IJ.run(imp, "Subtract Background...", \
9                "rolling=" + str(BGval) + " stack")
10
11   Background_subtraction(imp_add, BGval)
```

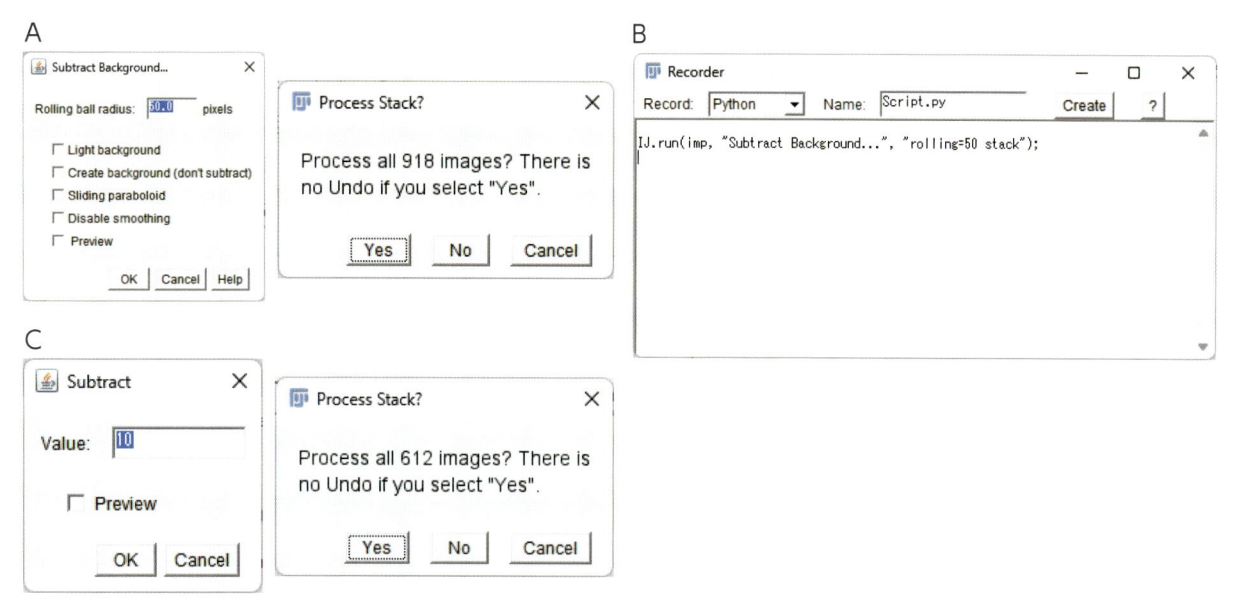

図7 バックグラウンド処理とJythonの記録

このJython スクリプトを**コード03**，**コード06**に続いて追記し，実行すると，「Add」画像にバックグラウンド除去処理がなされる．

ガウスぼかしの関数と同様，L1 にてスクリプティングパラメータとしてRolling ball radius を BGval 変数に取得する．BGval の値が正の値のときだけに処理がなされ，不要である場合には0や負の数を入力すればバックグラウンド除去が行われない仕様になっている．

6）ベースライン輝度の引き算処理

mCherry と mVenus の元画像は輝度の測定を行うので，ベースライン輝度を引く．ここでは，時系列データ全体で最小の輝度をもつピクセルの輝度をベースライン輝度とし，それをスタック画像全体から引く方法を紹介する．他の方法として，細胞の領域とそれ以外の領域を自動的に分節化し，細胞のいない領域の平均の輝度をベースラインとすることも考えられる．この手法では，より画像の実態に即したベースラインの補正が可能と考えられるが，説明が煩雑になってしまうため，**サポートリポジトリ**[注13]で紹介する（Code8-BackAvgVer. py）．輝度の最小値を含むさまざまな統計量をスタック画像全体から取得するにはStackStatistics クラスを用いる．さらに，それによって得られた最小値を画像全体から引くには，GUIでは，[Process > Math > Subtract...] で行う（**図7C**）．これを，先程のガウスぼかし同様にマクロの記録を行うと，「Recorder」ウィンドウに以下のコードが表示される．

```
IJ.run(imp_add, "Subtract...", "value=10 stack");
```

このコードを使うと，ベースライン輝度を引く関数は以下のようになる．ただし，元画像が三次元の画像

注13 bit.ly/BIAS-book-2025

である場合には，あらかじめZ方向に画像を重ね合わせたプロジェクション画像を作成する必要がある．これについては，**サポートリポジトリ**にJythonスクリプトを共有するので参考にしてほしい（Code8-Zprojection.py）．

コード08：ベースライン輝度を除去する関数

```
1    from ij.process import StackStatistics
2
3    # ベースライン輝度の引き算の関数
4    def Baseline_subtraction(imp):
5        stat_imp = StackStatistics(imp)
6        minVal_imp = stat_imp.min
7        IJ.run(imp, "Subtract...", \
8        "value=" + str(minVal_imp) + " stack")
9
10   Baseline_subtraction(imp_mCherry)
11   Baseline_subtraction(imp_mVenus)
```

このJythonスクリプトでは，L4〜8でベースラインの引き算を行う関数を定義し，L10〜11で，それをFucciのmCherry画像とmVenus画像の2つに適用している．**コード07**までのJythonスクリプトに追記して実際の動作を確認してほしい．

L6でStackStatisticsクラスのオブジェクトをインスタンス化しstat_impという変数に格納している．このオブジェクトには，関数の引数である画像オブジェクトに含まれるスタックのさまざまな統計量の情報が含まれている．ここではこのクラスのフィールド値minを使ってスタックのすべての画素値の最小値を得る．StackStatisticsのJavadocを参照すれば，例えばstat.maxでは最大値を，stat.meanでは平均値を取得できることがわかる．

7）画像の連結

次に，前処理を終えた輝度取得用のmCherryとmVenus画像，TrackMateに用いる重ね合わせ画像の3つを連結させて3チャネルの連結画像をつくる．これには，ConcatenatorとHyperStackConverterというクラスを用いる．その結果，以下のようなスクリプトができる．先程の**コード08**までのJythonスクリプトに追記して実行してほしい．

コード09：画像の連結

```
1    from ij.plugin import Concatenator
2    from ij.plugin import HyperStackConverter
3
4    def concat_HSC(imp1,imp2,imp3):
5        imp_dim = imp1.getDimensions()
6        # Channel,Z,Tの枚数などの表示
7        print(imp_dim)
8        imp_concat = Concatenator.run(imp1, imp2, imp3)
```

```
 9        # Hyperstackへの変換
10        imp_HSC = HyperStackConverter.\
11        toHyperStack(imp_concat, 3, \
12        imp_dim[3], imp_dim[4], \
13        "xyztc", "grayscale")
14        return imp_HSC
15
16   imp_HSC = concat_HSC(imp_mCherry,imp_mVenus,imp_add)
17   imp_HSC.show()
```

L4〜14が関数で，L16で3つの画像を引数として処理を行い，結果の連結画像を返り値imp_HSCで取得している．L8が連結を行う核となる処理であるが，この時点で作成された3チャネルの画像は，Hyperstack画像になっておらず，すべての画像をZ -> T ->Cの順番に並べたスタック画像になっている．そこで，HyperStackConverterクラスを用いてHyperstack画像に変換する（L9〜13）．ここで，元画像のZ，T，Cの枚数がパラメータとして必要であるため，L5〜7でそれらを取得した．L5では1番目の引数となった画像（imp1）のZ，T，Cの枚数を取得している．

厳密には，他の2つの画像でも枚数を取得し，3画像のZ，T，Cの枚数が揃っていることを確認するのが望ましいが，ここでは割愛した．L11で使うメソッドtoHyperStackの引数は6個あり，それぞれ**表2**の値になる．

表2 toHyperStackメソッドに用いる引数

引数番号	型と変数例	役割
1	ImagePlus imp	変換する画像オブジェクト
2	int c	チャネルの数
3	int z	Zスライスの数
4	int t	時系列のフレーム数
5	java.lang.String order	変換元の画像の次元の順序
6	java.lang.String mode	LUTの種類

L5で得られたimp_dimはX，Y，C，Z，Tのそれぞれの次元の長さをリストとして格納しており，imp_dim[3]およびimp_dim[4]がZの枚数およびTの枚数を表す．Cの数はmCherry，mVenus，重ね合わせの3つであり，Stack画像の並び順はX，Y，Z，T，Cであるため以下のようになる．

```
imp_HSC = HSC.toHyperStack(imp_concat, 3, imp_dim[3], imp_dim[4], "xyztc", "grayscale")
```

なお，最後の"grayscale"は色の表示形式なので，"color"や"composite"でも問題ない．

8）これまでのスクリプトの整理

TrackMate解析の前処理は以上である．これまでの流れを整理して関数にまとめよう．今，**図4**のフローチャートでいえば，「3チャネルのFucci画像（連結）」までが終了した．これまでJythonスクリプトを連続的

に追記してきたが，インポート文やコードの順番などを整理しよう．なお，書面では，関数の記述は省略しているので，自分で追加するか，**サポートリポジトリ**にある完全なJythonスクリプトを使用してほしい．あらためてFucci画像を1つ開いた状態で**コード10**のJythonスクリプトを単独で実行してみてほしい．

コード10：ファイル1つの前処理の関数

```
1   #@ Integer (label = "Background subtraction (Disabled if 0)", value = 50) BGval
2   #@ Integer (label = "3D filter (Disabled if 0)", value = 1) sigma
3
4   # モジュールのimport
5   import os
6   import sys
7   from ij import IJ, ImagePlus
8   from ij.process import StackStatistics
9   from ij.plugin import \
10      ChannelSplitter, \
11      ImageCalculator, \
12      Concatenator,  \
13      HyperStackConverter
14
15  # インスタンスの作成
16  IC = ImageCalculator()
17
18  #-------これまでの関数の記述ここから-------------
19  # 省略（サポートレポジトリ参照）
20  #-------これまでの関数の記述ここまで-------------
21
22  # ファイル一つの前処理の関数
23  def prepare3chHyperstack(imp):
24      # チャネルを分割し，重ね合わせ画像を作成
25      imp_mCherry, imp_mVenus, imp_add = split_and_add(imp)
26      # ガウスぼかしの関数を重ね合わせ画像に適用
27      Gaussian_filter(imp_add,sigma)
28      # 背景の引き算処理の関数をさらに適用
29      Background_subtraction(imp_add,BGval)
30      # ベースライン輝度の引き算の関数を
31      # mCherry画像とmVenus画像に適用
32      Baseline_subtraction(imp_mCherry)
33      Baseline_subtraction(imp_mVenus)
34      # 連結画像を作成
35      imp_HSC = concat_HSC(imp_mCherry,imp_mVenus,imp_add)
36      return imp_HSC
37
38  # アクティブな画像を取得
39  imp = IJ.getImage()
40  # ファイル一つの前処理
41  imp_HSC = prepare3chHyperstack(imp)
```

```
42   imp_HSC.show()
```

L1～2にスクリプティングパラメータをまとめ，L5～13にクラスのインポートをまとめた．L18～20が省略した部分で，これまでのすべての関数を挿入する部分である．prepare3chHyperstackがこれまでのFucci画像への前処理を1つの画像に行う関数である（L23～36）．これまでの関数が次々に実行されることで，最終的に3チャネルの連結画像imp_HSCが作成され，返り値になり（L41），L42でそれがデスクトップに表示される．その他の処理がある場合もL20以降にさらに関数の記述を増やせば簡単に拡張可能である．

9）TrackMateでの解析をJythonスクリプトで行う

　以上の前処理を行った画像ファイルにてTrackMateでの解析をJythonスクリプトで自動で行う．TrackMateによる粒子追跡についての概要や，各パラメータの意味については，あらかじめ本書の**実践編-4**を参照してほしい．さらに，JythonスクリプトによるTrackMateの実装については，公式のマニュアル[注14]もあわせて読むとより理解が深まるだろう．

　TrackMateによる解析を行うTrackMateクラスには，引数としてModelとSettingsの2つのクラスのオブジェクトを必要とする．Modelは分節化や追跡の結果などを書き込むためのクラスであり，Settingsは粒子追跡に用いる検出器や追跡器などのパラメータを設定するクラスである．今回は，検出器としてLogDetectorを，追跡器としてSimpleSparseLAPTrackerを用いる．その他の必要なパラメータを設定し，画像をTrackMateで解析し，さらに，得られた結果をcsvファイルで保存するためのJythonスクリプトは以下のようになる．少し長いが，ほとんどは検出器と追跡器の設定のコードとそのために使うさまざまなクラスのインポート文である．

コード11：TrackMateによる粒子追跡と結果の保存

```
1    #@ File (label = "Output directory", style = "directory") dstFile
2
3    # ------------Trackmateのパラメータ-----------
4    SegCh = 3
5    Threshold = 0.1
6    CellSize = 20.0
7    LinkMaxDis = 25.0
8    GapClosingMaxDis = 50.0
9    MaxFrameGap = 2
10
11   import os
12   import sys
13   from ij import IJ
14   from fiji.plugin.trackmate \
15       import Settings, \
16             Model, \
17             TrackMate, \
```

注14 Scripting TrackMate　https://imagej.net/plugins/trackmate/scripting/scripting

実践編

```
18            Logger
19 from fiji.plugin.trackmate.detection \
20     import DetectorKeys, \
21            LogDetectorFactory
22 from fiji.plugin.trackmate.tracking.jaqaman \
23     import LAPUtils, \
24            SimpleSparseLAPTrackerFactory
25 import csv
26
27 # Trackmateで解析を行う関数
28 def Trackmate_analysis(Tracking_Image):
29
30     # -----------追跡モデルのインスタンス化--------------
31     model = Model()
32     model.setLogger(Logger.IJ_LOGGER) # Set logger
33     settings = Settings(Tracking_Image)
34
35     # -----------検出器のインスタンス化と設定------------
36     settings.detectorFactory = \
37             LogDetectorFactory()
38     settings.detectorSettings.\
39         put('DO_SUBPIXEL_LOCALIZATION', True)
40     settings.detectorSettings.\
41         put('RADIUS', CellSize/2)
42     settings.detectorSettings.\
43         put('TARGET_CHANNEL', SegCh)
44     settings.detectorSettings.\
45         put('THRESHOLD', Threshold)
46     settings.detectorSettings.\
47         put('DO_MEDIAN_FILTERING', False)
48
49     # -----------追跡器のインスタンス化と設定-------------
50     settings.trackerFactory = \
51             SimpleSparseLAPTrackerFactory()
52     settings.trackerSettings \
53         = LAPUtils.getDefaultSegmentSettingsMap()
54     settings.trackerSettings.\
55         put('LINKING_MAX_DISTANCE', LinkMaxDis)
56     settings.trackerSettings.\
57         put('GAP_CLOSING_MAX_DISTANCE', GapClosingMaxDis)
58     settings.trackerSettings.\
59         put('MAX_FRAME_GAP', MaxFrameGap)
60     settings.addAllAnalyzers()
61
62     # ------------Trackmateのインスタンス化--------------
63     trackmate = TrackMate(model, settings)
64
```

```
65       # ------------Trackmateの実行--------------------
66       ok = trackmate.checkInput()
67       if not ok:
68           sys.exit(str(trackmate.getErrorMessage()))
69       ok = trackmate.process()
70       if not ok:
71           sys.exit(str(trackmate.getErrorMessage()))
72
73       return model
74
75   # Trackmateの結果を出力する関数
76   def saveOutputs( Tracking_Image, model ):
77       nChannels = Tracking_Image.getDimensions()[2]
78       imageTitle = Tracking_Image.getTitle()
79       # 出力ファイルの名前の構築
80       basename = os.path.splitext(imageTitle)[0]
81       intensitiesFileName = os.path.join(str(dstFile), \
82           basename + "_Intensities.csv")
83       logFileName = os.path.join(str(dstFile), \
84           basename + "_log.txt")
85
86       # ------------ 検出点の特徴量を出力------------------
87       f = open(intensitiesFileName, 'wb')
88       writer = csv.writer(f)
89       header = ['Spot', 'TrackID', 'X', 'Y', 'Q', 'Z', 'T']
90       for i in range(nChannels):
91           header.append('C' + str(i+1))
92       writer.writerow(header)
93
94       for id in model.getTrackModel().trackIDs(True):
95           track = model.getTrackModel().trackSpots(id)
96           if len(track) > 0:
97               for spot in track:
98                   AllValues = [  \
99                   spot.ID(),id, \
100                  spot.getFeature('POSITION_X'), \
101                  spot.getFeature('POSITION_Y'),
102                  spot.getFeature('QUALITY'), \
103                  spot.getFeature('POSITION_Z'),
104                  spot.getFeature('FRAME') \
105                  ]
106                  for i in range(nChannels):
107                      AllValues.append(\
108   spot.getFeature('MEAN_INTENSITY_CH%01d' % (i+1)))
109
110                  writer.writerow(AllValues)
111       f.close()
```

```
112
113     # ------------ Save Values -------------------
114     logf = open(logFileName, 'wb')
115     logtext = IJ.getLog()
116     logf.write(logtext)
117     logf.close()
118     IJ.log("\\Clear")
119
120 imp3ch = IJ.getImage()
121 model = Trackmate_analysis( imp3ch )
122 saveOutputs( imp3ch, model )
```

　このスクリプトでは，アクティブな画像（L120）に対し，TrackMateで解析を行う関数Trackmate_analysis（L121），その結果をcsvファイルに出力する関数saveOutputs（L122），の2つの関数処理を行う．追跡はL4〜9で設定したパラメータを用いて行われ，結果はL1のスクリプティングパラメータで設定したディレクトリに自動的に保存される．スクリプティングパラメータはガウスぼかしや背景の引き算処理でも登場したが，L1のようにすればディレクトリも取得可能である．この点については，あとの「10）特定のフォルダ内のすべての画像ファイル名をリストにする」の項であらためて触れる．

　TrackMateに必要なクラスとしてインポートするクラスは，前述のTrackMate, Model, Settingsの他，解析の経過を記録するLogger（L14〜18）が含まれる．また，検出器であるLogDetectorを使用するためのDetectorKeysとLogDetectorFactory（L19〜21），追跡器であるSparseLAPTrackerを使用するためのSimpleSparseLAPTrackerFactory（L22〜24）が必要である．一方，結果をcsv形式ファイルで保存するため，Jythonの純正モジュールであるcsvもインポートする（L25）．

　TrackMateで解析を行う関数Trackmate_analysis（L28）では，画像（ImagePlus型）を引数として処理を行う．まず，TrackMateを使うのに必要なクラスのインスタンスを作成し（L31〜33），検出器のパラメータ（L36〜47）と追跡器のパラメータ（L50〜60）をSettingsクラスを用いて設定する．それぞれのパラメータの詳細を**表3**，**表4**に示す．

表3　検出器の設定に必要なパラメータ

パラメータ名	型	役割
detectorFactory	SpotDetectorFactoryBase	検出器の種類
detectorSettings	dict	検出器で用いるパラメータをまとめて指定する
DO_SUBPIXEL_LOCALIZATION	boolean	Trueであれば粒子の位置をサブピクセルレベルで出力する
RADIUS	float	粒子の大きさ
TARGET_CHANNEL	int	検出器を適用するチャネル
THRESHOLD	float	粒子検出の閾値
DO_MEDIAN_FILTERING	boolean	Trueであれば画像に中央値フィルタが適用される

表4　追跡器の設定に必要なパラメータ

パラメータ名	型	役割
trackerFactory	SpotTrackerFactory	追跡器の種類
trackerSettings	dict	追跡器で用いるパラメータをまとめて指定する
LINKING_MAX_DISTANCE	float	粒子同士の距離の閾値
GAP_CLOSING_MAX_DISTANCE	float	粒子を一時的に見失った（GAP）あと，再度同じ粒子として検出するための距離の閾値
MAX_FRAME_GAP	int	粒子を一時的に見失った（GAP）あと，再度同じ粒子として検出するための時間フレーム数の閾値

　検出器のパラメータは，detectorSettingsクラスにJavaのMap型（Pythonのdict型）で設定する．つまり，変数名をキーとして値を以下で設定する（L38〜47）．

```
put(キー, 値)
```

　LogDetectorでは，指定したチャネル（TARGET_CHANNEL）の画像で粒子の大きさ（RADIUS）と局所的な輝度の閾値（THRESHOLD）を用いて粒子を検出する．GUIでは，粒子の大きさは円（3次元では球）の直径で指定するが，スクリプトでは半径で指定するため，2で割る必要があるので注意する（L41）．DO_SUBPIXEL_LOCALIZATIONをTrueにすると，粒子のXY座標をピクセル単位でなく，小数点単位で解析することができる．さらに，今回はガウスぼかしによるフィルタをすでに用いているので使用しないが，DO_MEDIAN_FILTERINGをTrueにすると，画像に中央値フィルタを適用してから粒子検出を行うことが可能であり，ノイズの多い画像では役に立つかもしれない．

　同様に，追跡器のパラメータは，trackerSettingsクラスにてMap型で設定する．粒子の時間フレームごとの最大移動距離をLINKING_MAX_DISTANCEにて設定する（L54〜55）．さらに，Fucciの画像では，mCherryとmVenusが両方とも検出されない時間がわずかながら存在する．その間の軌跡が途切れないようにするため，MAX_FRAME_GAPとGAP_CLOSING_MAX_DISTANCEを設定する（L56〜59）．追跡が途中で途切れてしまっても，MAX_FRAME_GAP以内のタイムフレームでGAP_CLOSING_MAX_DISTANCEの距離以内に粒子が見つかれば，前後の軌跡はつなぎ合わされる．ただし，追跡対象の密度が大きいときには，これらの値を増やすと異なる検出点を結んで時系列としてしまうエラーが生じるので注意する．

　以上の検出器，追跡器の設定では，変数の型に特に注意してほしい．Float型での入力が必須である場合，例えば「10」と入力してしまうと，Integer型と認識され，エラーが生じ，スクリプトが途中で止まってしまう．逆にInteger型の入力が必要な変数に「10.0」と入力するとFloat型と認識され，同じくエラーとなる．

　次に，L60では，addAllAnalyzersメソッドによって，TrackMateが解析する粒子，軌跡の定量データの種類（粒子の輝度や軌跡の平均速度など）を「すべて」として指定している．個々の定量データに対応するAnalyzerを設定することもできるが，煩雑であり，処理時間にもほとんど差はないので，addAllAnalyzersを使うことを勧める．

　このように設定したModelおよびSettingsを用い，TrackMateをインスタンス化する（L63）．設定に問題がないことをcheckInputメソッドにて確認（エラーがある場合にはその内容が表示される）したあと（L66〜

実践編

231

68），process メソッドにて実際の解析を行う．処理中にエラーがあった場合には，L70 の ok が False となり，L71 でエラーメッセージとともにスクリプトが中断される．一方，解析が問題なく終了した場合には，関数の返り値として，解析結果が記録された model が返される（L73）．

もう一つの関数である saveOutputs 関数は，model から解析結果を読み込み，csv ファイルに書き込み，保存する関数である．この csv ファイルは L1 のスクリプティングパラメータで設定した dstFile フォルダに保存し，ファイル名は画像タイトルに「_Intensities」を追加することとした．L78 にて getTitle メソッドにより画像タイトルを取得する．そこから拡張子を除くには，splitext メソッドを用い，1 番目の要素を取得する（L80）．結果のファイルのパスは，os.path.join を用い，フォルダのパス，拡張子を除いた画像タイトル，付与する文字列と拡張子を含む「_Intensities.csv」をつなぎ合わせて作成する（L81 〜 82）．

```
os.path.join(フォルダ名, ファイル名)
```

一方，TrackMate によって作成されるログ情報のファイルは，「画像タイトル_log.txt」というファイル名で保存することとし，同様にパスの文字列を作成する（L83 〜 84）．

TrackMate の解析結果を書き出すファイルを作成するには，Python の組み込み関数である open を用いる．open 関数は返り値としてファイルオブジェクトを返す関数であり，L87 は出力ファイルのパスである intensitiesFileName に，バイナリ形式で書き込みを行う（'wb'）ファイルを作成することを意味する．open 関数を用いたファイル操作については，Python の公式ドキュメント[注15]もあわせて参照してほしい．作成したファイルに書き込むには，csv モジュールの writer 関数でファイルオブジェクトを引数にしてインスタンス化する（L88）．L90 〜 92 では出力結果の見出しとなる行を作成し，ファイルに書き込む．この際，画像の輝度情報の数は画像のチャネル数に依存するため，あらかじめ画像のチャネル数を取得しておき（L77），そのチャネルの数だけ見出しの項目数を追加する（L89 〜 91）．writer の writerow メソッドを用いることでファイルに書き込みができる（L92）．

前述の通り　TrackMate の解析結果は Model クラスのインスタンス（model）に保存されている．個々の粒子の軌跡の集合は，以下で取得可能である．

```
model.getTrackModel().trackIDs(True)
```

trackIDs メソッドの引数である True は，一部の軌跡を非表示にしている場合に，それを除いた軌跡のみを対象にするかを指定する boolean 変数であるが，この Jython スクリプトでは，非表示の軌跡はないため，True でも False でも出力されるデータに違いはない．個々の軌跡（id）に対し，それに含まれる粒子の集合（track）は L94 の以下で取得可能である．

```
model.getTrackModel().trackSpots(id)
```

その集合に粒子が 1 つ以上含まれるかを if 文でチェックし（L96），そうである場合には，個々の粒子（Spot

注15 2. 組み込み関数 — Python 2.7.18 ドキュメント　https://docs.python.org/ja/2/library/functions.html#open

クラスのオブジェクト）について，定量データをリスト変数である`AllValues`に書き込む（L97〜110）．その際，X座標，Y座標などの個々のデータは，Spotクラスの`spot`という名前のオブジェクトを例にすると，以下で取得できる．

```
spot.getFeature('特徴量の名前')
```

なお，「特徴量の名前」は，`QUALITY`，`POSITION_X`，`POSITION_Y`，`POSITION_Z`，`RADIUS`，`FRAME`の6種類が存在する他，個々のチャネルの輝度は，以下で取得する．

```
spot.getFeature('MEAN_INTENSITY_CH{チャネル番号}')
```

{チャネル番号}は1から10の整数で指定する．11チャネル以上には対応していないことに注意が必要である．すべてのチャネルに対して輝度を取得するには，書式演算子の%を使用し，チャネルのループ内で以下のように記述し，`AllValues`に追加（append）する（L108）．

```
spot.getFeature('MEAN_INTENSITY_CH%d' % (i+1))
```

最後に，以上のすべての粒子のデータを先程作成したcsvファイルに書き込み（L110），すべてのループの終了後にcsvファイルを閉じる（L111）．

また，TrackMateによって作成されるログファイルは，Pythonのopen関数とIJのgetLogメソッドを用いて保存する．open関数によって新規に書き込み可能なファイルを作成し（L114），getLogメソッドでログ情報を取得し（L115），それをファイルに書き込む（L116）．その後，ファイルを閉じ（L117），ログを初期化する（L118）．

これで，**図4**の【メインの処理】のスクリプトが完成した．次に，これをさらに利便性の高いものにしていく．

10）特定のフォルダ内のすべての画像ファイル名をリストにする

これまでのさまざまな処理を，特定のフォルダ内の複数のFucci画像ファイルに対して自動的に行えるようにしよう（**図4左**）．これは，さまざまな実験条件があり，なおかつそれぞれの条件に多くのタイムラプス画像がある場合には非常に便利である．その際，フォルダ内にあるすべてのファイルのなかから，特定の文字列を含み，かつ特定の拡張子をもつファイルをすべて取得し，何らかの処理をするには，以下のようなスクリプトを使えばよい．このコードではひとまずファイル名をリストするだけである．TrackMate解析などの実際の処理はこのあとで組み込む．

コード12：フォルダ内のすべてのファイルを探索し，ループ処理をする

```
1    #@ File    (label = "Input directory", style = "directory") srcFile
2    #@ File    (label = "Output directory", style = "directory") dstFile
3    #@ String  (label = "File extension", value=".tif") ext
```

```
 4    #@ String  (label = "File name contains", value = "") containString
 5
 6    import os
 7    import sys
 8    from ij import IJ, ImagePlus
 9    from loci.plugins import BF
10    from loci.plugins.in import ImporterOptions
11
12    # ポップアップウインドウで取得した情報
13        # 探索するフォルダの絶対パスを取得
14    srcDir = srcFile.getAbsolutePath()
15        # 画像を保存するフォルダの絶対パスを取得
16    dstDir = dstFile.getAbsolutePath()
17    print(srcDir + str(srcDir))
18    print(dstDir + str(dstDir))
19    # ファイル名の集まり. はじめは空で初期化
20    filecol = []
21    # フォルダ名の集まり. はじめは空で初期化
22    rootcol = []
23
24    # 指定したフォルダ内の探索
25    for root, directories, filenames in os.walk(srcDir):
26        # ファイル名の並び替え
27        filenames.sort()
28        # ファイルごとに条件のチェック
29        for filename in filenames:
30            # 拡張子のチェック
31            if not filename.endswith(ext):
32                # 条件を満たさないときはスキップ
33                continue
34            # ファイル名のチェック
35            if containString not in filename:
36                # 条件を満たさないときはスキップ
37                continue
38            filecol.append(filename)
39            rootcol.append(root)
40
41    # 条件を満たすファイルについてくり返し処理
42    for i in range(len(filecol)):
43    # ファイルのパスを表示
44        cprint(os.path.join(rootcol[i],filecol[i]))
45        # ここに処理を書くとすべてのファイルに実行される
```

これを実行すると，**図8**のようなポップアップが現れる．まず，「Input directory」と「Output directory」に，横の「Browse」からディレクトリを選択する．これは，Input directory内のファイルで画像を探索し，結果をOutput derectoryに保存することを想定したものである．さらに，File extention欄は，拡張子の指定

のためである．**図8**の例では，.tifとしており，Input directory内のTIFF画像ファイルのみを想定している．他の拡張子（画像であれば，例えば.nd2, .lif, .oifなど）でもよいので，自分の画像ファイル形式に合わせて変更できる．さらに，File name contains欄は，個々のファイル名をチェックし，ある文字列を含むファイルだけを選択するために指定する．例えば，ディレクトリ内に解析したいファイル以外に，撮影時の条件検討に用いた「test.tif」や論文用に作成した「ForFig1a.tif」などが存在するのはよくあることである．これらを除くために，顕微鏡で取得したファイルにのみ存在する文字列を指定すると便利である．

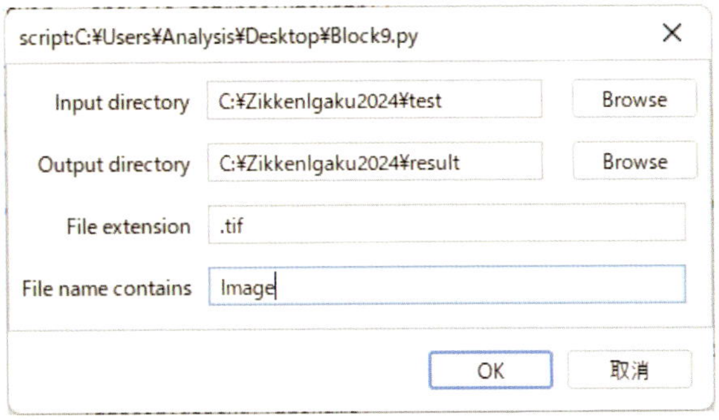

図8 フォルダ指定のポップアップ

コード12は，ユーザーが選んだディレクトリのなかのすべてのファイルを探索し，ファイルの拡張子が.tifで「Image」という文字列を含むファイルのパスが出力される．まず，L1〜4でスクリプティングパラメータを用い，ディレクトリなどを指定する．L25でOutput directory内のディレクトリ，ファイルが探索され，L27でファイル名がいったんソートされる．そして，L29のループでそのファイル群が一つひとつチェックされる．具体的には，L30〜33で拡張子がPythonの文字列のメソッドであるendswithメソッドで判定され，L34〜37でファイル名が指定文字列（containString）を含むかどうかが判定される．それぞれのステップで条件を満たさない場合には，continueによって次のループに移動する．一方，条件を満たす場合には，配列変数であるfilecolとrootcolにファイル名とディレクトリ名が格納される．最終的に条件を満たすファイルの集合がfilecolおよびrootcolとなる．そして，L41からのループ処理を行うことによって，条件を満たすファイルのパスのすべてを出力している．このとき，L44でTrackMateのスクリプト（**コード11**）でも使ったように，os.path.joinを使ってフォルダ名とファイル名をパスとして結合する．

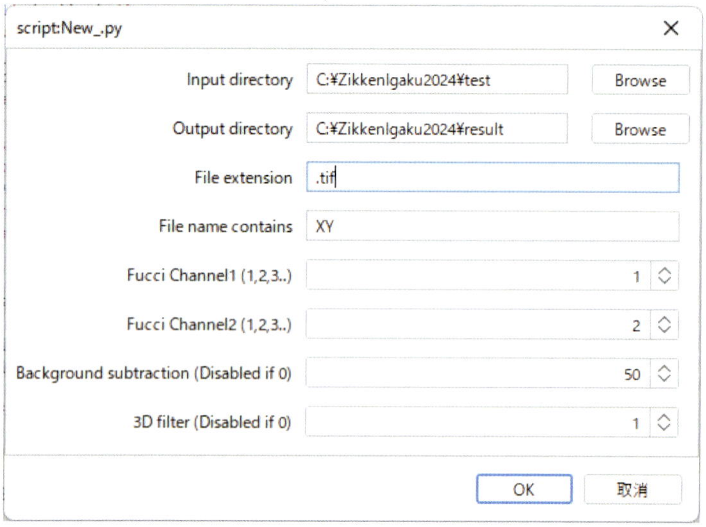

図9 最終形のポップアップ

11) 特定のフォルダ内のすべてのFucci画像をTrackMateで解析する

これまでのすべてのパーツを組み合わせると，最終的に以下のようなコードが完成する．これを実行すると，必要なパラメータを入力するポップアップ（**図9**）が表示され，OKをクリックすると，指定したフォルダ内の画像ファイルはすべて前処理したうえでTrackMate解析がなされ，結果がcsvファイル形式で出力される．なお，書面上の表記を簡略化するために関数の定義は省略してあるので，各自で追加するか，**サポートリポジトリ**の完全なスクリプトをダウンロードして使用してほしい．

コード13：フォルダ内のすべてのFucci画像をTrackMateで解析する

```
1   #@ File (label = "Input directory", style = "directory") srcFile
2   #@ File (label = "Output directory", style = "directory") dstFile
3   #@ String (label = "File extension", value=".tif") ext
4   #@ String (label = "File name contains", value = "") containString
5   #@ Integer (label = "Background subtraction (Disabled if 0)", value = 50) BGval
6   #@ Integer (label = "3D filter (Disabled if 0)", value = 1) sigma
7
8   # ------------Trackmateのパラメータ------------
9   SegCh = 3
10  Threshold = 0.1
11  CellSize = 20.0
12  LinkMaxDis = 25.0
13  GapClosingMaxDis = 50.0
14  MaxFrameGap = 2
15
16  import os
17  import sys
18  from ij import IJ
19  from fiji.plugin.trackmate \
```

```
20    import Settings, \
21            Model, \
22            TrackMate, \
23            Logger
24  from fiji.plugin.trackmate.detection \
25      import DetectorKeys, \
26            LogDetectorFactory
27  from fiji.plugin.trackmate.tracking.jaqaman \
28      import LAPUtils, \
29            SimpleSparseLAPTrackerFactory
30  from loci.plugins import BF
31  from loci.plugins.in import ImporterOptions
32  from ij.process import StackStatistics
33  from ij.plugin import \
34      ChannelSplitter, \
35      ImageCalculator, \
36      Concatenator,  \
37      HyperStackConverter
38  import csv
39
40  # インスタンスの作成
41  IC = ImageCalculator()
42  # ポップアップウインドウで取得した情報
43      # 探索するフォルダの絶対パスを取得
44  srcDir = srcFile.getAbsolutePath()
45      # 画像を保存するフォルダの絶対パスを取得
46  dstDir = dstFile.getAbsolutePath()
47  print srcDir + str(srcDir)
48  print dstDir + str(dstDir)
49
50  # -------関数の記述ここから-------------
51  # Image Importerによる画像の読み込みを行う関数
52  def IOimp(dirname, filename):
53      io = ImporterOptions()
54      io.setOpenAllSeries(False)
55      io.setConcatenate(False)
56      io.setId((os.path.join(dirname, filename)))
57      print "Opening image file: ", filename
58      imps = BF.openImagePlus(io)
59      print imps
60      return imps[0]
61
62  # 残りの関数は省略（サポートレポジトリ参照）
63  # -------関数の記述ここまで-------------
64
65  # 条件を満たすファイルの探索と処理
66  for root, directories, filenames in os.walk(srcDir):
```

実践編

```
67      filenames.sort()
68      for filename in filenames:
69          # 拡張子のチェック
70          if not filename.endswith(ext):
71              continue
72          # ファイル名のチェック
73          if containString not in filename:
74              continue
75          # ファイルのディレクトリを表示
76          print(os.path.join(root,filename))
77          imp = IOimp(root,filename)
78          # ファイル一つの前処理
79          imp_HSC = prepare3chHyperstack(imp)
80          # 処理後の画像の保存
81          if not os.path.exists(dstDir):
82              os.makedirs(dstDir)
83          print "Saving to", dstDir
84          savefilename = filename.replace("." + ext, "")
85          IJ.saveAs(imp_HSC, "Tiff", \
86              os.path.join(dstDir, savefilename))
87          # Trackmate解析と結果の保存
88          model = Trackmate_analysis(imp_HSC)
89          saveOutputs(imp_HSC, model )
90
91  IJ.log("Analysis completed. \
92          Please check the destination directory \
93          for saved images and quantification data.")
```

パラメータはL1〜6までのスクリプティングパラメータに加え，L9〜14までがTrackMate解析での検出，追跡に必要なパラメータであるため，あらかじめGUI操作によるTrackMate解析で最適な値を検討し，画像に合わせて変更してほしい．このJythonスクリプトでは，同じ画像取得条件で得られた複数のファイルをまとめて同じパラメータで解析できる．

既出の関数はL52〜62に入る．今回追加した唯一の関数は，L56〜60のIOimpである．これは，リストとして取得した画像ファイルのパスから画像を開くために用いるものであり，BFとImporterOptionsクラスを用いる．これは［Plugins > Bio-Formats > Bio-Formats Importer］に相当するものであり，一般的な画像ファイルであるTIFF画像だけでなく，画像取得ソフトウェアに応じたさまざまな独自形式のファイル（.lif，.oif，.nd2など）も開くことを可能にする．画像を開くときのオプションをImporterOptionsに指定し，それをBFのopenImagePlusメソッドの引数として用いることで画像を開くことができる（L58）．ここではオプションとして，**表5**に示す3つを指定している．

表5 openImagePlusメソッドに用いる引数

メソッド名	型と変数例	役割
setOpenAllSeries	boolean b	複数のseriesの画像が含まれるときにそれをすべて開くかを指定
setConcatenate	boolean b	複数のseriesの画像を開くときにそれらを連結させるかを指定
setId	String s	画像ファイルのパスを指定

　L66からが実際の処理であり，指定したフォルダ内で条件を満たす画像ファイルにL76〜89までの処理が行われる．L91〜93にて，終了後にメッセージが表示されるようになっているため，処理が終了すると，**図10A**のようなウィンドウが表示される．そこで，出力先として指定したフォルダを見ると，**図10B**のように画像とTrackMateの定量データ（csv）ファイルが保存されているので確認する．

　得られたcsvファイルを開くと各時間の個々の細胞の定量データを確認できる．mCherryとmVenusのTrackごとの輝度の時間変化を例示したものが**図11**である．2つの蛍光が時間とともに入れ替わるように上下する様子が確認でき，定量化がうまくいっていることが確認できる．

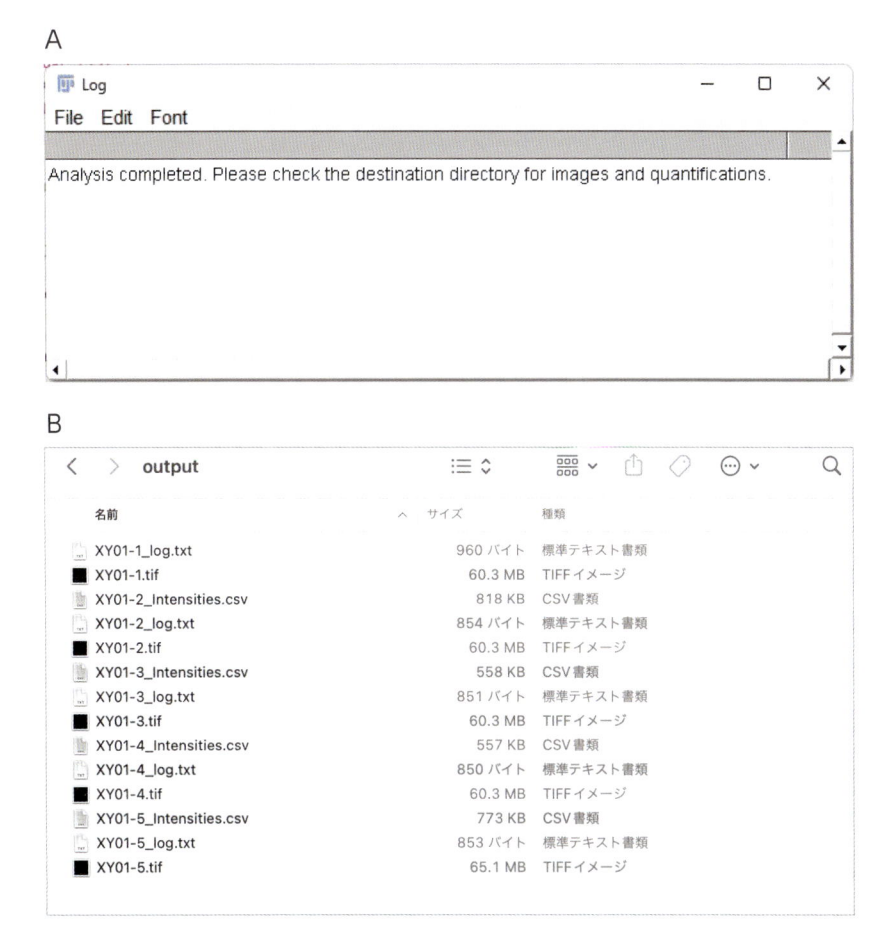

図10 スクリプトによるTrackMate解析結果

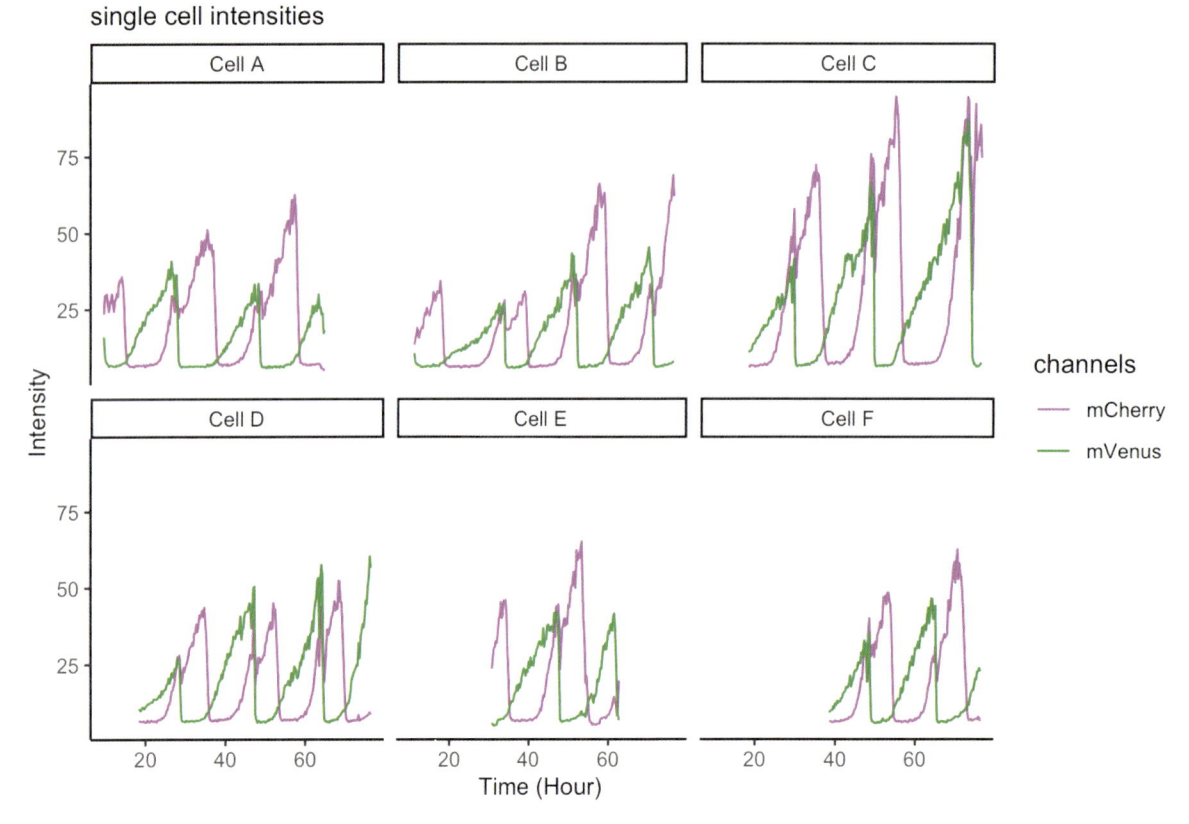

図11 シングルセルの輝度のプロット

まとめ

　今回は，Fucci の蛍光画像を題材に，すぐに TrackMate での粒子追跡ができない画像を変換し，TrackMate 解析を可能にするための方法の一例とその自動化の手法について解説した．粒子追跡に限らず，バックグラウンド処理，フィルタ処理，フォルダ内の画像のフィルタリング，画像の自動保存などの「部品」は広く応用可能ではないだろうか．例えば，すべての画像を別のファイル形式（拡張子）で保存したり，ミスなく同じ条件でマスク画像をつくったりするなど，ここで解説した「部品」を必要とする読者の方も多いのではないだろうか．今回紹介したいくつかの「型」をうまく組み合わせて，それぞれの研究にお役立ていただければ幸いである．

　最後に，本章でさまざまな自動化のスクリプトを紹介したが，もとの画像をしっかり見ることは依然，最も大切なことである．自動処理方法を習うと，全く元の画像を見なくなり，奇妙な結果を平然と提示したり，解析に現れないクリアな結果を見逃すケースが私の周りに非常に多い．本書のコンセプトから矛盾するかもしれないが，必ずマニュアルでの解析結果と見比べながら，スクリプトを活用してほしい．

文献

1) Sakaue-Sawano A, et al：Cell, 132：487-498, doi:10.1016/j.cell.2007.12.033（2008）
2) Sakaue-Sawano A, et al：Mol Cell, 68：626-640.e5, doi:10.1016/j.molcel.2017.10.001（2017）
3) Harada Y, et al：eLife, 12, doi:10.7554/eLife.83870（2023）

プログラムコードのライセンス

実践編

実　践　編

6

甲殻類モデル生物 Parhyale hawaiensis の脚再生過程の細胞動態解析

菅原　皓

SUMMARY

　近年のイメージング技術の発展により，多次元，高解像度，広視野といった特徴を有する大規模な生物画像データの取得が可能となっている．大規模画像データの解析においては，メモリの制約や解析速度が重要な課題となるため，このような大規模データ特有の課題に対応した画像解析ソフトウェアの利用が求められる．本章では，Fiji のプラグインである BigDataViewer，Mastodon，ELEPHANT を用いた生物大規模画像データ解析，特に3次元細胞追跡（tracking）解析について解説する．

はじめに

　ImageJ[1]/Fiji[2] は強力な生物画像解析ツールであるが，大規模画像データの解析を行う際にメモリ制約や解析速度の点で困難に直面することがある．近年のイメージング技術の進展に伴い，大規模画像データ解析の需要が高まるなか，Fiji プラグインとして BigDataViewer[3] が開発された．BigDataViewer は大規模画像データ向けに開発されたビューアーであり，数百 GB や TB スケールの画像を非常に少ないメモリ消費量で可視化することができる強力なツールである．BigDataViewer の開発コミュニティは規模を拡大しており，BigDataViewer と連携した解析プラグインの開発も進められている．本章では，BigDataViewer を画像ビューアーとして利用し開発された細胞追跡解析ソフトウェアである Mastodon[注1]・ELEPHANT[4] を用いて，3次元細胞追跡解析手法を紹介する．

本章で扱う主なツールの紹介

　本章では Fiji を基盤とした階層的な依存構造（**図1**）をもつソフトウェア群を用いて解析を行う．以下に主なツールの紹介を示す．

ELEPHANT
Mastodon
BigDataViewer
ImageJ/Fiji

図1　各ツールの関係
ImageJ/Fiji，BigDataViewer，Mastodon，ELEPHANT はこのような階層的な関係になっており，上にあるプラグインが下のプラグインに依存している．

注1　https://mastodon.readthedocs.io/

1）BigDataViewer

BigDataViewerは，Fijiのプラグインとして開発された，多次元，高解像度，広視野といった特徴をもつ大規模画像データを効率的に可視化するためのツールである．従来の画像ビューアーでは，メモリ制約や処理速度の問題から，数百GBを超える画像データをリアルタイムで操作することは困難であった．BigDataViewerは，大規模データの効率的な処理を可能にする特殊なデータ構造とアルゴリズムを用いることでこの問題を解決しており，膨大な大規模画像データをスムーズに拡大・縮小・回転しながら可視化することを可能にしている．特にそのデータ構造は，ピラミッド型を採用しており，表示に必要な部分のみを動的に読み込むことで効率的なメモリ使用を実現している．このしくみにより，大規模なタイムラプスイメージングや3Dイメージングデータを迅速に表示することが可能である．また，BigDataViewerは拡張可能な設計となっており，幅広い解析ニーズに対応している．ユーザーインターフェースは直感的であり，はじめて使用するユーザーでも比較的短時間で基本操作を習得できる．また，豊富なドキュメントに加えオンラインコミュニティのサポートも充実しており，使用に際しての疑問や問題に対して迅速に対応を受けることが可能だ．以上のようにBigDataViewerは，生物画像解析における大規模画像データのボトルネックを解消し，可視化と解析を大幅に効率化するツールである．

2）Mastodon

Mastodonは大規模データを想定して開発された2次元および3次元細胞追跡プラットフォームであり，Fijiプラグインとして利用可能である．Mastodonでは，BigDataViewerに細胞追跡のためのアノテーション機能を追加しており，細胞は楕円体のスポットとして，追跡情報はリンクとして表現される．BigDataViewerのウィンドウは複数同時に開くことが可能であり，3次元画像をXY平面，YZ平面，XZ平面から同時に確認しながら使う，といった利用が可能である．画像ビューアー機能の他に，系譜画面（TrackScheme）とよばれる追跡結果の系譜表示機能が搭載されている．また，細胞検出・追跡結果に基づき，平均輝度や移動速度を算出する機能をもち，これらの算出結果はデータテーブル（Data Table）とよばれる表形式で表示が可能である．Mastodonの優れたポイントとして，これらすべてのウィンドウで表示されるスポットおよびリンクの情報を同期することが可能な点があげられる．例えば，BigDataViewer上でスポットやリンクを選択すると，同期された他のBigDataViewerウィンドウ，系譜画面とデータテーブルにおいても選択された状態となり，表示領域が該当箇所に遷移する．MastodonはTrackMate[5]と同じ開発者が創始したソフトウェアであるが，大規模データに対応した特殊なデータ構造の採用により，TrackMateでは扱えない規模の細胞追跡を実現することができる．一方，TrackMateでは細胞を多角形として表現することが可能であるが，Mastodonでは細胞が楕円体として表現されるため，詳細な形態情報が必要な場合にはTrackMateの利用を推奨する．

3）ELEPHANT

ELEPHANTは対話型のインターフェースで深層学習（deep learning）を援用できる細胞追跡ツールである．ELEPHANTはMastodonの拡張機能として開発されており，2次元および3次元時系列画像を用いた細胞検出および細胞追跡を大規模に実行することが可能である．一般に深層学習モデルの学習には大量の訓練用データが必要とされるが，ELEPHANTは疎なアノテーションに基づきモデル学習可能なアルゴリズムを実装しており，訓練用にわずか数個の細胞をアノテーションするだけで比較的高性能な細胞検出・追跡モデル

の学習が可能である．まさに，論語の「一を聞いて十を知る」といえよう．ELEPHANTはクライアント・サーバー形式[注2]で実装されており，Fijiプラグインとして配布されるクライアントソフトウェアと，深層学習機能を提供するサーバーソフトウェアを組み合わせて利用する．

 ## サンプルデータセット

　本章では発生のモデル生物である甲殻類Parhyale hawaiensisの脚再生の過程を捉えたデータの一部をサンプルデータセットとして利用する（図2）．本データでは，ヒストンH2Bに融合した蛍光タンパク質mRFPrubyが核の可視化に用いられている．脚再生の過程では細胞分裂が多く観察されており，その形態形成における多細胞ダイナミクスを解析するには細胞分裂を含めて細胞の動態を追跡する必要がある．本画像データはZeiss LSM 800共焦点レーザースキャン顕微鏡にて，プラン・アポクロマート対物レンズ（倍率20倍/NA0.8/ドライ）を用いて撮像されており，空間解像度は水平方向（X）および鉛直方向（Y）が0.31 μm，深さ方向（Z）が2.48 μm，フレーム間の時間間隔は20分である．

　https://doi.org/10.5281/zenodo.14003184 よりダウンロードできる．

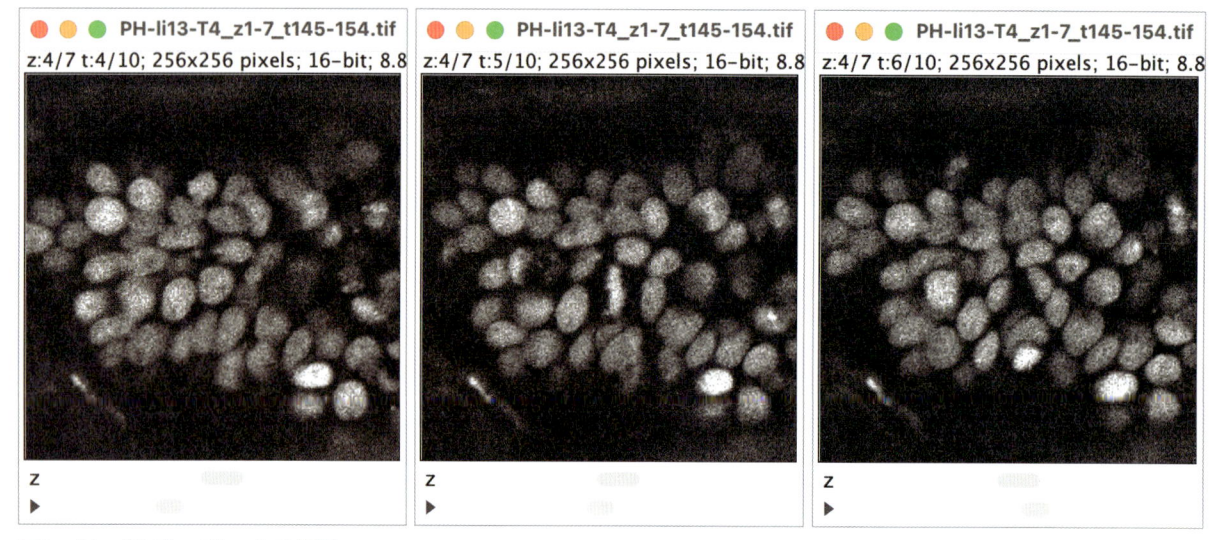

図2　サンプルデータセットの概要
サンプルデータセットの特定のZスライスから連続するタイムポイントを抽出して示した図．画面中央付近で細胞分裂の様子が観察される（Fijiによる画像表示）．

 ## 解析の流れ

　本章で紹介する解析のワークフローは図3に示す通りである．データセットの準備を行ったあと，ELEPHANTによる深層学習を用いた細胞検出・細胞追跡を実行し，最終的に定量解析を行う．

注2　「クライアント・サーバー形式」とは，コンピュータプログラムのプロセス間通信におけるアーキテクチャの1つであり，クライアント（利用者の端末）とサーバー（サービスを提供するコンピュータ）が明確に分かれている形式を指すものである．クライアントはサービスを要求し，サーバーはその要求に応じてデータや機能を提供する．

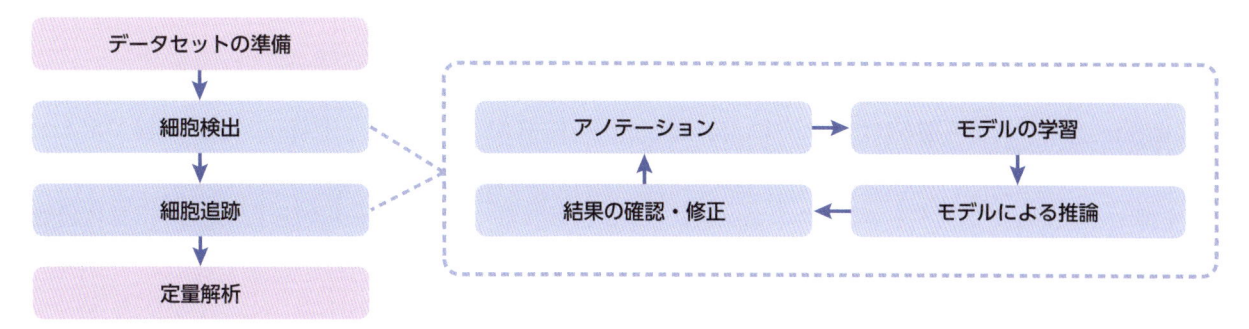

図3 ワークフロー

本章で紹介する画像解析のワークフロー.

1）BigDataViewer形式への画像データの変換

Mastodon/ELEPHANTで解析を行うためには，解析対象のデータセットをBigDataViewer形式に変換する必要がある．まず，対象の画像をFijiでスタックとして開き，［Image > Properties...］より Channels（c），Slices（z），Frames（t），Pixel width，Pixel height，Voxel depth が適切に設定されているか確認したあと，必要に応じて修正する（**図4**）．画像に複数のチャネルがある場合，ELEPHANTで解析したいチャネルが最初のチャネルになるようにする．チャネル順の変更は，Fiji上で［Image > Color > Arrange Channels...］を実行することで可能である．Fijiメニューから［Plugins > BigDataViewer > Export Current Image as XML/HDF5］を選択し，Export for BigDataViewer ウィンドウを開く（**図5**）[注3]．Export pathの項目に出力先のファイルパスを入力し，「OK」ボタンを押して変換を開始する．変換が完了すると，.h5ファイルと.xmlファイルのペアが指定先に出力される．画像データが大きすぎてメモリに収まり切らない場合は，バーチャルスタック機能を用いた開いた画像からエクスポートすることも可能となっている．

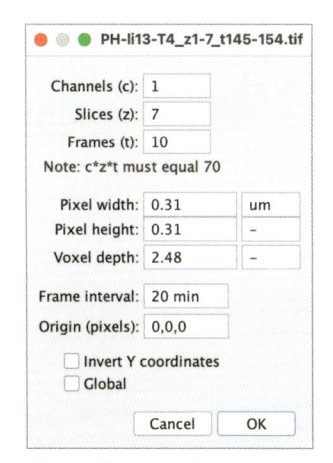

図4 画像のプロパティ設定

Fijiにて［Image > Properties...］より，各パラメータが適切に設定されているか確認し，必要に応じて修正する.

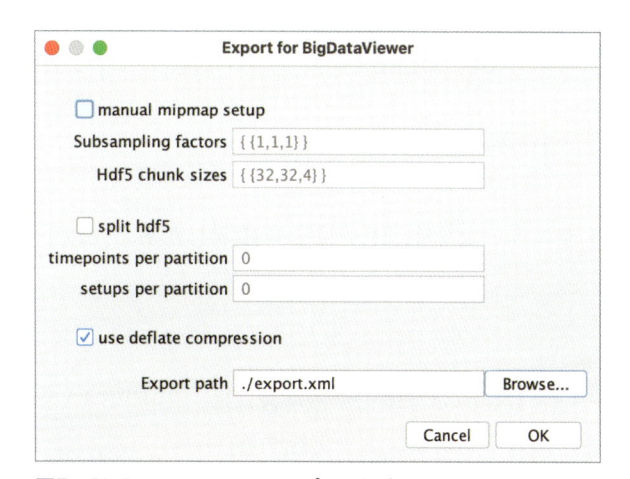

図5 BigDataViewerエクスポート設定

Fijiにて［Plugins > BigDataViewer > Export Current Image as XML/HDF5］より画像データをBigDataViewer に対応した XML/HDF5形式で保存する.

注3　HDF5（.h5）は階層データ形式により複数の解像度のデータをピラミッド型で保持することを可能とし，大規模画像データにより適したファイルフォーマットである.

実践編

2）Mastodon と ELEPHANT のインストール

Fiji メニューから ［Help > Update…］ を選択し，ImageJ Updater ウィンドウを開く．左下の「Manage Update Sites」ボタンより図6に示すように Mastodon と ELEPHANT を選択し，「Apply and Close」ボタンを押して Manage Update Sites ウィンドウを閉じる．ImageJ Updater ウィンドウにて「Apply Changes」ボタンを押すと必要なプラグインファイルのダウンロードが行われる．アップデートが完了したら Fiji を再起動する．

Ac...	Name	URL	Host	Di...	Description
☑	ELEPHANT	https://sites.imagej.net/...			ELEPHANT is a platform for 3D cell t...
☑	Mastodon	https://sites.imagej.net/...			Mastodon is a software for automati...

図6 MastodonとELEPHANT（Fijiクライアント）のインストール
Fijiにて［Help > Update…］からImageJ Updaterを開き，左下の「Manage Update Sites」ボタンからMastodonとELEPHANTを選択する．

ELEPHANT server は現在 Linux ベースのシステムのみサポートしている．Windows の場合は Windows System for Linux（WSL）[注4] 上でセットアップが可能である．ELEPHANT server のインストールと実行は Docker[注5] を利用して行う．また，GPU を利用するためには NVIDIA Container Toolkit[注6] を追加でインストールする．以下に示すように GitHub リポジトリから最新の elephant-server ソースコードを入手する．Git コマンドが利用できない場合は，最新のリリース[注7] から zip あるいは tar.gz 形式でソースコードをダウンロードし展開する．

```
% git clone https://github.com/elephant-track/elephant-server.git
% cd elephant-server
```

以下のコマンドで ELEPHANT server の Docker イメージをビルドする．

```
% make build
```

ビルドがエラーなく完了したことを確認したあと，以下のコマンドで ELEPHANT server を起動する．

```
% make launch
```

ELEPHANT server を停止する場合には，ELEPHANT server を起動しているターミナル上で Ctrl + C を押す，または以下のコマンドを実行する．

注4　https://learn.microsoft.com/ja-jp/windows/wsl/install
注5　事前に以下のURLからDockerのインストールを行い起動しておく．
　　　https://www.docker.com/
注6　https://docs.nvidia.com/datacenter/cloud-native/container-toolkit/latest/install-guide.html
注7　https://github.com/elephant-track/elephant-server/releases/latest

```
% make stop
```

3）Mastodon と ELEPHANT の起動

　Fiji メニューから［Plugins > Mastodon］を実行すると Mastodon launcher ウィンドウが表示される（**図7**）．Mastodon launcher ウィンドウ内で「new Mastodon project」ボタンを押し，BigDataViewer 形式で保存したxmlファイルのパスを指定したあと，createボタンを押すことでMastodon プロジェクトが作成（**図8**）され，Mastodon メインウィンドウ（**図9**）と ELEPHANT Control Panel（**図10**）が表示される．ELEPHANT serverがセットアップできている場合は，ELEPHANT server と Rabbit MQ[注8]の箇所が「Available」と表示される．「Unavailable」のままの場合は，ELEPHANTサーバーの起動時にエラーが発生している可能性があるため，「2）MastodonとELEPHANTのインストール」で起動したターミナル画面の出力を確認する．WindowsでWSLを利用している場合は，［Plugins > ELEPHANT > Preferences...］の Server settings内にある「ELEPHANT server URL with port number」と「RabbitMQ server host name」の「localhost」という文字列を以下のコマンドで得られるIPアドレスに変更する．

```
% wsl hostname -I
172.xx.xx.xxx
```

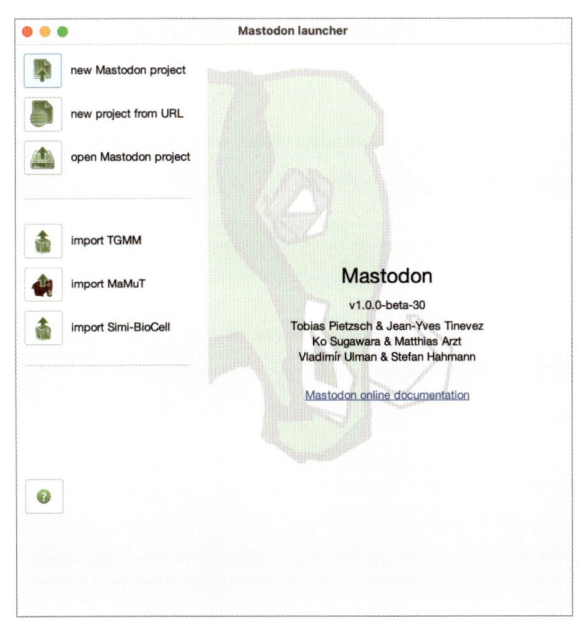

図7 Mastodon launcher ウィンドウ

［Plugins > Mastodon］から開くメインウィンドウ．新規プロジェクトの作成，プロジェクトのインポート，既存プロジェクトを開く，といったコマンドを選択可能．

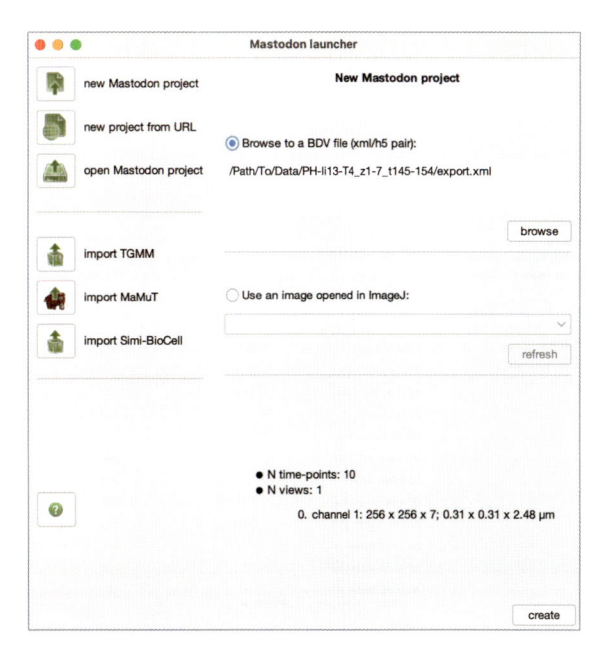

図8 新規Mastodonプロジェクトの作成

Mastodon launcher ウィンドウから「new Mastodon project」ボタンを押し，BigDataViewer 形式で保存した xml ファイルのパスを指定したあと，create ボタンを押す．

注8　RabbitMQ はアプリケーション間でのデータ送受信を可能にするオープンソースソフトウェアである．ELEPHANT においては，サーバーにおける処理状況をクライアントに共有する目的で利用されている．
https://www.rabbitmq.com/

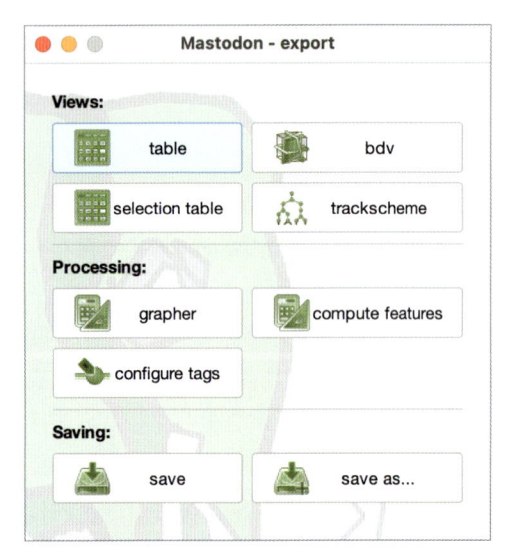

図9 Mastodonメイン画面
Mastodonメイン画面から画像表示ウィンドウ（bdv），細胞系譜画面（trackscheme），細胞特徴量の表ウィンドウ（table）などの機能にアクセスが可能.

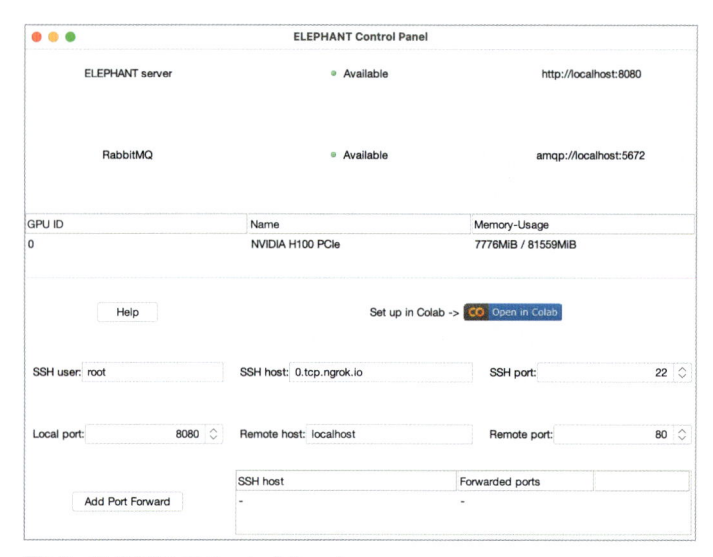

図10 ELEPHANT Control Panel
ELEPHANT Control PanelではELEPHANT serverとRabbitMQへの接続状況が確認できる他，GPUあるいはCPUの利用状況が確認できる.

　MastodonおよびELEPHANTでは多くのショートカットキーを利用する．ショートカットキーはユーザーが自由にカスタマイズ可能だが，本章ではELEPHANTでの利用時に使いやすいプリセットの設定を行う．Mastodon画面上の［File > Preferences...］から［Settings > Keymap］を表示し，ドロップダウンリストのなかからElephantを選択する（**図11**）．

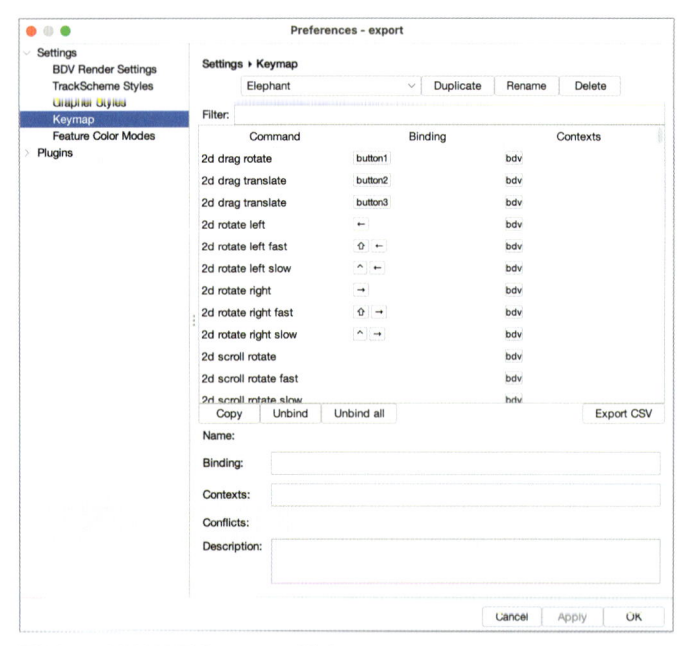

図11 ELEPHANT Keymapの設定
Mastodon画面上の［File > Preferences...］から［Settings > Keymap］を表示し，ドロップダウンリストのなかからElephantを選択する.

4）検出アノテーションの追加

　準備はできたので，実際に細胞核のアノテーションをはじめてみよう．ここでの作業の目的は細胞核の位置に，「スポット（spots）」とよばれる目印を置くことである．まず，Mastodonメインウィンドウから「bdv」ボタンを押し，BigDataViewerウィンドウを表示する．3次元データ解析の場合は，くり返し「bdv」ボタンを押し，3つのBigDataViewerウィンドウを表示し，XY平面，YZ平面，XZ平面の3方向から確認する方法が便利である（**図12**）．この際に，左上の鍵アイコンを利用して，複数のウィンドウをグループ化して画像の作動を同期することが可能となる．軸の回転はショートカットキーShift + Z（XY平面），Shift + X（YZ平面），Shift + Y（XZ平面）を用いて行うことが可能である．また，BigDataViewerウィンドウ内でAキーを押すことで新しくスポットが追加される．なお，スポットをマウスオーバーしハイライトした状態でDキーを押すとそのスポットを削除できる．スポットをハイライトした状態で，Eキー（拡大）またはQキー（縮小）を押すことでXYZ全方向へのスポットの拡大・縮小を行うこともできる．特定の方向に拡大・縮小したい場合は，まずAlt + X，Alt + Y，Alt + Zのいずれかで拡大・縮小する方向を決定し，Alt + E（拡大）またはAlt + Q（縮小）を押すことで特定の方向に拡大・縮小を行うことができる．楕円体の回転は，まずAlt + X，Alt + Y，Alt + Zのいずれかで回転軸を決定し，Alt + 右矢印またはAlt + 左矢印を押すことで特定の方向に回転を行うことができる．スポットの移動はハイライトした状態でSpaceキーを長押しし，マウスを動かすことで実現される．前述の操作をくり返し，検出アノテーションを作成する（**図13**）．[File > Save Project]または[File > Save Project As...]からアノテーションおよび検出結果を含めてプロジェクトの保存が可能である．不測の事態によりプログラムが停止した場合には，前回保存箇所までしか復旧できないため，こまめに保存することを推奨する．

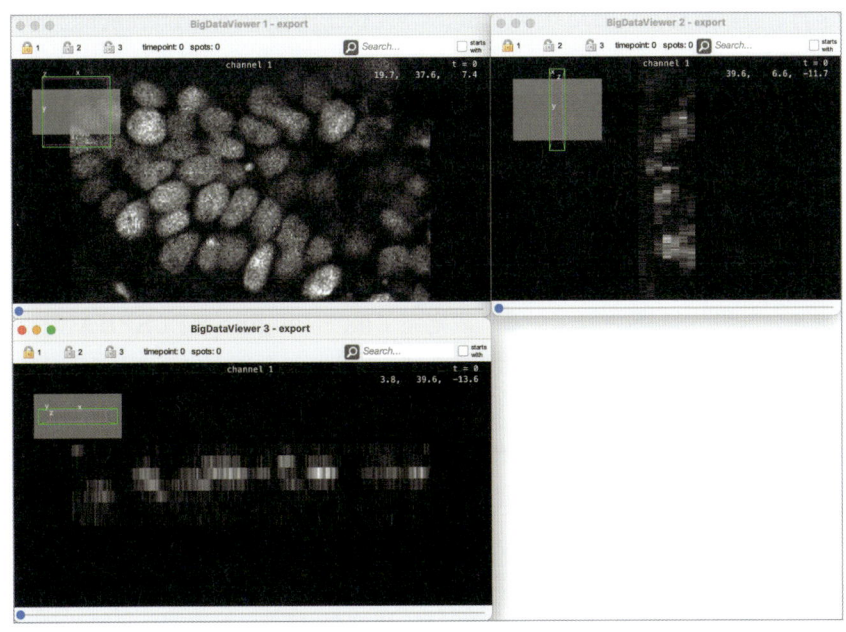

図12　Mastodon内BigDataViewerウィンドウ

Mastodon内のBigDataViewerウィンドウによる画像表示例．左上：XY平面，右上：YZ平面，左下：XZ平面．

実践編

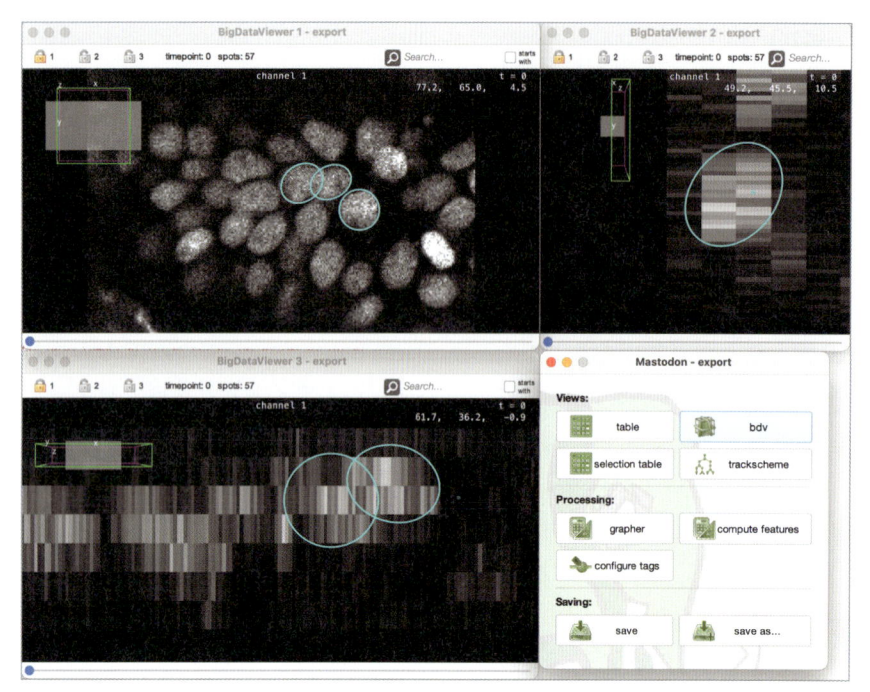

図13 ELEPHANT検出アノテーション例

BigDataViewerウィンドウを用いたアノテーション例．左上：XY平面，右上：YZ平面，左下：XZ平面，右下：Mastodonメインウィンドウ．

5）検出モデルの学習と実行

ELEPHANTにて検出モデルの学習と実行を行うにあたり，［Plugins > ELEPHANT > Preferences...］から必要なパラメータ，特にデータのディレクトリやモデルのファイルのパスを設定する（**図14**）．ここで，dataset dirには起動しているELEPHANT server上でユニークな値を設定する．競合する値が設定されている場合[注9]，意図せず上書きをしてしまう可能性があるため注意する．同様に，detection model fileパラメータとflow model fileパラメータも同じ名前を使い回すと意図せずに上書きをしてしまう可能性があるため注意する．設定に名前をつけることができるので，データセットに固有の名前を決め，前述のパラメータで一貫した命名を行うようにするとわかりやすい．その他のパラメータはデフォルトのまま進める．なお，パラメータに関する詳細な説明は公式ドキュメント[注10]に記載されている．設定完了後，［Plugins > ELEPHANT > Detection > Train Detection Model（All timepoints）］を実行することで，モデルの学習が実行される．新規データセットにて初回実行時は，「データセットがサーバー上に見つからないので，データのアップロードをしますか」という確認メッセージが表示されるので，「Yes」ボタンを押して進める（**図15**）．学習完了後は，［Plugins > ELEPHANT > Detection > Predict Spots］から学習したモデルによる推論の実行が可能となる．結果を確認し，正しい検出スポットはスポットをハイライトした状態で4キーを押し正解アノテーションをつけ，誤って検出されたスポットはそのスポットをハイライトした状態で5キーを押し誤検出アノテーションをつける．正解（Accepted）はシアン，誤検出（Rejected）はマゼンタ，未評価（unevaluated）は緑色で表

注9　例えば，異なるデータセットにて既存のデータセットと同じディレクトリ名（dataset dir）を指定した場合に競合が発生する．
注10　https://elephant-track.github.io/

示される．また，「4）検出アノテーションの追加」の手順で検出がされていない細胞にスポットを追加する．明らかな間違いを修正し，検出が難しい細胞の代表例についてアノテーションの追加を行ったあと，再度モデルの学習を行う[注11]．このステップをくり返すことでモデルをアップデートしながら検出を改良してゆくことができる．複数のタイムポイントに対して推論を行いたい場合は，推論対象の最後のタイムポイントに移動した状態で，［Plugins > ELEPHANT > Detection > Predict Spots］を実行する．［Plugins > ELEPHANT > Preferences…］の Main settings 内にある time range で指定したタイムポイント分遡って推論が行われる．例えば，タイムポイント9にいる状態で time range が5に設定されている場合は，タイムポイント5〜9が推論の対象となる．

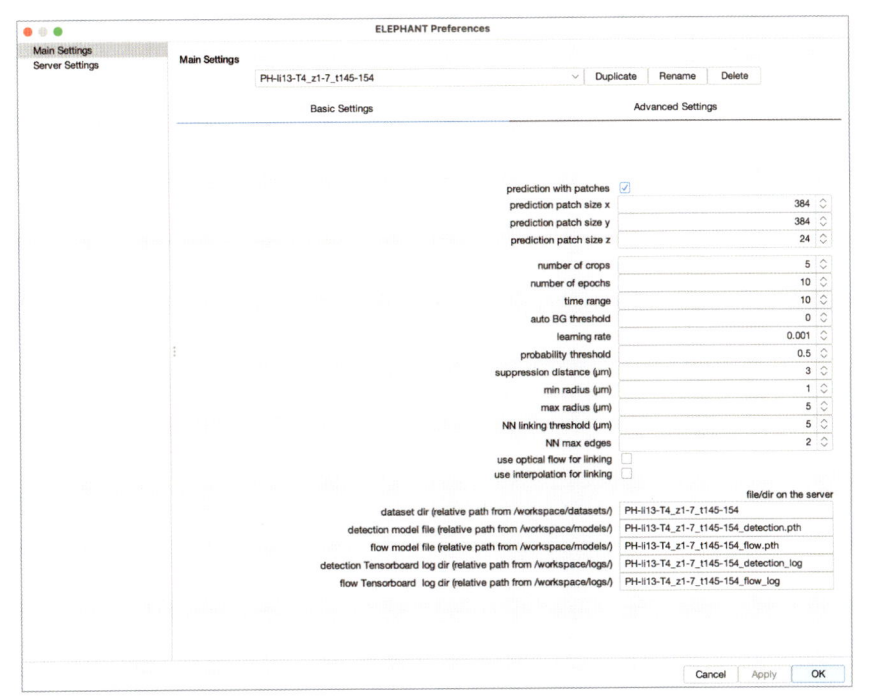

図14 ELEPHANT設定画面
Defaultの設定から dataset dir および各モデルファイルの保存先などを変更し，OKボタンを押す．

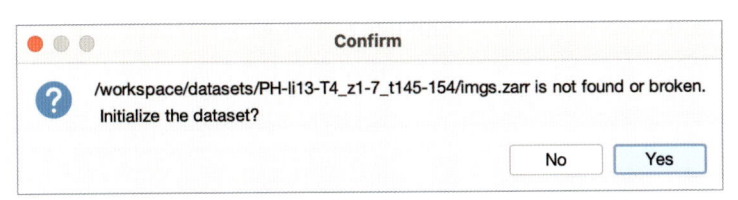

図15 ELEPHANTデータセットの初期化
データセット名が正しいことを確認したのち，Yesボタンを押す．意図せずに既存のデータセットを上書きしないように注意する．

注11 Ctrl ＋ C を押していないにもかかわらず「training aborted」となる場合は，サーバーとの接続が不安定な可能性があるため設定や通信状況を確認する．

6) 追跡モデルの学習と実行

　検出モデルの学習がある程度進んだ段階で，タイムポイント0〜9に対して［ELEPHANT > Detection > Predict Spots］を実行し，細胞核の検出結果を得る．その後，タイムポイント9に移動し，［Plugins > ELEPHANT > Linking > Nearest Neighbour Linking］を実行することで細胞核が時系列を通じてリンクされ，細胞の位置変化の軌跡（tracks）の推定結果が得られる（図16）．なお，［View > Coloring > By track］を選択することで，図16に示すように個々の軌跡を色分けすることができる．デフォルトの設定では軌跡の推定に深層学習モデルは適用されず，シンプルな最近傍探索法（nearest neighbor method）が使われる．Mastodonメインウィンドウから「trackscheme」ボタンを押し系譜画面のウィンドウを開くと，結果の細胞系譜を目視しながらインタラクティブにその結果の確認と修正が可能となる．この際に，BigDataViewer同様に左上の鍵アイコンを利用することで，BigDataViewerと系譜画面を同期して細胞と軌跡の様子を多角的に確認しながら修正作業をすることが可能になる．結果を確認すると，多くは正しく追跡できているものの，細胞分裂時に大きく位置が移動する細胞などが追跡できていない様子が見られる．こういった難易度の高い箇所で深層学習の性能が発揮される．追跡モデルの学習には検出時と同じように学習のためのアノテーションが必要となる．BigDataViewerウィンドウまたは系譜画面ウィンドウを用いて，細胞分裂を含む軌跡を特定する．不足しているリンクは以下の2ステップで追加する．①リンク元となるスポットをハイライトした状態でLキーを長押しする．②自動的に次のタイムポイントに移動するので，リンク先となるスポットの上にマウスオーバーしLキーを離す．誤って生成されたリンクはマウスオーバーをしてハイライトした状態でDキーを押して削除することができる．確認中にスポットの検出誤りを見つけた場合は検出用アノテーション作成時と同じ手順で修正を行う．前述の動作を組み合わせ，1つの軌跡が誤りなくリンクされた状態となったら，系譜画面上でShift + Spaceキーを押し，軌跡全体を選択した状態で［Edit > Tags > Tracking > Approved］を選択し，アノテーションを付与する（図17）．［View > Coloring > Tracking］を選択することで，どの軌跡にApprovedタグが付与されているか確認できる．同様にいくつかの軌跡をピックアップし，必要に応じてリンクの修正を行ってApprovedタグを付与したあと，追跡モデルの学習を行う．学習を行う前に［Plugins > ELEPHANT > Preferences...］を開き，learning rateを0.00001（1e-5）程度に，number of epochsを100程度に変更する．また，次回推論時に学習した追跡モデルが使われるよう，Main SettingsのBasic Settingsにて，use optical flow for linkingのチェックボックスをチェックしておく．設定完了後，タイムポイント9に移動し，［Plugins > ELEPHANT > Linking > Train Flow Model（Selected Timepoints）］を実行する．学習が完了したら，タイムポイント9のまま，［Plugins > ELEPHANT > Linking > Nearest Neighbour Linking］を実行する．学習が問題なく進んでいれば，最初に試したシンプルな最近傍探索法よりもよい結果が得られる．

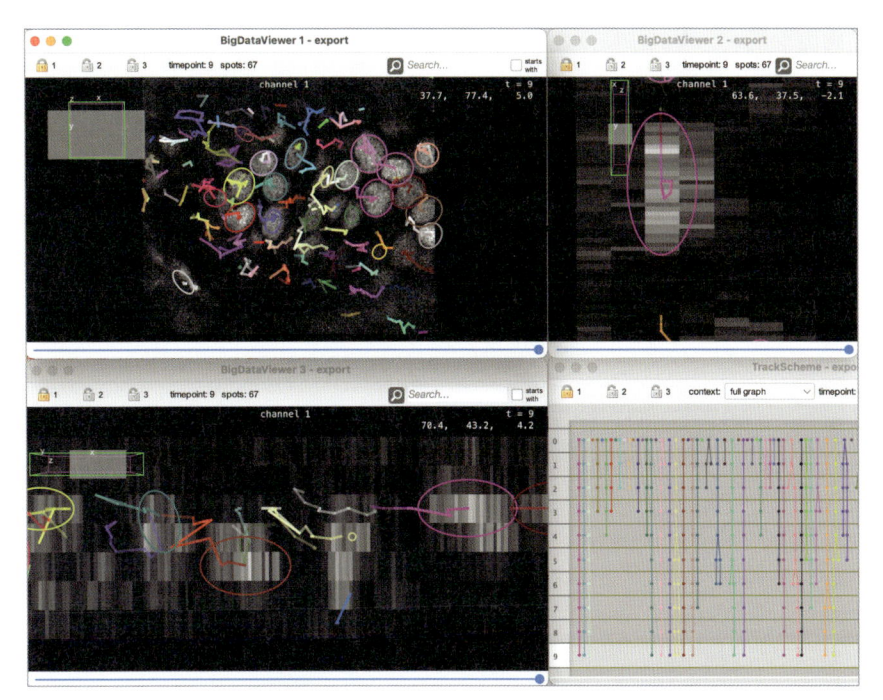

図16　ELEPHANT自動追跡結果例
ELEPHANTによる細胞追跡結果例．左上：XY平面，右上：YZ平面，左下：XZ平面，右下：TrackSchemeウィンドウ．

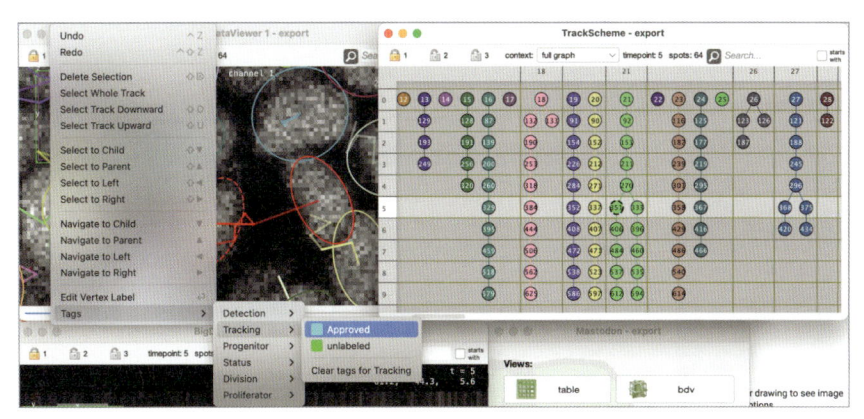

図17　追跡モデル学習用アノテーションの付与
対象の軌跡（図内ではID21）を選択し，［Edit > Tags > Tracking > Approved］からアノテーションを付与．

7）追跡結果を用いた定量解析

　Mastodonは細胞追跡機能に加えて，定量解析のしくみも提供している．定量解析を開始するために，Mastodonメインウィンドウから「compute features」ボタンを押し，特徴量分析ウィンドウ（Feature calculation）を表示する（**図18**）．各項目を選択すると説明が表示されるので，自身が解析したい項目を選択し，左下の「Compute」ボタンから解析を実行する．解析するスポットの数が多い場合には解析に時間を要する場合があるので注意する．解析が完了した項目のステータスは緑シグナルとなる（**図18右**）．Mastodonメインウィンドウから「table」ボタンを押し，データテーブル（Data table）ウィンドウを表示する（**図19**）．

BigDataViewerウィンドウ，系譜画面ウィンドウ同様に，左上の鍵アイコンを利用することで同じグループ内のウィンドウを同期して操作することが可能となる．Data tableにはデフォルトで提供される特徴量の他，特徴量分析ウィンドウで解析した平均輝度などの情報が含まれる．各列の名前欄をクリックすることで，該当する列の値で昇順・降順にソートすることが可能である．また，［File > Export to CSV］からCSVファイルとして出力が可能である．Mastodonメインウィンドウにある「selection table」からは，選択したSpotとLinkのみをまとめた選択データテーブル（Selection Table）ウィンドウが利用できる．Selection tableの機能はデータテーブルと共通している．

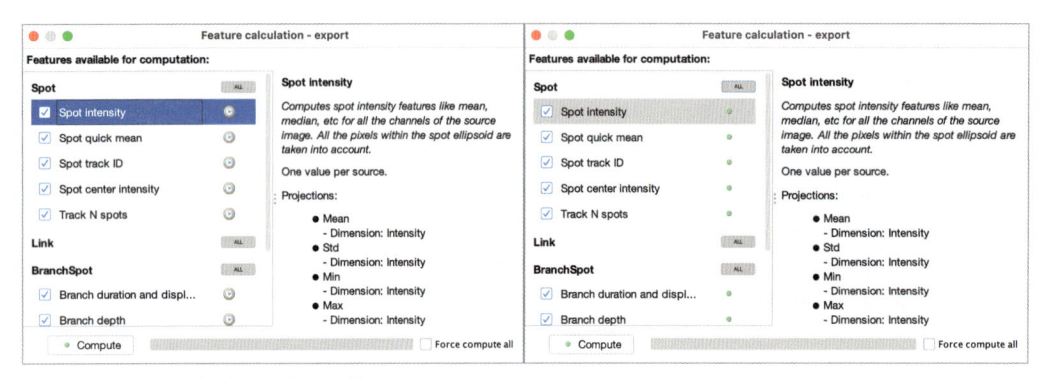

図18　Feature calculationウィンドウ
計算したいFeatureを選択し，Computeボタンを押すことで特徴量の計算が実行される．左：実行前，右：実行後．

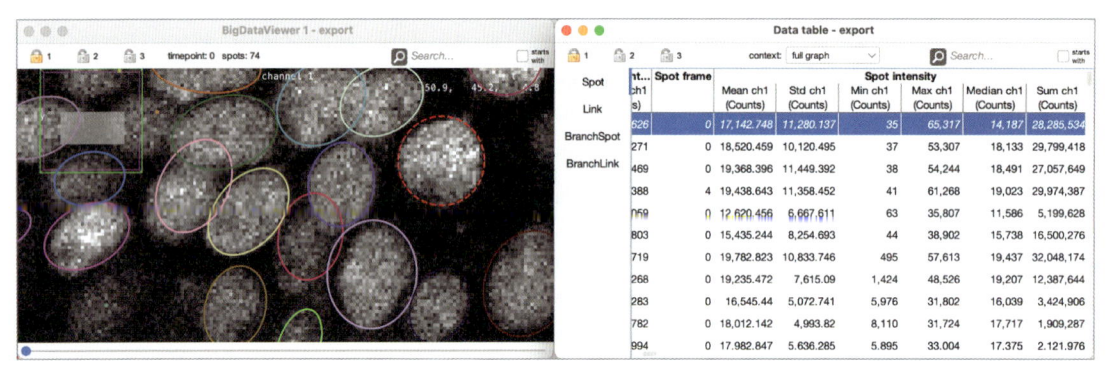

図19　Data tableウィンドウ
Data tableにはデフォルトで算出される特徴量の他，Feature calculationで計算した特徴量が含まれる．BigDataViewerウィンドウとData tableを左上の鍵アイコンを利用し，同じグループに入れることで同期した操作が可能となる．左：BigDataViewerウィンドウ，右：Data tableウィンドウ．

　最後に，Mastodonに含まれるプロット機能を紹介する．Mastodonメインウィンドウから「grapher」ボタンを押すと，プロット画面を含むグラフ（Grapher）ウィンドウが表示される（**図20**）．X軸に用いるパラメータ，Y軸に用いるパラメータ，プロット対象などを指定し，「Plot」ボタンを押すことで右半分の描画領域にプロット結果が出力される．Ctrl + Shift + スクロールにて拡大・縮小が可能である．今回のケースでは，X軸にタイムポイント（Spot frame）を選択し，Y軸にスポットの平均輝度（Spot intensity - Mean ch1）を指定した．今回のサンプルでは，ヒストンH2Bに融合した蛍光タンパク質を可視化しているが，細胞分裂直

前に染色体凝集により平均輝度が高くなり，細胞分裂後に平均輝度が低くなる様子が見られた．このように，特徴量計算とプロット機能を組み合わせた定量解析がMastodon上で実現できる．また，特徴量のCSV出力機能を用いることで，他の解析に活用していくことが可能である．

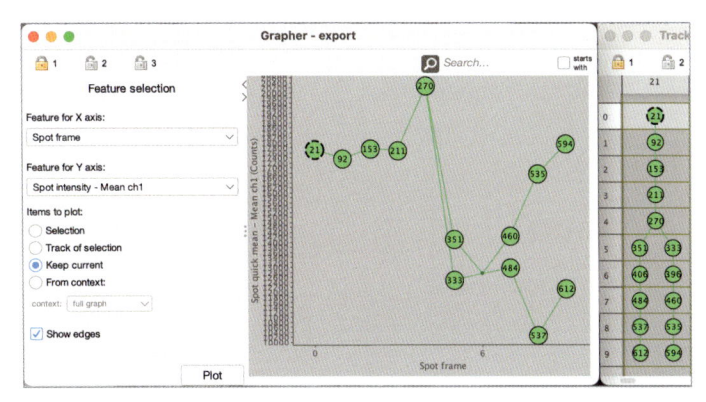

図20 Grapherウィンドウ
Grapherによるプロット機能により，特徴量の時間変化などを可視化できる．左：Grapherウィンドウ，右：Track Schemeウィンドウ．

 おわりに

　本章では，BigDataViewer，Mastodon，ELEPHANTによるFiji上での大規模画像データを用いた細胞追跡解析について紹介した．近年，光シート顕微鏡の普及に伴い，大規模な3次元追跡解析への需要が増加している．MastodonとELEPHANTは，ユーザーフレンドリーなインターフェースを特徴としており，利用者も増加している．今回は3次元追跡解析に焦点を当てたが，2次元画像の時系列データに対する追跡解析も可能である．また，追跡機能を使用せず，細胞検出や定量機能のみを活用することもできる．電子顕微鏡やバーチャルスライドスキャナなど，大容量の画像データを取得可能なイメージングシステムが普及するなか，大規模画像データ解析の需要は今後も高まり続けるであろう．このような解析においては，メモリの効率的利用やGPUデバイスを用いた高速化といった，従来の画像解析ソフトウェアでは必要とされなかった高度な演算機能が求められるようになってきている．近年のイメージング技術およびAI技術の進展により，生物分野における大規模画像データ解析はさらなる発展を遂げ，開発コミュニティも活発に活動している．開発コミュニティを支える原動力として，ユーザーからのフィードバックは不可欠である．本章を通じてBigDataViewer，Mastodon，ELEPHANTに関心をもった読者には，現在不足していると感じる機能，不具合の報告，ドキュメンテーションの改善点などがあれば，GitHubやimage.scフォーラムを通じて開発コミュニティにフィードバックしていただければ幸いである．

 文献

1) Schneider CA, et al：Nat Methods, 9：671-675, doi:10.1038/nmeth.2089（2012）
2) Schindelin J, et al：Nat Methods, 9：676-682, doi:10.1038/nmeth.2019（2012）
3) Pietzsch T, et al：Nat Methods, 12：481-483, doi:10.1038/nmeth.3392（2015）
4) Sugawara K, et al：eLife, 11, doi:10.7554/eLife.69380（2022）

実践編

5) Tinevez JY, et al：Methods, 115：80-90, doi:10.1016/j.ymeth.2016.09.016（2017）

 ## プログラムコードのライセンス

イネのデジタルカメラ画像による バイオマス推定

戸田陽介

近年の植物科学や農学分野において，植物フェノタイピング[注1]（植物表現型[注2]の測定）は重要な研究テーマの一つであり，特に画像解析技術がその測定における中核的な役割を担いつつある．画像解析により，細胞・組織レベルから複数個体の群落まで，広範囲のスケールで表現型データを収集し，解析することが可能となっている．本章では，植物画像解析における Python 言語の応用を中心に，従来の手法や他のプログラミング言語との比較を行いながら，深層学習モデルによるイネの地上部バイオマスの推定という実用的な実装例を示したい．

実 践 編

はじめに

近年，植物科学や農学の分野において，画像解析が重要な要素技術として位置づけられつつある．特に，植物フェノタイピング（plant phenotyping，植物表現型の測定）においてその役割は必要不可欠である[1]．

当該技術においては，細胞・組織・器官の顕微鏡画像だけでなく，複数個体（群落）や区域をドローンで取得したマクロな画像までが解析の対象となる（**図1**）．測定する表現型は，植物の細胞の大きさや形からはじまり，葉の面積や形，根の長さ，枝の数や分岐パターン，病徴の有無や種類，草型や樹形から収量（収穫量）までと多様である．

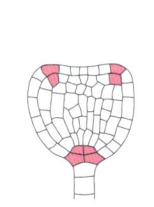    

細胞・組織単位　　器官単位　　個体単位　　　個体群単位　　　　区域単位

図1　マルチスケールな植物画像解析の対象物

注1　植物フェノタイピング（Plant Phenotyping）：植物の表現型（形態や成長パターン，収量など外見や機能に関する特徴）を計測する技術．

注2　表現型（Phenotype）：生物の外見的な特徴や性質．植物の場合は葉の形，根の長さ，収量などが含まれる．

伝統的には目視による定性的な記録や，各種測定器具を使った手動での定性的評価が主流を占めてきた．最近では，ドローンやローバーを用いた，いわゆるリモートセンシング[注3]装置によって画像を収集し，自動画像解析パイプラインに載せることが選択肢として増えてきた．機械学習，特に深層学習[注4]はこのような多様なタスク解決のための手段として相性がよく，活用がさかんに試みられている[2]．

植物研究分野で使われるプログラミング言語やソフトウェア

まずは，植物科学や農業分野の画像解析においてよく利用されるプログラミング言語やソフトウェアについて簡単に説明する．

1）ImageJ

ゲル泳動バンド分析，細胞の形状解析，蛍光プロービングされた小分子・細胞内小器官の動態解析など，分子生物学的な観点における表現型解析は，他分野と同じようにImageJ（Fiji）が頻繁に用いられてきた．現在においても，そのユーザーは多い．クロスプラットフォームで動作し，インストールが簡単であることも強みの一つである．一方で，プログラミング言語やソフトウェアを利用する際の環境構築のハードルは，分野の研究者にとってはいまだ高い．

2）R言語

ゲノム解析や遺伝子発現解析に特化したパッケージが訴求力となり，頻繁に使用されている．また，統計解析・データ視覚化に関連したパッケージも強力で，（Microsoft社のExcelでは対応していないViolinplot[注5]やSwarmplot[注5]の生成を目的とするなど）統計検定や論文投稿用の作図のためにR言語を用いるケースも見受けられる．また，画像解析や深層学習に対応したライブラリ（例えばimagerやH2O）が提供されているも

注3　リモートセンシング（Remote Sensing）：ドローンや衛星などの遠隔操作装置を用いて，地上の物体や環境の情報を収集する技術．植物画像解析では群落や区域単位での植物観察に用いられる．広義には植物を非接触・非破壊的に測定・解析する作業全般を指し示す．

注4　深層学習（Deep Learning）：多層のニューラルネットワークを用いてデータ解析を行う機械学習の手法．特に，画像認識や分類に強みをもち，植物フェノタイピングでの活用が進んでいる．

注5　Swarmplot, Violinplot：Swarmplot（左図）カテゴリカルデータの各データポイントを，重なりを避けて散布するプロット手法．データの分布や密度を視覚的に理解するために用いられる．Violinplot（右図）データの分布と中心傾向を同時に示すプロット手法．箱ひげ図（ボックスプロット）とカーネル密度推定を組み合わせ，データの形状をバイオリンのような形で表現する．

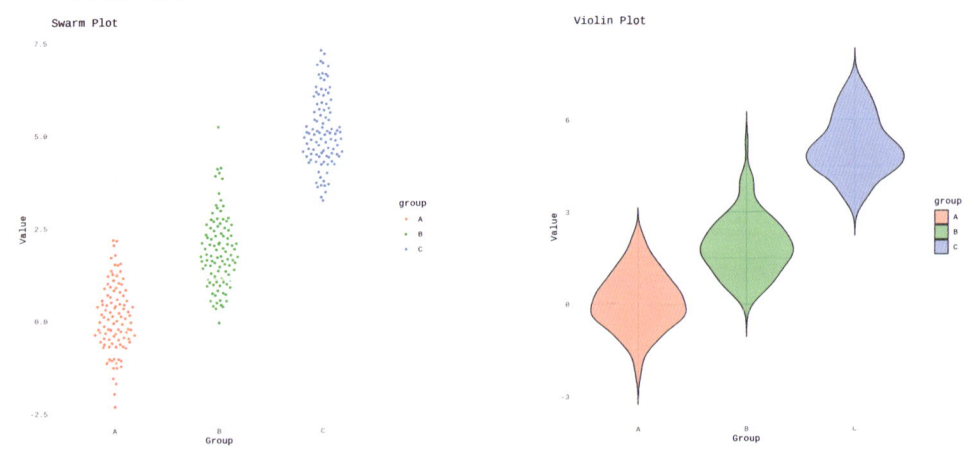

のの，植物画像解析という分野に限れば，後述するPython言語に対応するライブラリの豊富さに比べて限定的である．

3）MATLAB

行列演算を基本として設計された数学的・工学的な問題を解く強力なツールである．特に数値解析，データ可視化，シミュレーションに強みをもつ．豊富なライブラリやグラフ描画機能，拡張性の高いツールで，教育から研究，産業まで幅広く利用されており，植物研究においても広く利用されている．植物ホルモンの輸送モデルを構築したり，一方では植物細胞分裂や器官の成長のプロセスをシミュレーションすることで，植物の形態形成や構造の変化を理解するために使用されている[3]．また，深層学習や画像解析を行うためのツールも整備されており，実用面での強みもある．一方で，有償ソフトウェアであることが，一部の研究者にとって利用導入時の障壁となる場合がある．

4）Python言語

他の言語やソフトウェアと比較して，Python言語は植物画像解析において特に顕著な存在感を示している．画像解析ライブラリや深層学習フレームワークの充実を背景に，本やインターネットにおける豊富な利用事例をもとにして，植物研究開発に援用するという流れが形成されている．他の章で解説する，「仮想環境管理」の簡素化や，「クラウドプログラミング」サービスの登場により，導入障壁に関しても大幅に低下している．結果として，Python言語は前述の言語やソフトウェアと並び，植物科学におけるデータサイエンスと画像解析の標準的なツールとしての地位を確立しつつある．今後も，新たなライブラリやフレームワークの開発，さらなる学習リソースの充実により，その重要性はますます高まっていくと予想される．

以上の背景を踏まえ，本章ではPython言語を用い，深層学習モデルを用いた植物画像解析について紹介する．

RGB画像を用いたイネのバイオマス推定

1）背景

本章では，上方より撮影されたイネの画像から，バイオマスの推定を行う深層学習の回帰モデルについて紹介する．地上部バイオマス[注6]（Above Ground Biomass, AGB）は，イネの地上部の乾物（乾燥）重量を表し，作物の成長や収量を直接反映する重要な表現型である．伝統的にAGBは，破壊的調査によって計測されているものの，労働集約的であり，同時期に大量のデータを収集するには時間的な制約があるという課題がある．最近ではドローンなどに搭載したマルチスペクトル・ハイパースペクトルカメラから得られる特定波長域のデータを用いてAGBを計算する試みもなされているものの，導入・運用コストが高い．中嶌らは，破壊的な乾物重量調査と同時に，サンプリング区画をデジタルカメラで画像撮影（RGB画像）し，AGBを推定するためのデータセット（**図2**）と，それに基づく深層学習回帰モデルを作成した[4]．訓練されたモデル性能

注6 地上部バイオマス（Above Ground Biomass, AGB）：植物の地上部の乾燥重量を指し，成長度や収量の指標として利用される．

は，テストデータに対する二乗平均平方根誤差として$77\ \mathrm{g/m^2}$を示し，実用に耐えうる推定精度であることと主張している．本論文で使用されるプログラムコードはPythonで実装されており，また，筆者のGitHubリポジトリにApache License 2.0のもと公開されている〔https://github.com/KotaNakajima/rice_biomass_CNN，KotaNakajima/rice_biomass_CNN is licensed under the Apache License 2.0（http://www.apache.org/licenses/）〕ため，今回はそれを利用する．

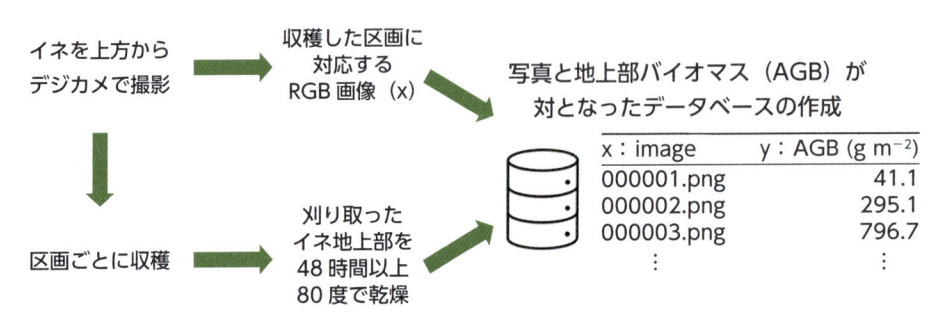

図2　イネの地上部バイオマス調査とデータベース化の方法
文献4より引用．

2）準備

以下で解説するコードはGoogle Colaboratory[注7]（以下Colabと略）での実行を想定している．Colabには必要になるパッケージはすでにインストールされているので準備は特に必要ない．Colab上でJupyter Notebookをこれまで使ったことのない方はまず**基礎編-4**で基本的な使い方を参照のこと．

3）推論コード

Colabで新しいJupyter Notebookを作成し，筆者らの公式リポジトリを以下のコマンドを実行することによってクローンする．このリポジトリでは3枚のサンプル画像に対して学習済み深層学習モデルによるAGB推定を行うに十分なファイルが提供されている．

```
!git clone https://github.com/KotaNakajima/rice_biomass_CNN.git
```

関連ライブラリをインポートする．モデル構造構築はRiceBiomassCNN[注8]クラスで行われる．

```
import os   # OSのファイルパスや環境に関する操作を行うためのモジュール
import cv2   # OpenCVを使って画像の読み込みや前処理などを行うためのモジュール
import numpy as np   # 数値計算を効率的に行うためのモジュール
import matplotlib.pyplot as plt   # 画像の表示やグラフ描画を行うためのモジュール
```

注7　Google Colaboratory（Colab）：Googleが提供するクラウド上のJupyter Notebook環境．プログラミングや深層学習の実行が可能で，環境構築を簡素化できる．

注8　畳み込みニューラルネットワーク（CNN，Convolutional Neural Network）：画像認識において特徴抽出や分類に優れた深層学習の一種．植物の画像解析やフェノタイピングに活用される．

```
# 論文筆者提供の深層学習モデル「RiceBiomassCNN」をインポート
from rice_biomass_CNN.lib.model import RiceBiomassCNN
```

　深層学習モデルを用意する．提供されるモデルは深層学習フレームワークKerasで構築されている．Kerasはシンプルで使いやすいインターフェースを提供し，複雑なニューラルネットワークの構築・訓練を迅速かつ簡単に行えることが特徴である．もともとは独立したライブラリとして開発されていたが，現在はGoogleのTensorFlowに統合されており，TensorFlowの公式API（tensorflow.keras）として利用されている．ネットワーク構造は論文筆者がPythonの`RiceBiomassCNN`クラスとして提供しており，入力画像サイズと，`make_model()`クラスメソッドを実行することで取得できる．また，訓練済みモデルのパラメータはKerasの`load_weights()`クラスメソッドでファイルのパスを指定することで読み込むことができる．

```
model = RiceBiomassCNN((225,300,3)).make_model()
model.load_weights("rice_biomass_CNN/checkpoints/rice_biomass_CNN_weights.hdf5")
```

実践編

　次に画像の「前処理」について解説する．深層学習の推論における前処理とは，モデルに入力する前に画像データに対して行う一連の加工や変換のことを指す．前処理の目的は，モデルの推論性能を最大限に引き出すために，画像を適切なフォーマットやスケールに整えることにある．また，モデルの訓練を効率的にしたり，安定化させたりする役割もある．前処理の方法は，基本的に学習時に行った前処理のそれと揃える必要があるが，どのような前処理を行うかについては，開発者の判断によって異なる場合がある．以下の`preprocess`関数では，画像をBGRからRGB形式に変換したあと，ピクセル値を0〜1の範囲にスケーリングし，さらに平均と標準偏差を使ってデータを標準化している．

```
def preprocess(img, input_resolution):
    # 元のimg変数が変更されないように別の変数imageをコピーとして作成する
    image = img.copy()
    # BGR形式からRGB形式に変換
    image = cv2.cvtColor(image, cv2.COLOR_BGR2RGB)
    # ピクセル値を0〜1の範囲にスケーリング
    input_img = image.astype(np.float32) / 255.0
    # 平均と標準偏差を使ってデータを標準化
    input_img = (input_img - np.mean(input_img)) / np.std(input_img)
    # モデルに入力可能とするためにバッチ次元を追加
    input_img = np.expand_dims(input_img, 0)
    return input_img
```

　リポジトリ付属のサンプル画像で推論を行う．モデルの出力単位は1平方メートルあたりAGB（g/m^2）であり，数値そのままを結果として用いることができる．

```
# 画像ディレクトリのパスを指定
image_dir = "rice_biomass_CNN/example"
```

```python
# ディレクトリ内の画像ファイルをソートして取得
image_files = sorted(os.listdir(image_dir))

# 予測結果を格納するリスト
y_pred = []

# 各画像ファイルに対してループ処理
for file in image_files:
    # 画像ファイルのフルパスを作成
    path = os.path.join(image_dir, file)
    # 画像をBGR形式で読み込み
    image = cv2.imread(path)
    # 前処理関数を使用して画像を標準化
    input_img = preprocess(image)
    # モデルを用いて予測を実行
    preds = model.predict(input_img, verbose=0)[0]
    # 予測結果を小数第2位まで丸めてバイオマス値を計算
    biomass = round(float(preds.squeeze(0)), 2)
    # 予測結果をリストに追加
    y_pred.append(preds)

    # バイオマス値をタイトルに設定して画像を可視化
    s = f"{biomass} g/m2"
    plt.figure(figsize=(3,3))
    plt.title(s)
    # RGB形式に変換して画像を表示
    plt.imshow(image[..., ::-1])
    plt.show()
```

出力

得られた推定値は実測値にどれくらい近い値を示すのか．以下のコードで絶対誤差を計算して出力する．

```python
y_true = [113.7195, 336.4965, 1348.99]

for p, t, name in zip(y_pred, y_true, image_files):
    print(f"{name}: predicted:{p}, actual:{t}, diff:{abs(p-t)}")
```

```
1.jpg: predicted:193.63, actual:113.7195, diff:79.9105
2.jpg: predicted:468.94, actual:336.4965, diff:132.44349999999997
3.jpg: predicted:1407.58, actual:1348.99, diff:58.58999999999992
```

以上のコードでそれぞれの推論写真に対する絶対誤差を算出した．しかしながら，モデルの性能を正確に評価するには，テストデータ（訓練に用いていないデータ）を用いて全体的な指標を考慮する必要がある．一般的には，平均絶対誤差，平均二乗誤差，決定係数のような統計的評価指標を用いることが多い．

4）モデルサイズについて

今回紹介したモデルは，筆者らが独自に構造を設計している．どのような構造か可視化を試みる．Kerasを用いて構築されたモデルは以下のコードによってテキスト出力することができる．

```
model.summary()
```

出力

```
Model: "functional_1"
```

Layer (type)	Output Shape	Param #	Connected to
input_layer_1 (InputLayer)	(None, 225, 300, 3)	0	–
conv2d_9 (Conv2D)	(None, 225, 300, 45)	1,260	input_layer_1[0][0]
average_pooling2d_5 (AveragePooling2D)	(None, 112, 300, 45)	0	conv2d_9[0][0]
batch_normalization_11 (BatchNormalization)	(None, 112, 300, 45)	180	average_pooling2d_5[0…
activation_5 (Activation)	(None, 112, 300, 45)	0	batch_normalization_1…
conv2d_10 (Conv2D)	(None, 112, 300, 25)	10,150	activation_5[0][0]
batch_normalization_12 (BatchNormalization)	(None, 112, 300, 25)	100	conv2d_10[0][0]
leaky_re_lu_1 (LeakyReLU)	(None, 112, 300, 25)	0	batch_normalization_1…
max_pooling2d_3 (MaxPooling2D)	(None, 56, 150, 25)	0	leaky_re_lu_1[0][0]
conv2d_11 (Conv2D)	(None, 56, 150, 50)	11,300	max_pooling2d_3[0][0]
conv2d_12 (Conv2D)	(None, 56, 150, 25)	5,650	max_pooling2d_3[0][0]
batch_normalization_13 (BatchNormalization)	(None, 56, 150, 50)	200	conv2d_11[0][0]

モデル構造出力結果の一部．全体の表示は紙面の都合上割愛する．

しかしながら，前述のような方法では，深層学習モデルがどのような構造をしているか直感的に把握することが困難である．したがって，今回はGUIに対応した外部アプリケーションを利用する．

モデル構造をKeras形式でエクスポートする．

```
model.save('model.keras')
```

得られたファイルを，モデル可視化ソフトウェア Netron[注9] にアップロードすることで可視化する（**図3**）.

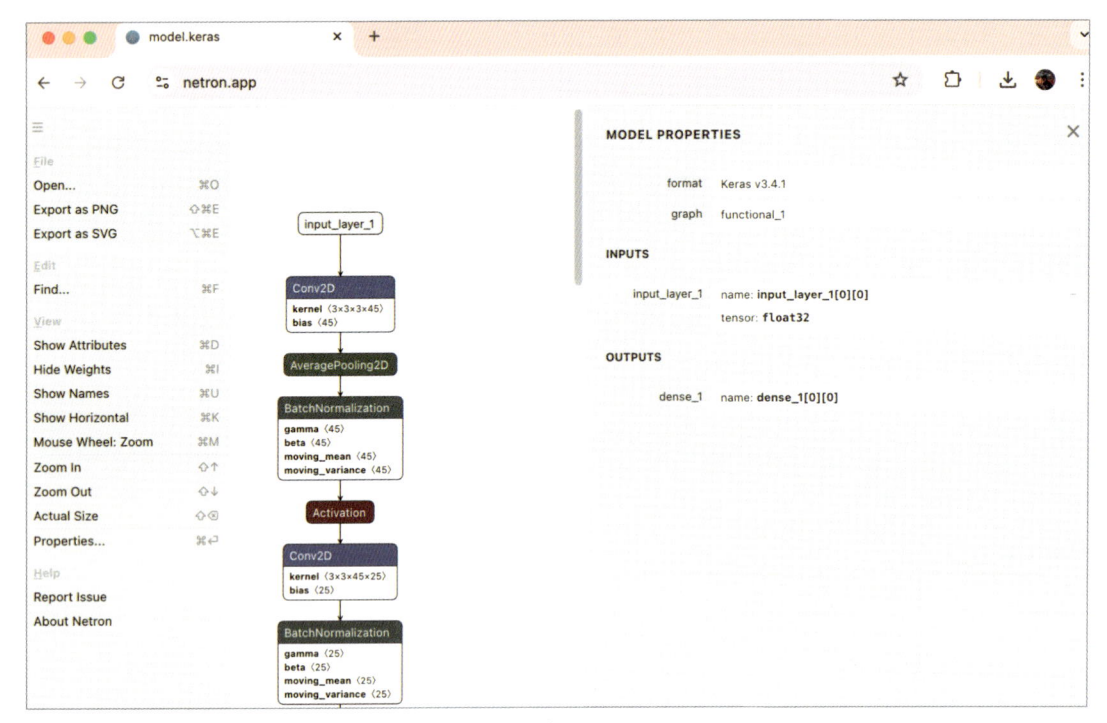

図3　Netronを用いて可視化したイネバイオマス推定モデルの構造
マウス操作でモデル構造の各レイヤーがどのような入出力情報を有するか直感的に把握することができる.

　特筆すべきこととして，レイヤー数の少なさである．近年のCNNのレイヤー数は大幅に増加しており，100以上の層をもつものが多い．比較し，今回のモデルは40層程度と非常に少ない.

　実際に他のモデルとサイズを比較する．count_params クラスメソッドを用いてイネバイオマス推定モデルのパラメータ数を確認することができる．著名なモデル MobileNetV3[注10]，InceptionV3[注11]，ResNet50[注12] のそれも同時に求める．取得したパラメータの数はリスト型のparams変数に格納する.

```
# 必要なモデルをインポート
from tensorflow.keras.applications import InceptionV3, MobileNetV3Small, ResNet50
```

注9　https://netron.app/

注10　MobileNetV3：MobileNetV3は軽量な畳み込みニューラルネットワーク（CNN）であり，特にモバイル端末や組み込みシステム向けに設計されたモデルである．効率性を重視し，パラメータ数と計算量を抑える工夫がなされており，実装の際に省エネかつ高速であることが求められるエッジ端末での推論に適している.

注11　InceptionV3：InceptionV3は，Googleが開発した深層学習モデルの一つである．モデル内で複数サイズの畳み込みを同時に行う「Inceptionモジュール」を特徴とし，多様な特徴を効率的に抽出する．この構造により，モデルの表現力を向上させつつ，計算量を抑えることに成功している．画像分類における性能が高く，学術研究や産業において多く利用されている.

注12　ResNet50：ResNetは，Microsoft Researchが発表した残差ネットワーク（Residual Network）モデルである．層の数によってモデルの名称がそれぞれ異なり，例えば50層の深さをもつモデルはResNet50と名付けられている．ResNetの特徴である「残差接続」は，深層ネットワークで発生しやすい勾配消失問題を解決し，より深い層をもつネットワークの学習を可能にしている．ResNet50は多くのデータセットに対する学習で高い性能を示し，さまざまな分野で画像認識モデルのベースラインとして利用されている.

```
# パラメータ数を格納するためのリストを作成
params = []

# rice_biomassモデルのパラメータ数を取得し，リストに追加
rice_biomass_param_counts = model.count_params()
params.append(rice_biomass_param_counts)

# MobileNetV3Smallモデルをロードし，パラメータ数を取得
mobilenet_model = MobileNetV3Small(weights='imagenet')
mobilenet_param_counts = mobilenet_model.count_params()
del mobilenet_model  # モデルを削除してメモリを解放
params.append(mobilenet_param_counts)

# InceptionV3モデルをロードし，パラメータ数を取得
inception_model = InceptionV3(weights='imagenet')
inception_param_counts = inception_model.count_params()
del inception_model  # モデルを削除してメモリを解放
params.append(inception_param_counts)

# ResNet50モデルをロードし，パラメータ数を取得
resnet_model = ResNet50(weights='imagenet')
resnet_param_counts = resnet_model.count_params()
del resnet_model  # モデルを削除してメモリを解放
params.append(resnet_param_counts)
```

　グラフ描画ライブラリseabornを用いて図に表す．seabornは，視認性の高いデフォルトスタイルをもち，データフレームを直接扱えるため，データ処理の効率がよい．また，Matplotlibと比べて統計情報の表示が容易で，各モデルのパラメータ数の違いを視覚的にわかりやすく強調できるため，本章ではseabornのbarplotを使用する．

```
import matplotlib
import seaborn as sns

matplotlib.rcParams["figure.dpi"] = 100

sns.barplot(x=["Rice Biomass CNN", "MobileNetV3Small", "InceptionV3", "ResNet50"], y=params)
for i, value in enumerate(params):
    plt.text(i, value, value, ha='center', va='bottom')
#rotate xlabel align center
plt.xticks(rotation=45, ha="right")

plt.yscale("log")
plt.ylabel("Parameters")

plt.show()
```

出力

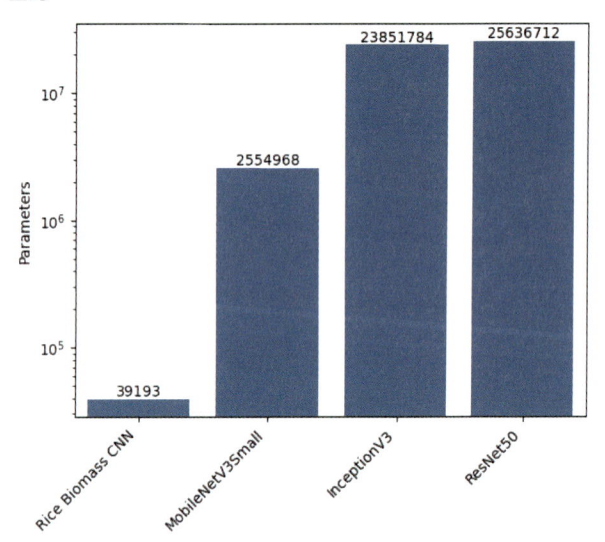

　レイヤー数と同様に，他のモデルと比べ圧倒的にパラメータの少ないことが特徴的である．特にMobileNetV3は，スマートフォンなどのエッジ端末で動くことを目的として2019年に発表された軽量モデルであるが，それよりもはるかに少ないモデルパラメータ数でタスク解決を実現している．筆者らはNeural Network Console（ソニーネットワークコミュニケーションズ㈱）の構造自動探索機能を用いて，軽量かつ高精度達成モデル構造を決定したと述べている．

　一般的に深層学習のモデルサイズは解析精度や実行するための消費電力と比例する関係にある．顕微鏡画像解析のような実験室内で解析が完了するようなタスクにおいては，前述の比較対象となるInceptionV3やResNet50のような「巨大な」学習済みモデルをバックボーン[注13]に利用することが多々ある．豊富な計算資源を活用できるような環境では，タスク遂行精度のみを気にすればよく，モデルサイズの軽重を気にする機会は少ない．一方で，植物科学・農学研究においては，そのようなシチュエーションだけでなく，（ときにインターネット接続環境にない）屋外での栽培現場など，限られた計算資源しか利用できない環境で画像解析しなければならないことがある．したがって，省電力，低予算で実装可能なスマートフォンやシングルボードPC（e.g.ラズベリーパイ）などでのモデルのデプロイを想定し，今回のような軽量なネットワークモデルの設計に加え，モデルの量子化[注14]，知識蒸留[注15]などが，いっそう重要になる局面がある．

　分野を問わず，画像解析技術の多くは細胞や組織の形態・大きさの測定，対象物の形態認識，成長や変化の追跡といった共通の機能をもつ．例えば，顕微鏡画像を使用した病理組織の解析や，細胞の動態解析技術などは，植物科学・農学，医学・薬学のいずれにおいても基礎技術として活用される．一方で，植物研究においては，本章の導入で紹介したように，個体だけでなく個体群や区域を測定単位とした計測など，独自の

注13　バックボーン：深層学習モデルにおいて，特徴抽出のための基盤となるネットワーク構造を指す．画像認識や自然言語処理などで，ImageNetなどの巨大データセットなどを用いた学習済みモデルをベースとして利用し，そのうえに特定のタスクに合わせた層を追加することで効率的な学習を実現する．

注14　量子化（Quantization）：デジタルデータの精度を減らしてモデルを軽量化する手法．植物科学分野では，エッジ端末やリソースの限られた環境でモデルを実行する際に用いられる．

注15　知識蒸留（Knowledge Distillation）：大規模モデルから軽量モデルへ知識を転移させ，性能を維持しながらモデルサイズを縮小する技術．

課題が存在する.

特に,植物表現型は光や水分量などの環境要因に強く影響を受けるため,リモートセンシングやドローンを使ったマクロなスケールでの画像取得や,環境摂動に対応した解析が求められる.また,個体群全体を対象にした成長解析では,個々の植物の形態だけでなく,群落のパターンや広がりを把握する必要がある.これらは,実験室内での測定が中心となる医学や薬学とは異なる,植物研究の画像解析における特有の課題である.

このように,画像解析を用いた表現型計測の技術は,分野を問わず共通する部分がある一方で,各分野特有の課題や留意すべき点も存在する.医学や薬学といった,本書の読者が専門とする分野においても,あるだろう.AMEDの令和6年度の「創薬基盤推進研究事業」において,薬用植物の育種や利活用促進に関する課題が募集されるなど,植物分野との協働を念頭にしたプロジェクトも推進されている.そのような点を意識し,相互理解を深めることで,分野間の協力や交流がいっそう促進されるであろう.

 ## おわりに

植物科学・農学分野の研究者は,コンピュータサイエンスの知識を体系だって習得してきていないことが多く,その結果,技術を研究開発に活かすことが難しい現状がある.筆者は,近年Google Colaboratoryに基づく植物画像解析の無料ハンズオン教材集[注16]を作成,公開している.また,それに基づく本も出版するなど[注17]関連技術の教育啓発に努めている.植物画像解析に興味をもつ読者はぜひ参照いただきたい.

 ## 文献

1) Pieruschka R & Schurr U：Plant Phenomics, 2019：7507131, doi:10.34133/2019/7507131（2019）
2) Murphy KM, et al：Annu Rev Plant Biol, 75：771-795, doi:10.1146/annurev-arplant-070523-042828（2024）
3) Savina MS, et al：Front Plant Sci, 11：560169, doi:10.3389/fpls.2020.560169（2020）
4) Nakajima K, et al：Plant Production Science, 26：187-196, doi:10.1080/1343943X.2023.2210767（2023）

 ## プログラムコードのライセンス

実践編

論文投稿編

画像解析の再現性チェックリストと GitHubの活用

三浦耕太

最先端の画像解析の手法を使った生命科学の研究や，新しいツールの論文がトップジャーナルに日々発表されている．こうした目覚ましい発展の一方で，画像データの改ざんや捏造もしばしば話題になる．発覚する不正行為は電気泳動のゲル画像のバンドに関するものが多いが，顕微鏡画像の不正行為も珍しくない．論文誌はこうした不正行為への対策として画像データのガイドラインを掲げているものの，以下で説明するようにあまり有力な防止策とはいえない．再現性のある画像解析の記述を一般化することがより根本的な対策である．この章では，まず画像データとその解析に関する不正行為を概観し，なぜ再現性を確保することがその根本的な対策になるのかを説明する．次に実際にどのようにして再現性を確保すればよいのかを，生物画像解析の専門家数十名が共同で2024年初頭にNature Methodsに出版した「画像解析の出版に関するチェックリスト」[1]を紹介しながら解説する．

画像データの不正行為

2004年，RossnerとYamadaは画像データの不正行為に注意を喚起する論説を発表した[2]．当時Rossnerは Journal of Cell Biology の編集長であった．画像データの問題に直面していた立場から，さまざまな不正行為の実例をこの論説で紹介したのである．当時の生命科学のコミュニティは衝撃をもって受け止めたが，その後も不正行為は続いた．2004年から2016年に発表された2万報の生命科学系の論文のうち，4％には不適切な画像の複製が行われていることがわかっている[3]．これは画像の不正な複製だけをカウントした結果であり，他の多岐にわたる画像データの不正な取り扱いを含めれば，さらに多くの論文にも問題があると考えるのが妥当である．例えば，2015年にサイエンスに掲載された論文がある[4]．この論文では，画像ごとに異なる度合いのコントラスト増強を行った結果を同じ条件での比較であるかのように論文に掲載し，この問題のために2017年に論文は撤回された．また，2015年に Journal of Cell Biology に掲載された論文では，画像の細胞に人工的な線を描き入れたことがのちに発覚し2017年に撤回された[5]．これらは複製ではない，画像処理の不正行為の例である．

EMBOジャーナルの編集部が画像データを含む論文を調査した結果，不正な操作のほとんどが単に画像データやその解析の科学的な取り扱いに関する知識が不足していることによるものであり，意図的な操作はおそらくごく一部に過ぎないことがわかった[6]．具体的には，投稿された論文の20.4％に何らかの画像データの問題があり，悪質な例は0.4％であった．研究者のほとんどは，よこしまな意図で不正を行っているわけではなく，画像データの取り扱いが未熟であることが，結果として不正行為になっているのである．デジタル画像はスマホなどを通じて日常的な場面で扱うことも多いが，画像データを科学的なデータとして画像処理・解

析を行うには基礎的な知識が必須である．しかしそうした教育はまだまだ一般的ではない．

こうした状況をかんがみ，画像データの取り扱いに関するさまざまなガイドラインが提案されている．Cromeyによるガイドラインは特に有名である[7]．また，学術誌もそれぞれ独自の画像データの取り扱いのガイドラインを筆者向けに明記するようになった．こうしたガイドラインは，なにをしてはいけないのか，という禁止事項のリストになっている．例えば，コントラストの増強に関してCromeyのガイドラインでは「画像の一部分だけのコントラストを上げてはいけない」となっている．また，学術誌Natureのガイドラインでは「コントラストの増強は画像のすべての部分に均一に行うべし」となっている．こうした禁止事項のリストは論文を投稿する研究者にとっては簡便であるが，一方で問題もある．まずその禁止事項は妥当であるかどうかという点，次に研究活動の自由を抑圧するという点，最後に，禁止すべき事項のリストは十分かどうかという点である．

まず第一の点，禁止事項の妥当性に関してであるが，Cromeyは「米国画像倫理委員会で統一的なガイドラインを作成しようとしたが，委員の間で最終的な一致を見ることはなかった」と述べている[7]．これは当然なことで，例えばその画像データを見せる目的が「見た目をなるべくよくして，構造の違いを明確に比較できるようにしたい」であれば，異なるコントラスト増強を施した画像を並べたとしても，その増強の違いがどの程度であるか定量的に明記されている限り問題はないはずである．一方，輝度の違いを示すための画像であれば，たとえその処理の違いの詳細が明記されていても不適切であろう．つまり，目的を問わない一括した禁止事項には無理がある．だからといって目的に応じた場合分けをガイドラインに加えるとなるとそれは長大かつ複雑になる．その遵守にはより多くのエフォートが必要になるだろう．規制をより細かく正確にする方向にはおのずから限界がある．考えてみれば，科学研究では生物画像解析以外にもさまざまな機器や計算機による測定やデータ処理が行われる．これらの手法に関して詳細なガイドラインが策定された，という話はあまり聞かない．その手法が科学的に妥当であるかどうかが判断基準となっており，この基準からすれば禁止事項のリストはわざわざつくるまでもなく自明なのである[注1]．目下，生物画像解析の手法において禁止事項のリストが流通しているのは，おそらく，研究者の側の画像データの取り扱いに関する知識が研究者全般に不足していることが多く，妥当性を判断する基準が欠落しているからであろう．

次の問題は，こうした禁止事項があることによって，例えばコントラストの増強を「とにかく危険な行為」として忌避するような事態になっていることである．例えば大学院生が解析の専門家にコントラストがきわめて悪い画像を見せて解析の助言をこうので，「ひとまずこれはコントラストを上げればモノがはっきり見える」と専門家が助言すると「でもコントラストを上げてはいけないのでは」，と大学院生が答える，といった状況である．生物画像解析の専門家の間ではこうした過剰に保守的な状況がしばしば話題になるので，特殊な例ではない．禁止事項のリストは，本来役に立つような画像処理がやみくもに忌避される，という抑圧的な面があるのである．研究の目的によって，同じ処理でもやっていい場合とやってはいけない場合がある．結局，画像処理を科学的な数値処理としてきちんと学ぶことでしかその科学的な妥当性は判断できない．

最後の問題は，禁止事項のリストは十分かという点である．先に私見を述べると，禁止事項の列挙では画像を巡る不正行為をなくすことはできないであろう．これまで問題になってきた画像データの改ざんや捏造には，画像の複製や一部の恣意的な隠蔽（コントラスト増強の問題もこれに含まれる），存在しない構造の描

注1 例えば分析化学では，測定の原理と実際を学ぶことは基本中の基本であり，「これはいい，これはダメ」というガイドラインがジャーナルに掲げられていることはない．

き込みなど（電子顕微鏡像に金コロイドの点を人為的に打つなど），きわめて初歩的なものが問題としてとり上げられてきた．一方，より高度な画像処理や解析まで視野を広げるとその妥当性に疑問が付されることは稀であり，ほぼ放置されている様相である．具体的には，画像のビット深度の変換や，輝度閾値で分節化した画像の測定などの例をあげることができる[8]．画像データの複製など初歩的な不正行為はかつては見過ごされてきたが，数十年たった今では問題になり昔の論文の差し戻しや研究者の処分が行われている．より高度な「データの改ざん」は，2024年の現在でも検証の対象になることはほぼなく放置されているが，数十年後には問題になるかもしれない．だからといって，これらのより複雑な例を禁止事項のリストに加えるとすれば，リストの項目数はあまりにも膨大になるだろう．また，新しいイメージング技術や画像処理・解析のアルゴリズムが次々と導入されるなかでは，固定した禁止事項リストはすぐに時代遅れになってしまうだろう．

■ 再現性を確保することの重要性

さて，以上のような画像データを巡る問題に，どのように対処すべきであろうか．一番大きな問題は，画像解析の知識・技能レベルが研究者によって大きく異なることである．学ぶ機会もなく見よう見まねで画像データを扱っていれば知らずのうちに不正行為を犯してしまうリスクは高い．同時に論文の査読者の側にも知識が欠落しているケースも珍しくない．つまり，画像解析の理論と手法を広めることが不正行為を減らす鍵なのである．禁止事項がリストされたガイドラインは応急処置であり，生物画像解析の教科書やカリキュラム等をしっかりと整備し，広く一般化してゆくことが本来の不正行為の防止策なのである．

さらに，論文に書かれた画像解析の科学的な妥当性は，第三者による査読によって検証するのが近代以降の自然科学のあり方である．不正行為はこうした査読で発見されるはずであるが，この検証を行うには，論文の「Materials and Methods」のセクションに手法がしっかりと記述されていることが必要条件である．しかし特に生物画像解析では「ソフトが勝手にやってくれる」という意識があるためか記述が不十分なことがきわめて多い．ひどい場合には，"ImageJ was used for image analysis." など，使ったソフトの名前のみが書かれているケースも稀ではない．より丁寧に解析の流れが書かれていたとしても，正確かつ定量的に解析の内容を把握することが困難で，検証が不可能なケースはきわめて多い．

重要なのは，第三者にその手法が再現できるように記述されていること，つまり方法の再現性（methods reproducibility）である．それは手法の正確な検証を可能にし，不正行為あるいは間違った解析などを第三者が発見することを容易にする．目下提唱されているのは，生物画像解析の過程をすべてコンピュータのプログラミング言語（コード）で記載し，それを手法の記述とする，ということである[8]．一般にコードは複雑な作業を自動化したり，高度な計算を行うために使うが，これに加えて手法の記述法としてもまことに優れている．英語や日本語などの言語で記述するよりも，はるかに正確に手法を表現・把握できることに加え，コードがあれば解析を簡単に再現し計算過程を詳しく検証することが可能になる．

コードを手法の記述とする考え方はまだ一般的ではないものの広まりはじめている．この流れを受け，2024年には生物画像解析の手法を再現性のある形で記述するためのチェックリストが発表された[1]．私も含めた生物画像解析の専門家が多数集まり，共同で策定したリストである．以下ではこのチェックリストをもとにして，再現性のある手法の記述をどのようにして行えばよいのかを具体的に説明する．

画像解析の再現性を確保するためのチェックリスト

生物画像解析の作業工程（workflow）[注2]の記載に関するチェックリストは，自分の論文にそれぞれの項目が存在しているかどうかをチェックするためのリストである[1]．チェックリストの項目は「最低限（minimal）」，「推奨（recommended）」，「理想（ideal）」の3種類に分けられている．「最低限」はいわば必須の項目になる．また，チェックリストは3種類あり，1番目が「新規の作業工程（novel workflows）」，2番目が「既存の作業工程（established workflows）」，3番目が「機械学習を使った作業工程（machine learning workflows）」である．「既存の作業工程」は，すでに論文として出版されている作業工程を再利用することを意味しており，新規の作業工程に準じた内容になる．そこで以下では「新規」と「機械学習」のチェックリストを紹介する（表1，表5）．

表1 「新規の作業工程」のチェックリスト

最低限	推奨	理想	記載要素
✔	✔	✔	サンプル画像データとコード
✔	✔	✔	作業工程の説明
✔	✔	✔	作業工程の部品やプラットフォームの文献の引用
✔	✔	✔	手動で設置したROIの情報
✔	✔	✔	バージョン番号
✔	✔	✔	鍵となる設定値
	✔	✔	すべての設定値
	✔	✔	サンプル画像データとコードの公開
	✔	✔	妥当性の説明
	✔	✔	限界の説明
		✔	使用状況のスクリーン録画と再現方法のチュートリアル
		✔	作業工程の簡便なインストールおよび使用法と，コンテナの公開

新規の作業工程のチェックリスト

1）サンプル画像データとコード

最低限：解析を再現するために，作業工程に入力するサンプル画像が必要である．また，作業工程はできるかぎり ImageJ マクロや Python などのコードにする．これらのサンプル画像とコードは，論文に Supplementary Materials として添付し，論文のサイトからダウンロードできるようにすることが最低限の条件となる．解析に使ったプラットフォームがコードで制御できないタイプであれば，GUI の操作の詳細を文章で記載する（後述）．なお，CellProfiler[注3]は一見 GUI のみのプラットフォームのようであるが，作業工程を保存するとそれはテキストファイルになる．再現性は完全に保たれており，このテキストファイルを作業工程のコードとすればよい．

注2 「作業工程（workflow）」の定義は**基礎編-1**を参照．
注3 https://cellprofiler.org/

推奨：単に論文に添付するのではなく，サンプル画像やコードを公開用のリポジトリ[注4]にアップロードし，そのリンクを論文の本文に記載することが推奨される．コードを公開するリポジトリとして最もポピュラーなのはGitHubである．単にファイルを置いて公開するだけではなく，バージョニングが可能なので，論文の解析に使ったバージョンを特定して論文に記載することで再現性を確保できる．サンプル画像のファイルサイズが50 MB以下ならばこのリポジトリにサンプル画像を含めることもできる[注5]．さらにそのリポジトリをZenodoというリポジトリに紐づけると，DOI（Digital Object Identifier）番号がそのバージョンに付与され，コードやサンプル画像は変更不可能なファイルとして公開されるので，再現性はきわめて高くなる．この公開のしかたは，詳細を後述する．

- GitHub：https://github.com/
- Zenodo：https://zenodo.org/

論文のサンプル画像の公開は，自分の研究所のサーバーなどにアップロードする研究者もいるが，研究者が異動するとリンクが消えるなどの問題が多発している．そこで，永続的にアクセス可能な公的なデータリポジトリが推奨される[注6]．表2にこれらのリポジトリの名前とリンク先を示した．こうした公的なサイトとして目下，コードの公開の解説でも登場したZenodoが最も簡単なアップロード先になる．画像だけの場合は，GitHubにリンクさせる必要はなく，直接Zenodoにアップロードする．リポジトリ（Zenodoでは "Record" とよぶ）あたり50 GBまで，100個のファイルを含めることができる．

表2 画像データを公開できる代表的なリポジトリ

データリポジトリ	URL
Zenodo	https://zenodo.org/
Figshare	https://figshare.com/
Dryad	https://datadryad.org/
Mendeley Data	https://data.mendeley.com/

Zenodoなどでは手軽にデータを公開できる反面，画像のメタデータなどに関する規則が定まっていないので，画像データに付随する情報は研究者によってまちまちである．特定の論文の解析の再現性を確保するだけならばそれでよいが，画像のメタデータを一定の水準まで揃えるようにした画像データ専用のリポジトリも登場している（**表3**）．特に，SSBDのリポジトリは日本にあるので，アップロードに要する時間が短く，日本語での対応も期待できる．

注4　リポジトリ（Repository）は，コンピュータの世界では「ファイル置き場」を意味する．非公開のローカルなものから，ネット上に公開して誰でもアクセスできるものまでさまざまである．ここでは誰でもアクセスしてファイルをダウンロードできるようにした場所（"公開用"）を意味している．

注5　GitHubのリポジトリには合計で最大1 GBまでさまざまなファイルを含めることができるが，1つずつのファイルの大きさに50 MBという制限がある．大きなサイズのファイルをGitHubに保存したいときには，Large File Storage（LFS）のサービスを使えば可能である．2 GBまでは無料．

注6　ここで紹介したもの以外にも，分野ごとのデータリポジトリに画像データのアップロードが含まれる場合がある（例：神経科学のThe DANDI Archive，https://dandiarchive.org/）．また，さまざまな分野のデータリポジトリを紹介したウェブページもある（例：https://www.nature.com/sdata/policies/repositories）．

表3　画像データの公開に特化したリポジトリ

画像データリポジトリ	URL
BioImage Archive	https://www.ebi.ac.uk/bioimage-archive/
SSBD:repository	https://ssbd.riken.jp/repository/

　さらに，もし他の研究者がそのデータを使って別の目的で解析することまでも視野に入れるならば，「高付加価値画像データベース（added-value image database）」とよばれるアップロード先を検討するとよい（**表4**）．これらのサイトへのアップロードは，データ出版に位置づけられ，論文の出版に準ずる手続きが必要になるが，それだけで業績の1つになるというメリットがある．リポジトリやデータベースにはそれぞれ特色があり，詳細は**論文投稿編-2**を参照されるとよい．

表4　高付加価値画像データベース

データベース	URL
Image Data Repository（IDR）	https://idr.openmicroscopy.org/
Electron Microscopy Public Image Archive（EMPIAR）	https://www.ebi.ac.uk/empiar/
SSBD:database	https://ssbd.riken.jp/database/

2）作業工程の説明

　最低限：作業工程の目的と大まかな流れを "Materials and Methods"，あるいは "Supplementary Materials" のなかの文章で説明する．すでに述べた作業工程のコードの概要を説明した内容になる．特に鍵となる作業工程の部品[注7]の名称（例えば "MorphoLibJ" など）をあげて説明を行うとわかりやすくなる．コードで制御することができず，すべてが手動のプラットフォーム（例えばImarisなど）を使った場合には解析の大まかな流れの説明だけでは不足で，他者が同じように解析を再現できるように配慮して詳細を記述する．

　推奨：作業工程の流れの説明に加え，推奨されるのは作業工程の妥当性の説明と，作業工程の限界の説明である．どのような背景でその作業工程を組み上げたのか，またその作業工程の妥当性を理論的に説明する．例えば，細胞の分節化が工程に含まれるならば，使っている分節化のアルゴリズムが解析の目的に照らして妥当であるかどうかといった議論を行うとよい．あるいはFRAP（蛍光褪色後蛍光回復）の解析を例にあげれば，カーブフィッティングに使ったモデル（数式）の選択の根拠を説明することが推奨される．一方で，作業工程の限界を明記することも推奨される．これは例えば，適用可能な画像データの条件，サンプルの種類，解析の誤差の議論などである．

3）文献の引用

　最低限：作業工程で使った部品の論文を探し「作業工程の説明」の文章のなかで引用する．例をあげれば，**実践編-3**で扱った血管のネットワーク解析ではMorphoLibJを作業工程の部品として使っているので，Leglandの論文を引用することになる．プラットフォーム自体（例えばImageJ）もオープンソースのものであればほぼ確実に論文として発表されているので引用する．こうしたオープンソースのツールは単に「ダウンロード

注7　作業工程の「部品（components）」の定義は**基礎編-1**を参照．

すればただで使える」ということで，その学術的な文脈を意識しない方も多いが，解析で使ったアルゴリズムと実装の出所を明記するのはデータを数学的に処理した手法を正確に示すことでもあるので，科学の所作として必須である．同じ理由で内部がブラックボックスになっているソフトの使用はなるべく避けるべきである．商用ソフトの場合は論文における Materials に準ずる記載法で，製造会社を明記する．

4）バージョン番号

最低限：使用したプラットフォームと作業工程の部品のバージョン番号を記載する．例えば，ImageJを使った作業工程であれば，ImageJ（あるいはFiji）のバージョン番号と，部品として使ったプラグインのバージョン番号をそれぞれ記載する[注8]．バージョン番号がもしわからない場合は，その部品の公開日を調べて記載する．キモは，同じ名前の部品であってもバージョンが異なると挙動が異なる場合があり，再現性という意味で使った部品のバージョン番号が必須になるのである．「1）サンプル画像データとコード」で「推奨」になっているように，作業工程をコードとして書き，Gitでバージョン管理を行っていた場合，論文の解析で使った作業工程の特定のコミットにバージョン番号が付与できる（後述の「作業工程のコードの公開の実際」「2）マクロの公開」のステップ7）．

5）設定値

最低限：作業工程には，ほとんどの場合何らかの設定値が関与している．例えばメディアンフィルタであれば，シグマ値によって畳み込みの範囲の大きさが決まる．こうした設定値を明記することは再現性のためには必須である．作業工程の結果に大きな影響を与える設定値は「鍵となる設定値（key parameters）」であり，その記載は最低限の条件である．

推奨：鍵となる設定値だけではなく，できるだけすべての設定値を記載することが推奨される．文章ではなく論文に添えるコードのなかでこれらの値が明記されているならば，再現性はより確実になる．

6）手動で設置した ROI の情報

最低限：マウスを使って画像を眺めながら手動で設置したROI（選択領域，Region of Interest）を作業工程で使っている論文はきわめて多い．この場合には，そのROIをファイルとして保存し公開する[注9]．これは再現性を確保するためには必須の条件となる．公開先はGitHubにアップロードするコードのリポジトリでもよいし，あるいは論文に添付してもよい．なお，真の再現性と領域選択の客観性の確保のため，こうした手動による直観的な操作を作業工程に含めないように自動化することが肝要である．

7）作業工程の実行状況のスクリーン録画とチュートリアル

理想：作業工程を実際に走らせる様子のスクリーン録画と，使用方法のチュートリアルがあると第三者がより簡単に作業工程を検討できるようになる．

注8　Fiji自体やプラグインのバージョン番号の調べ方は，サポートリポジトリ（bit.ly/BIAS book-2025）の「Fijiのインストールの仕方」に詳細を解説した．

注9　「選択領域の保存の仕方」はサポートリポジトリ（bit.ly/BIAS-book-2025）に解説がある．

8) 作業工程の簡便なインストールおよび使用法と，コンテナの公開

　理想：作業工程を走らせるには何らかのソフトのインストールが必要になることが多い．こうした準備作業をラクにするため，作業工程を走らせる環境を丸ごとコンテナとして走らせることができると再現性は完璧になる．例えば，同じImageJであっても，OSによって作業工程を実行するための準備作業はいろいろな点で異なるであろう．そこで，作業工程ともし可能であればサンプル画像のダウンロードも含めたDockerのイメージとコンテナの作成の指示書であるDockerfileを公開し，誰もが同一の環境のコンテナで作業工程を再現できるようにすると，再現性はほぼ完璧である．解析の再現性とコンテナ化の方法については，文献9が詳しい．

機械学習を使った作業工程のチェックリスト

　一般的な画像処理の画像変換ではある決まったアルゴリズムを使って変換を行う．これに対し，機械学習による画像処理では，アルゴリズム自体を自動的に作成するという大きな違いがある．この作成は，すでに変換済みの画像や，画像そのものから学習して行う．これらの画像を「訓練用画像データ」といい，訓練をくり返すことで学習を積み重ねる．訓練のたびに変換の結果を「検証用画像データ」と比較して評価し，次の訓練に反映させて変換アルゴリズムの精度を上げる．学習結果である画像変換アルゴリズムは一般に「モデル」とよばれる．モデルの変換精度は，訓練用や検証用とは別に用意した「テスト用画像データ」を使って推定する．納得できる精度であればそのモデルは実際の作業工程で使われることになる．このように，「訓練用」「検証用」「テスト用」の画像データと，最適化によって作成される変換装置＝モデルなどを使う特質が機械学習にはある．このことから，再現性のある機械学習を使った作業工程の記述には一般的な作業工程にはない要素が必要になる．

　生物画像解析では機械学習のモデルは3つのタイプの使われ方をする．まず，他の研究者が作成した既存のモデルをそのまま使って作業工程に組み込む場合，次に既存のモデルに追加の訓練を行った修正モデルを使う場合，最後にスクラッチからモデルをつくり上げる場合で，以下これを新規モデルとする．モデルのタイプによって，再現性のある記述を行うために必要な要素は異なる．**表5**が機械学習を使った作業工程を論文に含めるためのチェックリストである．

表5　「機械学習を使った作業工程」のチェックリスト

最低限	推奨	理想	記載要素	モデルのタイプ
✓	✓	✓	モデルへのアクセスと公開	すべて
✓	✓	✓	サンプル画像データ，ないしはテスト用画像データ	すべて
✓	✓	✓	文献の引用	すべて
	✓	✓	訓練用画像データ，検証用画像データとメタデータ	新規，修正
	✓	✓	訓練コード	新規，修正
	✓	✓	クラウドないしはコンテナの実行環境	新規，修正
		✓	生物画像解析用のモデルカタログへの登録	新規，修正

1）モデルへのアクセスと公開

　最低限：作業工程で使ったモデルは第三者が使えるように公開する．公開の方法は論文のSupplementary Materialsとして発表先の学術誌のサイトでダウンロード可能にする，GitHubのリポジトリに置く，などが可能である．既存モデルを使用した場合にはそのモデルへのリンクとバージョン番号は必須である．

2）サンプル画像データ，ないしはテスト用画像データ

　最低限：モデルが行う画像変換を実際に試みるために，入力データとなるサンプル画像ないしはテスト用の画像データを公開する．このためのデータは，訓練と検証のデータとして使われていないことが必須である．新規，あるいは修正モデルの場合は，モデルと同じ場所に公開するとよいだろう．

3）文献の引用

　最低限：既存モデルや修正モデルを使った場合にはその原著論文，新規モデルを使った場合には，そのモデルの学習方法の原著論文を引用する．

4）訓練用画像データ，検証用画像データとメタデータ

　推奨：修正モデルや新規モデルを使った場合は，サンプル画像データ，ないしはテスト用画像データだけではなく，訓練用と検証用の画像データも公開し，訓練時間などのメタデータとともにアクセス可能にすることが推奨される．

5）訓練コード

　推奨：修正モデルや新規モデルを使った場合は，訓練を行うために書いたコードを公開することが推奨される．コードは前述の訓練用，検証用とテスト用データとともに，GitHubのリポジトリに公開し，Zenodoに同期してDOIを取得し（方法は後述）そのリンクを論文に記載するとよいだろう．

6）クラウドないしはコンテナの実行環境

　推奨：修正モデルや新規モデルを使った場合，その実行環境をクラウド上，あるいはコンテナとして公開し，第三者が工程を簡単に再現できるようにすることが推奨される．

7）標準的なモデル仕様書の公開

　理想：新規のモデルを広く使ってもらうことを目的とするならば互換性を高めるため，標準的なモデルの仕様書も公開するとよい．生物画像解析で使うことのできるさまざまなモデルがオンラインのBioImage Model Zoo（BioImage.IO）に集められ，カタログになっている．このサイトの開発者たちが標準的なモデルの仕様書（Resource Description File Specifications）を提案しており，作成法の詳しい解説にウェブ上でアクセスできる[注10]．これに従って仕様書を作成し，モデルとともに公開することが理想的である．

注10 BioImage.IO Developers Guide　https://bioimage.io/docs/#/guides/developers-guide

作業工程のコードの公開の実際

最後に作業工程のコードを公開する具体的な手順を以下で紹介する。Fijiでサンプルとして簡単なマクロを作成し、このコードをGitHubのリポジトリにアップロード、Zenodoにリンクして DOI を取得するところまでを解説する。

1）マクロの作成

Fijiを開き、以下の簡単な作業工程について、マクロレコーダを使ってマクロを作成する。コードのファイル例を用意するだけなので、手元にあるコードをそのまま利用できる方は、「マクロの公開」に飛んでもよい。

1. [Plugins > Record...]（マクロレコーダを立ち上げる。"Record:" のドロップダウンメニューで、"Macro" が選ばれていることを確認する）
2. [Image > Open Samples > Dot Blot]（サンプル画像を開く）
3. [Image > Adjust > Auto Threshold]（Otsu アルゴリズハを使う。"White objects on black background" のチェックは外す）
4. [Analyze > Set Measurements...]（Area と Centroid をチェックする）
5. [Analyze > Analyze Particles...]（size は "10-Infinity"、show は "Nothing"、Display Results をチェック）
6. マクロレコーダの "Create" のボタンをクリック。すると、スクリプトエディタに**コード01**が現れる。
7. **コード01**を任意の場所に "TestMacro.ijm" として保存。

コード01

```
1   run("Dot Blot");
2   run("Auto Threshold", "method=Otsu");
3   run("Set Measurements...", "area centroid redirect=None decimal=3");
4   run ("Analyze Particles...", "size=10-Infinity display exclude clear");
```

以上で、マクロの作成は完了である。

2）マクロの公開

マクロのファイルを GitHub に公開し、Zenodo を通じて DOI を取得してみよう。DOI はオンライン上の電子書類のバージョン番号を含めた固有番号であり、これを取得することで doi.org ドメインからのリンクを得られるだけでなく、そのバージョンのコードは半永久的に電子オブジェクトとして公開されるので再現性が確保される。GitHub のリポジトリを Zenodo から同期対象に指定すると、そのリポジトリで新たなリリースを切ると、自動的にそのリリースの最新のファイルは Zenodo に複製され、新たな DOI 番号が付与される。

1. まず、GitHub（github.com）にアカウントをもっていない方はアカウントを取得する。アカウントの作成はサイトの指示通りに行えばよい。Zenodo では、GitHub のアカウントでログインすることができるので、Zenodo 用のアカウントをつくる必要はない。
2. 上で作成したマクロを保存するための新しいリポジトリを作成する。GitHub にログインするとダッシュボード（Dashboard）の画面になり、左側に緑色の "New" という緑色のボタンがある（**図1A**）。それをクリックする。す

ると新規リポジトリ作成の画面になる（**図1B**）．リポジトリの名前を決めて，"Repository name" のフィールドに記入する．**図1B** では "testWorkflow2024" とした．あとはデフォルトのままでよいが，ライセンスはここで決めてしまったほうがいい．私は MIT ライセンスを選んだ．一番下の "Create Repository" という緑色のボタンを押すと，新しいリポジトリが作成される（**図1C**）．

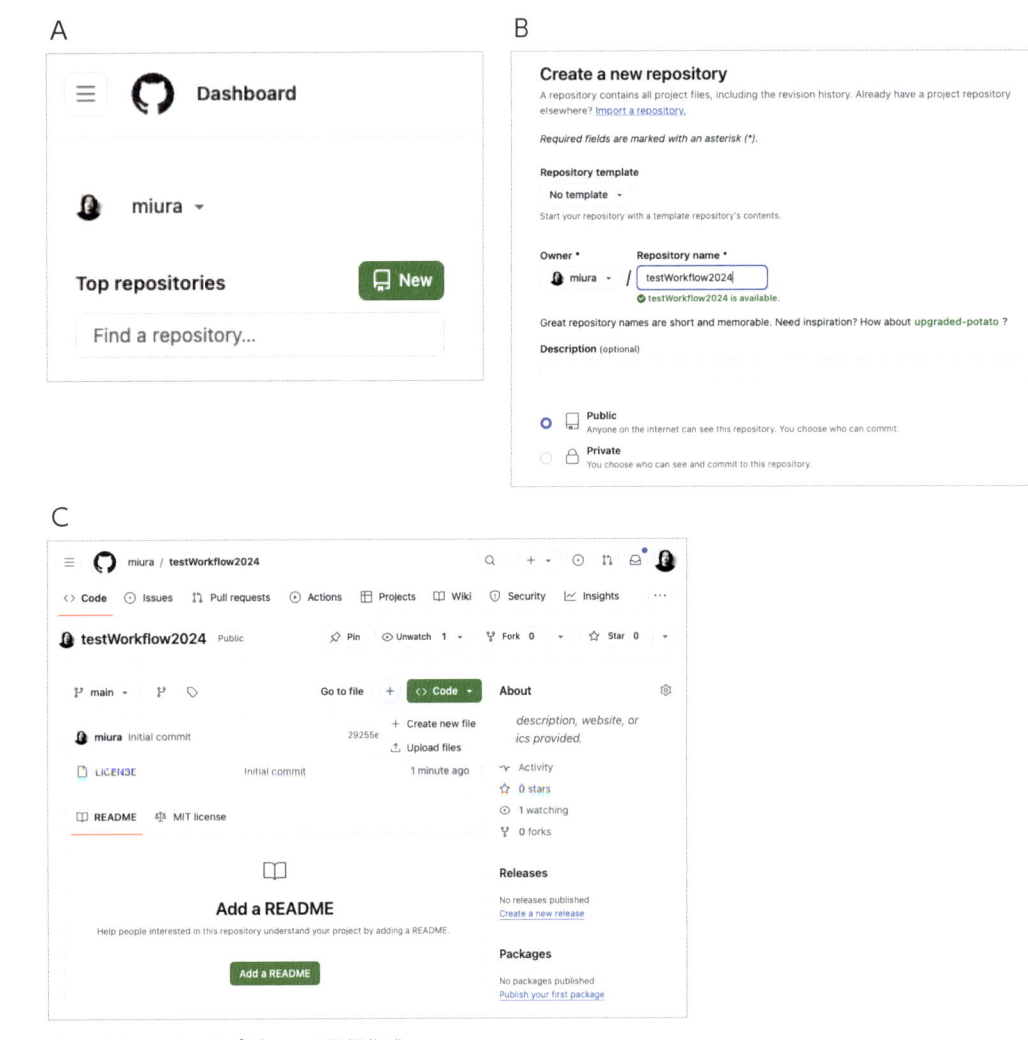

図1 GitHubでのリポジトリの新規作成

3. TestMacro.ijmのファイルをアップロードする．作成したリポジトリの画面にドラッグアンドドロップを行えば，ファイルのアップロードができる．サンプル画像も同じようにアップロードできる（ファイルのサイズは最大25 MBまで）．アップロードが完了すると，リポジトリの状態をアップデートするためにはコミットを行う必要があり[注11]，このための画面になる（**図2A**）．"Commit Changes" のフィールドに，新たにファイルを加えた，というコミット

注11 コミット（commit）とは，ファイルの変更の履歴を記録するためのツールGitの用語の1つである．commitは，一般になにかにかかわることを決断することを意味するが，ここでは「ファイルの変更を履歴に残す決断をする」という意味合いになる．ウェブのGitHub上では "commit" というボタンを押すことでコミットが成立する．コマンドラインでは git commit というコマンドを打つ．Gitの初歩については，三浦と塚田が翻訳した『デジタル細胞生物学』（ロイル／著，メディカルサイエンスインターナショナル，2021年）に解説がある．

メッセージを書き込んで，一番下の"Commit Changes"のボタンをクリックする．これでマクロはGitHub上で公開された状態になる（**図2B**）．

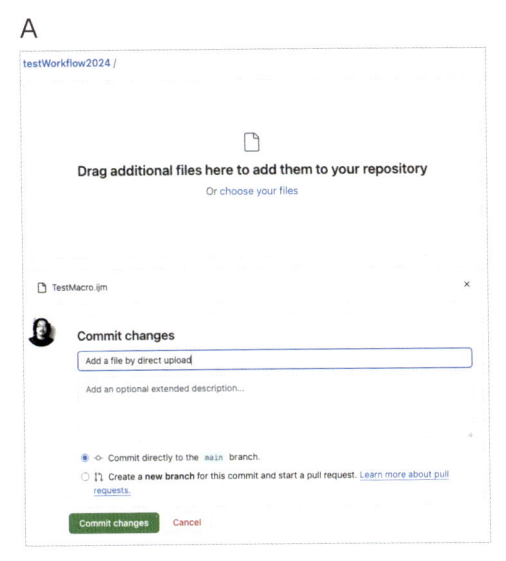
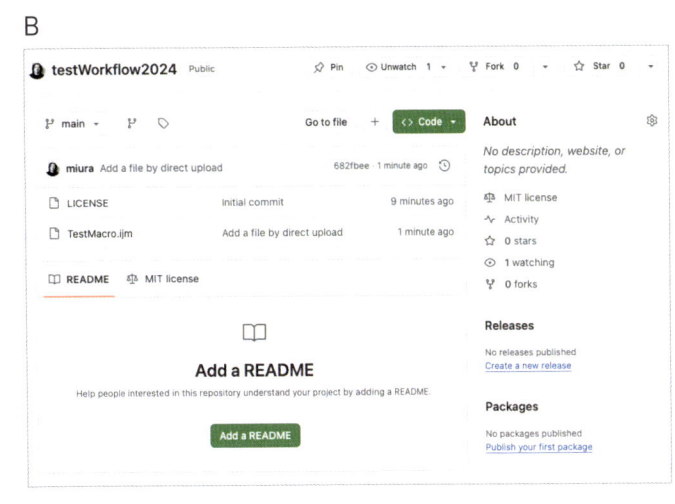

図2 アップロードしたファイルをコミットする

4. Zenodo側からの同期を行う．まずZenodoのサイト（https://zenodo.org/）を開き，右上のメニューをクリックして"Log in"のボタンが表示されたらそれをクリックする．**図3A**の画面になるので，"Sign in with GitHub"をクリックする．すると，GitHubのサイトに移動し，Zenodoからのアクセスを許可するための一連の認証操作を行い，OKをクリックすればZenodoへのログインが行えるはずである．

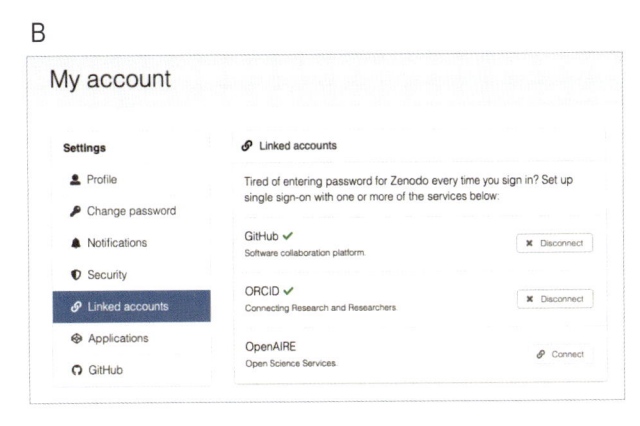

図3 ZenodoへのログインとGitHubとの同期

5. 右上のメニューをクリックし，リストされるさまざまな機能のうち"Linked Accounts"をクリックする．GitHubのところに**図3B**のような緑のチェックが入っていない場合には，その右側の"Connect"をクリックする．一連の

認証を行うと，緑のチェックが入る．これで，GitHubとの同期が行えるようになった．

6. 同じ画面の左のリストの"GitHub"をクリックすると，右の画面が変わる．"Sync now"のボタンをクリックすると，GitHubのリポジトリとの同期がはじまる．同期が完了すると，先程GitHubで作成したリポジトリが右の画面のリストに登場するはずである．そのリポジトリの名前（ここでは"miura/testWorkflow2024"）の右側にフリップスイッチがあり，OFFの状態になっているので，これをONにする（**図3C**）．リポジトリのリンクをクリックすると，GitHubに同期したZenodoのリポジトリが開く．この状態ではまだファイルはなにもないはずである．GitHubの側でリリースを切ると，そのリリースがトリガーになり，ファイルがZenodoのリポジトリに同期される，というメカニズムなので，GitHubでリリースを行う必要がある．そこで，"Create release"のボタンをクリックする．

7. GitHubのリリース作成画面になる．左上の"Choose a tag"のドロップダウンメニューをクリックし，タグを新たに作成する（**図4A**）．ここではv1.0.0というバージョン番号を書き込み，"Create new tag"をクリックした．

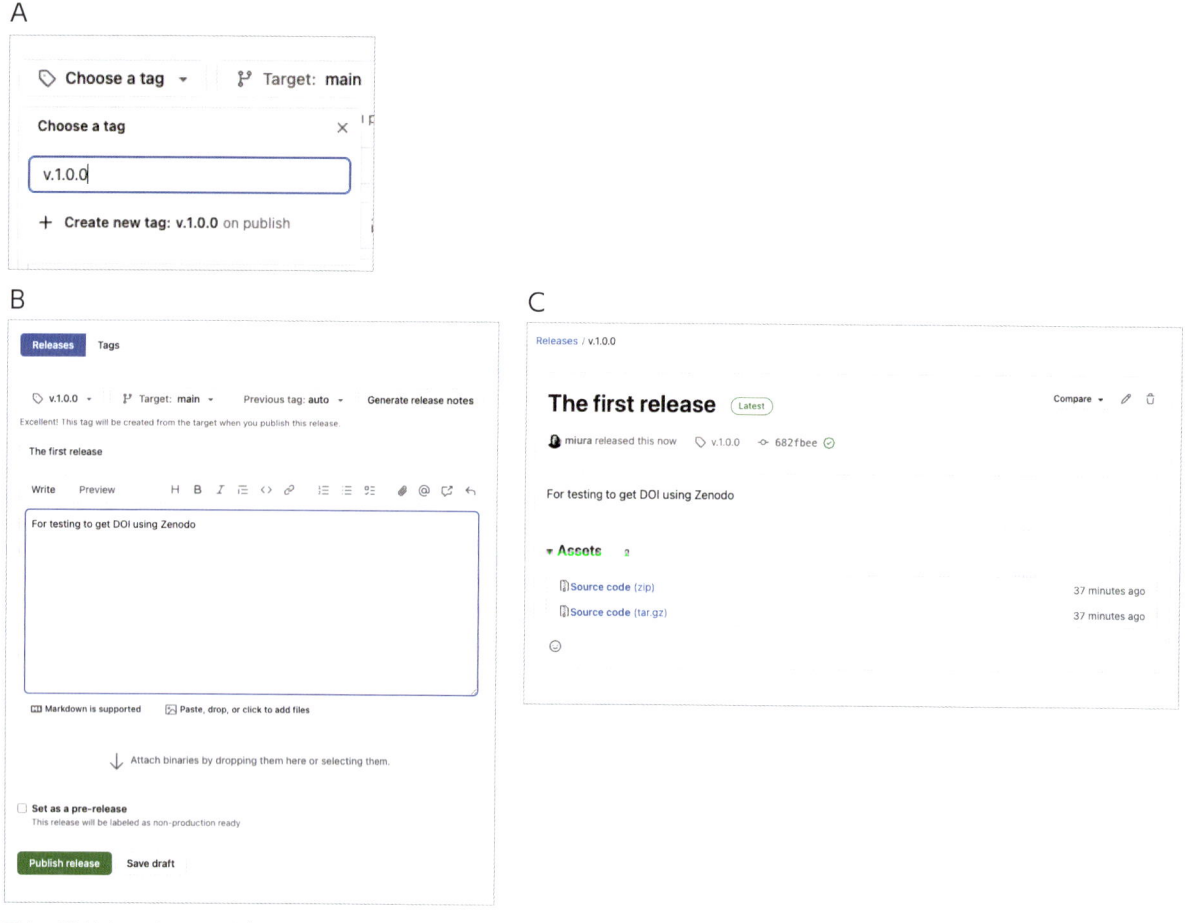

図4 GitHubでリリースを切る

8. **図4B**のように，見出しに"The first release"，その下にリリースの内容の詳細を書き込む．一番下の"Publish release"をクリックすると，リリースが完了する（**図4C**）．

9. Zenodoのページに戻って，ページの再読み込みを行うと，**図5**のように，先程リリースしたファイルにDOI番号が付与される．

図5 DOI番号が付与されたコード

　論文でコードを記載するには，**図5**にあるように，リリースに付与されたDOI:10.5281/zenodo.13755131を固有の電子オブジェクトとして参照先にすればよい．試しにdoi.orgからのリンクであるhttps://doi.org/10.5281/zenodo.13755131を開くと，Zenodo上に公開されているコードにアクセスし，マクロをダウンロードできる．

まとめ

　論文の査読により画像解析の妥当性の評価を行うには，再現性のある手法の記述が必須である．それは画像解析の不正行為の防止にもなる．そもそも科学は，「これをしてはいけない，これはよい」という事前の検閲ではなく，ピアレビューを行うことで事後的にその科学的な妥当性を評価し，成果の質を保守してきた．これにならうためにも生物画像解析の再現性を確保する必要がある．この章では，再現性を確保するためのチェックリストを紹介した．今後はこれがスタンダードになってゆくだろう．論文を投稿する際にはぜひとも活用してほしい．

謝辞

　この章を完成させるにあたり，遠里由佳子さんと塚田祐基さんに有益なコメントをいただいた．ここに深く感謝する．

文献

1) Schmied C, et al：Nat Methods, 21：170-181, doi:10.1038/s41592-023-01987-9（2024）

2) Rossner M & Yamada KM：J Cell Biol, 166：11-15, doi:10.1083/jcb.200406019（2004）

3) Bik EM, et al：mBio, 7：803-809, doi:10.1128/mBio.00809-16（2016）

4) Tanno Y, et al：Science, 349：1237-1240, doi:10.1126/science.aaa2655（2015）

5) Ullal P, et al：J Cell Biol, 211：653-668, doi:10.1083/jcb.201504073（2015）

6) Pulverer B：EMBO J, 34：2483-2485, doi:10.15252/embj.201570080（2015）

7) Cromey DW：Methods Mol Biol, 931：1-27, doi:10.1007/978-1-62703-056-4_1（2013）

8) Miura K & Nørrelykke SF：EMBO J, 40：e105889, doi:10.15252/embj.2020105889（2021）

9) Moreau D, et al：Nat Rev Methods Primers, 3：1-16, doi:10.1038/s43586-023-00236-9（2023）

画像データリポジトリとデータベース
——そのしくみと活用法

遠里由佳子，京田耕司，大浪修一

SUMMARY

　バイオイメージングデータの共有は，現代の生命科学研究において重要性を増している．本章では，顕微鏡などで撮影した画像や画像処理したデータを共有し，再利用するための公共リポジトリとデータベースについて紹介する．特に，日本国内で開発・運用されている SSBD（SSBD:repository および SSBD:database）を中心に，これらデータリソースと利用方法を解説する．これらのデータリソースでは，論文発表前にデータを登録し，SSBD から DOI を取得することにより，データへの永続的なアクセスが保証される．SSBD は，国際的なバイオイメージングコンソーシアムに参画し，他のバイオイメージングデータのリポジトリやデータベースと連携し，データの共有と検索，再利用を容易にすることにより，バイオイメージングデータのエコシステムの構築をめざしている．データ登録から活用までの手順を理解することで，研究成果の最大化と研究の効率化が期待できる．

はじめに

　研究データの共有，いわゆるオープンデータの概念は，科学の進歩において重要な役割を果たしている．データを共有することで，他の研究者が既存の成果を再現し，検証することが可能になり，科学コミュニティ全体の透明性と信頼性が高まる．結果として，新たな科学的発見が生まれ，論文が引用される機会が増え，研究の影響力が向上する好循環が生まれる．さらに，共有されたデータをもとに新しい解析技術を開発することが可能であり，異なる分野の研究者とのコラボレーションの促進も期待される．データの共有により，他の研究者が同じ研究を重複して行う必要がなくなるため，研究資金や時間を効率的に活用できるようになる．

　バイオイメージング分野においても，データを適切に保管・共有することが望まれている．データ共有の場として，Zenodo[注1]，Dryad[注2]，figshare[注3] などの汎用データリポジトリが存在する．これらのリポジトリは，研究データをオープンに共有し，他の研究者や一般の人々がアクセスできるようにするための重要なプラットフォームである．しかしながら，これらのリポジトリは広域な科学分野の多様なデータに対応しているため，バイオイメージングデータの可視化や画像の種類に基づく検索といった専門的なサポートを提供することができない．したがって，塩基配列データやタンパク質構造データ，遺伝子発現データと同様に，バイオイメージングデータを FAIR 原則[1][注4]（Findable, Accessible, Interoperable, Reusable）に従って共有する

注1　https://zenodo.org/
注2　https://datadryad.org/
注3　https://figshare.com/
注4　FAIR 原則：データ管理のガイドラインであり，データが「見つけやすく（Findable）」，「アクセスしやすく（Accessible）」，「相互運用可能で（Interoperable）」，「再利用可能（Reusable）」であることをめざす．

ための公共リポジトリの構築が進められている.

　近年，バイオイメージングデータのエコシステムが提唱され[2][3]，このエコシステムは「リポジトリ」と「高付加価値データベース」という2階層のデータリソースから構成される．リポジトリでは，データの迅速な公開を重視し，厳選したメタデータ[注5]のみを付与することでデータを公開することができる．一方，高付加価値データベースでは，データの再利用を促進するため，より詳細で豊富なメタデータを付与して，データを共有することができる．欧州では，バイオイメージングデータの公共リポジトリとしてBioImage Archive（BIA）[4]が，高付加価値データベースとしてImage Data Resource（IDR）[5]やElectron Microscopy Public Image Archive（EMPIAR）[6]が構築されている．米国でも，同様の公共のデータリソースの整備が進められる予定[7]となっている．日本では，公共リポジトリとしてSSBD:repository，高付加価値データベースとしてSSBD:databaseが開発・運用されており[8]，光学顕微鏡や電子顕微鏡など，さまざまなイメージング技術で撮影された画像データや画像処理により得られる分節化（segmentation）や追跡（tracking）データなどの関連データを保管・共有するためのオンライン基盤を提供している．**表1**に，バイオイメージングデータのリポジトリおよびデータベースをまとめた．本章では，SSBDに焦点を当て，データ登録から利用方法までを詳しく解説する．

表1　バイオイメージングデータの公共リポジトリと高付加価値データベース

名称	URL	説明
リポジトリ		
SSBD:repository	https://ssbd.riken.jp/repository/	日本で開発されているバイオイメージングデータのリポジトリサービス
BioImage Archive（BIA）	https://www.ebi.ac.uk/bioimage-archive/	欧州で開発されているバイオイメージングデータのリポジトリサービス
高付加価値データベース		
SSBD:database	https://ssbd.riken.jp/database/	日本で開発されている高付加価値データベース．最先端のイメージング技術で撮影されたデータや大規模実験からのデータを中心にデータ共有を行っている．
Image Data Resource（IDR）	https://idr.openmicroscopy.org/	欧州で開発されている高付加価値データベース．ハイコンテントスクリーニングデータ等の再利用性の高い大規模データを中心にデータ共有を行っている．
Electron Microscopy Public Image Archive（EMPIAR）	https://www.ebi.ac.uk/empiar/	欧州で開発されている電子顕微鏡画像に特化した高付加価値データベース

◤ SSBD

　SSBDは，SSBD:repositoryとSSBD:databaseの2階層のデータリソースで構成されている．SSBDは当初，生命システムのダイナミクスの理解を促進することを目的に，時間情報を含む画像データやシミュレーショ

ンデータおよび，その解析結果を共有するために開発された[9]．各研究コミュニティや研究者のニーズに応えて，現在では，バイオイメージングデータ全般に対象を拡大している．

1）SSBD:repository

SSBD:repository は，論文発表されたすべてのバイオイメージングデータを公開する公共リポジトリである．データ公開を迅速に行うために，原則として，著者が問い合わせ先やライセンス，生物種などの必要最低限のメタデータを記述することで，データを公開できる（図1）．論文発表前にデータ登録を行うことが可能で，SSBD はデータの識別と永続的なアクセスを可能にする識別子である DOI（Digital Object Identifier）を発行している．著者は，論文中でデータの所在を引用する際に，この DOI を利用できる．

2）SSBD:database

SSBD:database は，再利用性の高いバイオイメージングデータを，豊富なメタデータとともに共有する公共の高付加価値データベースである．現在の SSBD では，再利用性の高いデータを，最先端のバイオイメージング技術により撮影した画像データや，体系的な実験を通して撮影した画像データを含むデータと定義している．現在，2通りの方法で本データベースに収載するデータを選別している（図1）．1つは，SSBD:repository に登録されたデータから，再利用性が高い画像データを選定し，共有する方法である．もう1つは，発表済みの論文から再利用性が高い画像データを選定し，共有する方法である．どちらのケースにおいても，現在のところ，専門性をもつキュレーター[注6]が論文から豊富なメタデータを画像データに付与し，著者の確認を経たあと，データを登録・共有している．

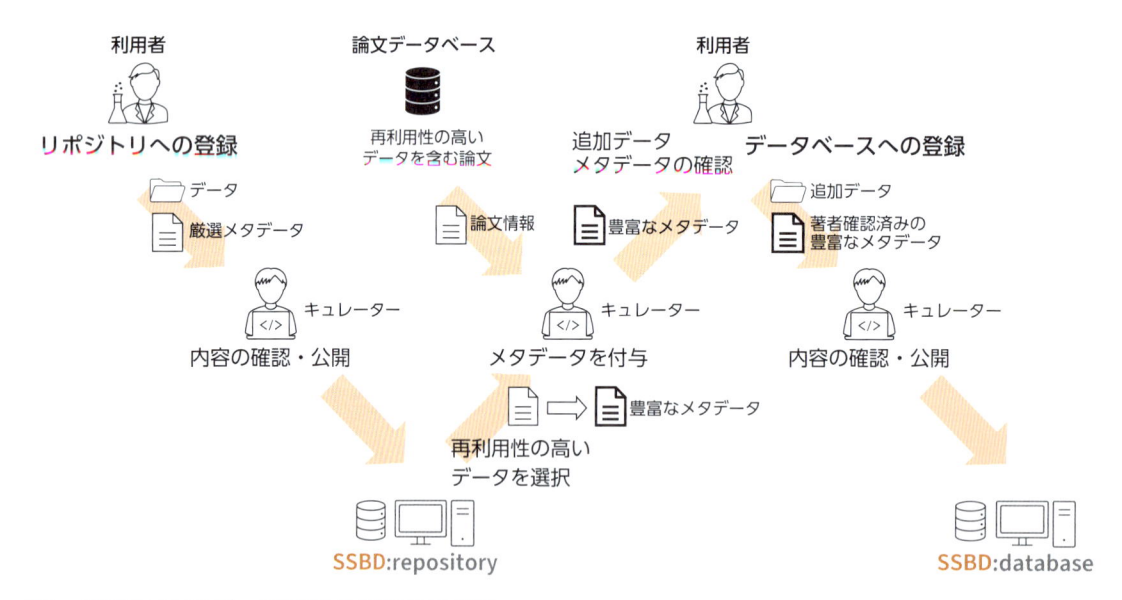

図1 SSBDにおけるデータ登録から公開までの概要
利用者から SSBD:repository に登録したいデータとメタデータが送付されると，その内容を確認したあとすみやかに登録・公開される．そうして登録されたデータや発表済みの論文から選ばれたデータが，SSBD:database に登録・公開される．

注6　キュレーター：さまざまな文献の研究結果の収集・整理・分類・要約などを担当する役割を指す．

SSBDは，グローバルなバイオイメージングデータのエコシステムの構築をめざすfoundingGIDEコンソーシアムに参画している．このコンソーシアムには，現在，欧州を中心に，日本やオーストラリアなどから7つの組織が参加しており，バイオイメージングデータやプレクリニカルデータ[注7]の共有のグローバルなエコシステムの実現を計画している．将来的には，各データリソース間でメタデータの調和をはかり，すべてのデータリソースで一貫したデータ検索が可能になることをめざしている．SSBDは，このエコシステム構築のなかで，中核を担うバイオイメージングデータのリポジトリおよびデータベースに位置づけられている．よって，国内のバイオイメージングデータの共有は，データの転送や日本語による対応を含めて，SSBD:repositoryおよびSSBD:databaseの利用が強く推奨される．

■ データの登録

SSBD:repositoryへのデータ登録は**図1**の手順で行う．まず，論文投稿前などのタイミングでssbd-repos@ml.riken.jpにメールで連絡する．その後，メタデータを記述した専用のExcelファイルとデータを送付する．ウェブフォームの導入も進められており，これらの登録手続きがさらに簡便になる予定である．メタデータには，11項目の必須情報（データのタイトル，説明，問い合わせ先，ライセンス，データ形式，観察対象の生物名）を含める必要がある．要望に応じてDOIが発行される．発行されたDOIはhttps://doi.org/10.24631/ssbd.reposからはじまるURLで確認でき，論文や他の出版物で引用する際に利用できる．また，ライセンスは，データ提供者の要望に応じて，国際的な非営利組織であるクリエイティブ・コモンズ[注8]のライセンス（例：CC0，CC BY，CC BY-NC）などが設定できる．例えば，CC0は著作権による利益の放棄を，CC BYライセンスは，データ提供者のクレジットを明示することを条件に，誰でもデータを利用できることを意味する．CC BY-NCライセンスは，CC BYの条件に加えて，非営利目的に使用を制限することを意味する．

加えて，SSBD:databaseに登録されるメタデータは，バイオイメージングデータに関するメタデータのガイドラインを提供するREMBI[10][注9]に準拠する．連絡先やライセンスなどの基本的なメタデータに加えて，生物や細胞株名などのサンプルの詳細や，イメージング手法，データ処理の方法などの情報が含まれる．そうした記述に，バイオインフォマティクスの分野で標準的に用いられている，特定の領域における概念やその概念同士の関係性を体系的に定義した統制語彙（オントロジー[注10]など）が紐付けられる．例えば，生物種には，NCBI（National Center of Biotechnology Information）が提供する分類（NCBI taxonomy）が，細胞や細胞株名にはCell OntologyやCell Line Ontologyが用いられている．特定の遺伝子の発現やタンパク質の局在を観察した画像に対しては，GO（Gene Ontology）プロジェクト[注11]で統制された生物学的プロセス（GO Biological Process），細胞構成要素（Cellular Components），分子機能（Molecular Function）などのオントロジーを用

論文投稿編

注7　プレクリニカルデータ：薬や治療法などの臨床試験の前に行われる動物や細胞を用いた試験データを指す．

注8　クリエイティブ・コモンズ：著作権のもとでデータやコンテンツの利用を制御するためのライセンス体系で，表示（BY），非営利（NC），継承（SA），改変禁止（ND）という4条件が用意されている．これらの条件の組み合わせによって6種類の利用の自由度が設定でき，利用者が遵守するべき条件が明示される．

注9　REMBI（Recommended Metadata for Biological Images）：バイオイメージングデータを効果的に記述，共有，再利用するために必要なメタデータの要件を定義するガイドライン．

注10　オントロジー：オントロジーとは，哲学に由来し，存在論を意味するが，情報科学では概念化の明示的な仕様と定義され，近年，統制語彙や，知識共有および再利用の方法に用いられる．

注11　http://www.geneontology.org

いる．どのような語彙があるかを調べるために，GOプロジェクトが提供するデータベースAmigo2[注12]の検索機能などが利用できる．イメージング手法の説明には，FBbi（Biological Imaging Methods Ontology）[注13]を用いる．さらに生物学的な用語を補うために，生物や医学分野の文献データベースであるPubMedに登録されたMeSH（Medical Subject Headings）も利用している．オントロジーを用いることで，付与された対象がもつ性質などの要素や要素間の関係を体系化した知識が，データの検索や解析に利用できる．

このように，SSBDでは，研究者がバイオイメージングデータを適切に登録し，他の研究者が再利用できるようなしくみを整えている．

1）顕微鏡画像データの保存形式と送付方法

送付方法はデータ容量に応じて異なる．小容量（数百GB未満）であればオンラインストレージで，大容量であればハードディスクなどでの送付となる．登録する顕微鏡画像データのファイル形式は，撮影時のオリジナル形式であることが，撮影した際の情報が正確に保存されているという理由で推奨されている．推奨される形式は以下の通りである．

- 顕微鏡メーカーのソフトウェアが出力する形式（例：オリンパス社OIB/OIF形式，ライカ社LIF形式，ツァイス社LSM形式，ニコン社ND2形式）
- 顕微鏡画像データの管理と解析のために設計された最新のファイル形式であるOME-NGFF（Open Microscopy Environment Next Generation File Formats）形式[11]
- より一般的なTIFF（Tag Image File Format）形式

一方，JPEG（Joint Photographic Experts Group）形式や動画に対応したMPEG（Moving Picture Experts Group）形式は，圧縮や複数のチャネルの統合によってオリジナルの情報が損なわれるため推奨されていない．

2）画像処理で得られる時空間座標情報の登録

SSBDでは，画像から分節化や物体追跡といった画像処理などで得られる時空間座標の情報を「定量データ」とよび，これら定量データの共有も歓迎している．定量データに対しては，BDML/BD5形式[12]での登録を推奨しているが，汎用的な形式（Excel，CSV，プレーンテキストなど）でも登録できる．ただし，汎用的な形式の場合は，データの解釈が可能な注釈をつけることが望ましい．なお，BDMLはXML（Extensible Markup Language）を，BD5はHDF5（Hierarchical Data Format）[注14]を基盤とした形式である．Nikon NIS-ElementsソフトウェアはBDML形式に対応している．

注12 http://amigo.geneontology.org/amigo/landing
注13 https://bioportal.bioontology.org/ontologies/FBbi
注14 HDF5（Hierarchical Data Format version 5）：大規模なデータの保存と高速な読み書きを可能にするファイル形式である．SSBDでは，時空間座標を含む定量データをHDF5形式で記述することが推奨されている．

データの利用

SSBDに登録された画像データや定量データに対して，検索・可視化・ダウンロード・API[注15]の利用など が可能である．例えば，キーワード検索で，メタデータの特定の項目を指定し，SSBDに登録されているすべ てのデータから一致する文字を含むデータを探すことができる（図2）．さらに，SSBD:databaseに登録され た画像データは，OMERO（Open Microscopy Environment Remote Objects）[13][注16]とよばれる顕微鏡画像 を管理するためのフリーソフトウェアによって管理される．OMEROは，顕微鏡の画像およびメタデータの登 録・管理・解析を行うために開発されたサーバー・クライアント型のプラットフォームであり，複数のユー ザーやグループ間でデータを共有する環境として利用できる．Fijiを含むさまざまなクライアントアプリケー ションから接続できる機能を備えている．OMEROの開発グループは，顕微鏡画像のファイル形式の読み書 きをサポートするために開発されたBio-Formats[注17]も開発している．Bio-Formatsは，OMEROやFiji[注18]に 導入されており，2024年現在，160以上の画像形式に対応している．一方，定量データも，専用のビューアー でウェブブラウザ上に可視化され，ダウンロードしたファイルはQTBD5Viewer[注19]で可視化できる．外部ソ フトウェアとの連携には，画像データや定量データに対してAPIが利用できる．

なお，SSBDでは，データを管理するために「プロジェクト」「データセット」という階層構造を用いてい る．プロジェクトは，最上位のデータ管理単位であり，SSBDでは，特定の研究目的のデータをまとめるため のフォルダとして利用している．データセットは，プロジェクト内で細分化された単位であり，1条件の実験 で得られた画像データや定量データなどを格納している．データに対するライセンスもプロジェクトごとに 異なる．

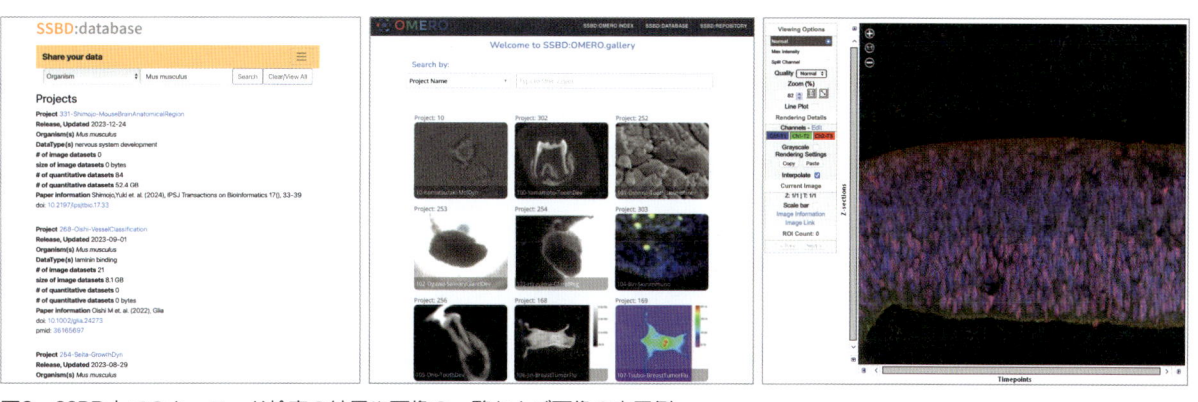

図2　SSBD上でのキーワード検索の結果や画像の一覧および画像の表示例
左のように，対象とする項目とキーワードを入力し検索すると，該当するプロジェクトがリストで表示される．中央のように，登録された 画像データを含むプロジェクトの一覧が確認できる．各プロジェクトから自動で1枚の画像が選ばれ表示されている．画像をクリックする と，プロジェクトやデータセット，画像の詳細が確認できる．画像の1枚を選択すると，右のようにその詳細が確認できる．画像内のメタ データを使ったチャネルの選択やスケールバーのつけ外しが可能になっている．

注15　API（Application Programming Interface）：異なるソフトウェア間でデータや機能を連携するための技術仕様（インターフェース）を指す．

注16　OMERO（Open Microscopy Environment Remote Objects）：OME（Open Microscopy Environment）コンソーシアムが，研究者が顕微鏡 画像データの管理と共有をしやすくすることを目的として開発したオープンソースのソフトウェアである．

注17　http://www.openmicroscopy.org/bio-formats/

注18　https://imagej.net/software/fiji/

注19　https://github.com/openssbd/QTBD5Viewer

論文投稿編

1) 画像データの利用方法

SSBD上のOMEROサーバーにウェブを介して接続するために，OMERO.web，さらにはOMERO.galleryやOMERO.WebGatewayといったサービスが利用でき，登録されたプロジェクトやデータセットの一覧を確認し，そのなかに格納された画像のメタデータや，特定のチャネルやスライスを抽出できる．ブラウザ上でマウスを使って操作したい場合には，OMERO.web[注20]や，OMERO.webの一覧性を高めるためのモジュールであるOMERO.gallery[注21]の利用が適している（**図2**）．一方OMERO.WebGatewayは，OMEROに登録されたプロジェクトや，データセット，画像などの階層構造に，URL経由でアクセスするAPIを提供する機能があり，外部ソフトウェアと連携する場合の利用に適している．例えば，URL（http://ssbd.riken.jp/omero/webgateway/render_image/119542?c=1）では，**図2**にも例として示したOMERO上で画像ID（image ID）119542のツァイスLSM形式の3チャネル画像の1チャネル目の内容がブラウザで確認できる（URLから?c=1を除くと3チャネルをまとめて表示できる）．こうしたURLから画像を取得し，代表的な画像処理のライブラリであるOpenCVで処理できる形に読み込むPythonのコード例が**コード01**になる．プロジェクトなど一覧を読み込む例も**コード02**として掲載する．使い方の詳細はOMEROのドキュメントが参考になる[注22]．

コード01

```
1    import numpy as np
2    import matplotlib.pyplot as plt
3    import requests
4    import cv2
5
6    url = 'http://ssbd.riken.jp/omero/webgateway/render_image/119542?c=1'
7    r = requests.session().get(url)
8    if r.status_code == 200: # URLがアクセス可能ならば
9        # URLにアクセス (r.content) して読み込んだ情報を8ビットのバイナリ(np.uint8)の
10       # 画像データとして (bytearray) メモリから読み込む (imdecode)
11       image_bgr = cv2.imdecode(np.asarray(bytearray(r.content), dtype=np.uint8), -1)
12       # OpenCVは色情報をBGRで取得するがmatplotllibでRGBなので変換する
13       image_rgb = cv2.cvtColor(image_bgr, cv2.COLOR_BGR2RGB)
14       plt.imshow(image_rgb)
15   else:
16       print("Access error")
```

コード02

```
1    import requests
2    url = "http://ssbd.riken.jp/omero/webgateway/proj/list" # プロジェクト一覧
3    #url = "http://ssbd.riken.jp/omero/webgateway/proj/1/children" #特定のプロジェクトのデータセット一覧
4    #url = "http://ssbd.riken.jp/omero/webgateway/dataset/1/children" #特定のデータセットの画像一覧
```

注20 https://ssbd.riken.jp/omero/
注21 https://ssbd.riken.jp/omero/gallery/
注22 https://omero.readthedocs.io/

```
5    for data in requests.session().get(url).json():
6        print (data['id'], data['name'])
```

2）定量データの利用方法

　SSBD の定量データは独自のシステムによって管理されている．画像データと同様に，ブラウザ上で，プロジェクトやデータセットの一覧を確認したり，そのなかに格納された画像のメタデータや，特定のスライスを抽出したりできる．SSBD に登録された定量データは，URL 経由でアクセスする API で利用できる．定量データをブラウザ上で可視化し確認するための WebBD5Viewer も，その API を使って実装されている．API の使い方は，マニュアル[注23] が参考になる．GitHub 上でサンプルプログラムを公開しており，ダウンロードした BD5 形式の定量データを可視化したり[注24]，読み書きしたり[注25]できる．

おわりに

　バイオイメージングデータのリポジトリやデータベースに関する最新の知見と，SSBD の具体的な利用方法について紹介した．SSBD は，SSBD:repository で迅速なデータ公開，SSBD:database で再利用性の高いデータ共有を実現している．国際的なデータエコシステムとの連携を通じて，より広範なデータ利用が可能となり，研究者間のコラボレーションを促進する．

文献

1)　Wilkinson MD, et al：Sci Data, 3：160018, doi:10.1038/sdata.2016.18（2016）

2)　Ellenberg J, et al：Nat Methods, 15：849-854, doi:10.1038/s41592-018-0195-8（2018）

3)　Swedlow JR, et al：Nat Methods, 18：1440-1446, doi:10.1038/s41592-021-01113-7（2021）

4)　Hartley M, et al：J Mol Biol, 434：167505, doi:10.1016/j.jmb.2022.167505（2022）

5)　Williams E, et al：Nat Methods, 14：775-781, doi:10.1038/nmeth.4326（2017）

6)　Iudin A, et al：Nucleic Acids Res, 51：D1503-D1511, doi:10.1093/nar/gkac1062（2023）

7)　Bajcsy P, et al：arXiv, doi:10.48550/arXiv.2401.13023（2024）

8)　Kyoda K, et al：Nucleic Acids Res, 53：D1716-D1723, doi:10.1093/nar/gkae860（2025）

9)　Tohsato Y, et al：Bioinformatics, 32：3471-3479, doi:10.1093/bioinformatics/btw417（2016）

10)　Sarkans U, et al：Nat Methods, 18：1418-1422, doi:10.1038/s41592-021-01166-8（2021）

11)　Moore J, et al：Nat Methods, 18：1496-1498, doi:10.1038/s41592-021-01326-w（2021）

12)　Kyoda K, et al：PLoS One, 15：e0237468, doi:10.1371/journal.pone.0237468（2020）

13)　Allan C, et al：Nat Methods, 9：245-253, doi:10.1038/nmeth.1896（2012）

論文投稿編

注23 https://ssbd.riken.jp/doc/H5-Restful%20interface%20manual.pdf
注24 https://github.com/openssbd/QTBD5Viewer
注25 https://github.com/openssbd/BD5_samples/

発展編

発 展 編

1

Micro-Managerによる顕微鏡制御

土田マーク彰，塚田祐基

生物画像解析の範囲は，すでに撮影された画像に対してだけではなく，画像を取得する際にも適用される．例えばオートフォーカスやトラッキング（物体の追跡）は動く対象を顕微鏡視野に捕捉することができ，画像取得の際に同時に行う画像処理と，機器制御を組み合わせて実現することができる．また画像解析をするうえで，画像取得がどのように行われているかを理解することは非常に重要で，画像解析の方針や方法を決める際に決定的となる．本章ではオープンソースとして開発されており，ImageJとも関係が深い顕微鏡制御ソフトウェアMicro-Managerを題材に，ソフトウェアによる顕微鏡制御と画像取得の概要を解説し，具体的な操作とプログラミングについて紹介する．

顕微鏡制御の背景

　現代の生物学に使われている顕微鏡は多様で，接続されている機器も多い．カメラや照明装置などの機器を，適切な設定とタイミングで利用するには，計算機とソフトウェアの力が必須である．そのため現在の生命科学で取得される顕微鏡画像は，多くの場合，ソフトウェアを利用している．接続される一般的な機器例は表1にあげられ，カメラや照明，フィルターホイールなど，連動して動作する機器制御を一手に引き受けるのが顕微鏡制御ソフトウェアとなる．各顕微鏡会社や機器メーカーは，販売する機器を制御するソフトウェアを提供するが，これらは違うメーカーの機器や自作機器を接続する際に問題が起きたり，そもそも他の機器と連携した利用が難しいことがある．また通常，各機器を計算機に認識させるためには専用のデバイスドライバを利用する必要があり，実験ごとに異なる自作ソフトウェアを作成することは多大なコストが生じる．そこで開発されたのがオープンソースソフトウェアのMicro-Manager[1) 2)]である．

表1　顕微鏡の組み込み・周辺機器と設定パラメータの例

接続される機器	パラメータ
カメラ	画像取得タイミング，露光時間（exposure time），ゲイン
照明装置	強度，タイミング，パターン
フィルターホイール	波長域の選択
電動ステージ	位置，移動速度
シャッター	Open/Closed

顕微鏡の制御・自動化の原理と実際

1）Micro-Manager の構成

　Micro-Manager は機器に依存したパラメータを適切な値，タイミングで制御し，またそれぞれの機器と特定の方法で通信するドライバを一括管理する．Micro-Manager がユーザーとドライバの間でどのような役割を担っているかを図1に示す．カメラなど個々の機器の制御は Micro-Manager が直接担うため，はじめの設定が適切に済めば，ユーザーは Micro-Manager へ指示することだけを考えればよく，個々の機器を制御するプロトコールについては考えなくてよい．指示の方法は選択肢があり，Micro-Manager のパネルから GUI で操作することもできるし，API を通じて Java や Python などのプログラム言語からも制御することができる．

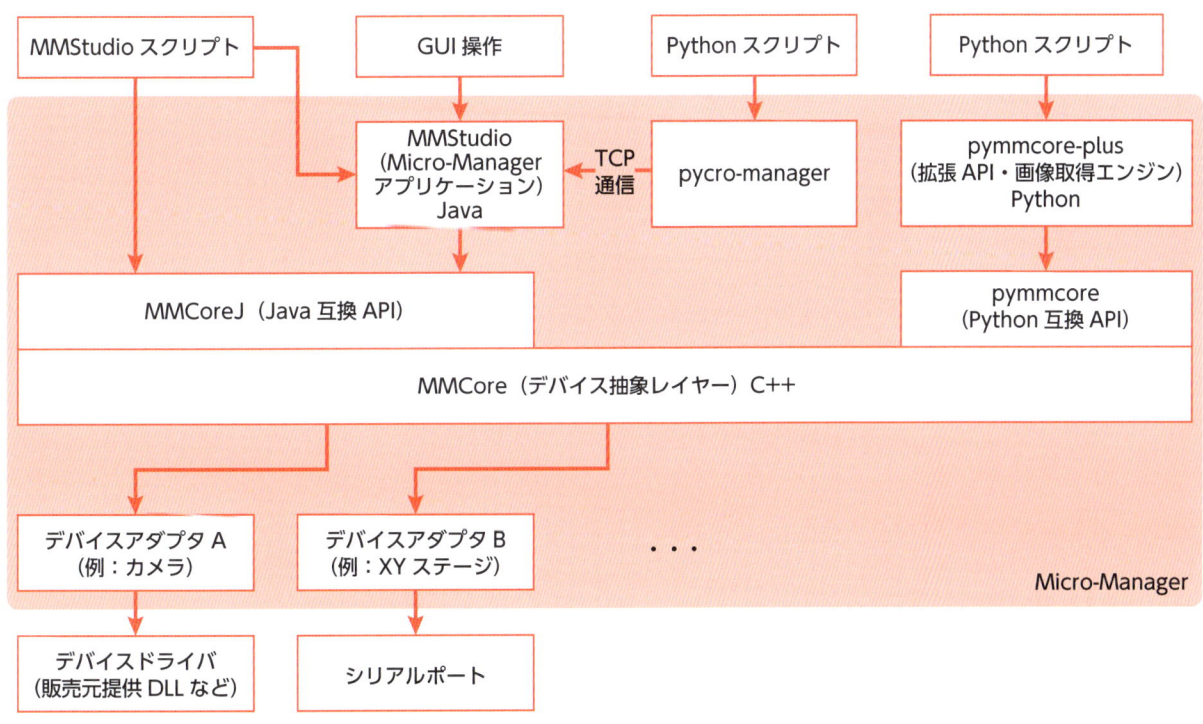

図1　Micro-Manager のソフトウェアアーキテクチャ

2）GUI とプログラムからの制御

　例えば，カメラドライバを通じたカメラの制御は，Micro-Manager の本体である MMCore から指令を受けて実行される．MMCore へは GUI（Micro-Manager アプリケーション，「MMStudio」ともよぶ）や各 API を通して命令を送ることができる．このため，同じ「画像を1枚取得する」という動作をユーザーは，①MMStudio メインパネルの Snap ボタンを押す，②MMStudio 内でスクリプトパネル（[Tools > Script Panel...]）を使用し Java API を使って image = mm.live().snap(true);，③Python から pymmcore-plus API を使って image = mmc.snap() など，用途に合わせた方法で実行することができる．

　このように，Micro-Manager を利用することで，個別の機器をある程度抽象化し，共通の方法で制御する

ことができる．GUIを使った手動操作とスクリプトを用いたプログラム操作が両方可能であり，実験や操作の状況により柔軟に使える点もMicro-Managerの便利な点であろう．

実際に顕微鏡機器を制御するためには，以下の流れになるが，先に基本的なGUIからの使用方法を見たほうが見通しがよいであろう．

1. 機器の認識・接続
2. 設定グループの登録
3. GUIの利用もしくはスクリプトの作成

この大まかな流れを踏まえて，以下ではより詳しい設定，利用方法を解説する．

Micro-Managerのインストールと基本的な使用法

本章の最終目的はプログラムによる画像取得であるが，必要な概念を紹介するためにもまずはMicro-ManagerのGUIアプリケーションの基本的な使用法を述べる．なお，Micro-ManagerはmacOSやLinuxにも対応しているが，顕微鏡機器のドライバが最も充実しているWindowsでの使用が主流であり，ここではそれを想定する．

Windows版のMicro-Managerはダブルクリック可能なインストーラーとして提供されている[注1]．ダウンロードページに特に指示がない限り，nightly build（日々更新される最新版）の使用をお勧めする．インストーラーを走らせると，デフォルトの設定では通常のWindowsアプリケーション同様，C:\Program Files内にインストールされる．

なお，Micro-Managerには1.4.x系と2.0系があるが，前者の開発は本章執筆時点で数年前に終了しており，Pythonからの制御にも不向きである．本章で解説する内容は2.0系に対応している．

Micro-Managerを起動（デスクトップ上に作成されたショートカットをダブルクリック，もしくはスタートメニューより）すると，最初にハードウェア設定ファイル（hardware configuration file）を選択するよう要求される．デフォルトの設定（MMConfig_demo.cfg）を受け入れた場合，ソフトウェアで実装されたデモ用のデバイスがいくつか用意される．このデモ設定はカメラなど接続機器の動作をシミュレートしており，Micro-Managerの基本動作を理解するのに便利である．

メインウィンドウ（**図2**）には最も頻繁に使用する機能が集められており，最初に試すべきはSnap（画像を1枚取得する）およびLive（画像を連続的に取得し表示する）であろう．デモデバイスを使用した場合は仮想的な入力として，斜めの正弦波パターンの画像が生成される．

注1　https://download.micro-manager.org

A

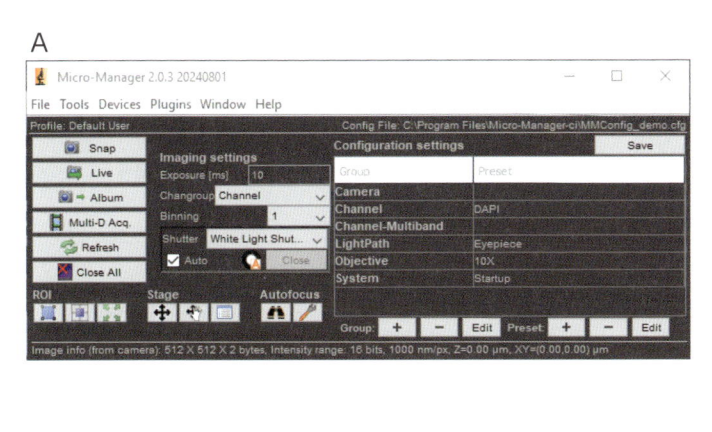

B

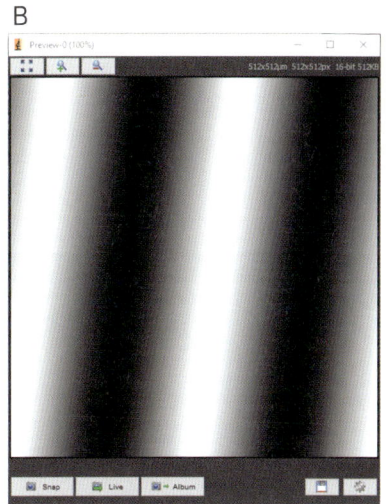

図2 Micro-Managerのメインウィンドウ（A）とSnapにより表示される画像表示ウィンドウ（B）

　実際の画像取得では時系列・ステージ位置・焦点位置・チャネル（蛍光波長など）を自動的に順に制御することが多いが，これは多次元画像取得（Multi-Dimensional Acquisition：MDA，メインウィンドウではMulti-D Acq.と略）とよばれる（**図3**）．

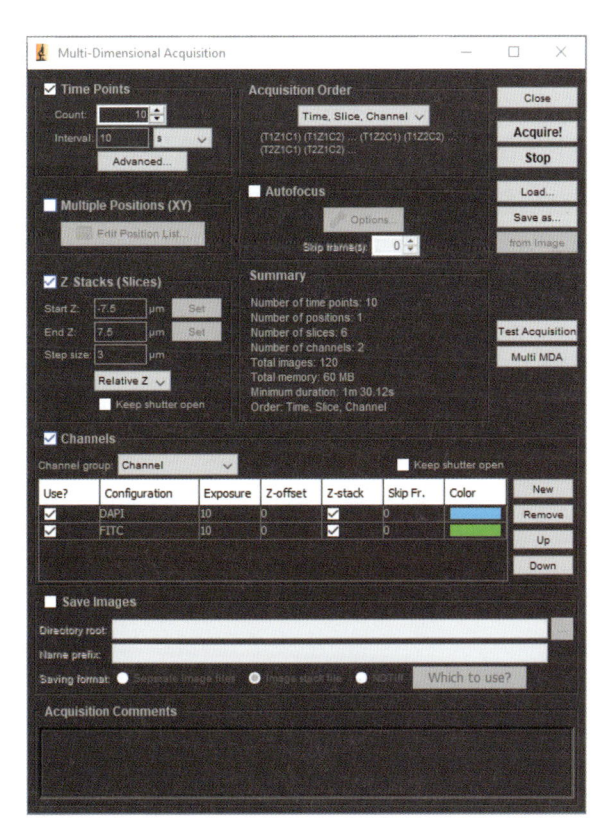

図3 多次元画像取得（Multi-Dimentional Acquisition）ウィンドウ

多次元画像取得を開始（「Acquire!」ボタン）すると，新しい画像ウィンドウが開き，取得された画像が逐次表示される（**図4**）．MDAの設定でSave Imagesを選択した場合は取得と同時にディスクに保存もされる（長時間の記録には特に推奨）．

また，別ウィンドウにヒストグラムが表示され，明るさの表示範囲を調節することができる（**図5**）．

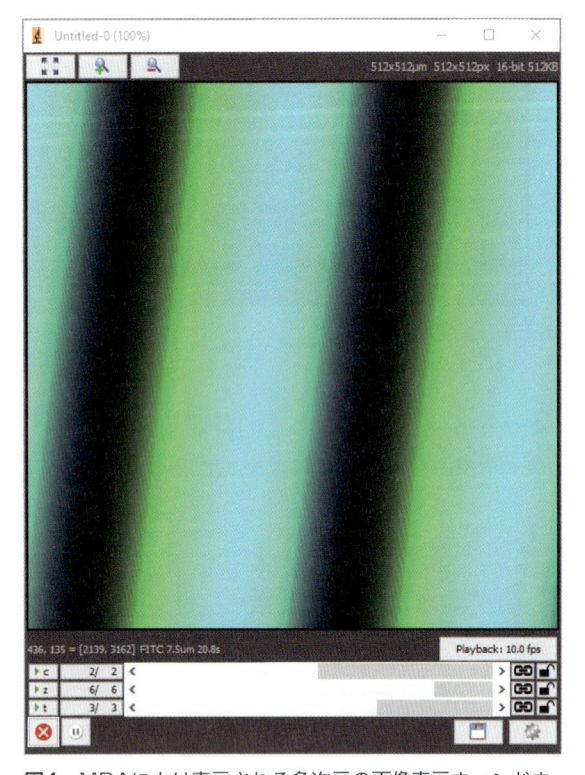

図4 MDAにより表示される多次元の画像表示ウィンドウ

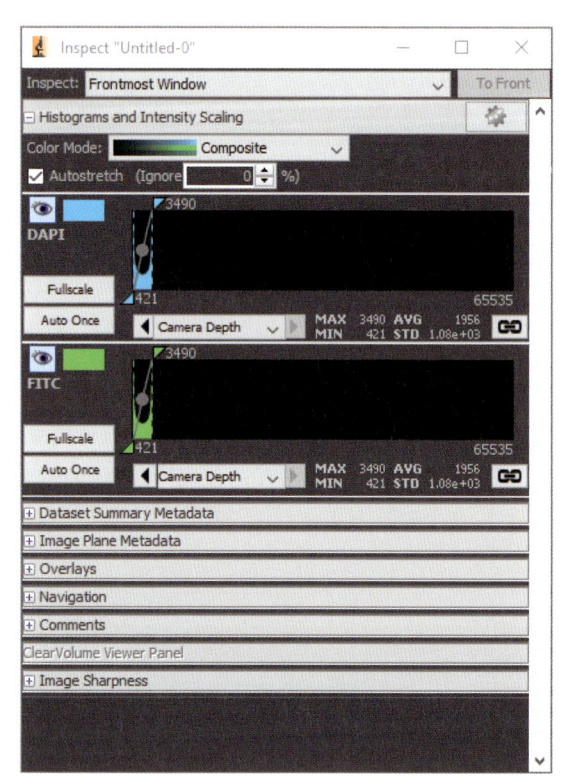

図5 画像表示ウィンドウに付随するInspectorウィンドウ
ヒストグラムなどが表示される．

なお，Micro-Managerの画像ウィンドウ上では組み込まれている基本的なImageJのツールを一部使用することができる．例えば，範囲を選択することでその範囲のみのヒストグラムを表示したり，ImageJのMeasureコマンドで面積などを計算することができる．

ハードウェアの設定

1）デバイスの接続・基本設定

Micro-Managerを実際の顕微鏡で使用するには，カメラ，顕微鏡本体（自動化されている場合），その他のデバイス（XYステージ・照明・その他）をそれぞれ設定する必要がある．基本的な流れとしては，Hardware Configuration Wizardという機能を使用し，各デバイスの種別や基本設定を入力し，設定ファイル（configuration file，拡張子.cfg）として保存しておく．次回以降の使用時には，起動時にそのファイルを指定するだけでよい（前回使用したファイルが記憶される）．原則として，設定ファイルは顕微鏡・パソコン

に固有で，同じデバイスを使用していても他のパソコンに移して使用することは勧められない．

　顕微鏡用のデバイスは，プリンタやディスクドライブのような消費者向けのデバイスと比べ，自動的に検出されなかったり手動での設定が必要だったりすることも多い．このため，以下では主なパターンを説明するが，個々のデバイスにより特別な手順が必要な場合もあるので，Micro-Manager ウェブサイトで該当デバイスのページ（以降，「デバイスページ」とよぶ）に目を通すことをお勧めする[注2]．

　大多数のデバイスは，接続に①シリアルポート，もしくは②発売元の提供するドライバのどちらかを使用する．

　シリアルポート（RS-232 ポートともよばれる）とは USB が一般的になる以前に広く使用されていた，ごく単純・低速度のデータ送受信方式であるが，研究・開発・オートメーション等の用途の機器では現在も多く使われている．USB などを使用した機器とは異なり，パソコン側からデバイスが接続されたことや，その種類を自動的に検出することができないという点で原始的である．そのため，使用者が手動で正しいポート[注3]を選択し，正しい接続設定（通常，デバイスページもしくはデバイスの取扱説明書に記載）を入力することが必要である．なお，近年では内部的にシリアルポートを使用していても，物理的な接続には USB ケーブルを用いるケースが主流となっているが，設定のしかた（後述）は同じである．

　発売元がドライバを提供している場合（通常，デバイスページに取得先とともに記載）は，Micro-Manager とは別にドライバをインストールしなければならない場合が多い．デバイスによっては，インストールされたファイル（通常 DLL ファイル）を 1 個ないし数個，Micro-Manager のインストールディレクトリにコピーしなければならない場合があるので，デバイスページの指示を参照されたい．また，発売元が提供するコントロールソフトウェアが付随している場合は，そちらでの動作確認をあらかじめ行っておくとスムーズなことが多い．

2）接続・基本設定の実際

　それでは，実際のハードウェア設定の手順を見てみよう．ここでは，デモデバイスを使用し新しいコンフィギュレーションファイルを一から作成する．まず，Devices メニューから「Hardware Configuration Wizard...」を選択する．同名の新しいウィンドウが表示され，新規の設定を行うか，既存の設定ファイルを編集するか問われる（**図6**）．ここでは，新規（Create new configuration）を選択する．

注2　使用できるデバイスの一覧　https://micro-manager.org/Device_Support

注3　「ポート」とは，元来パソコンの RS-232 コネクタに付与された固定の番号ないし名称で，Windows では COM1，COM2 などの形をとる．USB 接続のシリアルデバイスや USB・RS-232 アダプタの場合は，パソコンに USB ケーブルを差し込んだ時点で自動的に付与され，近年の Windows システムであれば，以降（再起動しても）同じデバイスには同じポート名が使用される．Windows のデバイスマネージャー内の「ポート（COM と LPT）」でもポート一覧を見ることができる．

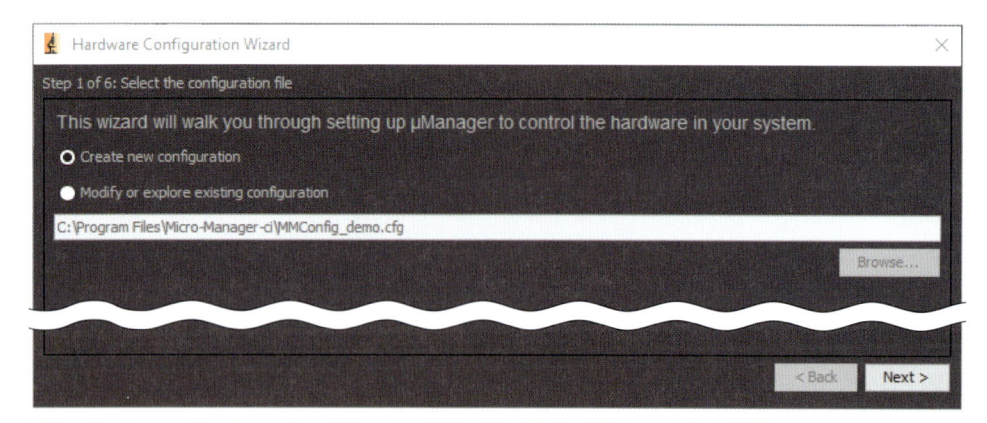

図6 Hardware Configuration Wizardの初期画面（新規・既存ファイルの選択）

　この設定インターフェースは設定段階に対応した数ページの画面からなっており，下部のNext・Backボタンで移動することができる．次ページ（Add or remove devices）に進むと，使用するデバイスを選ぶ画面となる（**図7**）．ここでは，画面下半分の一覧から必要なデバイスを選び，「Add...」ボタンで追加する．その後，表示される内容に従ってデバイス名（「ラベル」）や設定を入力し，確定するとウィンドウ上半分のインストール済みデバイス一覧に追加される．

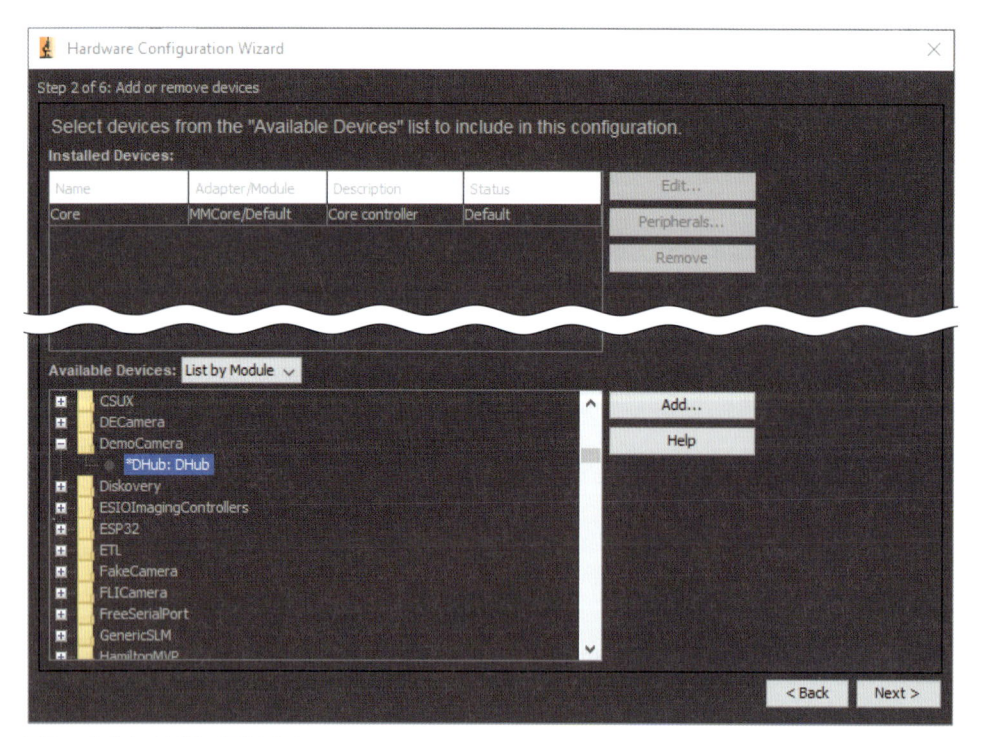

図7 デバイス選択・編集画面

　実際にデモデバイスをいくつか追加してみよう．まずAvailable DevicesのなかからDemoCameraを選択

し，開く．表示された DHub を選択し，「Add...」をクリックする．

　ここで，「DemoCamera」とは Micro-Manager のデバイスアダプタ（特定のデバイスと通信するソフトウェアモジュール）の名称であり，「DHub」とはそのアダプタが提供するデバイス名である．なお，「ハブ（hub）」と称されるデバイスはいくつかの機能を一つにまとめた機器（自動化された顕微鏡本体など）に使用され，二段階の設定を要する．第一段階では機器との接続方法や全体の設定を指定し，第二段階では「周辺機器（peripherals）」を選択・設定する．

　DHub デバイスには（ソフトウェアのみで実装されたデモであるゆえ）接続などにかかわる設定項目がないため，第一段階は空の表が表示され「OK」で確定するのみでよい．次に設定可能な周辺機器一覧が表示されるので，ここではひとまず DCam（デモ用カメラ），DObjective（デモ用レボルバー），DStateDevice（フィルターホイールや類似のデバイスのデモ），DShutter（デモ用シャッター）の4つを選択しよう（**図8**）．

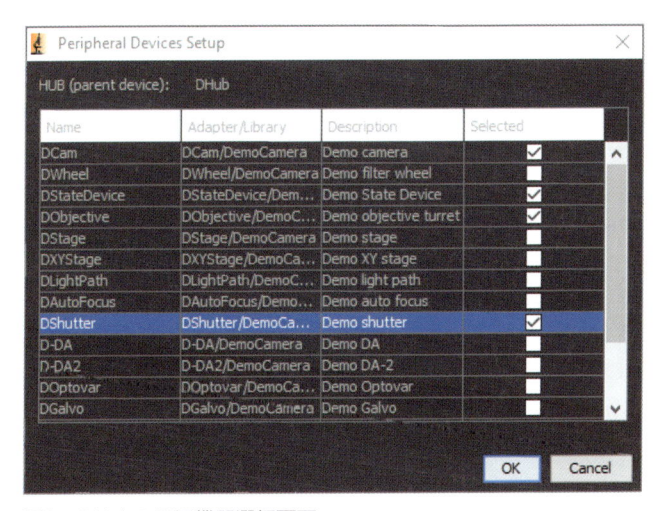

図8　DHubの周辺機器選択画面

　これらのうち，DCam と DStateDevice のみ追加の設定項目が表示される．後者のみ，Number of positions を6に変更しておこう（**図9**）．

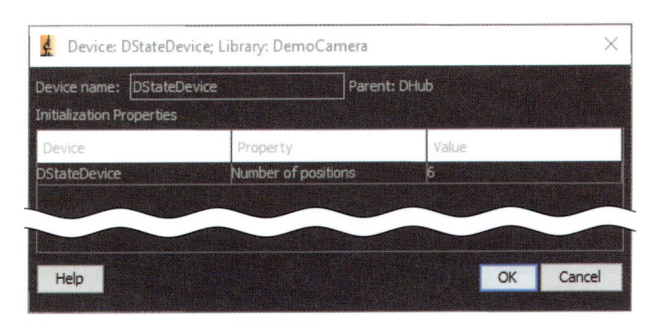

図9　DStateDeviceの設定画面

　ハブと周辺機器に分かれていないデバイスの場合は，はじめに「Add...」をクリックしたあと，そのデバイ

スに設定項目がすぐに表示され確定すればインストール済みデバイス欄に追加される.

　ここでは実際に設定しないが，シリアルデバイスの場合はポートのパラメータを設定する必要がある. 例として Arduino デバイスアダプタの Arduino-Hub を追加しようとすると，**図10**のようにシリアルポートの設定項目が追加で表示される. 必要な設定項目（多くの場合ボーレート（BaudRate）とフロー制御（Handshaking），稀に他の項目も必要）は前述のデバイスページか，機器の説明書に通常記載されている.

図10　シリアルデバイスの設定画面（Arduino-Hubの例）

　デモを使用した設定例に戻ろう. 次のページでは，いくつかの役割についてデフォルトで使用するデバイスが設定できる（**図11**）. ここでは，デフォルトのカメラがDCam，デフォルトのシャッターがDShutterとあらかじめ設定されており，そのままでよいが，複数のカメラ・シャッター・ステージを設定した場合には起動時にデフォルトで使用する機器を選ぶ.

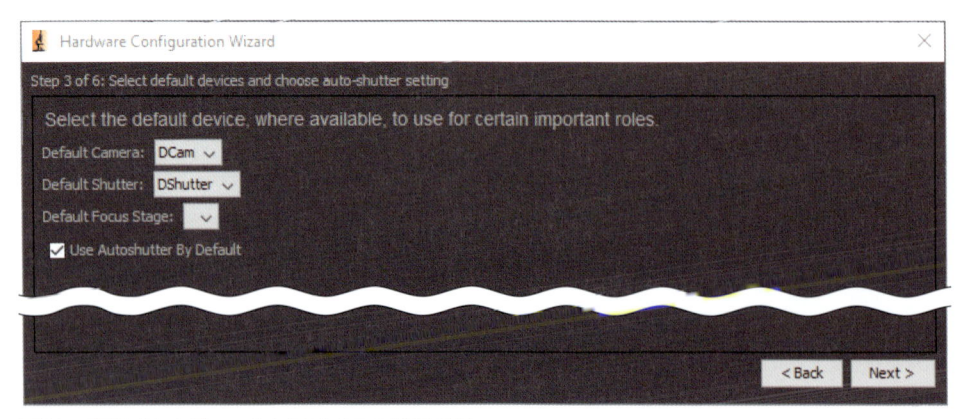

図11　役割ごとのデフォルトデバイスの設定画面

先に進むと，特定のデバイスについて遅延時間（delay）を設定するよう求められる（**図12**）．この設定項目は一部のシャッターなど，命令した動作の完遂がソフトウェアから直接検出できない場合に使用されるもので，動作完了がハードウェアから報告される場合には必要ない．このため，空の表が表示されることも少なくない．ここでは DShutter が表示されているので，遅延時間を例えば 50 ms などと設定しておこう．

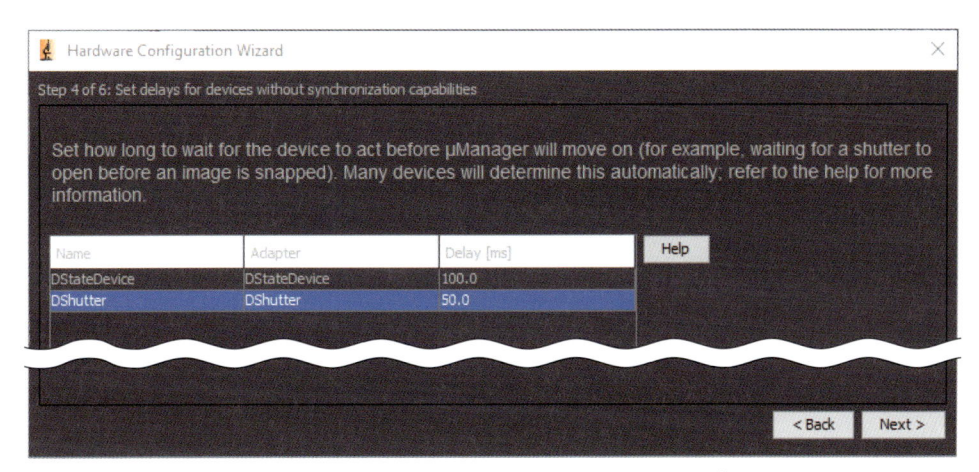

図12　デバイス遅延時間の設定画面

　さらに次のページに進むと，「state device」とよばれるタイプのデバイス（決まった数の状態ないしポジションの間を切り替える機器，例えばレボルバー，フィルターホイール，または LED など照明の波長切り替えなど）について，各ポジションに名称（ラベル）を設定できる（**図13**）．例えばレボルバーならば対物レンズの種別や倍率，フィルターホイールならフィルターの名前（古典的には DAPI・FITC・GFP など）を入力するとよい．

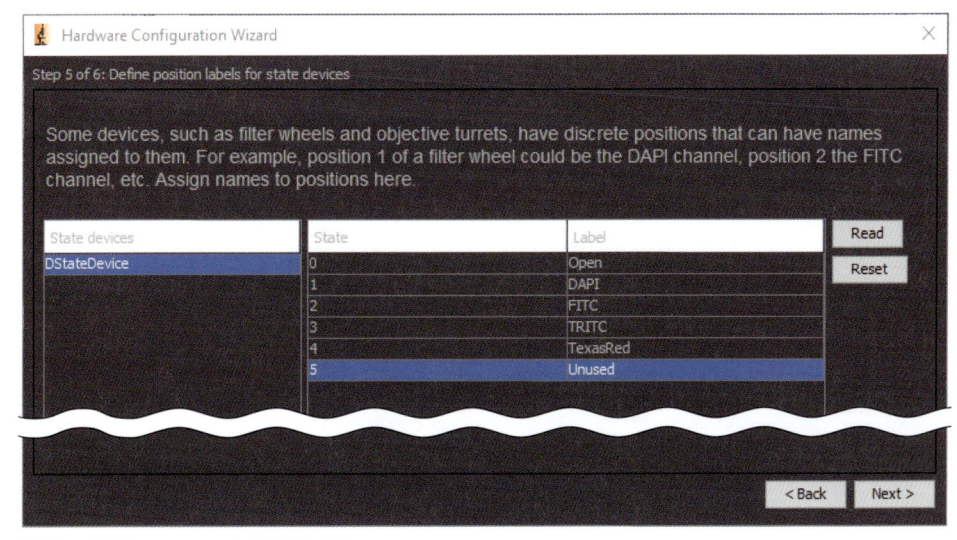

図13　ポジションラベルの設定画面

最後のページでは設定ファイルのファイル名を入力（拡張子を省いた場合，.cfgが付加される）し，完了する（図14）．ここでHardware Configuration Wizardウィンドウが閉じ，すべてのデバイスと再接続が行われる．

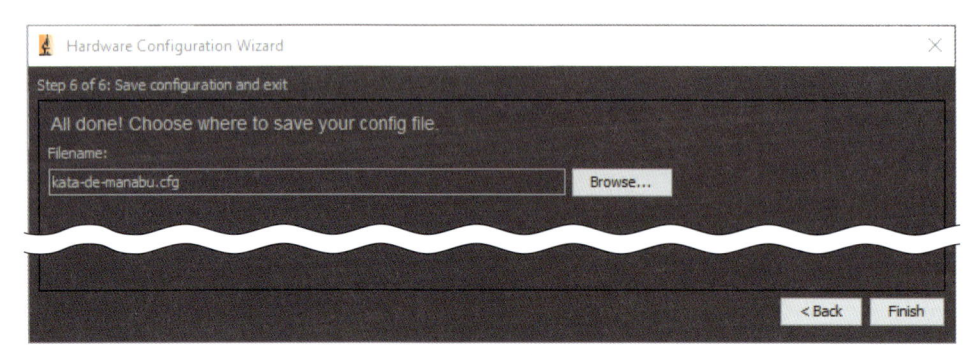

図14 Hardware Configuration Wizardの最終画面（設定ファイル名の指定・保存）

3）デバイスプロパティ

ハードウェアの基本設定はこれで完了であり，一応のデバイス制御は可能となる．カメラに関してはSnap・LiveのボタンやExposure欄が機能するはずである．そして，すべてのデバイスの個別設定がDevice Property Browser（図15，Devicesメニューより選択）で閲覧・設定できる．Micro-Managerでは各デバイス固有の設定項目を「プロパティ」とよび，Device Property Browserではそれらを一覧できる．

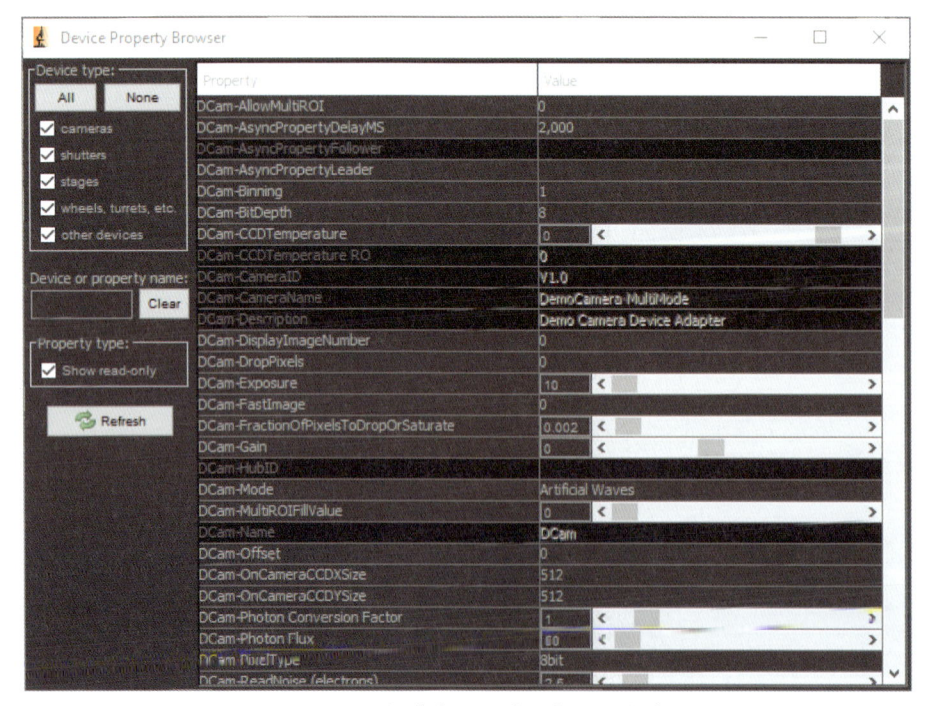

図15 Device Property Browserには各デバイスのプロパティ一覧が表示され制御できる

4) 設定グループ

　しかし，顕微鏡使用時にいちいち個別のプロパティを探し出して設定するのは不便である．多くの場合，頻繁に変更するプロパティは少数であり，またいくつかのプロパティを連関させて変更する必要があったりする．その場合，メインウィンドウの右側にある設定グループ（configuration groups）という機能が便利である．これは，複数のプロパティを組み合わせた状態設定を登録し，一挙に切り替えを行うものだが，単一のプロパティを手の届きやすい場所に表示するのにも使える．

　蛍光波長チャネルの設定の例を見てみよう．使用する蛍光顕微鏡は波長の選択できるLED照明を使用し，ダイクロイックミラーと吸収フィルターの入った蛍光キューブターレットを併用すると仮定する．また，蛍光波長の他に透過光（位相差・微分干渉など）とも切り替えを行いたいとする．この場合，チャネル設定に必要なプロパティとその値は**表2**のようになる．

表2　標準的な蛍光顕微鏡のチャネル切り替えに必要なプロパティ値の例

チャネル名	蛍光LED波長	蛍光キューブ	使用シャッター
透過光	未選択	フィルターなし	透過光LED
DAPI	DAPI	DAPI	蛍光LED
GFP	GFP	GFP	蛍光LED

　この場合，"Channel" という名の設定グループを作成し，3個のチャネルそれぞれに対応したプリセットを登録することで，3つのプロパティを一括して切り替えることができるようになる．

　メインウィンドウのConfiguration settings下部のGroupにある＋ボタンから設定を登録することができる．Group名を決め，登録したいデバイスプロパティにチェックを入れてOKボタンを押すと，新しい項目が登録される．はじめは設定値がNewPresetとされているので，パネル下部のPresetのEditボタンを押して適当な値を設定する．あとはPresetの＋ボタンから必要なだけ設定値を登録すると，準備は完了となる．このようにして登録した設定グループは，スクリプトからも使用できる（Saveボタンをクリックすることを忘れずに）．

　注意が必要な点として，カメラの露光時間（Exposureプロパティ）は設定グループに含めないほうがよい（露光時間はMDAの設定で別途管理される）．同様に，シャッターの開閉も設定グループには含めない．これはMicro-Managerのオートシャッター機能により，通常シャッターは自動的に開閉されるためである．その代わり，Core-Shutterプロパティを設定グループに含め，各プリセットで使用するシャッターを選択する．

　MDAでチャネルを設定する際に，チャネルグループを選択することになる．チャネルグループの各プリセットが選択可能なチャネルとなる．

5) ピクセルサイズの較正

　［Devices > Pixel Size Calibration...］を選択すると，各対物レンズの倍率（μm/pixel）を設定することができる．電動ステージを使った自動測定なども可能（ここでは詳細は記載しない）だが，対物ミクロメーターで測定しておいた値を入力するのでもよい．さまざまなデバイスの切り替えに対応するため，ピクセルサイズは複数のプロパティに依存するように設定できるが，多くの場合，対物レンズ（レボルバーの位置）だけ

発展編

を選択すればよい．ここで設定した値は，画像表示やXYグリッドの作成などに使用される．

Pythonによる自動化制御・画像取得

1）Micro-Managerのプログラムによる制御

典型的な画像取得の大部分がMDAにより可能であるが，その枠内に収まらない手順を自動化したい場合や，取得した画像を処理・解析した結果をその後の画像取得に反映（data-driven microscopyや，smart microscopyなどとよばれる）させたい場合などにはプログラムによる制御が不可欠となる．

プログラムもしくはスクリプトによるMicro-Managerの制御にはいくつかの選択肢がある．最も古くから存在するのはMicro-Managerに組み込まれているスクリプトパネル（［Tools > Script Panel...］）で使用できるBeanShell言語（Java言語に構文の似た簡易なスクリプティング言語）によるもので，数行程度の簡単なスクリプトや，ユーザーインターフェースの操作中にボタンを押して実行するような用途には適している．しかし，画像を処理・解析（ごく簡単なものを除く）したり，他のライブラリを呼び出したりするのにはあまり適していないため，ここでは詳細は記載しない．

ある程度以上の画像取得の自動化には汎用性の高いPython言語によるプログラミングが適しており，主流となってきている．その方法には現在①pycro-manager[3]，②pymmcore-plusの2通りがあり，それぞれ長短がある．以下ではpymmcore-plusを中心に解説するが，その前に両者の基本構造と特色を述べておく．

少々技術的な話になるが，Micro-Managerはデバイスの制御やデータ取得を担うMMCore（C++言語で書かれたライブラリ）と，ユーザーインターフェースや多次元画像取得・各種プラグインなどを含むMMStudio（Java言語で書かれたアプリケーション）とに大きく分かれている（図1）．pycro-managerはPythonからプロセス間通信（TCPソケット）を利用してMMStudioと接続し，その全機能および（間接的に）MMCoreを制御することができる．これに対しpymmcoreはMMCoreに対するPython言語バインディングであり，Pythonプロセス内で直接デバイスの制御を行う．より最近に開発されたpymmcore-plusはpymmcoreを利用する純Pythonのライブラリで，pymmcoreの各種機能をPythonから使用しやすくしたり，多次元画像取得などのMMCoreには含まれない機能を提供したりする．

このため，pycro-managerには既存のMicro-Managerアプリケーションと共存し，同時に使用できるという利点がある．例えば，手動で視野や焦点位置を決めるのにMicro-Managerアプリケーションを利用し，そのままの状態で自動制御のためのプログラムを走らせることができる．これに対しpymmcore（-plus）を使用する場合はMicro-Managerアプリケーションを同時に起動することはできないが，間にJava言語やそれに伴うJava仮想マシンを挟まない分全体構造が簡潔でわかりやすく，トラブルに対処しやすい．またPython側でユーザーインターフェースをつくるのに使用できる各種コンポーネントがpymmcore-widgetsとして提供されており，将来的にはこれをもとにした新しいアプリケーションがMMStudioの代替となる日が来ることを筆者は想定している．なお，pymmcore-plusをもとに現在使用できる形になっているGUIとして，napari内にMMStudioに似た機能を提供するnapari-micro-managerがある．

両パッケージともに詳細な設定・使用方法が英語ドキュメンテーションに掲載されている[注4][注5]．より詳細を知りたい場合，およびここでは解説しない pycro-manager に興味のある読者はこちらを参照されたい．

2）pymmcore-plus のインストール

pymmcore-plus は通常の Python[注6] パッケージとしてインストールできる．

```
pip install "pymmcore-plus[cli]"
```

ただし，MMCore を通したデバイス制御に必要なデバイスアダプタは同梱されていないので，別途インストールする必要がある．そのためには，別にインストールした Micro-Manager アプリケーションのファイルパスを手動で指定するか，pymmcore-plus を介して自動的に Micro-Manager をインストールする．前者の場合は互換性のあるバージョンを選択しパスを設定する必要があるため，ここでは簡便な後者の方法をとる．

```
mmcore install
```

ここで，mmcore は pymmcore-plus が提供するコマンドラインインターフェースである．前述のコマンドにより pymmcore-plus 用にインストールされた Micro-Manager のバージョン（nightly build の日付）は以下で確認することができる．

```
mmcore list
```

なお，pymmcore-plus では通常の Micro-Manager アプリケーションで作成したハードウェア設定ファイルを使用する（後述）ので，手動操作用に別途使用する Micro-Manager アプリケーションもこのバージョンになるべく合わせることを推奨する．

3）pymmcore-plus の動作確認

まずは，簡単な動作確認をしてみよう．

snap.py：本項に記載のコードは**サポートリポジトリ**[注7]よりダウンロードできる

```
1    from pymmcore_plus import CMMCorePlus
2    # MMCoreへのインターフェースを取得
3    mmc = CMMCorePlus.instance()
4    # MMConfig_demo.cfgを読み込む
5    mmc.loadSystemConfiguration()
6    # デバイス一覧を表示
```

発展編

注4　pycro-manager　https://pycro-manager.readthedocs.io/
注5　pymmcore-plus　https://pymmcore-plus.github.io/
注6　Python が初めての方はまず**基礎編-3**を参照．
注7　bit.ly/BIAS-book-2025

```
7    mmc.describe()
```

出力は割愛する.

```
1    # 現在の設定で画像をスナップ
2    image = mmc.snap()
3    # 返り値はNumPy array
4    image.shape
```

```
(512, 512)
```

この手順はMicro-Managerアプリケーションを起動し, デモコンフィギュレーションで画像をスナップ取得した場合とほぼ同等だが, 取得した画像はNumPyの2次元配列として得られる. napariを使用して表示してみよう（インストールはpip install napari[all], **基礎編-3**参照）.

```
1    import napari
2    napari.imshow(image)
```

デモカメラが生成した正弦波パターンのテスト画像が表示されるはずである.

4）個別デバイスの制御

前述の例のように, pymmcore-plusを用いたプログラミングではまずCMMCorePlusクラスのオブジェクト（ここではmmc）を取得し, そこから各種機能を呼び出す形である.

個別のデバイスを制御するには, まずデバイスのラベル（設定ファイルで命名）を使用してデバイスのオブジェクトを取得し, そこからプロパティなどにアクセスする.

device_properties.py：本項に記載のコードはサポートリポジトリよりダウンロードできる

```
1    # デバイス・ラベル一覧を見る
2    mmc.getLoadedDevices()
```

```
('DHub', 'Camera', 'Dichroic', ...)
```

```
1    # ラベルが"Camera"のデバイスを取得
2    cam = mmc.getDeviceObject("Camera")
3    # デバイスのプロパティ一覧を見る
4    cam.propertyNames()
```

```
('AllowMultiROIs', 'AsyncPropertyDelayMS', ...)
```

```
1  # プロパティ"Binning"を取得
2  binning = cam.getPropertyObject("Binning")
3  # "Binning"の値を取得・変更
4  binning.value
5  binning.value = 2
6  # （カメラのビニングが変更されたため，画像のサイズが半分になる）
7  image = mmc.snap()
8  image.shape
```

```
(256, 256)
```

5) デバイス種別の制御方法

カメラによる画像取得，ステージの動作など，プロパティ以外の方法で行われる制御がいくつかある．これらは多くの場合，MMCoreに設定された「現在の」デバイスに対して行われる．例えば，前述の画像スナップ取得のmmc.snap()は明示しなくとも「現在の」カメラを使用しており，またオートシャッター（後述）が有効の場合は「現在の」シャッターも使用している．

この「現在の」デバイス群は，一部は設定ファイルで指定できる（前述，**図11**）他，**表3**のメソッドで取得・設定できる（主なもののみ）．

表3 役割担当デバイスの取得・設定メソッド（一部）

取得メソッド	設定メソッド	デバイス種別
mmc.getCameraDevice()	mmc.setCameraDevice(ラベル)	カメラ
mmc.getShutterDevice()	mmc.setShutterDevice(ラベル)	シャッター
mmc.getFocusDevice()	mmc.setFocusDevice(ラベル)	Zステージ
mmc.getXYStageDevice()	mmc.setXYStageDevice(ラベル)	XYステージ

例えば，「現在の」カメラの露光時間を取得・設定する際にはデバイスラベルを指定しなくてよい．

device_params.py：本項に記載のコードは**サポートリポジトリ**よりダウンロードできる

```
1  # 現在のカメラの露光時間を取得
2  mmc.getExposure()
```

```
10.0
```

発展編

```
1    # 露光時間を設定
2    mmc.setExposure(100.0)  # 単位はms
```

同様に，ステージの位置制御は多くの場合「現在の」デバイスに対して行われる．

```
1    # 現在のフォーカス（Z）ステージの位置を取得
2    mmc.getPosition()
```

```
0.0
```

```
1    # 位置を変更
2    mmc.setPosition(100.0)  # 単位はμm
```

メソッドによっては，「現在の」以外のデバイスを直接制御できるものもある．例えば，mmc.getPosition()はmmc.getPosition(mmc.getFocusDevice())と同等である．

各デバイス種別の制御メソッドについては，CMMCorePlus クラスのドキュメントを参照されたい．

6）動作終了の確認・待機

デバイスの設定や位置などを制御する際，長時間を要する動作（ステージやレボルバーの移動など）の場合は動作が完了するのを待たずに制御が返ってくるものがある．このため，プロパティやデバイス類別の位置・設定を変更した場合には，次の動作（例えばシャッターを開き画像を取得するなど）に移る前に，必要な動作が完了するまで明示的に待つ必要がある．

デモデバイスは必ずしもすべての場合にこのふるまいを再現していないが，XY ステージで例を見ることができる．

busy_waiting.py：本項に記載のコードはサポートリポジトリよりダウンロードできる

```
1    # （現在の）XYステージに対し…
2    xy = mmc.getDeviceObject(mmc.getXYStageDevice())
3    # 現在位置を取得
4    mmc.getXYPosition(xy.label)
```

```
(0.0, 0.0)
```

```
1    # 相対位置を設定（＝動作を開始；単位はμm）後，ただちにビジー状態を確認
2    mmc.setRelativeXYPosition(xy.label, 100.0, -200.0); xy.isBusy()
```

```
1    # XYステージがすべての動作を完了するまで待機
2    xy.wait()
3    # 待機後はビジー状態が解除されている
4    xy.isBusy()
```

　実際の自動化された画像取得においては，カメラによる画像取得の合間に複数のデバイスを動作させてステージや焦点の位置，励起波長や蛍光波長などを変更することが多い．この場合，いくつかの動作を次々に開始し，あとにまとめて動作完了を待機することができる．なお，すべてのデバイスの動作完了を待機することもできる（mmc.waitForSystem()）.

7）画像取得

　カメラを使用して画像を1枚だけ取得する方法（mmc.snap()）は前述した．ここでは等時間間隔で一連の画像を取得する方法（Micro-Managerではシークエンス取得とよぶ）を説明する．

　シークエンス取得の場合，取得開始後カメラから次々に送られてくる画像がMMCore内部で一時的にバッファリングされる．このバッファがいっぱいにならないよう，プログラム側から常に画像を取り出していく必要がある．

sequence_acq.py：本項に記載のコードはサポートリポジトリよりダウンロードできる

```
1    import time
2
3    def acquire_seq(n_frames, polling_interval_ms=10):
4        frames = []
5        # シークエンス取得を開始，フレーム数n_frames
6        # 2番目の引数は不使用（常に0.0を指定）
7        # 3番目の引数はバッファ満杯時に停止するか（Trueを推奨）
8        mmc.startSequenceAcquisition (n_frames, 0.0, True)
9        # 取得継続中，もしくは未取り出しの画像がバッファにある間ループ
10       while mmc.isSequenceRunning() or mmc.getRemainingImageCount() > 0:
11           if mmc.getRemainingImageCount() > 0:
12               # 次の画像をとり出し保管
13               frames.append(mmc.popNextImage())
14           else:
15               # バッファが空（次の画像の取得待ち）の場合，しばらく待つ
16               time.sleep(polling_interval_ms / 1000.0)
17       mmc.stopSequenceAcquisition()
18       return frames
19
```

発展編

```
20    # 10フレームのシークエンス取得
21    images = acquire_seq(10)
22    len(images)
```

```
10
```

```
1    images[0].shape
```

```
(256, 256)
```

なお，画像の時間間隔は露光時間や他の設定に基づいてカメラにより決定される．カメラによっては実際のフレームレートを読み出し専用プロパティとして表示するものや，希望のフレームレートをプロパティを通じて設定できるものもある．また，本章では詳細を割愛するが，外部トリガーに対応しているカメラの場合，実際の露光タイミング（および露光時間）を電気信号で制御することもできる．

8) シャッターの制御

ここまでの例では言及しなかったが，通常，カメラの露光に合わせて透過光や励起光のシャッターを開く（もしくはLED，レーザーなどを点灯・変調する）必要がある．これを手動で行うと以下のようにやや煩雑になるが，特別な制御が必要な場合を除き，オートシャッター機能を使用することが推奨される．

manual_shutter.py：コードはサポートリポジトリよりダウンロードできる

```
1    mmc.setShutterOpen(True)
2    mmc.waitForDevice(mmc.getShutterDevice())
3    mmc.snap()
4    mmc.setShutterOpen(False)
5    mmc.waitForDevice(mmc.getShutterDevice())
```

通常デフォルトで有効になっているが，mmc.setAutoShutter(True) で有効化できる．オートシャッター有効時にはスナップやシークエンス取得の際に自動的にシャッターが開く．これにはコードがシンプルになる以上に，露光の前後に必要なくシャッターが開いている時間をなるべく最小化できるという利点がある．

9) 多次元画像取得

ここまではデバイスの各機能を逐一制御する方法を見てきたが，MMStudioにおける多次元画像取得（MDA）に相当するようなスクリプトを書くのは少々手間であり，またいろいろな設定変更（例えば，Zスタックを有効化・無効化）に対応するとなると複雑である．このため，pymmcore-plusにはAcquisition Engineとよばれる，多次元画像取得を自動化する機能が備わっている．

コード例に入る前に，基本的な考え方を解説しよう．肝となるのは，ユーザー側の設定（MMStudioのMDA

ダイアログの内容に相当）から必要な動作・画像取得手順を生成する機能と，デバイスを制御してその手順を実行する機能とがきれいに分けられている点である．このため，例えば特殊な手順で画像取得を行いたい場合は前者の機能をカスタマイズすればよく，また手順は標準的でもデバイスの動作に特別な変更を加えたい場合には後者の機能をカスタマイズすればよい（実際には，組み込みで提供されている機能だけでかなりのパターンが実現できる）．また，生成された手順を確認できることで，デバッグしやすいという利点もある．

　まず，上で「手順」とよんだものは，具体的にはuseq.MDAEventオブジェクトのイテラブル（反復可能オブジェクト）として表現される．Pythonのリストはイテラブルの一例なので，MDAEventオブジェクトのリストを思い浮かべてもよい．では個々のMDAEventはなにを表すかというと，「顕微鏡の状態」＋「実行すべきアクション」である．この「アクション」は通常「画像を1枚取得」であり，それがデフォルトとなっている．「顕微鏡の状態」とは，チャネル・XYZのステージ位置・時間間隔などであり，特に指定しない項目は「現状のまま」ということになる．

　ごく簡単な例として，10秒おきに3枚の画像を取得する例を見てみよう．

mda1.py：コードはサポートリポジトリよりダウンロードできる

```
1    from pymmcore_plus import CMMCorePlus
2    from useq import MDAEvent
3    mmc = CMMCorePlus.instance()
4    mmc.loadSystemConfiguration()  # デモを使用
5
6    # 手順を定義
7    mda_sequence = [
8        MDAEvent(reset_event_timer=True),
9        MDAEvent(min_start_time=10.0),
10       MDAEvent(min_start_time=20.0),
11   ]
12
13   # 手順を実行
14   mmc.run_mda(mda_sequence)
```

　ここでは，1個目のMDAEventでタイマーをリセットし，2, 3個目のMDAEventではタイマーがそれぞれの値（単位：秒）に達するまでの間隔を空けるよう指定している（タイマーはリセットしなければ実行開始時点をゼロとするが，最初の画像が取得されるまでの準備に時間がかかる場合があるので，等間隔を得るためには1個目のMDAEvent時点でリセットするのがよい）．

　ただし，上の例では取得した画像がなにもせずに捨てられてしまう．取得した画像を入手するためには，Acquisition EngineのframeReadyイベント（この「イベント」はMDAEventの「イベント」とは別の概念）に接続する．

mda2.py：コードはサポートリポジトリよりダウンロードできる

```
1    from pymmcore_plus import CMMCorePlus
2    from useq import MDAEvent
```

```
3    mmc = CMMCorePlus.instance()
4    mmc.loadSystemConfiguration()
5
6    # 取得画像を受けとる関数を定義し，mmcに接続
7    @mmc.mda.events.frameReady.connect
8    def on_frame(image, event):
9        # imageはnumpy.ndarray, eventはMDAEvent.
10       print(f"フレーム {event.index}，サイズ {image.shape}を取得")
11       # ここで画像を表示・解析・保存などする.
12
13   mda_sequence = [
14       # 取得画像を扱いやすいように，時間 ("t") インデックスを振る
15       MDAEvent(index={"t": 0}, reset_event_timer=True),
16       MDAEvent(index={"t": 1}, min_start_time=10.0),
17       MDAEvent(index={"t": 2}, min_start_time=20.0),
18   ]
19
20   mmc.run_mda(mda_sequence)
```

　以上がpymmcore-plusにおけるMDAの基本であるが，画像取得手順（mda_sequence）を上の例のように手動で定義する必要はない．基本的な多次元画像取得は，useq.MDASequenceにより定義できる．例えば，1分おきに5回，"DAPI"，"FITC"の2チャネルでZスタックを取得するには，以下のような定義を使用する（デモ設定ファイルの設定グループ"Channel"を利用）.

mda3.py：コードはサポートリポジトリよりダウンロードできる

```
1    import useq
2
3    mda_sequence = useq.MDASequence(
4        # 多次元座標軸の順番： 各タイムポイントでZスタック，
5        # 各Zスライスで多チャネル，の順番を指定
6        axis_order="tzc",
7        # 60秒間隔で5回
8        time_plan=useq.TIntervalLoops(interval=60.0, loops=5),
9        # 現在位置の上下7.5 μmの範囲を3 μm間隔で
10       z_plan=useq.ZAboveBelow(above=7.5, below=7.5, step=3.0),
11       # 設定グループ"Channel"のプリセット"DAPI","FITC"を
12       # チャネルとして使用，露光時間はそれぞれ30 ms,100 ms
13       channels=(
14       useq.Channel(group="Channel", config="DAPI", exposure=30.0),
15       useq.Channel(group="Channel", config="FITC", exposure=100.0),
16       ),
17   )
```

　この手順を実行するには，前と同じくmmc.run_mda(mda_sequence)とすればよい．また，実際に実行せず

に，生成される `MDAEvent` の一覧を見るには，`for e in mda_sequence: print(repr(e))` などとするとよい（`mda_sequence` がイテラブルであることを想起）．特に，`MDAEvent` の index が自動生成されているのがわかる．

なお，時間間隔・Zスタックの指定方法は他にも数種類用意されている．他にも，XYステージの位置（`stage_positions` もしくは `grid_plan`）なども生成できる．

10）多次元画像取得のカスタマイズ

手順が `MDAEvent` のイテラブルとして表現されていることで，通常の多次元画像取得の枠に収まらない制御も可能となる．イテラブルは（リストなどと違い），定義時にすべての要素が存在している必要がなく，実行時に順次 `MDAEvent` を生成することも可能であるため，取得した画像・その他のデータに基づいて動的に画像取得の方向性を変えることも可能である．このためには，`MDASequence` に代わるイテラブル（例えば，ジェネレータ）を自分で用意することになる．

11）実際の顕微鏡の制御

ここまでデモデバイスを利用してpymmcore-plusの使用法を説明してきたが，実際の顕微鏡を制御するときには以下の点に注意が必要である．

まず，デバイスの設定ファイルはMMStudioで対話的に作成したものを使用することをお勧めする．CMMCorePlusのメソッドを使用して個々のデバイスに接続することは可能であるが，煩雑なうえにいくつか落とし穴があるので，上級者向けである．MMStudioで作成した設定ファイルを読み込むには，以下のようにすればよい（引数を省略するとデモコンフィギュレーションを読み込む点に注意）．

```
mmc.loadSystemConfiguration("path/to/my_devices.cfg")
```

前述のように，一部デバイスの制御には販売元が提供するドライバが必要である．そのなかでも，Micro-Manager フォルダ内にDLLをコピーする手順が必要であった場合，pymmcore-plusからも使用するためには，pymmcore-plusが実際に使用しているデバイスアダプタインストール先にもそのDLLが存在する必要がある．

pymmcore-plusが使用するデバイスアダプタディレクトリは（Pythonの外で）以下のコマンドで確認・変更することができる（パスは一例）．

```
mmcore list
mmcore use "C:\Program Files\Micro-Manager"
```

このコマンドを使用してMMStudioのインストール先をpymmcore-plusでも使用するように設定するか，もしくはpymmcore-plus経由でインストール（前述，`mmcore install`）されたディレクトリにもドライバのDLLをコピーすればよい．ただし，前者の方法をとる場合，Micro-Manager と pymmcore-plus のバージョンが一定範囲内で対応する必要がある．詳細はpymmcore-plusのドキュメントのインストールのページを参照されたい．

最後に，実際の顕微鏡をプログラムから制御するうえでは，安全に配慮されたい．特にレーザーなどの人体に危険を及ぼしうる機器の場合，ソフトウェアがどのように暴走しても安全が確保されるように装置が組み立てられていることが最低条件である．また，ステージなどの衝突により機器（例えば，対物レンズ）を破損しうるデバイスを動作させる場合も，意図した動作をすることが確認できるまではいつでも強制的に停止できる状態でテストするべきである（これらはMMStudioを通して対話的に制御する場合にもあてはまる）．

 ## おわりに

　以上，Micro-Managerを利用し，pymmcore-plusを通してスクリプトから顕微鏡を制御し画像を取得する基本的な方法を概観した．ここでは実例を示さなかったが，プログラムからの画像取得によって可能になる最も重要な可能性は，やはりリアルタイムでの画像解析とその結果による制御・画像取得へのフィードバックであろう．簡単なものでは露光時間や焦点位置の自動決定から，XY面上での標本の検出・範囲決定，さらには運動性細胞の追跡など，画像処理の技術と組み合わせることでいろいろな応用が可能である．

 ## コラム：Micro-Managerの開発

　Micro-Managerの開発は2005年，Nico Stuurman博士らにより，カリフォルニア大学サンフランシスコ校ではじまった．微小管モータータンパク質の発見と研究で有名なRon Vale教授の研究室で研究員として顕微鏡の管理や大学院生への指導を担っていた博士は，機器メーカーを問わずに同じユーザーインターフェースが使用でき，かつ研究者自身によるプログラミングを含めたカスタマイズが可能なオープンソースの顕微鏡制御・画像取得ソフトを夢見て，教授の支持のもと，ソフトウェアエンジニアのNenad Amodaj氏とともにプロジェクトを立ち上げた．以後，2006年のアメリカ細胞生物学会における発表以来，世界中の多くの研究室で利用されている．

　その後，開発経費の獲得のために企業化する試みも一時行われたが，現在も大学などに所属する数人の中心メンバーで共同開発が行われている．なお筆者（土田）は2013年よりMicro-Manager開発に参加している．

　利用者がバグ修正や機能追加に貢献できるのはオープンソースソフトウェアの特長であるが，Micro-Managerの場合は利用者である研究者だけではなく，多くの顕微鏡機器メーカーから自社機器の制御を可能とするデバイスアダプタが貢献されるようになった点が成功の一端を担っているといえよう．これは現在も続いており，約230種類の機器が制御可能となっている．

　pymmcore-plusは2021年よりハーヴァード大学医学校のTalley Lambert博士が中心となって開発しており，従来のMicro-Manager開発と密接な協力関係にある．

 ## 文献

1)　Edelstein A, et al：Curr Protoc Mol Biol, Chapter 14：Unit14.20, doi:10.1002/0471142727.mb1420s92（2010）
2)　Edelstein AD, et al：J Biol Methods, 1, doi:10.14440/jbm.2014.36（2014）
3)　Pinkard H, et al：Nat Methods, 18：226-228, doi:10.1038/s41592-021-01087-6（2021）

プログラムコードのライセンス

発
展
編

イメージングデータの
次世代ファイルフォーマット

京田耕司，大浪修一

SUMMARY

　本章では，多次元のバイオイメージングデータの保存，管理，解析を効率的に行うために開発された次世代のイメージングフォーマットであるOME-Zarrについて紹介する．近年のイメージング技術の発展に伴い，産出されるバイオイメージングデータの量と複雑さが急速に増大している．従来のイメージングフォーマットでは対処しきれないいくつかの課題が生じており，OME-Zarrはそのような課題に対応するためにバイオイメージングコミュニティが主となり設計された，新しいイメージングフォーマットである．現在も開発が進められているフォーマットのため，今後，仕様の変更や拡張が頻繁に行われる可能性があることに留意する必要がある．

はじめに

　イメージング技術の発展に伴い，産出されるデータの量と複雑さは飛躍的に増大している．これにより，従来のフォーマットでは以下のような問題が顕在化している．

大規模データの管理

　超高解像度の画像や，時間経過に応じた変化を捉えたタイムラプスイメージングデータなど，ファイルサイズが数百GBから数TBに達することが一般的になっている．このようなデータを効率的に保存・管理するための新しいフォーマットが必要となっている．

データの相互運用性

　多種多様なイメージングプラットフォームや解析ツールが存在するなかで，データの相互運用性を確保し，異なる環境間でシームレスにデータを共有・利用できるフォーマットが必要となっている．

解析の効率化

　巨大なデータセットの部分的な解析や，複数の解像度に対応したデータ処理を可能にする柔軟なフォーマットが必要となっている．

　これらの課題に対応するために開発されたのが，次世代のイメージングフォーマットであるOME-Zarrである．

バイオイメージングデータのフォーマット

最初に，バイオイメージングデータを格納するためのフォーマットの現状と課題，次世代フォーマットの開発状況について紹介する．

1）現状と課題

これまでに，バイオイメージングデータを保存するフォーマットとして，顕微鏡会社のフォーマットや汎用的なフォーマットであるTIFFなどが利用されてきた．顕微鏡会社のフォーマットはデータとデータに付随するメタデータを一括して管理できるものの，データ入出力や互換性の点で問題がある．TIFFは高い互換性をもっているものの，巨大なファイルサイズに対応するには不向きである．現在は，これらの多岐にわたるフォーマットの入出力をサポートする，OME（Open Microscopy Environment）[注1]を中心とするコンソーシアムにより開発されているBio-Formatsツール[1]を利用することにより，データの可視化・解析が可能となっているが，フォーマットがアップデートされるごとにツールの更新が必要となるため，ツールの持続可能性の点で問題を抱えている．また，データ転送に多大な時間がかかるため，研究者間での迅速なデータ共有が困難であるという問題が存在する．加えて，各種ツールによるファイル読み込みにも時間がかかるため，解析作業の効率が低下するといった問題も顕在化している．

このような背景から，OMEチームを中心としたグループにより次世代のファイルフォーマットとしてOME-NGFF（Next Generation File Format：次世代ファイルフォーマット）が提唱された[2][3]．その実装形式であるOME-Zarr[4]は，Zarr[5]というオープンソースのフォーマットを基盤としており，これによりデータへの柔軟なアクセスや効率的なデータ保管が可能となる．OME-Zarrは，バイオイメージングデータに特有の要件に対応するために，Zarrフォーマットを拡張したものであり，32を超える組織から構成される国際的なコミュニティの支援を受けて開発されている．

2）次世代ファイルフォーマットの開発

OME-Zarrは，バイオイメージングデータを格納するための次世代のファイルフォーマットとして開発されている（図1）．OME-Zarrは，大規模な配列データを効率的に保存，アクセスできるよう設計されたZarrフォーマットを基盤としている．Zarrフォーマットには以下のような特徴がある．

データ構造

Zarrでは，データは「チャンク」とよばれる小さなブロックに分割されて保存される．これにより，データの一部のみを効率的に読み書きできるため，メモリ使用量を最小限に抑えることができる．また，チャンク単位での圧縮が可能であり，ストレージ容量の節約にも寄与する．

柔軟な圧縮

Zarrは，さまざまな圧縮アルゴリズムをサポートしている．これにより，データの特性に応じたストレー

注1　OME：Open Microscopy Environment．バイオイメージングデータのためのオープンソースソフトウェアやフォーマット標準を提供するコンソーシアムのこと．

ジの最適化が可能となる.

クラウド対応

Zarrは，クラウドストレージや分散ファイルシステムに対応しており，大規模なデータセットを分散環境で効率的に保存，アクセスすることが可能である.

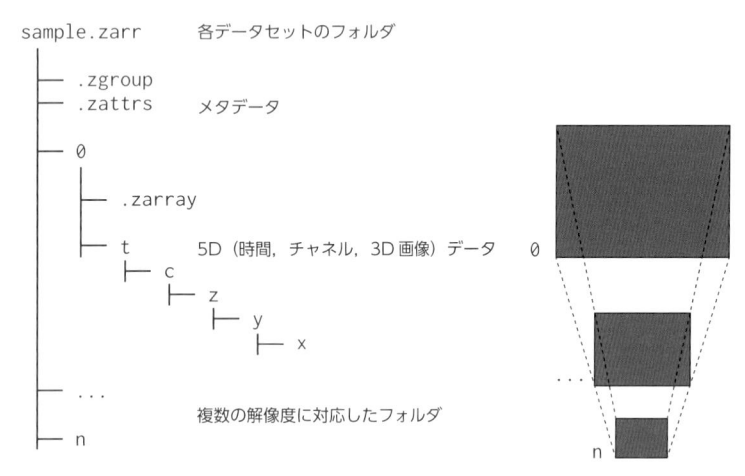

図1 バイオイメージングデータの次世代フォーマットOME-Zarr（version 0.4）の構造

イメージデータは，メタデータとともにフォルダに格納される．複数の解像度に対するデータを格納するためのフォルダ（0〜n）をもつ.
5次元のイメージデータが，時間（t），チャネル（c），3D画像（xyz）軸に分割されて格納されている．OME-Zarr ver. 0.4では，分節化データなどを格納するlabelsというフォルダをもつこともできる.（文献3より引用）

OME-Zarrは，バイオイメージングデータに特化した拡張機能を備えている．Zarrの利点を活かしながら，バイオイメージングデータ特有の要件に対応しており，具体的には以下のような拡張が行われている.

マルチスケールデータのサポート

OME-Zarrは，異なる解像度のデータを1つのファイルセットに格納できるマルチスケールをサポートする．これにより，ユーザーは高解像度のデータを保持しながら，低解像度のデータに迅速にアクセスすることが可能となる．これは，大規模データの可視化や解析において非常に有用である.

階層的なデータ構造

OME-Zarrは，階層的なデータ構造を採用しており，複数の実験条件やタイムポイント，Zスタックの画像を効率的に管理することができる．これにより，実験データの整理が容易になり，データ解析の柔軟性が向上する.

メタデータの統合

OME-Zarrは，画像データ本体だけでなく，イメージング条件や実験プロトコールに関する詳細なメタデータを一緒に保存できるように設計が進められている．これらのメタデータの記述の実現により，他の研究者

とのデータ共有が容易になる．

OME-Zarrを気軽に試すには，バイオイメージングデータのデータベースであるSSBD:database（**論文投稿編-2を参照のこと**）が提供しているサンプルデータ[6]を閲覧するとよい．viewのvizarrをクリックすると，各データセットをブラウザ上で可視化することができる（**図2**）．シグナルやコントラストが見づらい場合には，channelsの各チャネルのバーを適宜，操作してほしい．

図2　SSBDが提供しているOME-Zarrサンプルデータの可視化
ブラウザ上に表示された OME-Zarr サンプルデータ（199-Ichimura-MulticellularDyn の Fig5-6 Flamindo2 データ）．時間を前後したり，拡大縮小したりして表示することができる．

次世代フォーマットの利点

OME-Zarrを利用することで，バイオイメージングデータの保存，管理，解析において多くの利点が得られる．

柔軟なデータアクセス

OME-Zarrは，Zarrのチャンク構造を利用することにより，データの部分的なアクセスを高速に行うことが可能である．このため，巨大なデータセット全体を読み込む必要がなく，必要な部分のみを効率的に解析することが可能である．この特性は，特に大規模なタイムラプスデータや3次元データの解析において，解析

時間の短縮と計算リソースの節約に寄与する.

データの長期保存と互換性

OME-Zarrは，クラウドストレージや分散ファイルシステムに対応しているため，大規模なデータの長期保存に適している．また，Zarrはオープンフォーマットのため，将来的な技術進化に伴うデータ互換性の維持が期待できる．これにより，データの再利用性が向上し，異なるプラットフォーム間でのデータ共有が容易になる.

可視化と解析

OME-Zarrは，異なる解像度のデータを1つのファイルセットに格納できるため，データの可視化と解析をシームレスに行うことができる．これにより，データセット全体を把握しながら，特定の領域や解像度で詳細な解析を行うことができる．例えば，低解像度で全体を確認しつつ，高解像度で特定の領域を解析する，といった操作を容易に行うことができる.

コミュニティによるサポートとエコシステム

OME-Zarrは，オープンソースプロジェクトとして開発されており，活発なコミュニティによって支えられている．このため，ユーザーは迅速にフィードバックを得ることができる．また，コミュニティによる改良や新機能の追加が積極的に行われている．これにより，常に最新の技術や解析手法が取り入れられ，ユーザーはその恩恵を受けることができる.

次世代フォーマットの導入手順

OME-Zarrを利用するためには，適切なツールと環境を整える必要がある．ここでは，データの変換，保存，解析の具体的な手順について説明する.

1) データの変換

既存のバイオイメージングデータをOME-Zarrフォーマットに変換するためのツールがいくつか開発されている．これらのツールを利用することにより，既存のデータを簡単にOME-Zarrフォーマットに変換することができる．主要なツールとして，以下があげられる.

bioformat2raw[7]

Bio-Formatsを拡張したツールで，さまざまな画像フォーマット（例えば，TIFF，ND2，CZIなど）を，OME-Zarrフォーマットに変換できる.

NGFF-Converter[8]

グラフィカルユーザーインターフェース（GUI）による操作で，さまざまな画像フォーマットを，OME-ZarrもしくはOME-TIFFフォーマットに変換できる．データの変換手順を，以下に示す（**図3**）.

NGFF-Converter によるデータ変換

1. NGFF-Converter のページ [8] から，NGFF-Converter をダウンロード，インストールする．
2. NGFF-Converter を起動して，既存のフォーマットの画像ファイルをドラッグ＆ドロップする．
3. 出力オプションのウィンドウが表示されるので，Output format を OME-NGFF にして Apply ボタンを押す．
4. Jobs に画像ファイルが表示されたのを確認後，Actions の Run ボタンを押す．

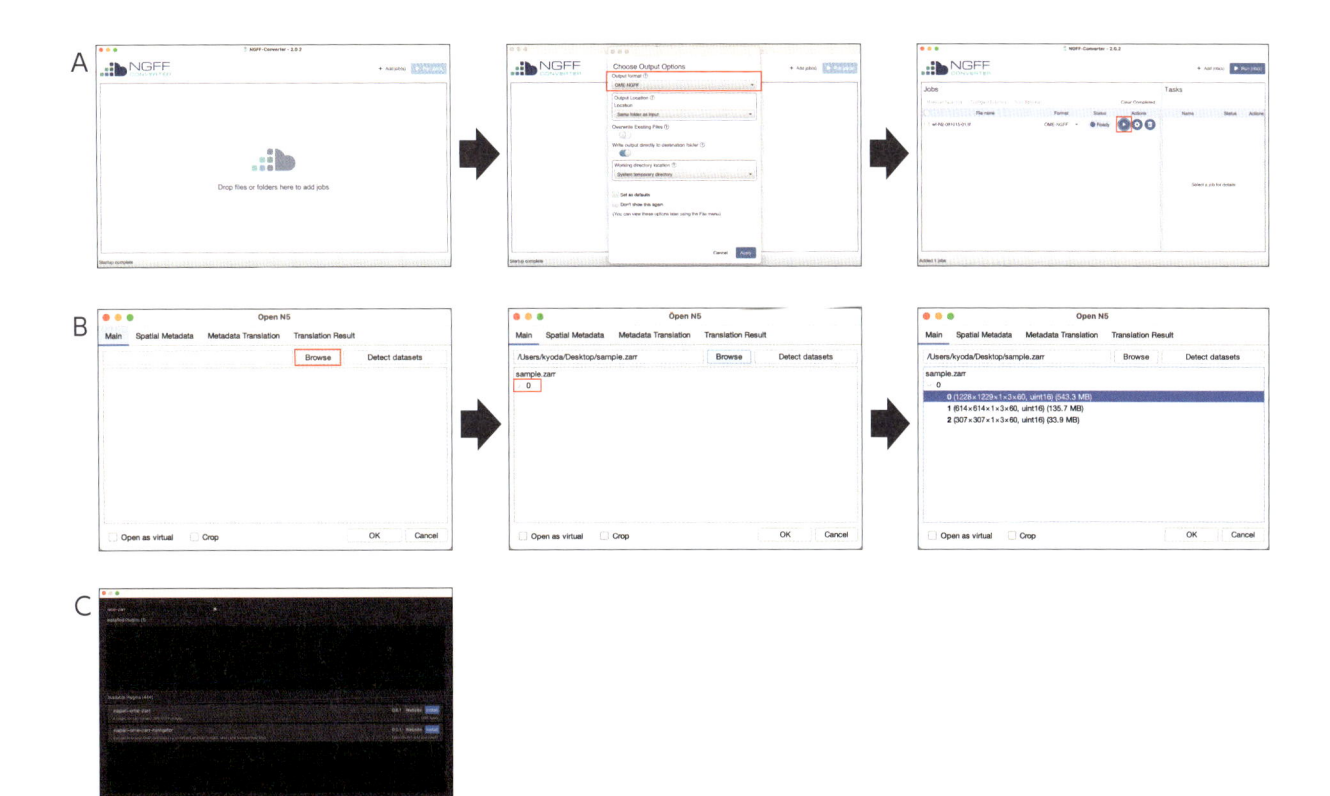

図3　OME-Zarr フォーマットへの変換と各種ツールによる可視化
A）NGFF-Converter によるイメージファイルの OME-Zarr への変換の流れ．B）Fiji による OME-Zarr ファイルの可視化までの流れ．
C）napari による可視化に必要なプラグインの検索（filter... で，ome-zarr と打ち込んで検索）とプラグインのインストール画面．

　ただし，既存の膨大なデータを OME-Zarr フォーマットに変換することは，初期段階では負担となる可能性がある．特に，従来のフォーマットで保存されたデータを一斉に変換するには時間とリソースが必要であろう．新たに産出されるデータから順次 OME-Zarr フォーマットで保存するなど，時間をかけて移行を進めることをお勧めする．

2) データの保存と管理

　OME-Zarr フォーマットに変換されたデータは，ローカルストレージやクラウドストレージ上で管理することができる．クラウドストレージを利用することで，大規模データの保存とアクセスが柔軟に行えるようになる．さらに，Zarr の圧縮機能を利用することにより，ストレージ容量を効率的に使用することができる．

発展編

OME-Zarrは，大規模データの保存と解析が得意であるが，それに伴うストレージと計算リソースの確保が課題となることがある．特に，オンプレミス環境[注2]での運用を考えた場合，適切なインフラの整備が必要となる．これに対しては，クラウドサービスの利用が1つの解決策となる．クラウドストレージやクラウドコンピューティングを活用することにより，必要なリソースを柔軟に確保することができ，初期投資を抑えることも可能である．

3）データの可視化と解析

OME-Zarr フォーマットのデータは，さまざまな可視化・解析ツールで直接利用することができる．例えば，ImageJ/Fiji[9] や napari[10] などの既存のイメージングツールは，いずれも OME-Zarr をサポートしており，これによりデータの可視化や解析を容易に行うことができる．以下に，Fiji（**図3B**）および napari（**図3C**）での可視化手順を示す．

Fiji による可視化

1. Fiji を起動後，メニューの［File > Import > HDF5/N5/Zarr/OME-NGFF …］から，OME-Zarr のフォルダを選択して読み込む．
2. 複数の解像度でデータが格納された OME-Zarr の場合，解像度を選択して OK ボタンを押す．
   ＊NGFF-Converter でデータ変換をした場合，zarr フォルダに「0」と「OME」フォルダが生成される．「0」を選択すると，さらに複数解像度のフォルダが表示されるので，見たい解像度を選択する．

napari による可視化

1. napari を起動後，メニューの［Plugins > Install/Uninstall Plugins …］から，napari-ome-zarr プラグインを検索して，インストールする．
2. メニューの［File > Open Folder …］から，OME-Zarr のフォルダを選択して読み込む．または，napari のウィンドウにそのフォルダをドラッグ＆ドロップする．
   ＊NGFF-Converter でデータ変換をした場合，zarr フォルダに「0」と「OME」フォルダが生成される．上記で読み込むフォルダは，「0」を指定すること．

OME-Zarrは，従来のフォーマットとは異なるため，ユーザーが新しいツールやライブラリに習熟する必要がある．これに対しては，トレーニングセッションやチュートリアルの活用が効果的であろう．また，コミュニティによるサポートも積極的に活用することにより，導入時のハードルを下げることができる．image.sc[11] でも OME-Zarr についてのトピックが議論されている．

 ## 展望

OME-Zarrは，バイオイメージングデータの管理と解析において強力なツールとなりつつある．以下に，OME-Zarrの今後の展望と，それがバイオイメージング分野にもたらす可能性について述べる．

注2 オンプレミス環境：企業や組織が自社内に設置したサーバー・インフラを利用して，システムやアプリケーションを運用する形態のこと．クラウドとは異なり，ハードウェアの保守管理やセキュリティ対策を自社で行う必要がある．

1）機能の強化

OME-Zarrの開発は現在も進行中であり，さらなる機能拡張が予定されている．例えば，複数のチャンクを1つのファイルに配置するシャーディングのサポートが進められており，これにより，ファイルの総数が飛躍的に低減することが期待される．また，現在（2024年10月），メタデータ管理の改善も進行中であり，OME2024 NGFF Challenge プロジェクト[12] が立ち上げられ，Research Object Crate（RO-Crate）[13] を利用したメタデータ項目の記述が開始されている．追加された項目としては，データの名前とその説明，データに関連する生物種とイメージング法となっている．これによりデータの再利用性が向上することが見込まれる．

2）エコシステムの拡充

OME-Zarrは，バイオイメージング分野における「標準」となる可能性を秘めている．今後，さらに多くの解析ツールやプラットフォームがOME-Zarrをサポートすることが期待される．また，コミュニティによるプラグインや拡張モジュールの開発も進められており，OME-Zarrのエコシステムがさらに充実していくことが期待できる．

3）コラボレーションの推進

OME-Zarrは，データの相互運用性を高めることで，異なる研究グループ間のコラボレーションを促進する．これにより，研究のスピードと効率が向上し，新たな発見やイノベーションが生まれる可能性が高まる．特に，クラウドベースの共有機能を活用することで，地理的に離れた研究者同士でも容易にデータを共有し，共同作業を行うことが可能になる．

おわりに

OME-Zarrは，バイオイメージングデータの保存，管理，解析において革新的なソリューションを提供する次世代のフォーマットである．その柔軟性，スケーラビリティ，高い相互運用性により，従来のフォーマットでは対処しきれなかった多くの課題を解決する．特に，データの部分的なアクセスや解析の効率化，クラウド環境への対応など，現代のバイオイメージング研究に求められる要件を満たしている．

また，オープンソースプロジェクトとして開発されているため，コミュニティによる改良や新機能の追加が積極的に行われている．このため，ユーザーは常に最新の技術を利用することができる．今後，OME-Zarrがバイオイメージング分野における「標準」として広く普及し，研究の効率化と新たな発見の促進に寄与することが期待される．

OME-Zarrの導入は，研究者に大きなメリットをもたらす一方で，その導入にあたっては一定の準備とリソースが必要である．しかしながら，クラウドサービスの活用など，適切な対策を講じることにより，これらの課題を克服することができる．OME-Zarrの導入は，研究の効率を大幅に向上させ，バイオイメージング研究の新たなステージを切り開くと期待される．

発展編

■ 文献

1) Bio-Formats（https://www.openmicroscopy.org/bio-formats/）

2) Moore J, et al：Nat Methods, 18：1496-1498, doi:10.1038/s41592-021-01326-w（2021）

3) Next-generation file formats（NGFF）（https://ngff.openmicroscopy.org/）

4) Moore J, et al：Histochem Cell Biol, 160：223-251, doi:10.1007/s00418-023-02209-1（2023）

5) Zarr（https://zarr.dev/）

6) SSBD OME-NGFF Samples（https://ssbd.riken.jp/ssbd-ome-ngff-samples/）

7) bioformats2raw（https://github.com/glencoesoftware/bioformats2raw）

8) NGFF-Converter（https://github.com/glencoesoftware/NGFF-Converter）

9) ImageJ/Fiji（https://imagej.net）

10) Napari（https://napari.org/stable/）

11) image.sc（https://forum.image.sc/）

12) OME2024 NGFF Challenge（https://github.com/ome/ome2024-ngff-challenge）

13) RO-Crate（https://www.researchobject.org/ro-crate/）

生物画像解析の専門家ネットワークとGloBIAS

三浦耕太

SUMMARY

　生物画像解析の専門家はコミュニティをつくってさまざまな活動をしている．そのコミュニティの様子がわかれば，生物画像解析の手法を学んだり専門家に助言を得るうえで何らかのヒントになるだろう．さらには専門家のコミュニティに興味がありかかわりたい，と思っている方もいるかもしれない．そこで，生物画像解析のコミュニティの成立の経緯と理念，活動の目的や内容，2025年の時点での課題についてこの章では概観する．

 ## はじめに

　生物学の研究を支える技術的基盤はますます多様化・高度化している．生物情報学（バイオインフォマティクス），イメージング（顕微鏡技術，機械学習），統計（データサイエンス）など，1人の研究者がこれらの技術のすべてを習得して使いこなすには過大な努力を必要とすることから，さまざまな分野の専門家がチームを組んで研究プロジェクトにとり組むことが一般的になりつつある[注1]．

　こうした状況を背景に，この20年の間に「コア・ファシリティ」が多くの大学や研究所に設置されるようになってきた[1]．最先端の研究の遂行に不可欠となりつつある高度な基盤技術を提供する部門である．誰もがアクセスできる共有機器を，高い専門性をもつ専属の研究者が管理し，必要な知識や技術を提供する．コア・ファシリティの出現により，かつては研究室単位に閉じていた研究インフラはよりオープンになり，同時に最先端の機器の導入と人材をそこに集中させることができる[注2]．目まぐるしく進化する技術の導入と運用は効率的になり，最先端の技術をさまざまな研究課題で扱うことを可能にする．イメージングのファシリティでは，猛烈な勢いで発展する最先端の顕微鏡システムを最新の状態で研究機関の研究者に提供し，それぞれのプロジェクトの目的に応じた適切なイメージング手法のアドバイスが行われている[2]．

　専門知識と技術の分業化に伴い，それぞれの基盤技術にかかわる研究者の国際的なコミュニティも形成されるようになった．イメージングの分野では，European Light Microscopy Initiative（ELMI）[注3]，Euro-BioImaging[注4]やGlobal BioImaging[注5]がそれにあたる．これらのコミュニティでは専門知識の共有だけでなく，

注1　「チームサイエンス（team science）」ともよばれ，これは生命科学の論文の共著者の数が増加傾向にあることにも反映されているだろう（https://www.imagingscientist.com/team-science.html）．

注2　例えば欧州分子生物学研究所には光学顕微鏡，電子顕微鏡，化学合成，化学生物学，フローサイトメトリー，ゲノミクス，メタボロミクス，プロテオミクス，タンパク質発現などのファシリティがある．

注3　https://elmi.embl.org/

注4　https://www.eurobioimaging.eu/

注5　https://globalbioimaging.org/

ファシリティのよりよい運営手法の模索や，イメージング関連企業も含めた技術交流や人事交流などもさかんに行われている．

研究環境の体制がこのように変化するなかで，イメージングの分野では「生物画像解析者」（Bioimage Analyst）とよばれる専門家が特に欧州を中心にこの10年の間に新たに出現している[注6]．それまで生物画像解析はあくまでも個々の生命科学研究者の研究行為の一部分でしかなかった．それが，解析の手法の複雑化と高度化により，ツールを実装するソフトウェアの開発者や，解析を専門的に行う解析者が登場しはじめたのがその背景である[3]．

新しい専門性であるがゆえに，そのコミュニティもまだ新しい．筆者はヨーロッパを中心とした解析者のコミュニティの形成に初期からかかわっており，専門家のネットワークと交流の価値を実感している．そしてそのコミュニティを今全世界規模へと拡大するための活動を開始している．そこで本章ではこのコミュニティの形成過程を概観し，続けてコミュニティの活動内容と展望を紹介する．

生物画像解析のコミュニティ小史

ImageJ の開発がはじまった90年代後半，同時にそのメーリングリストも開設され，さかんな情報交換が行われるようになった．このリストのメンバーを中心にImageJ の会議[注7]が2006年から隔年で開催されるようになり，開発者は自分が開発したプラグインをそこで発表するようになった．2018年からはImageJ 以外のツールにも間口を広げるために"From Images to Knowledge with ImageJ & Friends（I2K）"という名前に変わり，今では毎年開催されている[注8]．また，ImageJ のメーリングリストから派生したオンラインのフォーラム forum.image.sc は，ImageJ に限定しないさまざまな生物画像解析ツールの情報交換と相互扶助の中心的な場となっている[注9]．連日，数十件の新しいトピックが投稿され，そのほぼすべてにフォーラムの参加者が対応している．ユーザーアカウントをとれば誰でも参加できるので敷居はきわめて低く，解析のアドバイスを求める投稿や，既存のツールのバグやエラーの指摘，生物画像解析に関するミーティングやハッカソンの告知まで，多様なトピックが乱舞している．

I2K がツールの開発者の集まりを志向している一方，これらのツールを使う解析者を中心とするコミュニティは，2013年からドイツのハイデルベルクにある欧州分子生物学研究所（EMBL）で毎年開催された「生物画像データ解析コース（BIAS）」からはじまった．このコースの講師のグループが中心となり，欧州科学技術研究協力機構（COST）の助成を受けて2016年に欧州生物画像解析ネットワーク（The Network of European BioImage Analysts, NEUBIAS）を結成し[注10]，以降，講習会や大規模な会議を欧州の各地で年に2回開催した．パンデミック前の最後の会議となった2020年にフランスのボルドーで行われた会議には500名近い参加者を集めた．その直後からパンデミックで集会が行えなくなったことから，関連技術に関する動画をYouTube で配信する NEUBIAS Academy がはじまった．このことでNEUBIASの活動は全世界に知られるようになった．2022年には，NEUBIASを世界規模のネットワークに拡大し，懸案であった財政基盤の安定化をめざすた

注6 「Job Bioimage Analyst」で検索すると，あちらこちらの研究所で人材募集をしていることがわかるだろう．
注7 ImageJ Users and Developers Conference
注8 https://imagej.net/events/conferences
注9 https://forum.image.sc/
注10 http://neubias.org

めに協会を設立する方針が定められ，チャン・ザッカーバーグ・イニシアチブ（CZI）から財政的な支援を受けながら2024年10月，「全地球生物画像解析者協会（日本語は仮称．正式名称はGlobal BioImage Analyst's Society，GloBIAS）」がオーストリアで正式な法人として認可された[注11]．今後は世界の各地から会員を募り，生物画像解析の分野をさらに盛り上げることを企図している．生物画像解析の協会を設立したことの大きな理由の一つは，ネットワークを法人として公的に登録することで，財政的な基盤の安定化が見込めることである．協会の会員から会費を集めることが財政的な基盤になるが，それに加えてさまざまな助成金の申請を法人として行ったり，企業からの寄付を募ることができる．

 コミュニティの活動内容と展望

生物画像解析者のコミュニティでは最新の研究結果の発表や情報交換はもちろん行われているが，なにしろ新しい分野である．分野自体を創造して新しい価値をつくるための活動が多方面で行われており，それがコミュニティをつくることの大きな意味になっている．生物画像解析者は，研究機関で唯一の専門家であることが多く，専門的な話題を共有する相手が周りに不在で孤立していることが多い．同じ関心をもつ専門家が集うことは，なによりも楽しい経験である．

1）理念の共有

生物画像解析の目的は画像データを使った生物システムの状態の測定であることは本書**基礎編-1**ですでに述べた．この目的に沿ってこの本でも画像解析を使ったさまざまな測定手法を紹介した．とはいえ，新しい解析アルゴリズムを採用しながら測定手法を科学的に厳密なものとして確立してゆくには課題がまだまだ山積みである．例えば，目視で測定対象を確認してマウスを使ってアノテーションを行い，それを訓練データとして機械学習のモデルをつくる作業工程をこの本でもいくつか紹介した．目下これは機械学習を使った分節化の代表的な手法である．この手法の測定精度を考えると，それは手動で線を引くことの精度であり，しかもこの精度は人によってまちまちである．より客観的で精度の高い手法を編み出す余地は十分にある．これは一例に過ぎないが，画像データを使った高精度の測定で生物システムをより正確に理解したい，という共通の方向性をもち関心を共有することで，専門家同士の協働に意味が生じる．これがコミュニティをつくることの最も基本的な価値である．

2）生物画像解析の講習会

生物画像解析はもはや生命科学の研究を行ううえで必須の知識と手法といってもよいだろう．顕微鏡画像のみならず個体レベル，あるいは個体群レベルの画像を解析し数値データを得る知識は，例えば「細胞の数を数える」のような初歩的な測定をはじめ，ダイナミクスの測定などより複雑な解析も当たり前のこととなりつつある．これらの生物画像解析の手法は，研究室で直接教わる，あるいはネットの解説を参考に見よう見まねでマニュアル通りに行う，といった形で習得しているケースが多い．出所のわからないマニュアルが科学的に妥当であるかどうかを判断するには，その原理を知る必要がある．しかし，そうした機会はまだまだ稀であり，基本的な解析であっても間違った手法が流通していることもある．また，生物画像解析のチュートリ

注11 https://www.globias.org/

発
展
編

アルは特定のプラグインをどう使うか，といった形式のものが多い．これは部品（components）の解説にあたる．一方，解析の作業工程（workflow）全体を科学的測定としての一貫性を保ちながらどのように組み上げるか，という解析者の観点からの解説は少ない．こうしたことから，NEUBIASでは生命科学やイメージングファシリティの研究者に向けた特に作業工程の組み上げ方を中心とする生物画像解析の講習会（NEUBIAS Schools）を欧州で開催してきた[4]．さらにこれらの講習会をもとに3冊の教科書を出版している[5]～[7]．これらの講習内容はそのまま各地の研究機関などにおける小さな講習会で教材として再利用されている．GloBIASでは教科書に含むことができなかった教材も合わせ，体系化に向けて講習内容の整理を行いながらウェブ上で提供し，教科書の続巻を出版してゆく見込みである．

　また，生物画像解析の講習会は"NEUBIAS Academy"と名付けてオンラインで定期的に開催してきた[注12]．こちらは主に，生物画像解析の部品や収集物（collections）にあたる部分の解説を，その開発者を招いて解説してもらう，という形式であった．GloBIASでは，最先端の生物画像解析の話題提供を演者にお願いして定期的にオンラインのセミナー形式で開催している[注13]．ただし，作業工程の解説は，その前提となる知識や，組み上げの詳細を解説すると長時間の配信になるのでオンラインには向いていない，ということで今のところ配信されていない．

　これらの講習会の企画と運営は，生物画像解析者がチームを組んで共同作業を行う．これにはたいへんな労力が必要になるが，その作業を通じて解析者が互いに深く知り合うという重要な効果があるとともに，足りない知識や技法を補完し合ったり，講習内容に関して批判的な議論を行うことで，既存の作業工程の改良にもつながる，という効果があり，それはまさにコミュニティの存在価値の真骨頂でもある．

3）教程の標準化

　講習会や教科書の出版を経て，生物画像解析者を育成するための教程（カリキュラム）をつくるべきではないか，という声がコミュニティの中で高まった．これまでの講習会はともかくも生物画像解析で測定結果を得たい，という研究者たちに対する応急処置的なものであった．一方，生物画像解析を基礎から応用まで体系立てて教えるとなると，標準化した教程を整備する必要がある．

　このような観点から生物画像解析の教程のモデルを策定するための会議が何度か行われたが，意見の一致を見ることはなかった．その一番の理由は，生物画像解析が広く分野横断的な技法であるということにある．生物画像解析の専門家が集まると，それぞれのもともとの専攻の多様性に驚くことになる．生物学のみならず，情報科学，ソフトウェアエンジニア，信号処理工学者，物理学者，数学者など，実に多様な教育過程を経た研究者が生物画像解析にかかわっている．これらの多様な背景をもつ研究者の集団が，「なにが必要な知識か，なにを教えるべきか」という課題で話し合うと，前提条件がそれぞれ異なるため，合意に至ることが難しい．教える側だけでなく，生物画像解析を学ぶ側も，多様な教育課程を経ており，その経歴によって学ぶべき項目は異なる．例えば，情報科学の学部教育を受けた研究者に生物画像解析を教える場合，生物学研究者にとっては当たり前の生物学の語彙や概念，生化学の理論などを教えることが想定されるが，これはほぼ生物学の基礎を教えることに相当する．そうなると，生物画像解析の基礎項目には生物学も加わることに

注12 https://eubias.org/NEUBIAS/training-schools/neubias-academy-home/
　　 https://www.youtube.com/@NEUBIAS/videos
注13 https://www.globias.org/activities/bia-seminar-series

なるが，これは生物学の教育課程を経てきた研究者には必要のない項目になる．また，同じ情報科学のなかでも，専攻は多様であり，機械学習に必要な知識と，画像解析に必要な知識は異なっており，画一ではない．

　こうしたことから，目下，「生物学の学部生・大学院生に向けた教程」に限定し，その場合に教程に盛り込むべき項目が提案されている．ひとまずこのように限定したのは，生物画像解析を必要としているのはやはり生命科学の研究者が中心であることがその第一の理由である．第二に，生命科学の研究における画像データに関する不正行為はそのほとんどは知識不足を原因とするということから[注14]，不正行為の撲滅のためにも生命科学の研究者の養成課程でデジタル画像の特性やその科学的な取り扱いの教育を一般化することが必須，という理由である．さらに，できることならば生命科学系の学部教育に生物画像解析の標準的な教程を組み込むことを推奨してゆきたいという点で，コミュニティの意見は一致している．教程に関する議論は今後も継続される見込みであるが，目下提案されている生物画像解析の基礎的な要素を以下に箇条書きにする[注15]．

• 画像取得（Image Formation）

　画像データそのものの性質と理論．例えば顕微鏡を通じて画像データを得るときの光学的な原理，蛍光物質の性質，電子顕微鏡の原理，カメラの特性と信号の量子化，デジタル画像データの性質やメタデータなどのトピックを含む．画像データを使って測定を行ううえで前提条件となる知識である．

• 部品（Components）

　画像処理・解析の部品のアルゴリズムとその実装の詳細．それぞれの部品の機能と性能（例えば精度など）や，同じアルゴリズムでも異なる実装による差を正確に理解していることが，科学的な測定を行う作業工程を組み上げるためには必須である．例えば，機械学習による分節化も部品に含まれる．こうした部品に関する詳細はその部品の投稿論文や，ウェブサイトに書かれていることが多いが，横断的に比較した内容は稀である．

• 作業工程（Workflows）

　生物学における測定課題に応じた作業工程のデザインと実装の技法．生物学的な問いは千差万別であり，それに応じた作業工程の実装が必要になることがきわめて多く，既存の作業工程をそのまま使うことはできない．作業工程だけが1つの論文として発表されていることは少なく，生命科学の論文の補助資料（supplementary materials）に詳細が書かれていることが多い．作業工程の組み上げにはある程度の型があり，本書でも「実践編」でこうした型を紹介した．

• 収集物（Collections）

　公開されているさまざまなソフトウェアやライブラリの特徴とAPIとその読解についての知識．どの部品がどこにあるか，あるいはないか，ということを知っていると，作業工程を組み上げるうえで効率的である．

発展編

本書では，napariの使い方を解説した章[注16]と，Javadocの読み解き方を解説した部分[注17]がこれにあたる．

• 言語（Languages）

プログラミング言語の習得．Python，Java，C，Rなど．再現性のある作業工程を実装したり，新しいアルゴリズムを実装するうえでプログラミング言語の習熟は必須の技能である．この本では，「基礎編」としてPythonの書き方を解説した部分[注18]がこれにあたる．それぞれの言語の基礎的な解説や演習はウェブ上にふんだんに公開されているが，生物画像解析を行うための解説として書かれたものは稀である．

• 統計（Statistics）

測定結果の統計的な処理（検定など）と結果の可視化．これらの知識は作業工程のアルゴリズムやパラメータを調整するうえで必要不可欠であるのみならず，統計処理の手法は画像データの取得方法，作業工程のデザインとも相互に影響し合う．生物画像解析では，測定精度の議論が欠落していることがほとんどで，今後整備してゆく必要がある．

• 基盤技術（Infrastructure）

作業工程を組み上げてそれを実行する際には，それにかかわるさまざまな周辺の基盤技術の知識と実践を知っている必要がある．本書ではGoogle Colaboratoryの使い方[注19]を「基礎編」で紹介した．さらに高性能な計算（High Performance Computing）を行うには，遠隔で計算用のサーバーにログインしてコマンドラインで作業工程を走らせたり，大量データの計算を並列で行うためにクラスターを走らせる知識が必須になる．機械学習ではGPUの特性と使い方を知っている必要がある．計算そのもの以外にも，作業工程のコードを再現性のある形で出版するためにもGitなどのバージョン管理のツールや，計算システムを丸ごとパッケージして運用するDockerなどのコンテナツールの使い方にも習熟している必要がある．また，データベースの扱い，画像データを大量に保管するためのストレージの管理，大量データの転送など，これらは生物画像解析そのものではないが，できるだけ習得すべき技法である．

• 性能評価（Benchmarking）

部品や作業工程の性能を客観的に評価するための理論と手法．同じアルゴリズムの異なる実装を比較したり，あるいは用途に応じた適性を評価するために，一般的な性能評価の手法を学べば，標準的な比較を行うことが可能になり，その評価結果を広く共有することも可能になる．例えば機械学習による物体認識などでは，どの程度正しく認識しているか，偽陽性や偽陰性，正解と結果の距離などさまざまな指標で多面的な評価を行うことが非常に重要である．

注16　基礎編-3参照．
注17　基礎編-2参照．
注18　基礎編-2，基礎編-3参照．
注19　基礎編-4参照．

- **数理モデル（Modeling）**

生物システムのダイナミクスの測定には，数理モデルを使ってその性質を示すパラメータを推定することが多い．例えば，簡単なものでは平均二乗変位を使った拡散定数の推定などがそれにあたる．機械学習も使い方によってはダイナミクスの数理モデルとして扱われることもある．数理モデルを測定結果と組み合わせる際には例えば最適化など，数理モデルを扱うための知識と技法が必要になる．

4) 要素技術に関する情報の集約

これまで説明したような生物画像解析の啓蒙活動に加え，生物画像解析の要素技術の情報を共同作業でまとめ，専門家自身の解析作業を効率化するための活動も行われており，以下その紹介をする．

ツールのデータベース

生物画像解析は公開されているさまざまなツール（ソフトウェア）を使って行う．これらのツールのうち特に「部品（Components）」は，新しいものが次々に発表されている．また，同じアルゴリズムを異なる研究者が実装したものが複数存在したり，あるいは異なるアルゴリズムでも同じような機能を果たしているツールが存在したりする．例えば，ImageJ のエコシステムだけに限っても，数理形態学処理の実装は ImageJ に最初から実装されているものと，この本でも紹介したプラグイン MorphoLibJ が実装したもの，Ops で実装されたもの，と，代表的なものだけでも3種類の実装がある．他のあまり有名ではない実装なども含めると，その数は3つにとどまらない．あるいは画像フィルタの実装も，同じフィルタの実装が数えきれぬほど存在する．このため，どのような実装があるのか，どのようなときにどれを使えばいいのか，といった情報は，コミュニティで使用経験を共有しながら集約化してデータベースにすれば効率的である．

一方，生命科学の論文に発表される作業工程（Workflow）は独自のツールとして発表されることはなく，論文の Supplementary Materials のなかなどに記載されて目立たないことがほとんどである．これらの作業工程に関してもその情報を共有してデータベースにすれば，似たような課題を解決するうえで参考にすることができる．

こうした情報の共有のために生物画像解析のツールのデータベース BioImage Informatics Index（Biii）[注20]を作成するプロジェクトが2016年にはじまった．単にツールの名前のリストをつくるだけではなく，生物画像解析の要素技術を部品，作業工程，収集物（Collections）に分類し，その機能や性能を付属情報としてデータベースに加えるので，ほぼ手作業によるデータベースの作成である．定期的にコミュニティイベントを開いてその内容を追加・編集する活動（ツールをタグ付けする，という意味で Taggathon とよばれている）が行われている．

作業工程のベンチマークの標準化

さまざまなツールに関する情報を集約化する一方で，特に作業工程の質を統一的に比較できるプラットフォームの作成も試みられている．こうした比較はベンチマークとよばれる．例えば，細胞核を分節化して測定する作業工程に関して，ImageJ での実装，Python での実装，CellProfiler での実装など，さまざまなツー

発展編

ルで実装することが可能である．あるいは，ImageJだけであっても，さまざまな部品があるので，同じ目的のために異なる作業工程を組み上げることができる．これらの作業工程を比較するプラットフォームとして，NEUBIASではBIAFLOWSというオンラインで作業工程のベンチマークを比較するプラットフォームを作成している[8]．将来的には前述したBiiiデータベースと相互にリンクすることで，ベンチマークを比較しながらツールを選択できるようにするのが目的である．

生物画像解析の成果と技法の共有

生物画像解析の技法は，例えばImageJやnapariのプラグインを作成した場合には論文として受理されやすいが，作業工程のデザインそのものは特定の測定を対象としたものが多く，「一般性がない」ということで論文は受理されにくい．また，ツールの機能の評価，ベンチマークの結果，再現性の評価など，解析者にとっては価値のある情報も，論文としてアクセプトしてくれるような場は少ない．こうした成果を発表する場を自分たちでつくり上げなくてはならない，ということで，オンラインのジャーナルF1000ResearchにNEUBIAS Gatewayという生物画像解析の論文の発表のためのポータルを発足させた[注21]．このジャーナルは学術誌の伝統にのっとりピアレビューによる掲載である．一方，よりカジュアルに情報を共有することを目的とする場合には，英国のCompany of Biologistが主催しているイメージング分野のオンラインのコミュニティサイト"FocalPlane"がその発表の場になっている．こうした経緯を踏まえ，GloBIASとFocalPlaneの共同プロジェクトとなる定期連載が開始する見込みである[注22]．

論文における画像データと画像解析の記述の標準化

論文投稿編-1で詳しく解説したチェックリストは，QUAREP-LiMiという略称で知られるコンソーシアム[注23]の第12作業部会"Image Data & Analysis"での議論をもとに作成されたリストである[10]．この部会のメンバーはNEUBIAS/GloBIASのメンバーと大きく重複しているが，QUAREP-LiMiは光学顕微鏡の専門家を中心とするコンソーシアムであるためこれらの専門家も参加し，画像データと画像解析を論文に記述するときの内容を標準化するための議論が数年にわたってオンラインで行われてきた．この議論は投稿のためのチェックリストの出版をもって一区切りがついたが，そのより詳しい解説のウェブサイトを現在準備中である[注24]．

5）キャリアパスの開拓

生物画像解析者（bioimage analyst）は生命科学分野における新しい種類の専門家である．このため，既存の研究者のキャリアパスを踏襲することが難しく，キャリアパスを自ら開拓してゆく必要がある．生物画像解析者の職位や雇用形態は，地域によってさまざまである．職位はポスドク相当から，ファシリティ付属の研究者，あるいは稀であるが主任研究者として自分の研究室をもつ職位まで多様である．欧州ではコアファ

注21 https://f1000research.com/gateways/neubias

注22 https://focalplane.biologists.com/

注23 The Consotium for Quality Assessment and Reproducibility for Instruments & Images in Light Microscopy（QUAREP-LiMi），光学顕微鏡機器と画像の品質評価と再現性のコンソーシアム，文献9，https://quarep.org/

注24 https://quarep-limi.github.io/WG12_checklists_for_image_publishing/intro.html

シリティの一翼として人件費や経費が国の予算でまかなわれるケースが多く見られる．米国では研究所レベルの予算で雇用されているケースが多い．この場合，共同研究の予算の一部や，イメージングファシリティの顕微鏡使用料の一部を使って人件費をまかなう，といった措置がとられている．その他の地域では生物画像解析者がまだまだ少ないため，その雇用形態などについてはあまりわかっていない．こうしたことから，GloBIASでは，生命科学のコミュニティに対して生物画像解析の職位の確立の必要性を喚起している．また，各国政府の学術担当部署や助成金担当部署に対し，生物画像解析者の職位の確立を促すためのロビー活動を視野に入れている．

キャリアパスの確立には，生物画像解析者の業績を評価するための基準も必要になる．通常の研究であればインパクトファクターなど論文の業績で評価されるのに対して，作成したり維持管理しているツールが生命科学の研究にどれだけインパクトを与えたか，それぞれの研究所の共同研究に関してどの程度の貢献を行ったかなど，これまで勘案されていない因子を業績として考慮する必要がある．現状では，ツールにする必要がないようなきわめて限定的な機能をもつ作業工程を，単に論文にするためだけにツールにつくり変える，といった本来不必要な労力を割くことにもなっている．こうしたことから，生物画像解析者に対する適切な評価基準をコミュニティ内で策定し，さらに「生物画像解析賞」を設けるなど，新しい評価基準を広く学術界に示してゆくといった活動も視野に含まれている．これらの生物画像解析者のキャリアパスの問題に関しては文献3で詳しく議論されているので参照されたい．

6）地域ネットワークとの連係

GloBIASは世界全体の生物画像解析者のネットワークをつくり上げることが目的である．ただし，地域や国レベルでのネットワークはすでにいくつかの地域に存在している．例えば欧州全体ではNEUBIAS，スイスではSwissBIAS，チェコではCzechBIAS，フランスではF-BIAS，ロンドンではCBIAS，オーストラリアではAusBIAS，米国や中南米ではイメージングのネットワークの一部門として生物画像解析のネットワークがある，前者がBINA，後者がLABIになる．一方，世界の他の地域には私が知る限りこうした草の根ネットワークは存在していない．地域のネットワークがある場合，その地域で行われる講習会や会合は，そのネットワークが主体となって開催され，GloBIASは財政的な援助を行ったり，逆に地域からもたらされる教材や知見を世界全体で共有したりすることがその中心的な役割になるであろう．一方，ネットワークがない地域の生物画像解析者はGloBIASと直接つながるネットワークの一部となりさまざまな活動に参加してもらうことになる．同時にGloBIASはその地域でのネットワークの形成を促すとともに，必要なリソースを供与したり助言を与えることがその役割として考えられている．

◤ まとめ

以上，生物画像解析のコミュニティの概要を2024年に発足したGloBIASの設立経緯やこれまでの活動・目的・展望を中心に概観した．文章が長大になるのを避けるため，要となる活動の概略を示したが，他にもさまざまな活動が展開されている．GloBIASの会員の募集は2025年中にははじまる見込みである．今後の動向をフォローしたい方はGloBIASのウェブサイトでニュースレターの登録をしていただきたい．また，計画段階であるが東アジア地域でのネットワークの形成もはじめており，この本もそのネットワーク活動の一部と捉えることもできる．興味のある方は，筆者の三浦まで，直接メールを送っていただきたい．

謝辞

この章の作成にあたり，塚田祐基さんに有益なコメントをいただいた．ここに感謝する．

文献

1) Farber GK & Weiss L：Sci Transl Med, 3：95cm21, doi:10.1126/scitranslmed.3002421（2011）

2) Wright GD, et al：J Microsc, 294：397-410, doi:10.1111/jmi.13307（2024）

3) Cimini BA, et al：J Cell Sci, 137, doi:10.1242/jcs.262322（2024）

4) Martins GG, et al：F1000Res, 10：334, doi:10.12688/f1000research.25485.1（2021）

5) 『Bioimage data analysis』（Miura K, ed），Wiley-VCH, 2016

6) 『Bioimage Data Analysis Workflows』（Miura K & Sladoje N, eds），Springer, 2020

7) 『Bioimage Data Analysis Workflows – Advanced Components and Methods』（Miura K & Sladoje N, eds），Springer, 2022

8) Rubens U, et al：Patterns, 1：100040, doi:10.1016/j.patter.2020.100040（2020）

9) Boehm U, et al：Nat Methods, 18：1423-1426, doi:10.1038/s41592-021-01162-y（2021）

10) Schmied C, et al：Nat Methods, 21：170-181, doi:10.1038/s41592-023-01987-9（2024）

付録 1

分節化のための
機械学習ツールのリスト

塚田祐基, 黄 承宇, 平塚 徹, 菅原 皓, 戸田陽介,
河合宏紀, 遠里由佳子, 京田耕司, 三浦耕太

　生物システムに見られる特定の構造の分節化（segmentation）は，さまざまな生物画像解析の課題で重要なステップになっていることが多い．人間が目標の構造を手でトレースしたり，輝度の閾値によって境界を分節化する手法が今でも広く使われているが，近年は機械学習を援用した分節化の手法が急速に広まりつつある．以下に機械学習による広い意味での分節化のツールをリストする．どれも本書の筆者のいずれかが使ったことのあるツールである．詳しい評価等は行っていないが，読者それぞれが使ってみるきっかけになれば幸いである．リストの見出しの"Python"と"ImageJ"は，それぞれのツールが開発されているエコシステムを◎とした．もう片方のエコシステムからそのツールにアクセスできる場合には○をつけた．

Python	ImageJ	ツール名	概要	リンク
	◎	Trainable Weka Segmentation	ImageJのプラグイン．マウスで前景と背景をマーキングしてそれを学習させる．ランダムフォレストによる学習と分類．	https://imagej.net/plugins/tws/
◎	○	cellpose	細胞や核の分節化に近年広く使われる深層学習のとても優秀なモデル．Pythonのエコシステムで使う．学習データが公開されていて，再学習が可能．	https://www.cellpose.org/
	◎	deepImageJ	ImageJでさまざまな深層学習モデルを使って分節化を行うためのツール．モデルの訓練はImageJではできない．ウェブサイトで多彩な分節化モデルにアクセスし，ImageJで使うことができる．	https://deepimagej.github.io/
◎	○	StarDist	2次元・3次元の核の分節化のために開発された深層学習モデルのツール．複数の核が重なる境界の識別に優れている．核以外にも円形・球形の形状に威力を発揮する．Python．ImageJのプラグインもある（2次元のみ）． なお，macOS（Apple silicon）ではImageJプラグイン実行時にTensorFlowライブラリの依存性によりエラーが発生するケースがある．	https://github.com/stardist/stardist

Python	ImageJ	ツール名	概要	リンク
○	○	BioImage Model Zoo	さまざまな目的でトレーニングされた分節化モデルが公開されているデータベースウェブサイト。例えば細胞核の画像は多様であり、それぞれの画像の特性によって異なるStarDistのモデルがある。これらのモデルをダウンロードして、ilastikなどで利用することが可能。	https://bioimage.io/#/
◎	○	ilastik	GUIを搭載したスタンドアローンの機械学習による分節化に特化したツール。Model Zooからダウンロードしたモデルも使えるようになっている。ImageJのプラグインも配布しており、HDF5にも対応しているので巨大なデータを階層的に高速に扱える。単純な分節化だけでなく、分類や追跡（トラッキング）などのタスクもカバーする。	https://www.ilastik.org/
◎		CellSAM	汎用的な細胞の分節化の実現をめざした基盤モデル。検出アルゴリズムとSegment Anything Model（SAM）の組み合わせで構成される。napariのプラグインとして使用可能。または作成チームが運用しているウェブプラットフォームで使用することもできる。	https://cellsam.deepcell.org/ https://github.com/vanvalenlab/cellSAM
◎		μSAM	顕微鏡画像用のfinetuningされたSAM。napariのプラグインとして使える。	https://github.com/computational-cell-analytics/micro-sam
◎		PHILOW	Human-in-the-loopで分節化用の深層学習モデルをつくるためのツール。napariのプラグインとして使える。	https://github.com/neurobiology-ut/PHILOW
◎		napari	Labkitと同様、Pythonベースで、マニュアルで分節化をする際に使われる。点、線、面の分節化アノテーションが可能。	https://napari.org/
	◎	Labkit	分節化の正解データをマニュアルで作成する際に適したImageJのプラグイン。	https://imagej.net/plugins/labkit/
◎		DeepLabCut	狭い意味の分節化ではないが行動解析で広く使われている機械学習ツール。体の骨格など構造を保ったまま対象の追跡を行う。神経科学・行動科学でのシェアが広く、DeepLabCut以前と後では行動解析研究分野での状況が大きく変わっている。リアルタイムに処理をしてカメラからの入力画像に応じて制御を行うシステムにも用いられる。	https://www.mackenziemathislab.org/deeplabcut

Python	ImageJ	ツール名	概要	リンク
◎		PlantSeg	主に植物の細胞を撮影対象とした共焦点顕微鏡画像を処理するための3次元分節化ツール．細胞膜染色画像で利用可能．3D-UNetの推論により細胞輪郭を抽出したあと，ウォータシェッド法やマルチカットアルゴリズムといった手法を組み合わせて，個々の細胞を正確に分割する．Python環境および，napariのプラグインとして利用可能．	https://kreshuklab.github.io/plant-seg/
◎		empanada	電子顕微鏡におけるミトコンドリア分節化ツール．汎用的なモデルが提供されているので典型的なものは自動的に分節化できる．napariのプラグインとして使える．	https://github.com/volume-em/empanada-napari
◎		InstanSeg	蛍光画像，明視野像を対象とした分節化アルゴリズム．病理画像など大きい画像においても高速に動作するよう設計されている．QuPath extension として利用可能．	https://github.com/instanseg/instanseg
◎		3DeeCellTracker	変形や移動を伴う組織の3Dタイムラプス画像から細胞の分節化と追跡を行うPythonを基盤としたツール．分節化はU-NetやStarDistを基盤としている．特に変形する組織で大きな動きをする細胞の追跡に優れており，細胞内シグナルの経時変化も検出することが可能．	https://github.com/WenChentao/3DeeCellTracker
◎		ZeroCostDL4Mic	さまざまな分節化，検出，超解像モデルなどがGoogle Colaboratoryで使用できるようにまとまっている．	https://github.com/HenriquesLab/ZeroCostDL4Mic
◎		EmbedSeg	空間的埋め込み（Embedding）と名付けられた損失関数にもとづいて実装された分節化手法．比較的高精度，高速に個別分節化を実施する．培養細胞や線虫個体，胚発生，植物細胞の分節化を含む多様な顕微鏡画像に用いられ，napariのプラグインとして使用可能である．	https://github.com/juglab/EmbedSeg?tab=readme-ov-file

英日対訳表

生物画像解析の専門用語は英語をそのままカタカナにして表記されることが多いが、日本語でコミュニケーションを行う際にはやはりきちんと翻訳をした和語を使うほうがわかりやすい。このような理由で、本書で使った英日の対訳を以下に示した。プログラミング用語は（残念ながら）カタカナ語がすでに広く流通しているので、そのままである。【三浦耕太】

英語（アルファベット順）	日本語
absolute path	絶対パス
added-value image database	高付加価値画像データベース
AGB : above ground biomass	地上部バイオマス
annotation	アノテーション
area	面積
backbone (deep learning)	バックボーン
background subtraction	背景引き算処理
bioimage analysis	生物画像解析
bioimage analyst	生物画像解析者
border objects	境界物体
bounding box	矩形領域
box plot	箱ひげ図
centroid	幾何中心
class (programming)	クラス
close (morphological image processing)	閉鎖処理
clustering	クラスタリング
CNN : convolution neural network	畳み込みニューラルネットワーク
collections (workflow)	収集物
components (workflow)	部品
connected component analysis	連結成分分析
constructor (programming)	コンストラクタ
crop	切り抜く

英語（アルファベット順）	日本語
declaration (programming)	宣言
deep learning	深層学習
dendrogram	樹形図
detector (tracking)	検出器, 検出アルゴリズム
dictionary (Python)	辞書型
dilation (morphological image processing)	膨張処理
edge (skeleton analysis)	辺
end-points (skeleton analysis)	末端
erosion (morphological image processing)	侵食処理
FIB-SEM : focused ion beam scanning electron microscopy	集束イオンビーム走査電子顕微鏡
field (programming)	フィールド
float (programming)	浮動小数点数型
Floyd–Warshall Algorithm	フロイドワーシャルのアルゴリズム
function (programming)	関数
Gaussian blur	ガウスぼかし処理
Hessian matrix	ヘッセ行列
IDE : integrated development environment	統合開発環境
immutable (programming)	イミュータブル
instance (programming)	インスタンス
instance segmentation	個別分節化

英語（アルファベット順）	日本語
instantiation（programming)	インスタンス化
integer（programming)	整数型
intensity threshold	輝度閾値
iterable（programming)	イテラブル
junction（skeleton analysis)	分岐
kill borders	境界物体除去処理
knowledge distillation	知識蒸留
labels（connected component analysis)	標識，標識番号，ラベル
labels layer（napari)	標識レイヤー
link（graph)	リンク
linking（tracking)	リンキング，リンク，連係，対応づけ
longest shortest path	最長最短経路
manual track annotation	手動での軌跡の注釈
markdown	マークダウン，マークダウン記法
maximum intensity projection	最大輝度投射
metadata	メタデータ
method（programming)	メソッド
methods reproducibility	手法の再現性
modifier（programming)	アクセス修飾子
morphological image processing	数理形態学演算，数理形態学処理
nearest neighbor	最小近傍法
NGFF：next generation file format（NGFF)	次世代ファイルフォーマット
node（skeleton analysis)	節点
non-maximum suppression	非極大値抑制
object（programming)	オブジェクト
object labeling	個別標識
object tracking	物体追跡
ontology（database)	統制語彙
particle tracking	粒子追跡，トラッキング
path separator（programming)	パスセパレータ
phenotype	表現型
pixels	画素
placeholder	記入子

英語（アルファベット順）	日本語
plant phenotyping	植物フェノタイピング，植物表現型の測定
points	点群
points layer（napari)	点群レイヤー
prediction	推論
prune	枝刈り
quantization	量子化
relative path	相対パス
remote sensing	リモートセンシング
repository	リポジトリ
resampling	再標本化
residual network	残差ネットワーク
resize	大きさを変換
ROI：region of interest	選択領域
segmentation	分節化
semantic segmentation	領域分節化
shape（napari)	形状
shape（NumPy)	各次元のサイズ
shape layer（napari)	形状レイヤー
skeleton analysis	骨格分析
skeletonization	骨格化
slab（skeleton analysis)	スラブ
solidity	凸度
star-convex polygon	星状凸多角形
string（programming)	文字列型
structuring element	構造要素
subpixel（point estimation)	画素解像度以下精度，サブピクセル
supplementary materials	補助資料
surface rendering	表層再構築
swarm plot	スウォーム図，スウォームプロット
test data	テスト用データ
thinning（morphologial image processing)	細線化
tortuosity	迂回度
tracing	トレーシング
tracker（tracking)	追跡器
tracking	追跡
tracks	軌跡
TrackScheme（Mastodon)	系譜画面
training data	訓練用データ
tubeness filter	管状構造強調フィルタ

英語（アルファベット順）	日本語
tuple（Python）	タプル
type（programming）	型
validation data	検証用データ
violin plot	バイオリン図，バイオリンプロット
virtual environment	仮想環境
volume	体積
volume rendering	体積再構築
voxels	体素
workflow	作業工程
workflow templates	作業工程の鋳型
wound healing assay	創傷治癒アッセイ

索引

編者プロフィール

三浦耕太 (みうら こうた)
Bioimage Analysis & Research 代表,
欧州生物画像解析者ネットワーク（NEUBIAS）副議長,
全地球生物画像解析者協会（GloBIAS）共同主任研究者

　教養学士（1993 年国際基督教大学），生理学修士（'95 年大阪大学大学院理学研究科），自然科学博士（2001 年ミュンヘン大学動物学研究所）．欧州分子生物学研究所ハイデルベルク，自然科学研究機構欧州拠点を経て '16 年から現職．'21 年春から岡山市在住．http://wiki.cmci.info

　2025 年時点において，生物画像解析は情報科学，統計学，生命科学にまたがる学際的・複合的な分野である．そのつかわれ方もますます多様になり，解析者としては常に岐路に立たされている．機械学習を援用した最先端の手法や大容量データの高性能計算（HPC）による統計学的なアプローチを駆使し，華やかな可視化を成功させた専門家が一流の学術誌にその目の覚めるような成果を発表する一方で，生命科学研究者の大部分は基本的な生物画像解析に四苦八苦している．こうした「手法格差」の広がるなかで，生物画像解析の専門家はその間を架橋して格差を解消するべく努力をしているわけであるが，技術の進展の速度は凄まじく，はたしてこの状況の民主化（実際，欧米の専門家の間ではこの言葉が頻繁に使われる）の道は解決の方向に向かっているのだろうか，と少々途方にくれるような気分になることもある．本書の編集と執筆も，その蟷螂の斧のささやかな一振りと思っていただけるとよいのであるが，それが少しでも生物学研究を推し進め，生命システムの新しい知見を得るための助力となれば，と願ってやまない．連載時からこの本の刊行まで，羊土社の山口さんにはたいへんなお世話になった．ここに深く感謝する．また，執筆，編集の仕事にかまけて風呂の湯を抜き忘れたり家事をおろそかにする私を叱りつつも暖かく見守ってくれている妻の真由美，息子の櫂と椛に深く感謝する．

塚田祐基 (つかだ ゆうき)
慶應義塾大学理工学部 専任講師

　2002 年国際基督教大学教養学部卒業．'08 年奈良先端科学技術大学院大学情報科学研究科博士後期課程修了，博士（理学）．'09 〜 '23 年名古屋大学大学院理学研究科助教，'23 年から現職．画像解析，数理解析，機器制御を駆使した定量的な実験系を使うことで生命の活き活きとしたしくみの解明をめざす．主に線虫 *C. elegans* を用いた神経科学の分野で研究を進めている．

　サイエンスを通した人のつながりがおもしろいと思っており，本書を通して生物画像解析の研究・開発コミュニティの活性化に貢献できれば幸いである．

実験医学別冊

型で実践する生物画像解析
ImageJ・Python・napari

2025年4月1日　第1刷発行	編　集	三浦耕太，塚田祐基
	発行人	一戸敦子
	発行所	株式会社　羊　土　社
		〒101-0052
		東京都千代田区神田小川町 2-5-1
		TEL　　03 (5282) 1211
		FAX　　03 (5282) 1212
		E-mail　eigyo@yodosha.co.jp
		URL　　www.yodosha.co.jp/
ⓒ Kota Miura, 2025		
Printed in Japan	制　作	株式会社トップスタジオ
ISBN978-4-7581-2280-1	印刷所	三美印刷株式会社